U0924856

钢轨生产与使用

刘宝昇　赵宪明　编著

北　京
冶 金 工 业 出 版 社
2009

内容简介

本书共分4章，系统地介绍了钢轨生产技术的发展、钢轨的冶炼、轧制及不同钢种钢轨的技术开发过程和质量控制。第1章介绍了钢轨生产的沿革，国外钢轨生产技术的发展和我国钢轨生产技术的发展。第2章的主要内容是中国钢轨生产技术回顾，简单介绍了钢轨的熔炼与钢锭的浇铸，钢锭的加热及初轧机开坯轧制，钢坯表面缺陷清理及加热，轨梁轧机轧制及轧制缺陷调整，以及多年来对钢轨钢质不良的试验研究结果和钢轨使用过程中的破损。第3章主要介绍了现代钢轨生产技术，其中包括吹氧转炉冶炼及大方坯连铸；步进式加热炉及钢坯加热；钢轨的轧制，钢轨轧机及其典型布置，钢轨的万能轧机轧制；钢轨的轧后处理，钢轨的矫直，钢轨轨头淬火；钢轨的检测技术，钢轨的平直度检测和钢轨残余应力检测。第4章主要介绍了钢轨新钢种开发，包括中锰钢轨开发、高硅钢轨开发及SiMnV特级耐磨钢轨的开发。

本书可供钢轨生产厂及使用部门的科研和技术人员阅读，也可供高等院校相关专业师生参考。

图书在版编目(CIP)数据

钢轨生产与使用/刘宝昇，赵宪明编著. —北京：冶金工业出版社，2009.7

ISBN 978-7-5024-4955-1

Ⅰ. 钢…　Ⅱ. ①刘…　②赵…　Ⅲ. 钢轨—生产工艺　Ⅳ. TG335.4

中国版本图书馆CIP数据核字(2009)第107001号

出 版 人　曹胜利

地　　址　北京北河沿大街嵩祝院北巷39号，邮编100009

电　　话　(010)64027926　电子信箱　postmaster@cnmip.com.cn

责任编辑　李培禄　美术编辑　李　新　版式设计　葛新霞

责任校对　王贺兰　责任印制　牛晓波

ISBN 978-7-5024-4955-1

北京兴华印刷厂印刷；冶金工业出版社发行；各地新华书店经销

2009年7月第1版，2009年7月第1次印刷

787 mm×1092 mm　1/16；17.5印张；418千字；268页；1-2500册

52.00元

冶金工业出版社发行部　电话：(010)64044283　传真：(010)64027893

冶金书店　地址：北京东四西大街46号(100711)　电话：(010)65289081

（本书如有印装质量问题，本社发行部负责退换）

前　言

我国从1953年末开始生产43型钢轨，起初是沿用前苏联的钢种、型号和生产工艺。为了适应我国的具体情况，鞍钢首先进行了技术规程的修改和试验研究，并将研究成果纳入了规程，应用于生产。随着钢轨生产和使用要求的不断提高，钢轨的型号逐步增大，1955年末开始生产50型钢轨，1989年60型钢轨进行批量生产。几十年来，我国钢轨的生产与科研主要围绕着两个方面，其一是减少结疤、裂纹、分层、低倍组织等钢质不良缺陷；其二是提高钢轨的耐磨、耐压性能而进行新成分钢轨的研制。开始生产钢轨时由于缺乏生产和管理经验，成品钢轨的结疤、裂纹等钢质不良缺陷严重，随着生产经验的积累、操作技术和科技水平的提高，钢轨的一级品率逐年上升，曾达到88.2%，结疤和裂纹等缺陷逐年减少。20世纪50年代末至60年代初期间钢轨质量又一度变差。之后，加强了生产管理，重视科研工作，钢轨的一级品率又逐年上升，到1965年达到96%以上，达到了国际水平。

随着国民经济的快速发展，碳素钢轨不能满足铁路运输日益发展的要求，铁道部要求提高钢轨的强度，企业也多次提高钢轨中的碳含量，但仍不能满足使用要求。根据国家科委的要求，冶金、铁道部门的技术人员会同鞍钢、武钢等有关企业的技术人员一起进行线路考察，发现碳素钢轨最严重的问题是不耐磨、不耐压。为此，由冶金、铁道部门会同鞍钢等企业共同组建钢轨研究机构，鞍钢钢研所科研人员与铁道部科学研究院的科研人员成立研究小组，在鞍钢共同进行新成分钢轨的试验研究。试验表明，试验钢轨的强度明显高于碳素钢轨的强度，冶金、铁道部门的专家一致认为新成分钢轨的强度能满足当时的使用要求，命名该钢轨为AP1（鞍平1），并决定扩大生产。1980年进行鉴定转产，1984年全国推广，钢号名称由AP1改为U71Mn。以后又研制了耐磨钢轨U74SiMnV，鞍钢与铁道部还进行了高硅钢轨完善化的研究。

钢轨的生产技术总是不断向前发展的。我国钢轨的生产技术从冶炼工艺到轧制工艺，从装备水平到生产技术水平都发生了巨大变化。为了适应铁路运输日益发展的要求，钢轨的单重由43 kg/m、50 kg/m发展到60 kg/m、75 kg/m，钢轨的定尺长度由12.5 m发展到100 m、150 m，钢轨的强度由700 MPa发展到1000 MPa、1100 MPa。利用轧后余热实现钢轨全长淬火的技术，为廉价的全长淬火钢轨开辟了广阔途径，无损探伤技术的应用提高了检测水平，能检查出细微的钢轨表面缺陷和内部缺陷。但钢轨的控制轧制和控制冷却技术有待进一步的开发。在钢轨生产线上，从炼钢、连铸到万能轧机轧制及随后的处理工序已实现了自动化控制和信息自动化过程，为今后钢轨生产技术的进一步发展提供了条件。

本书系统总结了新中国成立近60年来，有关钢轨的生产技术、工艺操作经验和教训，全面介绍了提高产品质量所进行的研究工作和钢轨的新钢种开发情况以及钢轨的现代生产技术。本书适合于钢轨生产企业及使用部门的科研和技术人员以及高等院校相关专业师生参考。

本书的编写是由刘宝昇、赵宪明二人共同完成的。刘宝昇编写第1章、第2章和第4章，赵宪明编写第3章，栾瑰馥负责全书的主审工作。在拟定编写大纲、审查稿件以及指导编写等方面，栾瑰馥教授做了大量的工作，在此表示深深的感谢。

由于水平有限，书中不妥之处欢迎批评指正。

作　者

2009年3月

目　录

1 国内外钢轨生产的发展

1.1 钢轨生产技术沿革

火车起源于西方,欧洲古代道路史记载希腊与埃及时代就有轨道模型,凿石为辙,置车其上,用牛马曳之,表明最早的轨道是石轨。路的辙宽、轨距,出现的年代有先后之分,意义相同,都是车轮运行的轨迹。钢轨和铁道,机车和车辆,它们的关系密不可分,它们的发展以机车的动力为主,方向是大运量和高速度;它们之间的发展关系是互动的,其用途是客、货运输。但古今中外的战车包括近代的坦克,在战场上是没有轨道可言的,战争往往在一个地区内进行。由于战争的特殊性,不论是战胜方的乘胜追击或战败方的奔逃,古代战车的驱动力必然是马。在我国,公元前700多年以前的春秋战国时代,战车的数量代表一个国家的威力和力量。在西方也是一样,公元前55年,古罗马的军队乘坐轮距为143.55 cm的战车侵入大不列颠岛。当地人仿制了很多这样的战车,在英国的道路上到处都深深地印有轮距为143.55 cm的车辙。

16世纪以前以四轮马车为主的旅客和货物的长途运送已相当普及,为了使四轮马车沿着这种车辙行驶,英国人制造了很多轮距为143.55 cm的车,后来相沿成习。当英国出现火车的时候,火车的轮距、轨距也就采用了这个宽度,这就是大多数国家铁路的标准轮距都采用143.55 cm的由来。

对路、轨道的要求是运输方便,使客、货运量增大。道路也是随着人类社会的进步而发展的。随着炼铁技术的出现,人类进入铁器时代,从原始的自然通风,以农户为主的制铁户,过渡到用人力通风,官家和私人的炼铁厂。铁产量的不断增加,铁矿石和煤炭的采运量也迅速增加,随着社会对铁的需求量急剧增多,采矿运输业的兴起,要求提高运输能力。1660年英国的纽卡司安坦矿将石轨改为木质轨,在实践中发现木质轨不耐磨,为解决耐磨问题起初在木质轨上钉木条,效果并不显著,又改为钉铁条。由于木制轨不能经久,承受不住越来越多的铁矿石运输,而这时炼铁的能力已大大提高,铁产量增加了,人们开始采用铸铁为轨,生铁轨比木质轨耐磨,铸件容易成形,其价格虽然比木质轨贵,但由于耐磨性能好、寿命长,生铁轨逐渐取代了木质轨。由于铸铁轨道的出现,人们就将其命名为铁道,这就是铁道名字的起源。铁道的出现也使畜力车增大了体积和载重量,同时提高了运输能力。因为畜力运输管理困难,天气变化、马匹伤病等原因无法保证运输稳定,因此急需寻找动力更大并能保证稳定运输的动力。

1820年英国人瓦特发明了蒸汽机,他以煤炭做燃料,这种以蒸汽机为动力的机器问世,便迅速地应用到工业领域,并推动了英国的工业革命,也开始用蒸汽机作货车、客车的牵引。蒸汽机的功率比马车大得多,但早期制造的蒸汽机热效率低,功能有限。1829年英国人乔治·斯蒂文森经多方考察和实验,发明了采用热交换原理,在炉膛内装置大量热交换管道,使管道内流动的水产生大量水蒸气,再由水蒸气推动活塞做功,带动拐臂并推动机车的主动轮,使之推动火车在铁道上运行,这一发明对机车的改进是革命性的。这种机车的牵引力和速度超过了当时任何其他机车,其原理以后被普及并沿用了100多年。这种蒸汽机车的出现,大大提高了铁路运输能力,但生铸铁轨容易脆断的问题也暴露了出来。

1784年发明了把生铁炒炼成熟铁的方法,生铁经反复炒炼可减少碳、磷、硫等低熔点杂质,提高了韧性,可以进行锻造或轧制防止轨道折断。1824年又出现了经改进的炒炼熟铁的方法,扩大了熟铁的来源。从1784年到大约1830年,这些熟铁轨的形状大致为T字形。T字形轨头的凸缘能限制车轮脱轨下道,人们为节省金属把T形轨镶嵌在木质或石质底座上。1831年波奥·奥埃伯设计了每米重为18 kg的工字形轨,其断面形状已接近现代钢轨。以后有人设计出U字形断面铁轨,但在使用中U形轨被淘汰。

在工业革命的推动下,冶金技术迅速发展。1855年美国发明了贝塞麦转炉炼钢法,廉价钢开始供应社会,酸性转炉炼钢法的出现,使钢轨的生产技术达到了一个新的阶段,酸性转炉钢轨的寿命比熟铁轨提高了10倍。

1858年钢轨的形状基本固定下来,断面成工字形。当时钢轨每米重量为38 kg。

托马斯发明了碱性转炉炉衬,可以在炼钢过程中去除硫、磷等有害杂质,碱性转炉生产的钢轨又比酸性转炉生产的钢轨质量好,这时轧钢机开始出现。

1865年美国首先用轧制法生产了每米重量22.6 kg的钢轨。用轧制法生产的钢轨,无论是钢轨组织的致密程度、生产效率和断面尺寸的精度都比铸造方法生产的钢轨好,钢轨工字形断面形状与现代钢轨基本相同。钢轨虽然代替了铁轨,但因为起初命名叫铁道,铁道的名字一直沿用至今。

从20世纪初开始,平炉钢轨的生产得到了很大的发展。生产和使用数据证明,平炉钢轨的使用情况比酸性转炉钢轨和碱性转炉钢轨都好,约半个多世纪用平炉炼钢法生产钢轨一直占据优先地位。到20世纪50年代LD转炉炼钢法的出现,吹氧转炉又逐渐取代平炉,其优点是环保、节能、热效率高。以后炉外精炼、真空除氢、大方坯连铸、喷吹技术和粉末冶金的出现,使钢轨生产技术达到了更高水平。万能轧机的出现、改进与推广,提高了钢轨断面尺寸的精度和表面平直度。自动化技术、电子计算机的出现、改进和全面应用,使铁路运输业、炼钢、连铸实现了信息化、计算机自动控制,钢轨的生产技术向更高水平发展。

随着列车载重量的逐渐增大,机车牵引力不断强化,列车运行速度的逐步加快,钢轨的断面尺寸和单重也相应加大。由起初1865年的22.6 kg/m,到1900年的45.2 kg/m,发展到最近的50 kg/m、60 kg/m、75 kg/m。在大运量的重载线路上,一般都采用60~75 kg/m钢轨,在一般的客运线上采用50~60 kg/m的钢轨。这些都使得钢轨生产朝现代化方向发展,一是钢轨断面和单重向重型化方向发展;二是钢轨的定尺向长轨化方向发展;三是钢轨的性能向高强度方向发展。钢轨断面的历史演变过程如图1-1所示。

最早铺设钢轨的时候,是一根接一根地钉在一起,夏天和冬天由于气温的变化引起钢轨热胀冷缩,把钢轨挤得东扭西歪。人们接受了这个教训,在钢轨之间留有适当的缝隙,让钢轨有伸缩余地,钢轨越长需要轨缝就越大。为了火车行驶安全,轨缝不允许太大。

但是由于轨缝的存在,又带来了不少害处,使列车经常产生剧烈振动,发出噪声影响旅客休息,同时也降低了车轮和钢轨的使用寿命,并给养路维修带来很大的麻烦。养护一条铁路花在接头处的费用要占全部养路费用的40%左右,而钢轨的破损有60%发生在接头处。长期以来人们寻找最大限度地消除轨缝的方法,于是出现了无缝线路,为此就提出了生产定尺更长钢轨的要求。

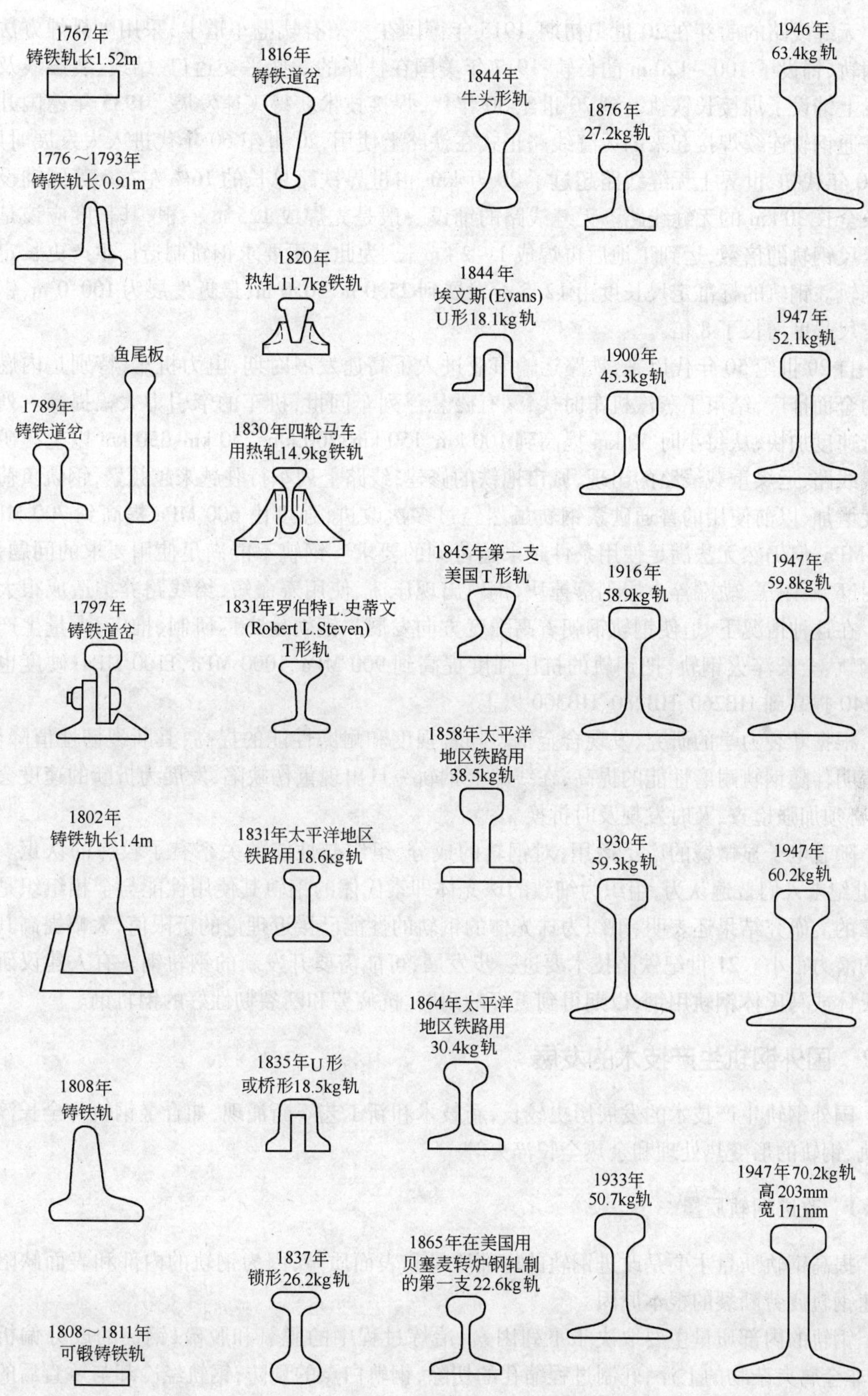

图1－1 钢轨断面的历史演变过程

无缝线路的萌芽在20世纪初期,1915年德国在一条有轨电车道上,采用电弧焊方法焊接钢轨,铺设了100~120 m的长轨;1917年美国在铁路的一些平交道口、站线、装煤线及过磅线上铺设了焊接长铁轨。到20世纪30年代,焊接技术获得飞速发展。1935年德国开始将普通钢轨连续焊接起来的无缝线路正式在铁路上使用,20世纪60年代进入大发展时期,到70年代初,世界上无缝线路超过了20万km,占世界铁路总长的16%左右。英国铺设了一条全长30 km的无缝线路。无缝线路的铺设一般是先焊成125 m一根,其长度应该是标准定尺钢轨的倍数,运到工地后再焊成1~2 km长,为此就更要求钢轨制造厂生产更长定尺的钢轨。钢轨的标准定尺长度由12.5 m发展到25.0 m、50.0 m,最近发展为100.0 m,钢轨的定尺长度增长了8倍。

自20世纪50年代以来,铁路运输事业进入了高速发展时期,电力机车、特别是内燃机车的全面推广,结束了蒸汽机车时代,又有磁悬浮列车问世,机车的牵引力大幅提高。列车运行速度加快,从每小时50 km提高到100 km、150 km、200 km、250 km、350 km以上。矿山重载线路、运煤重载线路的出现,城市地铁的修建,线路上列车行驶越来越频繁,钢轨负荷大幅度增加,以前使用的普通碳素钢轨虽然经过多次改进,强度由600 MPa提高到700 MPa、800 MPa,但仍然无法满足使用条件越来越苛刻的要求。钢轨不能满足使用要求的问题是:不耐磨、不耐压、轨端淬火层剥落掉块、钢轨出现压溃、使用寿命短,给线路养护造成很大困难。在这种情况下,迫使钢轨钢朝着高强度方向发展。钢轨生产厂研制、推广、大量生产合金钢轨、全长淬火钢轨,把钢轨的抗压强度提高到900 MPa、1000 MPa、1100 MPa;硬度也从HB240提高到HB260、HB280、HB300以上。

根据断裂力学的研究,发现合金钢轨随着强度和耐磨性能的提高,其断裂韧性值降低,这表明伴随钢轨耐磨性能的提高,在线路上钢轨一旦出现重伤缺陷,发展为折断的速度会变快,必须加强检查,及时发现及时拆换。

随着电子显微镜的广泛运用,对钢轨的成分、组织与性能的关系有了较深的认识。到20世纪末人们普遍认为,组织为细致的珠光体即索氏体的钢轨其使用性能与金相组织是最可靠的。研究结果还表明,组织为珠光体的钢轨的性能已接近理论的极限值,大幅提高其性能的潜力很小。21世纪铁路技术要进一步发展,可能需要开发新的钢轨钢。有人建议研究贝氏体或马氏体钢轨用钢,以期得到更好的耐磨、抗疲劳和断裂韧性好的钢轨钢。

1.2 国外钢轨生产技术的发展

国外钢轨生产技术的发展历史较长,新技术和新工艺不断涌现,如合金钢轨与全长淬火钢轨、钢轨的形变热处理和余热全长淬火等。

1.2.1 改进钢轨质量

提高钢轨质量主要是改进钢轨的内部质量和表面质量,因为钢轨的内部和表面缺陷是加速钢轨疲劳断裂的根本原因。

钢轨的内部质量主要取决于下列因素:冶炼过程中的脱氧和脱硫,钢锭的成分偏析状况,非金属夹杂物的上浮,轧制过程缩孔的切除,钢轨白点的预防,钢轨经冷却与矫直后的残余应力大小和分布及上述缺陷的恶性演变。

在脱氧制度方面,国外一般用铝、锰铁和硅铁进行脱氧,也有用硅钙脱氧的。用铝和硅铁脱氧的主要优点是成本低，但往往在钢中出现较多的氧化铝和硅酸盐。硅钙合金对氧有很大的亲和力，其氧化物的熔点低，漂浮快。在美国曾试验用锆铁进行脱氧，发现对减少钢的偏析有效，但不经济。前苏联试验用硅钙合金、钒铁、钛铁、硅钒铁、硅钒钙铁和硅锆脱氧，提高了钢的纯净程度。国外还广泛研究用炉外精炼，包括合成渣洗、吹氧、吹氮处理、电渣重熔、吹硅钙粉、吹碳化钙粉来净化钢液。真空处理和真空浇铸也有助于减少钢中的夹杂物和气体，例如将盛钢桶在一般真空下处理 15 min 左右，钢中的氢含量降低了 75% ~80%，氧含量降低了 50% ~75%，并显著减少非金属夹杂，这对净化钢质、提高钢的韧性有利，但也将提高钢的成本。

众所周知，氢是产生白点的根本原因，为消除钢轨的白点缺陷，美、俄、中、日等国一般采用缓冷处理，重量为 42 kg/m 以上的钢轨轧后在坑内 500 ~200℃缓冷 10 h 以上，也有采用 580 ~620℃等温处理 2 ~3 h 消除白点的。近年来吹氧转炉炼钢和连铸钢坯的推广，都对减少氢含量有利，随着这些设备的大量使用，白点问题得到了基本解决。

钢锭的形式和重量对控制钢轨的内部质量和保证定尺有很大意义。良好的钢锭应该保证钢轨质量均匀，改善偏析和消除有害杂质。以前美、日、英等国是采用上小下大不带保温帽的钢锭模浇铸钢轨钢，内部普遍存在二次缩孔。为提高质量，近年来也逐渐采用上大下小带保温帽的钢锭。从组织生产的角度来考虑，钢锭模的种类和形式应当简化，要尽量采用统一模型，因此研究选择最合理的钢锭形式和重量是非常重要的。国外钢轨用钢锭的重量一般为 8 ~10 t，采用大的钢锭轧制钢轨，总压下量相对会大一些，这对改善质量有利，但是在选择大钢锭时，还必须依据初轧机、均热炉及装炉机的能力来考虑。

钢轨的表面质量越来越受到人们的重视。使用经验证明，轨底与轨头的表面缺陷对钢轨的使用寿命有很大影响，特别是轨底中央三分之一部位的裂纹、结疤、折叠等缺陷会显著降低钢轨的寿命。近年来高速列车的推广，不仅对钢轨的表面质量要求严格，同时对钢轨表面的不平顺也提出了新的要求，钢轨在使用中造成的外伤也必然损害使用寿命。为提高钢轨的表面质量，国外普遍采用在作业线上安装火焰清理机对钢坯进行全面扒皮，然后再进行补充检查处理。为防止冷坯火焰处理造成的“鸡爪”裂纹，钢坯一般是热扒皮。为改善轨底及轨头的表面质量，国外还普遍采用万能轧机，美国早在 1900 年申请了用万能轧机生产钢轨的专利，例如美国的格里厂采用万能轧机立辊使轨头和轨底得到补充加工降低了表面粗糙度。1965 年法国取得了万能轧机的专利权；日本 1968 年又从法国取得了专利技术。采用新型万能轧机生产钢轨的优点是轨底与轨头受到直接加工，因此大大改善了轨头与轨底的质量，减少头、底的缺陷，断面减缩率显著改善，旋转弯曲、疲劳性能提高 29 ~39 MPa。

钢轨在使用中最容易出现破损的部位是螺孔，由于疲劳裂纹沿螺孔开裂致使钢轨脆断而报废，因此对钢轨的钻孔要特别注意。钢轨钻孔后应进行扩孔、倒棱并去除毛刺，防止应力集中。据介绍扩孔 1.0 mm，疲劳强度提高 40%。随着焊接无缝线路比重日益加大，螺孔问题相对减少。

近来为提高钢轨质量采取的检测方法主要是，在作业线上进行超声波探伤。采用探伤交货的措施后，线路上事故显著减少，据法国铁道部门介绍，钢轨经超声波检查，可以挑出内部有缺陷的钢轨，并克服脆断等问题，与不经探伤的钢轨相比较，在使用头 5 年中，拆换的钢轨大约减少了 97%。采用探伤交货的办法可以防止漏检，还能发现冶炼和浇铸中的问题，指导改进操作。

为推动改善钢轨质量,铁道部门还应及时了解、收集各钢厂钢轨在使用中的质量问题,必要时还应邀请有关厂共同进行考察,以便促进钢轨质量的提高。

1.2.2　改进钢轨断面外形和尺寸

为适应铁路运输的发展,钢轨的外形、尺寸需要不断的改进。

轨顶踏面外形:国际铁路联盟美、日、德等国,为改善轨头踏面与车轮的接触条件,钢轨的顶面采用了复曲线的外形轮廓,与比较平的轨头相对比,复曲线的轨头踏面较为凸出,可使车轮的压力较集中地作用于轨顶中心,从而降低了钢轨的附加应力。

轨头侧面:一般多采用上窄下宽斜度为1:20的斜线,与垂直型的侧面相比较,带斜度的侧面有利于降低轨头与轨腰连接处的应力,增大鱼尾板的受力面积。

从轨头到轨腰的轮廓:大都采用一个较大半径的圆弧来连接,这会增加钢轨与鱼尾板之间的摩擦阻力,使轨缝的变化较小,也对无缝线路有利。

轨腰:大都采用复曲线,是为了使轨腰到轨底的过渡平顺。

很多国家有增加轨腰厚度的趋向,以增加钢轨的惯性矩来抵抗挠曲。美、日、俄等国逐渐增加钢轨高度,同时还考虑钢轨的稳定性,目前钢轨的高(H)宽(B)比已增加到$H/B=1.2$。

为提高钢轨断面形状、尺寸精度,俄罗斯库钢在轧制方法和孔型设计方面进行了一系列的革新。新的孔型设计是在轧制过程中保证钢轨头部的金属向腰部流动,把成品孔和成品前孔结合起来考虑,准确地控制轨头和轨底变形。成品前孔采用了在轨头中间和轨底的靠近边部为开口的形式,还适当加大了成品孔轨头的上下圆角和踏面的圆弧半径。这就使孔型的计算方法以及成品孔和成品前孔的调整发生了根本变化。钢轨出成品孔后,再经万能轧机立辊加工,使轨头和轨底表面光洁、平顺,收到了显著效果。轨头纵向不平顺减小0.1~0.2 mm,提高了轨端的平直度,还细化了晶粒,根据三次试轧结果,P-65型重型钢轨的一级品率高达98.5%,已经推广应用。

1.2.3　提高成材率

提高钢轨的成材率主要是积极发展连铸坯的生产。与模铸法相比较,连铸钢轨的成材率提高约7%。英国的谢尔顿和沃金顿厂,先后于1971~1974年用连铸坯生产钢轨100多万吨,起初只允许生产普碳轨,后来低合金耐磨轨和含铬1%的特级耐磨钢轨都采用连铸生产,现在英国的钢轨已全部用连铸坯生产,南非和加拿大也用连铸坯生产钢轨。1975年苏联试验了连铸钢轨,表面质量优良,低倍组织令人满意。为改善连铸坯的内部和表面质量,1978年日本的八幡厂采用了控制钢液温度、无氧化浇铸,合理选择浸入式水口材质,使非金属夹杂物减少了一半;通过轻微的电磁搅拌,使等轴晶比率增加40%,改善了中心偏析;采用减少单位水量控制冷却,在防止内部裂纹上取得成效,目前已完全做到可以生产无裂纹的连铸坯,钢坯表面质量优良,内部质量稳定,成材率提高,钢轨的力学性能与模铸法相同。

1.2.4　高强度耐磨钢轨

获得高强度耐磨钢轨的主要方法有二种:一是合金化;二是热处理。如果将合金钢轨进行热处理就会使钢轨的强度提高到更高的水平。

1.2.4.1 合金钢轨

绝大多数的合金钢轨是在热轧状态下使用,它的强化机制主要是固溶强化、弥散强化和细晶强化。固溶强化和弥散强化在提高强度的同时恶化韧性,而细晶强化是同时提高强度和韧性,因此在选择合金元素时,必须考虑应符合上述强化机理的要求。在钢轨钢中符合固溶条件的合金化元素有碳、硅、锰、铬、镍、钼、铜等,这些元素通过置换或间隙固溶强化了铁素体和珠光体,改变了珠光体和铁素体本身的组分,增强了钢的力学性能。因为硅、锰、铬等合金元素加入钢中使碳的共析点S向左移动,因此在碳含量相同的条件下,钢中加入硅、锰、铬等元素就相对地增加了珠光体的含量,提高了钢的强度。符合弥散强化和细晶强化条件的元素有铝、钒、钛、铌、锆、氮等,铝对氧有很大的亲和力,钢中加入适量的铝可以获得细晶粒的钢;钒、钛、铌、锆等是强烈形成碳化物的元素,这些碳化物在加热和冷却过程中可以固溶和弥散析出,有利于相变的形核并阻止晶粒长大,从而细化晶粒,因为这些碳化物还呈弥散析出,所以它们既起到弥散强化的作用又起到细晶强化的作用。氮是通过间隙固溶实现钢的强化;而铬与锰可以形成复合渗碳体$(Fe,Cr)_3C$、$(Fe,Mn)_3C$并提高钢轨的耐磨性能。铜、铬和适量的磷形成的氧化薄膜,可以显著改善钢轨的抗大气腐蚀能力。

研究结果还表明,符合固溶条件的元素硅、锰、铬等也可以起到细化晶粒的作用,这是因为硅、锰、铬加入钢中会阻碍碳原子和铁原子在相变时的扩散,同时它们本身在奥氏体中的扩散速度也比较迟缓,因此在加热和冷却过程中Fe_3C、$(Fe,Cr)_3C$、$(Fe,Mn)_3C$和硅、锰、铬等向奥氏体中的溶解或自奥氏体内向外扩散的过程较为缓慢,造成了碳化物扩散和溶解的困难,增大了奥氏体的稳定性,使钢的相变过程迟缓,因而改变了钢的相变温度,使C曲线向右移动,增大了珠光体的孕育期,导致珠光体层片间距变小,从而细化了晶粒,提高了钢的力学性能。

从国外的发展情况来看,耐磨合金钢轨按强度大致可分两类:强度大于883 MPa的耐磨钢轨和强度大于1079 MPa的特级耐磨钢轨,近年来大量生产耐磨钢轨是钢轨发展的一个重要趋势。

1.2.4.2 耐磨钢轨

耐磨钢轨是指极限强度大于883 MPa的合金钢轨。国外经过50多年的发展,目前很多国家在研究、生产和采用合金元素方面大致相近,都是在碳素钢轨的基础上,首先是充分发挥碳的强化作用,然后再适当调整碳和增加锰、硅等廉价的合金元素来达到提高强度的目的。但是对钢中碳、锰、硅等元素的具体含量,目前各国的看法并不一致,很多国家在研制、生产和使用耐磨轨方面取得了良好的经济和技术效果。例如西德从1950年开始试用合金钢轨,1970年全部生产A类耐磨钢轨,耐磨钢轨在线路的铺设量已超过50%,据报道通过1亿t运量后耐磨轨与碳素轨相比较,在平直线段磨耗量的比例为0.7:1,在坡曲线段为0.4:1。近年来西欧铁路联盟各国都生产强度不低于883 MPa的耐磨钢轨,而美国则采用并发展高碳钢轨钢,试验结果表明,把碳素钢轨中的硅含量提高到0.6%~0.8%可以显著降低钢轨的磨损,减少剥离缺陷,抗拉强度比碳素钢轨提高39~49 MPa。1978年苏联文献报道,把平炉钢轨钢的硅含量从0.13%~0.28%,提高到0.18%~0.40%,极限强度提高了15 MPa,耐磨性能提高了10%。各国耐磨钢轨的化学成分和力学性能如表1-1所示。

表1-1 各国钢轨的化学成分及强度

国名	标准代号	钢号	化学成分(质量分数)/% C	Si	Mn	P	S	R_m/MPa
欧洲	UIC860	A级	0.6~0.75	≤0.5	0.8~1.3	<0.05	<0.05	>883
		B级	0.5~0.65	≤0.5	1.3~1.7	<0.05	<0.05	>883
		C级	0.45~0.60	≤0.3	1.7~2.1	<0.03	<0.03	>883
美国、加拿大	ASTM		0.67~0.8	0.1~0.23	0.7~1.0	<0.04	<0.03	>883
			0.69~0.82	0.1~0.23	0.7~1.0	<0.04		834~932
俄罗斯	ГОСТ	6944-54	0.67~0.80	0.13~0.28	0.7~1.0	<0.04	<0.05	>785
		8160-56	0.69~0.82	0.13~0.28	0.7~1.0	<0.04	<0.05	>785
日本	JIS		0.6~0.77	0.5~0.8	0.6~0.95	<0.04	≤0.035	932~1030
中国		中锰轨(AP_1)	0.65~0.77	0.15~0.35	1.1~1.5	<0.04	≤0.04	>883
		U-Si	0.65~0.75	0.85~1.15	0.85~1.15	<0.04	≤0.04	>902

1.2.4.3 特级耐磨钢轨

根据国外的使用经验,随着运输量的增加,每天平均运量在4万t以上的小半径曲线地段应该铺设特级耐磨钢轨。

特级耐磨钢轨是指极限强度大于1079 MPa的合金钢轨,在国外这种钢轨还用于时速120~300 km的线路和轴重大的弯道上。高强度合金钢轨一般对缺口都比较敏感,因此对待有明显外伤和内伤的这种钢轨,在使用过程中应当密切注意。近年来不少国家研制并积极生产特级耐磨钢轨。值得指出的是,各国选用的合金元素极不一致,例如有的用铬、铬锰、铬钼、铬硅、铬钼硅、铬钼钒,有的用硅锰,也有选择多元素综合利用的。发展特级耐磨钢轨到底选择哪些合金元素最为合适,这首先要着眼于经济问题,应当从本国的合金元素资源和来源考虑。由于各国合金元素的资源和来源不同,所以选用的合金元素也不一致。如美国、俄罗斯、加拿大等国铬的资源丰富,就着重发展以铬为主的特级耐磨钢轨;美国的钼矿较多,有条件研制含钼的钢轨;德国也发展含铬的特级耐磨钢轨。实践证明含铬的特级耐磨钢轨是成功的,在德国和俄罗斯进行了较大规模的工业生产,并取得了显著的经济和技术效果,如在德国的克虏伯钢铁公司,生产了含铬0.7%~1.2%、极限强度为1079 MPa以上的特级耐磨钢轨,铺设结果表明,它的耐磨性能比A类耐磨钢轨提高一倍;俄罗斯生产了含铬0.5%~1.0%的钢轨,使用寿命比碳素轨提高一倍半。美国在普通碳素钢轨的基础上加入铬0.6%~1.15%、钼0.18%~0.28%和少量的钒,铬钼钢轨的极限强度为981~1177 MPa。澳大利亚也试验了合金钢轨。日本文献介绍了合金钢轨,强度极限为1010~1226 MPa。德国的克虏伯钢铁公司又研制了一种极限强度为1373 MPa的新型钢轨,它的化学成分(质量分数)是碳0.3%、锰0.4%、硅0.3%、铬3.0%、钼0.5%,显微组织为贝氏体,根据铺设情况,这种钢轨具有较高的耐磨、抗压和疲劳性能,同时还有较高的断裂安全系数和良好的可焊性。如果把最近国外研制的特级耐磨钢轨,按碳含量来分,有高碳、中碳和低碳三类,其中最多的是高碳类。各国特级耐磨钢轨的成分和力学性能见表1-2。

表 1-2　各国特级耐磨钢轨的成分和力学性能

国名	厂别	化学成分(质量分数)/%											力学性能		
		C	Si	Mn	P	S	Cr	Mo	V	B	Al	Nb	R_m /MPa	A/%	HB
德国		0.65~0.75	≤0.05	0.8~1.5	≤0.05	<0.05							>883	≥10	
		0.65~0.80	0.3~0.9	0.8~1.3	≤0.03	≤0.03	0.7~1.2						≥1079		
	Friod Krupp	0.7	0.73	1.05			1.0						1128	12	315
		0.3	0.3	0.4			3.0	0.5					1373	16	
	Aug Thessen	0.65	0.6	1.05			1.15		0.2				1128	12	320
	Klockner	0.65	0.3	0.8			1.0	0.1	0.1				1128	12	325
日本		0.33	0.33	1.2	0.018	0.008	1.17	0.2	0.07	0.002	0.02		1079	17	320
		0.54	0.37	1.43	0.021	0.006	1.01		0.05		0.021		1010	18	290
		0.72	0.92	1.37	0.022	0.010					0.020		1010	16	270
		0.69~0.77	0.14~0.82	0.87~1.32	0.013~0.02	0.008~0.01	0.82~0.85	≤0.18	0.07~0.12		0.018~0.037		1059~1216	12.2~17.5	295~351
美国	CF&I	0.75	0.65	0.80									981	11	285
	Climax	0.75	0.20	0.90			0.80	0.20					1177	13	350
		0.70~0.75	0.25~0.75	0.6~1.05			0.6~1.15	0.18~0.28					981~1177		
俄罗斯		0.63~0.75	0.13~0.28	0.7~1.0			0.5~1.0						1000~1085		
英国		0.65~0.75	≤0.05	0.8~1.2	≤0.05	≤0.05							>883	≥10	
	Britich Steel	0.75	0.35	1.25			1.15						1128	11	325
加拿大	Algome	0.75	0.25	0.75			1.30						1079	9	300
	Sydney	0.70	0.20	1.65			0.60		0.10				1128	10	375
		0.70	0.55	1.10			0.80					0.04	1128	10	330
法国	Saellor	0.70		0.75			0.80						1079	9	
澳大利亚	Broken Hill	0.70	0.20	0.95			0.80	0.20	0.05				1275	13	410
UIC		0.55~0.80	0.5~0.9	0.8~1.2	<0.03	<0.03	0.7~1.1						>1079		

1.2.4.4　复合钢轨和高锰钢轨

在日本和德国都研制过复合钢轨。轨头采用耐磨的合金钢质，化学成分为碳 0.7% ~ 0.75%、硅 0.3% ~0.6%、锰 0.62% ~0.75%、铬 1.0% ~1.59%，硬度达 HB340，轨腰与轨底则采用高韧性的低碳钢。这种钢轨的制造工艺复杂，主要是浇铸钢锭时两种金属不易很好的焊合，因而降低使用寿命。含碳 0.9% ~1.4%、锰 10% ~14% 的高锰钢轨一般使用在道岔上，能大大提高耐磨性能。高锰钢的组织是奥氏体，具有冷作硬化的特点，开始使用时硬度很低容易被压溃，但经过车轮的往复作用以后，在表面会形成硬度达 HB550 左右的硬化层，使用效果很好。由于高锰钢的生产工艺复杂，因此没有得到广泛使用。

日本还研制了含铬3% ~5%的耐磨蚀、耐磨合金钢轨，见表1-3，并在青森到函馆线路的隧道中采用了金属覆膜和有机树脂处理等技术，改善了腐蚀条件。

表1-3　耐腐蚀、耐磨钢轨

试验编号	化学成分(质量分数)/%									力学性能	
	C	Si	Mn	P	S	Cr	Cu	Mo	Nb	R_{eL}/MPa	R_m/MPa
1	0.08	0.11	0.62	0.015	0.014	4.91	0.10	0.33		932 ~981	1177
2	0.13	1.18	0.68	0.017	0.014	4.85	0.12	0.35			1324
3	0.19	0.21	1.08	0.014	0.009	3.13	0.13		0.07		1265

1.2.4.5　热处理钢轨

热处理是改善钢轨强度提高寿命的又一重要方法，近来热处理钢轨的生产得到了迅速发展。

热处理钢轨主要是钢轨的全长淬火。全长淬火是将钢轨重新加热到810 ~1020℃，或利用轧制余热进行急速冷却，获得细珠光体组织，使钢轨的性能达到特级耐磨钢轨的水平。经全长淬火的钢轨，其强度、耐磨性能获得提高的同时，冲击韧性也得到显著改善。与合金化方法相比较，热处理方法有很多优点。但是由于钢轨的长度和重量都比较大，钢轨是异形断面钢材，在热处理过程中很容易出现严重变形，给热处理以及事后的矫直带来很多麻烦，钢轨内部容易产生比较大的残余应力。因此发展热处理钢轨的先决条件是首先要有可靠的热处理设备，还要注意改进工艺。为保证淬火后钢轨的定尺长度，进行淬火的钢轨要严格控制长度，准确地测定钢轨经淬火和矫直后长度的变化量。还要进行修整，清除轨头和螺孔的毛刺。

目前钢轨全长淬火按加热方式的不同可以分为4类，即钢轨在煤气炉内加热淬火、中频电流感应加热淬火、火焰加热淬火和利用轧制余热加热淬火。

(1) 钢轨在煤气炉内加热淬火。钢轨的加热温度为810 ~850℃，根据使用介质之不同淬火可分三种方法，即油内整体淬火、用热水沿轨头踏面淬火和用水雾沿轨头淬火并使轨底中部适当强化。

在油中进行整体淬火的钢轨，应首先在辊底式炉内加热到810 ~850℃，整体移入浸在油中的滚筒内，以100 ℃/min 的速度连续冷却，然后在450℃的等温炉中保温2 h 进行回火，以达到淬火层的硬度均匀一致，并减小因淬火而引起的残余应力。钢轨经垂直矫直机和水平矫直机的矫直，如果仍有局部变形，还应在冲压机上进行补充矫直。

要研究降低钢轨残余应力方法，使残余应力分布合理，并有利于增加轨头的接触疲劳强度，同时也增加轨腰和轨底的疲劳强度。

俄罗斯有关文献认为，钢轨整体油淬火的使用效果较好，美国的斯蒂尔顿和俄罗斯的下塔吉尔都是采用这种方法进行全长淬火。

俄罗斯的捷尔仁斯基厂使用的方法是钢轨用热水沿轨头踏面淬火。据介绍，转炉钢轨用水淬火时，轨头朝下，钢轨高速通过淬火设备。淬火设备由带有辊子的机架和纵向槽组成。槽内热水流动，轨头上部放入热水中，钢轨经淬火后，用热弯机将钢轨弯向轨底，再自身回火。预弯和自身回火结合起来可以使轨头的残余应力具有合理的分布，使轨头处于适当的拉应力状态。

(2) 中频电流感应加热淬火。感应电流加热表面淬火是轨头采用中频电流感应加热,轨底用 50 Hz 的工频电流进行预热,以防止淬火后的钢轨出现严重变形。淬火介质有的用水、水雾、压缩空气,也有试验用沸水作淬火介质,但总的趋势是采用水雾和压缩空气。这种淬火方法的主要优点是淬火后的弯曲度小(0 ~ 80 mm)。据介绍经这样全长淬火的钢轨,轨头踏面角部的不平顺不超过 0.2 ~ 0.3 mm,轨端变形不超过 0.5 mm,钢轨总的变形量很小,矫直方便。但由于淬火设备的某些不完善,淬火后钢轨的力学性能和硬度有很大的不均匀性。因此感应电加热淬火工艺有待进一步完善。美国的格里厂、俄罗斯的亚速钢厂、日本的八幡及福山大型厂都是采用这种方法进行全长淬火的。

1980 年日本试制了新热处理钢轨(NHH)用压缩空气淬火后空冷,轨头踏面淬火层深约 25 mm,获得微细的珠光体组织,其层片间距约为 0.1 mm。这种新淬火方法的突出特点是可以通过调整热处理装置来防止钢轨出现弯曲,淬火后钢轨几乎没有残留变形。

(3) 火焰加热淬火。这种方法过去多为铁路现场用来对弯道钢轨进行淬火,它的优点是设备简单,比较便宜,缺点是质量不稳定。1970 年美国在火焰淬火方法上公布了专利,两根钢轨可以同时在固定的火焰装置下面通过,用煤气和氧气加热,热量得到充分利用。在加热和淬火过程中还能防止钢轨歪扭,美国的普韦布罗厂采用火焰加热淬火。

(4) 利用轧制余热加热淬火。利用轧制余热进行全长淬火是比较经济的方法,控制终轧温度在 900℃左右,钢轨高速通过淬火设备,利用喷水、水雾或压缩空气进行全长淬火、自身回火,提高钢轨的强度和使用寿命,西欧、美洲和前苏联很早以前都试验过这种方法。它的缺点是质量不稳定,硬度及淬火层不均匀,容易出现淬火裂纹,钢轨的白点缺陷无法保证清除,其使用效果并不显著,因此无法推广大批量生产。

低氢冶炼、形变热处理和电子计算机、自动控制等技术的发展,为研究利用轧制余热进行全长淬火开辟了可靠的广阔前景。俄罗斯研究结果表明,形变热处理,即增大成品孔的压下量并利用余热全长淬火,可以显著提高钢轨的力学性能,出成品孔后用水雾冷却,自身回火,钢轨的力学性能达到了在油中整体淬火的水平。最近法国在全长淬火工艺方面取得了专利,这说明钢轨的形变热处理是今后研究的方向。

实现全长余热淬火的前提条件是实现低氢冶炼消除白点,采用吹氧转炉炼钢就会实现低氢冶炼。日本文献报道了用转炉炼制钢轨钢就没有白点,文献介绍用氧气转炉吹炼的钢轨钢,经连铸或浇铸成钢锭,无论是轧后或热处理后都未发现白点。这充分说明把平炉改为吹氧转炉,再注意原料、合金、大罐、整模及流钢系统的烘烤并保持干燥,就可以有效地防止白点缺陷,取消缓冷工艺。

在实现低氢冶炼取消缓冷工艺的基础上,进一步改造轨梁厂,实现全长余热淬火。在成品孔后或热锯后面安装钢轨全长余热淬火设备,包括电子计算机、自动控制装置和淬火机组等,自动地测量钢轨的温度,并根据事先选定的工艺参数自动确定淬火时间,淬火时间由钢轨在淬火机架中运送的距离自动调整,以获得细珠光体组织;同时还要保证使轧机能力和淬火处理作业线之间有可靠的平衡,并采取有效措施减小钢轨内部的残余应力。实现全长余热淬火,比现有的各种淬火方法都具有更好的经济性,节约能源且成本低,但难度也大,是高水平的新技术、新工艺。

日本开发的在线钢轨热处理技术,20 世纪 90 年代投产。经全长淬火的钢轨,淬火层的形状为帽形,深度 15 mm 以上,淬火层的硬度约为布氏 HB360。各国淬火钢轨的力学性能见表1－4。

表1－4　各国淬火钢轨力学性能

国名厂别	淬火方式	化学成分(质量分数)/%				R_m/MPa	A/%	硬度 HB	
		C	Si	Mn	Cr			实测	规定
美国	头部	0.8	0.2	0.9		1255	12	380	321～388
	整体	0.8	0.2	0.9		1226	13	365	321～388
俄罗斯	头部	0.65～0.82	0.13～0.28	0.75～1.15		≥116			321～375
	整体					1138～1275	9～10		321～375
日本	头部	0.68	0.2	0.9		1128	18	360	321～375
		0.67	0.28	0.89	0.29	1304	14	360	
中国攀钢、包钢	头部	0.62～0.77	0.15～0.37	0.7～1.1		1079～1226	12.5～18		320～380
		0.67～0.80	0.13～0.26	0.7～1.0		1098～1324	9.5～15.5		

根据俄罗斯的使用结果,整体油淬火钢轨的接触疲劳强度为不淬火钢轨的1.5～2倍,磨耗性能提高2倍,寿命提高1.5倍以上。炉内加热表面淬火的转炉钢轨比未淬火的平炉钢轨的使用可靠性提高10%～15%。

中频加热淬火的钢轨在使用中具有较高的力学性能,有利的残余应力分布,弯曲度和长度的变化都比较小。美国铺设结果表明,全长淬火钢轨的耐磨性能比未淬火钢轨提高4～6倍,但有的试验区段发现有较严重的沿踏面金属剥离。日本文献报道中频加热全长淬火钢轨的耐磨性能是碳素轨的3倍多。

使用经验还表明,中频加热淬火钢轨在使用中最危险的缺陷是横向疲劳裂纹和断裂,以及轨头出现严重的剥离。

钢轨采取全长淬火大大提高了钢轨的使用性能,根据国外的使用经验,由于行车速度、轴重和货运密度的增大,还必须研究更高强度的热处理钢轨,这种钢轨的轨头踏面淬火层的深度应为25～30 mm,显微组织为回火索氏体,硬度HB450,同时为了提高索氏体的抗脆能力,钢轨的腰、底和轨头下部还要用中频电流加热到650～700℃进行高温回火,使整根钢轨具有可塑的而又相当坚硬的回火索氏体组织。

采用等温处理也是生产高强度钢轨的有效方法,俄罗斯亚速钢厂的试验结果表明,将化学成分为含碳0.66%、锰0.27%、硅0.49%、铬1.1%的合金钢轨加热到850～890℃,在含$KNO_3$55%和$NaNO_2$ 45%的热盐中进行等温处理,等温处理温度为320～340℃,等温停留时间30～40 min,钢轨的抗拉强度为1569 MPa,屈服强度为1275 MPa,伸长率大于11%,断面减缩率大于35%,室温冲击值约为39 J/cm^2。俄罗斯库钢试验结果表明,将化学成分为含碳0.67%、锰1.14%、硅0.82%、铬0.8%、钒0.15%、磷0.022%、硫0.014%的合金钢轨,进行形变热处理,即轧终温度850℃进行整体油淬火处理,钢轨的抗拉强度达到1510～1638 MPa,屈服强度为1353～1422 MPa,伸长率为7.2%～7.9%,断面减缩率为19%～35%,室温冲击值为11.8～22.6 J/cm^2,零下40℃时为7.8～22.6 J/cm^2。

1.2.5　贝氏体和马氏体钢轨

最早研制贝氏体钢轨的是德国克虏伯厂,其化学成分是碳0.3%、硅0.3%、锰0.4%、铬

3.0%、钼0.5%，抗拉强度为1400 MPa，伸长率为16%。近来英国的罗瑟姆公司的技术研究中心和沃金顿厂研制并开发了贝氏体和马氏体钢，其抗拉强度达到1350 MPa，屈服强度为800～950 MPa，伸长率为13%～15%，硬度HB395，断裂韧性K_{IC}比在线热处理钢轨提高约1倍。这表明贝氏体和马氏体钢轨的性能更适应铁路运输日益提高的需求。

1.2.6　钢轨的重量、长度和专门试验设备

1.2.6.1　钢轨重量、断面的增大

由于运输的繁忙、轴重的加大、速度的提高，各国都逐渐采用60 kg/m、65 kg/m、70 kg/m和75 kg/m的钢轨。根据德国介绍，运输量每天超过8万t、重轴车以及小半径曲线地段，使用强度为883 MPa级的钢轨，使用寿命也是很短的，必须采用重型钢轨或更高强度的钢轨。西欧国家的货运密度为2500万t/km，轴重22～23 t，法国巴黎——图尔高速列车的运行速度为200 km/h，美国纽约—华盛顿高速列车的运行速度为160 km/h，东京—大阪高速列车的运行速度为250 km/h，俄罗斯货运密度为1.7亿t/km，货运速度100～200 km/h，客运速度160～200 km/h，这些线上都已更换了60 kg/m、65 kg/m、70 kg/m、75 kg/m的钢轨。根据美国的使用经验，用65 kg/m钢轨代替56 kg/m钢轨，线路养护费可节约16.8%，即每增大1 kg/m单重可节约维修费1.8%。由于轴重的加大钢轨断面上承受更大的弯曲力矩，所以用断面大的钢轨可以提高寿命，保证行车安全。轴重和行车速度的加大，要求钢轨的耐磨和耐压性能提高。大断面钢轨允许提高碳含量，从而进一步发挥碳对耐磨、耐压性能方面的优势，因此各国共同的趋势是不断加大钢轨的断面。

1.2.6.2　钢轨长度的变化

世界各国钢轨的长度都在不断地加长，根据国外的标准规定，德国钢轨定尺为30 m，英国是18.3 m，日本为25 m，俄罗斯为25 m，只有美国和加拿大为11.9 m，但生产厂已供应25 m钢轨，后改建的凯泽公司轨梁厂，把钢轨定尺改为25 m。

日本福山大型厂改建后能生产定尺长为50 m的钢轨，据介绍有能力生产出长100 m的定尺钢轨。1978年西德的蒂森公司大型厂改造后可以生产定尺长为60 m的钢轨。生产长定尺钢轨主要受厂房设备和运输条件的限制，如厂房基础钢架的跨度、缓冷坑长度、吊车能力等，长定尺钢轨可以减少接头，节省维修工作量，减少对车轮的冲击，减少无缝线路的焊接头。估计美国、加拿大焊接线路已占全部线路75%，英国研制成功了焊接钢轨的新技术，在线路上可以把钢轨连续焊接成任意长度，已焊接14000多公里的干线，焊接质量可靠。

1.2.6.3　钢轨的专门试验设备

为检验钢轨的质量，需要有实验室内的和模拟钢轨实际使用的试验装置。

悬臂滚动负荷试验机用于试验焊接接头，滚动轮行程304.8 mm，负荷256 kN，力矩65 kN·m，焊接缝处放一支撑件，外层金属的应力为0～176.2 MN/m^2，钢轨经受200万次试验不应有裂、断现象。

摇篮滚动负荷试验机，钢轨对垂直轴摆动角为13°，滚动轮行程178 mm，负荷222.4 kN，钢轨放在平板上，不产生弯曲力矩，试验500万次或表面出现剥离，并经常取下来探伤。

落锤试验，试样支点间的距离1.219 m，锤重力8.9 kN，高度6.71 m，冲击能量59.7 kJ，钢轨要能承受冲击一次以上，不出现裂、断现象。

冲击试验，标准V形缺口冲击，从轨头纵向取样，缺口为轨头的横向。试样先用疲劳试

验机在 V 形槽底预制裂纹,裂纹与 V 形槽合起来占断面厚度 30% ~50%,计算 K_{IC} 和单位面积与能量值。

缓慢弯曲试验,钢轨头朝上放置,支点间距为 1. 219 m,用两个作用点加负荷,与中点各相距 152 mm,试验时头部受压力,底部为拉应力,每下降变形 2. 54 mm 记录一次负荷。

俄罗斯和捷克建设了环形铁路来专门试验钢轨,环形铁路弯道半径 378 ~900 m,用一列牵引总重为 8400 t 的列车,每天以 70 km/h 的速度运行 11 h,每个点上通过运输总量为每天 100 万 t,每年运输量可达 2 亿 t。机车轴重 22 t,货车轴重 21 t,一年之内就可得到结果。捷克的环形铁路还可每天变换行驶方向,弯道上可以不同的速度行驶。在这种试验线上,可以试验各种不同品种的钢轨,如高强度合金轨、转炉轨、连铸坯轨、各种全长淬火轨和其他热处理轨,有的国家还进行转动疲劳试验。

1.3　我国钢轨生产技术的发展

1.3.1　概述

中华人民共和国成立前我国铁路用钢轨主要靠进口。1891 年修建的汉阳铁厂,是中华人民共和国成立前我国唯一生产钢轨的厂家,轧机的动力用蒸汽机,能生产 42 kg/m 以下的钢轨,定尺长为 9. 144 m,成品不经缓冷处理。抗日战争爆发后,汉阳铁厂的轧钢设备迁移到重庆;中华人民共和国成立后,1951 年试制并生产 38 kg/m 钢轨。1953 年末修建了鞍钢大型厂,正式生产 43 kg/m 钢轨,基本满足了当时国内铁路建设的需要,生产 50 kg/m 钢轨是 1956 年开始的。随着铁路建设规模的扩大,1965 年、1970 年和 1975 年,先后修建了武钢大型厂、包钢轨梁厂和攀钢轨梁厂。

由于铁路运输业的发展,货运强度不断提高,不仅要求钢轨具有较高的强度、韧性、耐磨、耐疲劳等性能,还要求钢轨承受更大的弯曲力矩,且具有良好的可焊性。因此,生产重型钢轨,完善全长淬火钢轨的工艺,并扩大生产,推广生产高硅钢轨,开发特级耐磨合金钢轨,提高钢轨质量和成材率,更新设备,是当前我国钢轨发展的趋势。还必须安排适当的力量,开发钢轨的控轧、控冷,开发新一代的钢轨材料。

1.3.2　钢轨的生产和设备更新

扩大生产重型钢轨是我国钢轨生产的一个重要趋势。根据铁路规范,年货运量为 30 ~50 Mt/km 的铁路采用 60 kg/m 钢轨,年货运量大于 50 Mt/km 的采用 75 kg/m 钢轨。目前铁道部的各重载干线有 15000 多公里,其中年货运量在 30 ~50 Mt/km 的线路有 10000 多公里,50 Mt/km 以上的线路有 5000 多公里,京山线的货运量已超过 100 Mt/km,都急需使用 60 kg/m 以上的重型钢轨,其数量需 2 万 t 左右。随着列车轴重的加大,采用重型钢轨能承受更大的弯曲力矩,可以保证行车安全,并提高使用寿命。根据北京铁路局的铺设使用结果,采用 60 kg/m 钢轨代替 50 kg/m,线路的维修工作量大约减少 1/3。俄罗斯的经验是,在货运量超过 100 Mt/km 的线路上,采用 75 kg/m 钢轨代替 65 kg/m 钢轨,通过的货运量可提高 30% 以上。国内外的经验都证明,重载线路应采用重型钢轨。

包钢于 1976 年开始试制 60 kg/m 钢轨,1984 年通过国家鉴定,攀钢和包钢都进行了大规模的生产,攀钢和包钢又试制了 75 kg/m 钢轨。鞍钢 1985 年开始设计试生产 60 kg/m 钢轨,1989 年进行批量生产,2004 年生产 75 kg/m 钢轨。

1953 年鞍钢大型轧钢厂投产时采用二段和三段式连续式加热炉,轧机是三架横列式轧机,为提高轧件质量,只能采用固定面轧制。2002 年钢轨的生产采用了五架万能轧机,同时加热炉采用加热均匀的步进式加热炉。钢轨的矫直也采用了水平辊和立辊复合矫直机,能同时矫上、下弯和侧弯。

在国外多采用变节距矫直机,水平辊和立辊复合矫直,压力分配合理,残余应力小。例如俄罗斯既能对钢轨的全长矫直,也可矫直弯头。法国采用拉伸矫直,能降低钢轨的残余应力,提高强度。日本和法国矫直钢轨的局部硬弯,采用复式油压矫直机,逐渐增加压力,矫直效果良好。

根据国外的使用经验,采用重型钢轨后,当列车轴重增加时,由于轮轨接触应力的高度集中,在钢轨材质不变的条件下,钢轨的强度,特别是屈服强度将不能适应使用要求。因此,采用重型钢轨后,轨头的接触疲劳损伤率比使用较轻型的钢轨反而增加。例如俄罗斯 50 kg/m、65 kg/m 和 75 kg/m 钢轨轨头的损伤各占其相应损伤总数的 75%、80% 和 94%。美国采用重型钢轨后也出现了因轮轨的接触应力集中而早期破损情况。为解决重型钢轨的早期伤损,必须相应提高钢轨的强度,特别是提高屈服强度,应该把屈服强度提高到 780 MPa 以上。为此,美国采用了全长淬火和合金钢轨,据报道,CrMo 钢轨的使用寿命是普碳钢轨的 1.5~2 倍。俄罗斯大量采用全长淬火钢轨,其破断强度达到 1135 MPa,接触疲劳损伤能力是未淬火钢轨的 1.5~2 倍。

现在我国正大规模发展 60 kg/m 钢轨的生产,试制 75 kg/m 钢轨,应采用全长淬火和特级耐磨合金钢轨。

1.3.3　高强度耐磨钢轨的开发

1.3.3.1　合金钢轨的开发

开发合金钢轨是依靠增加廉价的合金元素,使钢的基体组织固溶强化,使珠光体的片层间距变小,并获得弥散和细晶强化、强韧性较好的组织,使钢轨的抗拉强度达到 1080 MPa 以上,同时疲劳性能良好。由此出发,我国已推广生产了中锰钢轨,它适用于铺设主要干线的直线,在弯道上比较成熟的钢种是高硅钢轨。

鞍钢采取 Si、Mn、V、Xt 等合金元素,研制成功了强韧性较好的特级耐磨合金钢轨。在试验条件下,Si、Mn、V、Xt 特级耐磨钢轨的耐磨性能是中锰钢轨的 4 倍以上,是铺设在重载小半径弯道的耐磨钢轨新品种。我国正在研制开发贝氏体钢轨。

1.3.3.2　全长淬火钢轨工艺完善化

1967~1970 年,重钢、鞍钢和包钢开始进行钢轨全长淬火试验研究。目前我国主要是包钢、攀钢和上海铁路局生产全长淬火钢轨。

攀钢已具有工、中频电加热,用压缩空气作冷却介质的钢轨全长淬火作业线。1976 年攀钢研制成功了双频感应加热温水全长淬火工艺,1980 年开展 PD1 钢种 50 kg/m 钢轨用水雾作淬火介质工艺的研究,1982 年研制成功,并生产了 600 多吨全长淬火钢轨。其主要工艺参数是钢轨的移动速度为 1.5 m/min,淬火形状为帽形,踏面淬火层深度为 12~15 mm,下圆角半径大于 6 mm,淬火层硬度为 HRC32.5~42.5,组织为细珠光体,钢轨长度为 12.5 m,经淬火后变形量有 90% 控制在 40 mm。攀钢生产的全长淬火钢轨质量不稳定,在使用中经常出现剥离、掉块及波浪形磨损等缺陷,因此停产,表明其淬火工艺亟待完善。日本的经验值得借鉴,采用压缩空气代替水雾作淬火介质时,钢轨全长淬火工艺主要是确定最佳的加热温度、深度、冷却速度和热处理时间,同时还要对不同钢种的钢轨进行深入的研究,完善淬火工艺,提高淬火钢轨沿纵长方向和横截面的均匀稳定性,提高淬火钢轨的使用寿命。

包钢修建了半工业试验机组,1970 年开始对 50 kg/m 钢轨进行炉内用煤气整体加热全长淬火工艺试验,淬火介质先后用水和雾,1983 年进行了转产鉴定,并修建了淬火车间,大规模投产。

上海铁路局工务段于 1976 年开始对焊接后长度为 250 m 的中锰钢轨进行感应加热,用雾作淬火介质,进行全长淬火试验。1984 年通过了铁道部的鉴定,主要工艺参数是采用功率为 240 kW · h 的中频预热、210 kW · h 中频加热,淬火用风量为 115 m^3/h,风压为 0. 13 ~ 0. 15 MPa,水流量为 500 L/h。轨头踏面淬火层深度不小于 2 mm,下圆角半径不小于 8 mm,淬火层的屈服强度不小于 685 MPa,抗拉强度不小于 1080 MPa,伸长率不小于 9%,断面收缩率为 44%。

鞍钢对抗拉强度为 1080 MPa 的合金钢轨进行了试验室内的热处理试验,从研究结果看出,采用盐浴和压缩空气处理后,合金钢轨的抗拉强度分别达到了 1570 MPa 和 1370 MPa,表明了合金钢轨进行热处理提高强度、韧性的潜力是很大的,这是亟待开发的新课题。

1998 年攀钢建成了我国第一条钢轨在线全长余热淬火生产线。

1. 3. 4　钢轨控轧控冷的研究

钢轨的控轧控冷是一项亟待开发的钢轨生产新工艺。目前国内外都采用重新加热法(用电或煤气加热)进行钢轨全长淬火。钢轨采用控轧控冷与重新加热全长淬火相比,前者节约能源,成本低,没有因重新加热而引起的脱碳和氧化等问题,为此国外正积极开发推广这项技术。据报道,轨头在万能孔型内以大压下量(14% ~16%)轧制,随后在轨头踏面喷雾控制冷却,能在很大范围调节钢轨各部位的冷却速度,合金钢轨经控轧控冷处理后,抗拉强度达到 1570 MPa,伸长率为 12%,−40℃的冲击值为 29 J/cm^2。

钢轨的控轧控冷与合金高强度钢轨以及微合金化结合起来,是发展新一代钢轨材料的重要途径,它将给钢轨生产带来巨大的进步。

钢轨的控轧控冷,前提条件是低氢冶炼,在实现低氢冶炼和取消缓冷工艺的基础上,进一步改造轨梁厂,采用大能力的万能轧机,实现控轧。

为实现钢轨的控轧控冷,首先应模拟钢轨的生产情况,找出最佳热处理参数和程序控冷参数。在冷却设备和各种参数具有绝对把握的情况下,设计、施工、修建一条钢轨控轧控冷半工业性生产试验作业线。

拟采用的生产工艺和技术改造措施如图 1 – 2 所示。

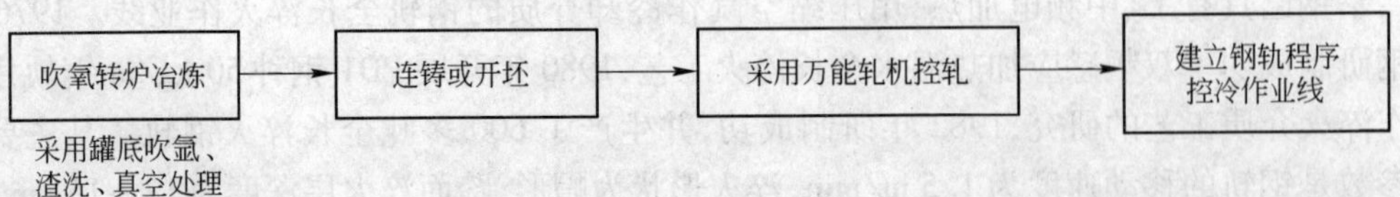

图 1 – 2　改进的生产工艺

1.3.5 提高钢轨质量和成材率

原来鞍钢和包钢的钢轨钢用平炉冶炼,攀钢用较为先进的吹氧转炉。鞍钢还采用吊包法合成渣洗;攀钢为净化钢质,准备采用挡渣出钢,铁水或半钢喷粉脱硫,引进炉外喷粉装置,采用新型保护渣和仿英型发热剂,推广复合合金脱氧。鞍钢在脱氧制度方面,特别是罐内最终脱氧制度方面,用复合脱氧剂 Si-Ca-V 代替铝进行试验,目的是为了改变脱氧产物,使夹杂物变性,减少链状氧化铝夹杂物。

鞍钢采用炉内加硅锰合金、锰铁、罐内加硅铁和铝进行脱氧。鞍钢的研究结果表明,加入少量的稀土合金(0.1%左右)对脱硫和脱氧有显著效果,表明了稀土金属作为净化剂是可取的。应当指出的是,稀土硫、氧化物,上浮困难,往往污染钢质。破损钢轨的分析结果表明,大量钢轨的疲劳断裂与非金属夹杂有直接关系,在显微镜下观察时,疲劳断裂部位常伴有氧化铝和硅酸盐。因此研究脱氧制度,并使硫氧化物充分上浮是非常必要的。为了使钢液中的气体、夹杂充分上浮净化钢质,鞍钢第一炼钢厂进行了钢轨罐内吹氩试验,初步效果是可以去除氢气大约20%,减少夹杂物总量25%以上,氧大约减少40%,并进行渣洗处理。

1997 年鞍钢拆除了平炉,修建吹氧转炉,改进了脱氧方法,使夹杂物含量控制在 18×10^{-6}以下;2000 年实现了钢轨用大方坯连铸,钢轨的成材率由模铸法的 80% 左右提高到 93% 以上,同时还提高了钢轨的表面质量,基本消除了模铸法产生的结疤、裂纹等表面缺陷。

在国外,已全面推广吹氧转炉炼钢,为净化钢质,普遍采用复合合金脱氧剂代替铝在钢包内的最终脱氧剂,采用炉外精炼,包括真空处理、合成渣洗、吹氩、吹氮处理、吹硅钙粉、吹碳化钙粉等。

鞍钢为提高钢轨的定尺率,采用了随温定尺新技术,使钢轨的定尺率提高 5%。为了准确地测定钢轨长度,鞍钢研制成功了非接触式钢轨长度测长仪,测量误差为 ±0.1 mm,保证了钢轨长度公差的精度。

1985 年,鞍钢大型厂创造了在线自动倒棱机。国外钢轨的加工普遍采用先进的锯、钻联合机床,保证铣头、钻孔精度,效率高,定尺准确,应积极引进。

鞍钢、攀钢和包钢都实现了钢轨在线全长超声波探伤检查,能准确地判定钢轨内部直径大于 1.5 mm 缺陷的位置,能发现肉眼看不到的轨底裂纹,并在缺陷部位自动喷上标志,以便在检查台上把带缺陷的钢轨挑出来。

参考文献

[1] 刘宝昇. 国内外重轨生产的发展. 钢铁,1982,(6):72~77.

[2] 刘宝昇,等,我国重轨技术的发展. 鞍钢技术,1988,(9):1~4.

[3] Бардин И П. 技术介绍. 鞍钢钢研所,1965:1~5.

[4] 钢轨钢译文集. 鞍钢钢研所,1974:1~6.

[5] 美国型钢生产. 冶金部情报研究所,1978,16.

[6] Паляничка В А и Др. Металлург,1978,(5):21~23.

[7] Manfred Heyder Und Hans-Otto, ETR 26,1977(10): 684.

[8] Просвирин К С и Др. Металлург,1979,(5):21~22.

[9] Mdrrow J W. Molybdenum Mosaic 4, 1980,(2):10~14.

[10] 加藤ハミサ夫. 铁道技术研究资料. 1978,35,(3):23.

[11]　Stahl und Elsen, 1978,(23):1255.

[12]　USS Engineers and Consaltants Inc. 1979.

[13]　桝本弘毅,等. 日本金属学会会报,1980,(7):539～540.

[14]　Зуев Л Б и Др. Известия металлургия, 1980,(10): 81～86.

[15]　Госсман А А и Др. Известия черная металлургия, 1977,(12):111～113.

[16]　Чельшев Н А и Др. Известия черная металлургия,1978,(10),111～114.

[17]　阿尔勃列赫特 В Г,等. 铁路铁道现代化结构. 北京:铁道出版社:1978.

[18]　Калосова Э Л и Др. Металлург, 1980,(12):26～27.

[19]　国外冶金动态. 1980,35(9).

[20]　钢轨钢译文集. 鞍钢钢研所,1974:11,167.

[21]　栗原利喜雄. 热处理,1980,(4):6.

[22]　Young T D. Steel Times, 1979,(6):84～89.

[23]　Hatzenbichler H. Steel Times, 1980,28(4):284～290.

[24]　Stahl Und Eisen, 1980,7(30):667～675.

[25]　Steel Times, 1979,207(5):331.

[26]　Трубин К Г, Оикс Г Н. 邵象华译. 钢冶金学.

2 我国钢轨生产技术回顾

2.1 平炉钢轨钢的熔炼与钢锭浇铸

2.1.1 平炉钢轨钢的熔炼

2.1.1.1 熔炼工艺

钢轨钢的冶炼是采用废钢矿石法，在容量为 200 t 和 300 t 的倾动式碱性平炉中进行。炉子冷修、热修以及炼炉后第一炉钢不准炼钢轨钢。

A 装炉

金属料的来源是高炉铁水和废钢，冷料废钢全部由公司内部自给，其中大部分是轧后切头及废品钢材，小部分是废机件、结构钢、废钢锭模、铁屑、桶底残钢及渣钢等。容量为 300 t 的平炉所装入的废钢为 70 t，约占金属料的 24%，铁水为 230 t。容量为 200 t 的平炉所装入废钢为 65 t，占 33% 左右，铁水 135 t。供炼钢用铁水的化学成分为碳含量 4.2% ~4.8%、硅含量 0.6% ~0.9%、锰含量 0.15% 左右、磷含量小于 0.15%、硫含量小于 0.04%，铁水的温度不得低于 1250℃。熔炼过程中的配料需控制，使熔化完的碳含量高于钢种规定中限 0.5% ~0.9%，钢渣的碱度不小于 1.8，所以开始装料时，在炉底先均匀地铺入一层矿石或团矿，约为矿石装入量的 30%，装入的矿石均匀地将炉底覆盖，以保护炉底不与石灰接触而受到侵蚀。第一层矿石装完后，随后将全部的石灰或石灰石装入，经加热 5 ~ 10 min 后，再将其余部分的铁矿石或团矿加入。为了使初期渣顺利放出，分布在中间炉门和后墙出渣口附近的矿石应较少，以免兑入铁水后引起强烈的翻腾阻碍初期渣的放出。矿石占装入量的 15% 左右，石灰占 2.3%。装料操作尽量迅速，在装入过程中还需注意不要使炉料烧熔。然后将全部的废钢装入，但严禁混入废合金及有色金属。为了使炉料尽可能同时熔化，并保证火焰对炉料的良好传热和延长炉体寿命，将炉料从前墙到后墙呈斜坡形均匀分布，靠后墙料层较厚。

B 熔化

主要是废钢的熔化，在高的热负荷下强化进行，自废钢加入后，约 20 ~ 30 min 兑入铁水，大炉分三批兑入，小炉分两批加入，每次兑铁水的时间为 15 ~ 20 min。兑入铁水后，铁水和矿石之间的反应造成强烈翻腾，兑铁水期间或兑完铁水 20 ~ 30 min 开始在中央加料口的门槛及时放出钢渣，亦称之为初期渣。因为泡沫渣的产生将严重恶化熔池的沸腾和传热，同时侵蚀炉体，减慢杂质的氧化，降低平炉的生产能力和钢质，钢渣需尽可能地放入渣罐，其容积为 11 m^3。200 t 的平炉放渣量不少于 2 罐，300 t 的平炉放渣量不少于 3 罐，放渣愈多则除磷、硫等有害夹杂的作用愈大，同时炉内的受热情况也愈好，这时熔池便处于活跃状态。容量为 200 t 的平炉熔化时间为 3 ~ 4 h，容量为 300 t 的炉子熔化时间为 3.5 ~ 4.5 h，熔化结束的象征是由于石灰分解而引起的熔池底部沸腾停止。当熔毕后碳含量很低时，可允许往炉内适当地追加铁水，但加完铁水后，应加入 0.5% 加入量的矿石。熔炼期各阶段时间的分配情况见表2－1。

表2－1 熔炼时间分配

平炉容量/t	总熔炼时间/min	时间分配/min						
		补炉	装料	加热	兑铁水	熔化	精炼	出钢
200	543～602	24～27	101～115	19～22	16～18	229～253	142～154	12～13
300	574～660	23～31	114～124	19～26	22～32	229～258	151～169	16～20

为缩短熔炼时间，可在熔化末期提前造渣，即放渣和重新造渣。

C 精炼

从炉料熔化完毕到出钢之前称为精炼，是平炉操作的主要阶段，降碳速度是衡量精炼操作最重要的指标，根据其操作特点，精炼期可分为矿石沸腾和纯沸腾期两个阶段。

在矿石沸腾期，容量为200 t的平炉降碳速度每小时大于0.30%，容量为300 t平炉的降碳速度每小时需大于0.24%。为保证足够的降碳速度，精炼期的温度应高于1540℃。因为矿石沸腾期碳的氧化主要依靠与熔池内矿石的反应，熔池内激烈的矿石沸腾，不仅促使降碳加速，而且对加速造渣过程和去除钢中有害气体及非金属杂质都有良好作用。所以在矿石沸腾期应加入不少于装入量0.5%的矿石。同时为避免熔池内温度下降过多，需分作两批加入。如果软熔兑铁水时，在兑完铁水之后，应加入0.5%加入量的矿石。

在纯沸腾期，容量为200 t平炉的降碳速度每小时应大于0.18%，容量为300 t平炉的降碳速度每小时应大于0.15%。纯沸腾时间为40～90 min，在整个纯沸腾时期，熔池需保持良好沸腾，熔池内的钢液应沸腾活跃，气泡大小均匀，至少应有相当于三分之二熔池面积呈均匀沸腾，炉渣的FeO含量不大于20%，渣的碱度合适，如果沸腾末期炉渣变稠，自炉渣变稠至脱氧前的时间不得超过15 min。纯沸腾末期为保持足够高的脱碳速度和稀释炉渣，在脱氧前30 min允许加入0.1%加入量的矿石及200 kg干燥的铁矾土或黏土块，若黏土块与铁矾土同时加入时，其总量不得大于200 kg。纯沸腾的最后30 min，不准加入任何造渣材料。脱氧前炉渣的碱度应大于2.0，渣内FeO含量小于18%。当熔池内碳含量达到规定值时，一般均按上中限控制。以硅锰合金在熔池内进行预先脱氧，其加入数量按使钢中硅含量为0.1%～0.12%来计算，然后往炉内加入所需数量的锰铁，此后在炉内保持不少于10 min，然后出钢。为保持钢液干净，出钢口的砌砖和抹泥需坚固、清洁。

2.1.1.2 熔炼过程中的脱硫

硫是钢轨钢内最严重的有害杂质，它影响钢轨的力学性能，特别是塑性，形成钢锭或钢坯上的表面缺陷。一般钢轨钢内的硫含量为0.03%左右，比氧含量约高2倍，比磷含量高5倍左右，在这种情况下，对钢轨力学性能有影响的杂质主要是硫。为了进一步提高钢轨质量，研究降低钢中硫含量具有重大意义。关于碱性平炉脱硫的机构和最有效的时间问题，冶金研究者的意见尚不一致，有些人认为在熔炼初期去硫有效，因为熔炼初期金属中的碳含量较高，可以促使提高硫的活度系数，所以便于脱硫。另一些人则认为，在熔炼末期脱硫最为有效，因为在熔炼末期钢液的温度高，有利于提高炉渣的碱度，硫容易形成稳定的CaS而上浮于渣。

根据国内某大型钢铁企业容量为200 t以上碱性平炉的试验资料，在熔炼过程中，钢液中的硫含量是逐步下降的，由分析结果可知，硫含量为0.0401%的铁水，熔化完毕时的硫含量为0.0383%，纯沸腾开始时为0.037%，脱氧前为0.034%，脱氧后为0.031%。这表明在熔炼初期钢液的脱硫速度较慢，在纯沸腾期以后的脱硫速度显著加快。

A 熔化期

在开始放渣后的60min范围内和熔化末期，钢液中的硫含量明显下降，这与熔池内的猛烈翻腾、渣中FeO含量和炉渣的碱度有关。研究表明，硫的分配系数n_S($S_{炉渣}/S_{钢渣}$)与炉渣的碱度$w(CaO)/w(SiO_2)$有关。炉渣的碱度小于1.0时，二者无明显关系，这是因为炉渣碱度甚低，没有游离的CaO，这时钢液的脱硫作用主要依赖于FeO。炉渣的碱度在1.0以上时，炉渣的碱度与硫的分配系数呈正比关系，由此可见增加渣中游离的CaO，是控制熔化末期钢液脱硫的重要因素。在熔化中期，钢液中的硫含量呈现上升趋势，这主要是由于冷料废钢的熔化所引起，因为大部分废钢是初轧切头，其硫含量甚高，废钢熔化时促使钢液硫含量升高，熔化中期炉渣的碱度与FeO含量都低，也会影响硫在炉渣中与金属间的分配。

为控制熔化期有效去硫，应设法提高初期炉渣中的FeO含量，控制提高末期渣的碱度，为此应尽快放出初期渣，以便及时排出渣中的硫，同时也有利于提高末期炉渣碱度，以利于后期的脱硫。

B 精炼期

根据测定结果，炉渣碱度和原钢液内硫的含量，与精炼期的脱硫有明显关系。炉渣碱度在生产中是指CaO与SiO_2的质量分数之比，即$w(CaO)/w(SiO_2)$。提高炉渣碱度有助于强化脱硫，这是因为CaO具有脱硫的能力，其化学反应式为：

$$FeS + CaO = FeO + CaS$$

炉渣碱度是衡量脱硫的重要指标，由试验结果看出，过剩的碱性氧化物对炉渣的碱度有显著影响，也显著影响钢液的脱硫。

在矿石沸腾期，如果炉渣的碱度低于1.6，钢液的硫含量在0.030%以下时，常会出现硫含量升高的现象，即在矿石沸腾期的脱硫速度较慢。

在纯沸腾期，一般钢液内的硫含量为0.025%～0.048%，纯沸腾期的脱硫量为0.001%～0.01%，平均脱硫量约为0.0042%。在炉渣碱度大致相同的条件下，钢液的脱硫速度与原钢液的硫含量成正比关系，例如，钢液含硫0.045%时，脱硫速度为每小时0.00915%，含硫0.032%的钢液脱硫速度为每小时0.0019%，前者比后者快4倍多。

在脱氧过程中钢液的脱硫比较显著，平均脱硫量约为0.0027%。在脱氧期钢液的脱硫量与其硫含量也成正比，例如钢液中硫含量为0.031%时，脱硫量为0.0014%；钢液中硫含含量为0.0376%时，脱硫量为0.0045%。据测定，脱氧后炉渣的平均硫分配系数比脱氧前增加了0.34，炉渣的碱度平均减小了0.12，这也说明脱氧期具有除硫作用。

生产经验表明，在原料硫含量稳定的条件下，按现行规程进行操作，严格地控制炉渣碱度，熔化完毕不低于1.8，纯沸腾开始及脱氧前分别不低于2.2和2.0，则完全可以获得硫含量低于0.04%的钢轨钢。如果熔毕钢液的硫含量低于0.034%，或纯沸腾及脱氧前的硫含量低于0.03%，则矿石沸腾期及脱氧期基本上不能除硫。为进一步降低钢液内的硫含量，就必须提高炉渣碱度或增加渣量。

2.1.1.3 钢轨钢的脱氧

钢轨钢是采用沉淀脱氧方法进行脱氧的，除少量铝以外全部脱氧剂都是以铁合金形态加入钢液中，脱氧元素与溶解在钢液中的氧化铁结合成氧化物而析出以净化钢液。

脱氧方法分为炉内预先脱氧后罐内补充脱氧法和罐内脱氧法两种。后者指炉内不经预先脱氧，将脱氧剂全部加入到盛钢桶内。长期以来钢轨钢大都采用前一种方法进行脱氧，1957～1959年期间是采用罐内脱氧法的。

A 炉内预先脱氧后罐内补充脱氧法

在纯沸腾末期出钢前10 min左右将硅锰合金加入到熔池中（1952年以前加入贫硅铁）。脱氧剂加入后10 min，脱氧元素在整个熔池内就已均匀分布，脱氧产物的上浮过程已基本结束。这表明自脱氧剂加入后钢液在炉内的停留时间不宜超过10 min，否则将引起钢液内氧含量的增加，脱氧剂收得率降低，延长熔炼时间，同时危害炉体寿命。根据统计资料，在生产操作当中，由于试样的成分分析结果不够及时，出钢口不能按时打开，或由于等待盛钢桶、等待铸锭吊车诸原因，钢液在炉内的保持时间一般都超过10 min，甚至半小时以上，为此须积极采取措施以解决试样的快速分析问题，加强组织生产，调配各工序的密切协作。

在盛钢桶内的补充脱氧是为了减少烧损，不能把强氧化剂、含硅为45%～75%的硅铁和铝直接加入炉内，所以炉内脱氧后还需要在盛钢桶内进行补充脱氧。桶内补充脱氧时，当钢液出至约1/5罐时，先把锰铁或硅铁加入罐内最后加入铝块，加铝量为300 g/t。铝是最强的脱氧剂，其脱氧产生的Al_2O_3呈极为细小的颗粒，容易悬浮于钢液中，常成为钢液凝固时的核心，适当地加入铝可促使钢材晶粒细化提高其品质，过多地加入铝则过量的Al_2O_3可使钢液沾污而对钢质不利。为使脱氧剂在罐内分布均匀，钢液出至4/5罐之前须将所有脱氧剂加完，这种操作方法的优点是可以准确地控制钢液成分，钢液中非金属夹杂物（主要是氧化物）的含量较少，保证钢液清洁，避免了因脱氧剂加入引起桶内的钢液温度过分降低。其缺点是脱氧剂的烧损较大。

B 罐内脱氧法

把全部脱氧剂都加入到盛钢桶内，加入的顺序为锰铁、硅锰最后加铝，为提高脱氧元素的收得率，要求严格控制硅铁块的尺寸不应大于30～40 mm，铝块重量不得大于1.0 kg。罐内脱氧法的突出优点是脱氧剂烧损量少，钢的成本低，罐内脱氧钢的氢含量较低。罐内脱氧法的缺点是钢液成分控制较难，钢液内氧化物夹杂含量较多，如果操作不当，由于铁合金块较大、加入时间晚以及钢液温度较低等原因，可能造成钢锭局部成分不均，影响钢轨质量。

为研究不同脱氧方法的效果，国内某大型钢铁企业曾与金属研究所进行了试验，研究了炉内脱氧、罐内脱氧以及不同脱氧剂的效果。

在脱氧前后和铸锭中期从钢水中取样，用金相法测定其中的氧含量，鉴定夹杂物的形态和数量，定氧是用铝氧法进行测定的。

金属研究所的研究结果表明，在炉内进行脱氧的钢轨含氧化物夹杂较少，炉内加硅锰合金的效果最好；罐内脱氧的钢轨含氧化物夹杂最多，后者往往超过前者一倍以上。

试验结果表明，脱氧操作对钢中的夹杂物有影响，在显微镜下可以看到，脱氧前的夹杂物主要是圆球形硫化铁，间有微小而带尖角形氧化锰与氧化铁的固溶体，并且炉内脱氧前后钢液成分的变化随着脱氧方法的不同而各异。

2.1.1.4 出钢前用铁水增碳试验

国内某大型钢铁企业,在装入量为300 t的平炉内按钢厂规格炼制了5炉钢进行试验。在出完第一罐后,向炉内兑入铁水使钢液增碳至钢轨钢要求的范围。研究中为了提高平炉的产量,利用铁水中的碳、硅进行预脱氧,然后按钢轨钢加入脱氧剂再进行脱氧的方法,但所加入的硅铁和锰铁适当减量。

试验结果表明,兑铁水后钢液内全夹杂量及SiO_2、FeO、Al_2O_3都有所增加,兑铁水后钢液内全夹杂增加一倍以上,这与铁水中的杂质及兑入铁水时钢中的化学反应有关,钢液内夹杂物的增多表明了钢质的恶化。

渣样分析结果表明,兑铁水后Al、Fe、Ca的氧化物所占比例有所下降,Si、Mg、P的氧化物相应增加,表明由于兑入铁水,钢渣的碱度降低,也对钢质不利。

在试验条件下,据测定,兑入铁水后,钢液内的氢气有显著增加,铸锭时又有所降低。

由试验结果还看出,兑入铁水可促使钢轨的冲击韧性降低,不兑铁水者,在室温下钢轨底部的冲击值为21.9~25.9 J/cm^2,兑铁水者室温冲击值为3.6~13.0 J/cm^2,其平均值为9.3~11.0 J/cm^2。落锤挠度也有所不同,未兑铁水的钢轨其挠度值为36~47 mm,兑铁水者为37~48 mm,这是由于兑入铁水后,钢内气体夹杂等有害杂质的增加使钢质降低所致。

兑铁水以后,炉内不同位置钢液的碳含量各异,从分析结果看出,炉内碳元素的分配很不均匀,但经过出钢时的钢液搅动,罐内碳元素的分布又趋于均匀。

2.1.2 钢轨钢锭的浇铸

采用直径为55 mm以上的水口,实现对正快注,钢锭本体的注满时间小于或等于1.5 min,钢轨的一级品率可提高到96%以上。为此,还必须严格控制出钢温度在1565~1575℃范围。如果出钢温度高于1580℃,则钢锭焊模现象显著增多。为了有效地控制出高温钢,就应该适当放宽炉渣中FeO的含量。研究结果表明,把炉渣中FeO的含量由小于或等于12%,增加到小于或等于16%,对钢中的非金属夹杂含量没有明显影响,对降低出钢温度、实现大水口快注有利,并减少了钢液的二次氧化。

钢轨钢锭浇铸的基本经验是,在加强整模工作的前提下,模子严格按标准作废、列型要正、摆放整齐、保证接口不漏钢。采取"对正、稳开、无声、快开满、圆流、快注",即在开始浇铸之前水口要对正钢锭模的中心,平稳打开水口,并迅速开至全流,其衡量标志是无声,没有飞溅之钢液撞击模壁的声音,使钢液呈圆柱状自水口注入模内,同时要尽可能地快注,盛钢桶不允许有晃动现象。采取这样的操作方法,就是要减少浇铸时钢液的飞溅,减轻飞溅的氧化程度,可以有效地防止结疤等缺陷的产生。

开始浇铸时,如果铸流不对正模心,盛钢桶晃动,铸流散乱不圆,则钢液容易注偏,促使钢液飞溅严重,并附着在钢锭模壁,与空气接触而氧化的时间较长,形成钢锭表面的结疤和皮下气泡,也可能冲洗保温帽上的耐火材料,而沾污钢液引起内部夹杂,开棒不稳盛钢桶晃动,会促使注偏和钢液飞溅现象的产生和加剧,所以"对正、稳开、无声、快开满、圆流、快注"操作,会大大减少钢液飞溅。采用大水口进行快速浇铸,则会使已经因飞溅附着在模壁上的结疤,迅速地被上升的钢液所淹没,减轻它的氧化程度,使结疤表面的氧化层容易溶解于钢液,使结疤与钢锭本体重新焊合,而减轻其危害。

浇铸温度和速度是影响钢锭表面质量的主要因素,使用大水口,采取对正、稳开、无声、快开满、圆流、快速的浇铸方法,可以改善钢轨的表面质量,有效地减少飞溅结疤,是提高钢轨表面质量的有效途径。随着生产技术的发展,在铸锭操作上已采用了滑动水口,还采用了直径为60 mm的水口浇铸钢轨钢,对快速浇铸更为有利。

采用大水口快注可以改善钢轨表面质量,在国外早已被实践所证实,有些国家采用直径为70 mm甚至更大的水口进行浇铸。增大水口的直径,是提高浇铸速度的主要方法。生产经验表明,采用适当大的水口进行快注,可以显著改善钢锭表面质量,对提高钢轨一级品率具有重要的实际意义。但是在实现大水口快注的过程中,首先要解决不脱模问题,严格控制出钢温度,才能推广使用大水口,并收到显著效果。

统计分析结果表明,出钢时钢液温度太高是钢锭出现不脱模的主要原因。根据生产经验,出钢温度高于1585℃时,钢轨钢锭表面常出现严重裂纹缺陷。这表明钢轨钢采用大水口实现快注的关键是防止出钢温度过高,但出钢温度过低时,对浇铸不利,钢液发黏,容易产生结疤,所以必须严格控制出钢温度。

钢轨钢的出钢温度原规定为1565～1585℃,在生产实践中发现,虽然要求出钢温度控制在中下限,实际上出钢温度却总是降不下来,因为出钢温度取决于炉前操作,根据炉前炼钢工反映,降低出钢温度与限制脱氧前炉渣中FeO含量有矛盾。按规程规定,钢轨钢在脱氧前炉渣中FeO含量不准超过14%,这是从前平炉操作水平较低时规定的,多年来都墨守成规。以后平炉热工已大为强化,采用了喷蒸汽、烧重油以及氧气炼钢等新技术,操作条件发生了变化,钢液温度上升迅速,根据炼钢工人的切身体验,为了降低脱氧前炉渣中FeO的含量,就必须提高炉温,在这种情况下就容易出高温钢,出钢温度偏高铸锭工人就有顾虑,用大水口就不能实现快注,所以推广大水口实现快注的先决条件是废除对脱氧前炉渣中氧化铁含量的限制。因为炉渣中氧化铁的含量与钢液中的氧化铁含量之间有平衡关系,如果放宽了炉渣中氧化铁的含量,则钢液中的氧化铁含量就会增多,钢液内的杂质就会增多,这必将损害钢质,看来放宽炉渣中的氧化铁含量有害。所以炉渣中氧化铁含量的放与不放是能否实现快注的中心问题。放宽炉渣中的FeO含量虽然对钢质有不利的一面,但炉渣中的FeO并不是钢液中FeO的唯一来源,在出钢与浇铸过程中,钢液与空气接触,钢水中的铁与空气中的氧化合成为FeO而进入钢液,是钢液中FeO的第二个来源,浇铸速度慢,钢液与空气接触时间长,则浇铸时混入钢液内的FeO就多,浇铸速度快,则浇铸时混入钢液内的FeO就少,看来放宽炉渣中的FeO降低出钢温度采用大水口实现快注,有利于减少二次氧化,又可以减少钢液中FeO的含量,对改善钢质有利,同时又对改善钢锭的表面质量减少飞溅结疤有显著效果。

生产实践证明,放宽对脱氧前炉渣中氧化铁的限制,控制FeO含量小于16%,采用大水口进行快注,钢轨的一级品率大幅上升,对钢质并无损害。

2.2 钢锭加热及初轧机开坯轧制

2.2.1 钢锭加热

钢锭的加热是在均热炉内进行的,燃料采用煤气。采用的均热炉有两种形式:蓄热式均热炉和复座式均热炉。钢轨锭的加热主要是在蓄热式均热炉内进行的,复座式均热炉在一般情况下用于冷锭的预热和保温。

2.2.1.1 蓄热式均热炉及热锭加热

热锭就是经脱帽松动后在热状态下送往均热炉的钢锭。在正常情况下热锭的平均装炉温度约为800℃,装炉时热锭的温度取决于由浇铸完毕到脱模与送往均热炉的全部间隙时间和大气温度,例如冬季热锭的温度下降快,夏季则降温慢。生产经验表明提高钢锭装炉温度是提高均热炉产量的重要措施之一。据测定,钢锭温度每提高50℃,可以提高均热炉产量约7%,同时也相应节省了煤气消耗,所以合理地组织钢锭的运输系统,及时脱帽、松动和输送钢锭,缩短钢锭的运输时间是提高钢锭温度的根本措施。实验测定结果表明,钢锭的温度与运送时间有直接关系。

蓄热式均热炉每组有4个炉坑,其设计装钢量为176 t,每两个坑单独操作,每坑可装入8个钢锭,炉坑的内壁尺寸为:长4800 mm、宽2140 mm、高3000 mm。炉坑左右各有一对蓄热室,可以预热煤气和空气到700~850℃,煤气蓄热室的体积为10 m^3,空气蓄热室的体积为11.4 m^3。在生产过程中电动换向装置可随时交替变换气流方向,使用焦炉和高炉混合煤气进行加热,高炉煤气与焦炉煤气的比例为9.5:0.5,发热量为4815 kJ/m^3。煤气的炉前压力为980.7~1471 Pa。

炉温的测量和记录采用电子电位计或自动记录式电位计,测温的调节采用恒温调节器。每个炉坑都装有自动控制和测量仪器。炉内温度、压力和其他工作情况,可以在仪表室内的记录仪上表现出来。温度和炉内压力的测量装置,安设在炉盖上。

炉压计指示并记录炉压,炉内压力的调节采用炉压调节器和手动炉压开关。

使用比例调节器进行空气和煤气的调节,通过手动空气开关和手动煤气开关来增减空气或煤气的流量。

采用煤气流量计和空气流量计指示并记录煤气或空气的流量。煤气压力计指示并记录煤气压力,油压计指示油压。

蓄热式均热炉上还有空气煤气闸门连锁装置、换向装置、温度计和信号灯等装置。

这种炉子因火焰在炉坑底部横向喷射,炉底温度较高,可以顺利地采用平板提升式钢渣车进行液体出渣,其公称能力为5 t,行速28 m/min。

蓄热式炉的优点是煤气、空气都经预热,热负荷较大,加热速度快产量高,可以利用发热量较低的煤气,炉底温度高,便于液体出渣。

缺点是因火焰横向喷射,靠近出钢口的钢锭容易产生过热、过烧等缺陷,加热质量较差;由于需要换向,带来了机械设备复杂、故障多、检修费用高、换向产生的煤气和时间的损失以及炉温波动等一系列缺点。

钢锭的加热过程分为两个阶段,即加热期和均热期。从钢锭装入炉内到钢的表面达到最高温度为止为加热期。生产经验表明,钢锭在高温下不能停留时间过长,否则就会造成废品,当达到最高允许温度后,应立即开始降温。加热期的特点是,充分供给煤气和空气,急速进行加热,这时煤气流量为2500~3000 m^3/h,空气流量为3400~4000 m^3/h,煤气与空气的比例为1:1.3~1:1.7。钢锭加热期时间的长短,随着装炉时钢锭温度的高低而变化。由加热到最高温度起到钢锭内外上下温度均匀为止称为均热期。均热期的特点是,温度不再上升,反而略有下降,闸门下落减少煤气和空气的流量,空气与煤气的比例降到1:1以下,变向时间 5 min 左右，均热期的时间一般为 20 ~ 40 min。均热好的钢锭应立即出炉轧制，如果钢锭烧好，待轧时间为 1 h、2 h、3 h 炉温应分别降为 1260℃、1220℃、1100℃。钢锭在轧制过程中如果发现过烧缺陷，要停止出炉，立即采取措施，把炉温降到 700℃以下，重新加热以减少损失。

为了保证加热质量，首先应注意装炉操作，钢锭装炉时必须装正，不得歪斜或互相依靠，同时还要细心观察钢锭的表面质量，将具有缺陷的钢锭详细地作出记录，标明结疤、裂纹和黏模等缺陷的位置及严重程度，以便作为开坯时挑料的参考。

钢锭的加热情况取决于均热炉的操作与调整。生产实践表明，均热炉的操作与调整的主要内容是炉膛压力、煤气和空气的比例、换向间隔时间和炉温。

在加热过程中炉内应保持正压，其特征是炉口处火焰外冒，蓄热式炉的正压应为 400 ~ 667 Pa，以防止冷气侵入炉内降低炉温。炉压过大时，炉膛上部的温度增高，炉压过小则下部温度增加，所以要经常根据炉内温度的分布情况，根据仪表的指示，来调整炉内压力，以保证钢锭的温度上下均匀。炉膛压力的增减是通过调整烟道闸门来控制的，闸门开大炉压减小，闸门关小则炉压增大。

调整煤气和空气的比例，在加热期间应该使煤气达到完全燃烧，充分利用煤气的热量，提高加热速度。为此在实际操作过程中，通过查看火焰经常进行调整，煤气过多空气过少时则不能完全燃烧，火焰较长，废气较暗，煤气在烟道内燃烧（即烟道跑火）；煤气少空气过多时，火焰较短，废气发白。生产经验表明，在煤气用量一定的条件下，经常保持煤气能完全燃烧，才能获得最大的炉温上升速度。如果空气供量过多或不足，都会降低炉温的上升速度，这可以从炉温记录曲线上明显看出。

为了获得煤气和空气较高的预热温度，换向时间要适当。根据初轧厂的操作经验，在一般情况下冷锭加热期的换向时间为 10 ~ 15 min，热锭加热期为 7 ~ 10 min，均热期为 3 ~ 5 min。确定换向时间的依据有三个：一是充分利用蓄热器回收更多的热量，减少煤气消耗；二是钢锭的加热要力求均匀，不应出现烧化现象；三是要注意控制使两侧蓄热室的温度均匀，如果发现两侧蓄热室温度不均时，应采取增减煤气用量办法进行调整。加热的关键问题是严格控制炉温，烧钢的质量和产量都直接与炉温有关，提高加热速度的根本问题就是提高炉温，因为作为均热炉炉壁的主要构成材料是甲级黏土砖，甲级黏土砖的最大许用温度为 1400℃，所以在现有条件下，炉温不应高于 1350℃，如果过分地提高炉温，必将损害炉体的寿命。

在实际操作过程中，炉膛温度总是不均匀的，应该及时地进行观察。观察钢锭在炉内的分布情况，有无烧化现象，当发现炉内钢锭加热不均时，应立即采取措施，适当调整加热温度，炉膛内要保持为还原性气氛，特别是钢锭在均热期，尤应注意。

2.2.1.2 复座式均热炉及冷锭加热

复座式均热炉主要用于冷锭的预热，每组炉子由两个炉坑组成，互相隔开，可以单独操作，每个坑的容量为 200 t，炉体构造是最简单的，其造价低廉，投资仅为蓄热式炉的 34%，炉坑尺寸为：长 7800 mm、宽 2400 mm、高 3000 mm。燃烧器是高压喷射式烧嘴，每坑共有 60 个烧嘴，分上下两排布置在炉坑两侧，并与钢锭在炉内的摆放位置相间隔地错开，使火焰不直接与钢锭接触。下排烧嘴略向下倾斜，由此可使炉温上下较均匀。这种炉子煤气空气都不经预热，因此热负荷低，热量消耗大，采用发热量较高的高炉、焦炉混合煤气，其比例为 7:3，发热量约为 8374 kJ/m^3。使用煤气的炉前压力为 12748.6 Pa。

这种炉子的优点是操作方便,加热质量好,炉子构造简单,造价低,容易检修。缺点是热量消耗大,加热速度慢。

在生产当中,因均热炉检修,或因不脱模钢锭掉落等原因,总是有一部分钢锭不能热送而变为冷锭。

钢锭冷状态下进行加热时,钢锭和炉壁之间存在着较大的温度差,它促使钢锭内部产生热应力,这种应力的大小与温差直接有关,所以如果操作不慎,钢锭的热应力过大就很容易引起钢锭内部产生裂纹甚至出现穿孔而大量致废。根据生产经验和试验结果,钢轨钢锭冷状态下进行加热时,必须把炉温下降到 500℃,凉炉所需时间为 2~3 h 左右,钢锭装炉后要进行预热,停止供给煤气和空气,关上炉盖焖炉 30 min 后,再供煤气 1000 m^3/h,但不给空气 30 min;以后给煤气 2000 m^3/h,空气 2000 m^3/h。预热期为 2 h,然后按正常方法加热。

温度为 100~300℃的冷锭装炉时,要关闭煤气,钢锭装炉后,即可按正常方法加热。

2.2.2 初轧机钢锭的开坯轧制

在钢锭开坯的问题上,初轧机压下制度的选择一直是存在着争论的。为满足日益增产的要求,初轧机的开坯应该是大压下少道次。钢锭经初轧开坯后,表面或内部常出现裂纹、发纹、折叠等缺陷,破坏了钢坯的完整性,对钢轨成品的质量也带来了影响。折叠缺陷是在开坯过程中金属在孔型内的过充满出现耳子后形成的,只要适当地修改孔型调整压下制度,就可以彻底消除,这与大压下少道次关系不大,在生产中没有引起过争论。但钢锭在初轧机上轧制时出现裂纹的原因,却是经常引起争论的,在这个问题上有两种对立的观点。

2.2.2.1 大压下轧制

在保证产品质量的前提下,充分发挥初轧机的能力提高产量,采用大压下少道次,以满足日益增产的要求。实践证明,这种观点符合生产情况,它的理论根据是变形均匀,即轧件的上下表面与中心变形均匀是最合理的,在变形均匀条件下轧制时,金属内部才不会产生拉裂,同时金属的单位变形抗力降低,即减少轧制能的消耗。钢锭开始轧制时,如果压下量小,则变形深度较浅达不到中心部分,只是表面变形,中心受拉力,可导致金属破裂。采用大压下量变形深度较深,变形比较均匀,有利于避免产生裂纹缺陷。

试验结果表明,当变形锥高度为轧件平均高度的 1/4 时,变形才均匀,金属中间部分才不会被拉裂,见图 2-1,其关系式为

$$H_{cp} \leqslant 4h_T = 4\frac{l}{2} = 2\sqrt{R\Delta h}$$

$$\Delta h = R\alpha^2, H_{cp} = D\alpha$$

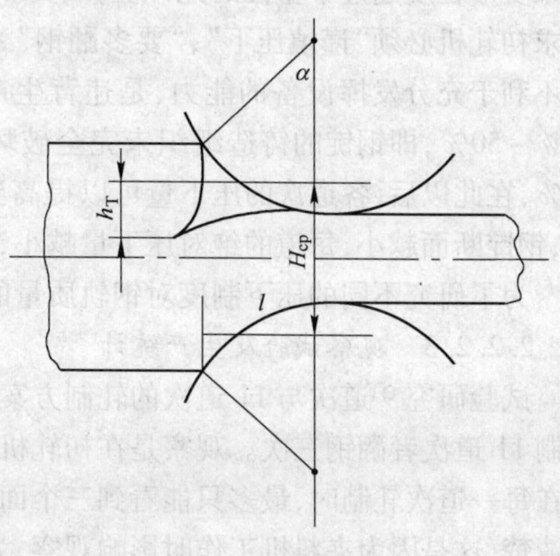

图 2-1 压下量分配

$$\frac{H_{cp}}{D} \leqslant \alpha$$

式中　H_{cp}——轧件平均高度；

h_T——变形锥高；

l——接触弧；

α——咬入角；

Δh——压下量；

R——轧辊半径；

D——轧辊直径。

初轧机试验结果表明：$\frac{H_{cp}}{D} \approx 0.5$ 时，变形均匀，即钢锭的中心与上下表层达到均匀变形。$\frac{H_{cp}}{D} = 1.74$ 时，钢锭中间的钻孔未受拉伸而畸变，按当时的压下规程，经两道轧制，变形25%左右可达到此值。

试验还表明，用 l/H_{cp} 表示不均匀变形，l/H_{cp} 在 0.2 ~ 0.45 范围内沿钢锭高度和宽度各水平层变形均匀，沿表面层到中心层高度变形逐渐减少，l/H_{cp} 愈小，即压下量愈小，则不均匀变形愈大，由中心到边缘不均匀变形逐渐增大。因此为减少或避免轧制过程中金属发生破裂现象，应当采用大的压下量，每道次的平均压下量可增大到 100 ~ 110 mm，为此需要严格控制送钢时间，钢锭从均热炉到轧机的时间应小于 2 min，以保证轧件具有良好的塑性，容易变形。

当中心变形区的体积比表面层大很多时，不存在中心层被拉裂的危险。当时初轧机已使用了 100 ~ 150 mm 的压下量，电机能力、轧辊强度，特别是咬入困难都存在问题，采取了轧辊刻痕以增加摩擦力，在孔型内沿轧辊轴向刻出凹下的沟槽，使钢锭容易咬入，但必须注意刻槽的形状和深度，不准引起轧件表面产生缺陷。

2.2.2.2　小压下轧制

小压下轧制制度认为，钢锭是铸造组织，塑性较低，在轧制过程中，特别是开始轧制时，如果变形程度超过了塑性的允许值，或变形速度过大都会引起裂纹的产生，根据这个观点就要求初轧机必须“谨慎压下”，“要多翻钢”，特别是开始轧制时，要每轧制两道就翻钢一次，这不利于充分发挥设备的能力，是违背生产发展趋势的。而且当钢锭断面缩小到原有的40% ~50%，即钢锭的铸造组织未完全破坏以前，钢轨钢锭的相对压下量不应大于 7% ~10%，在此以后，各道次的压下量可以提高到 20%，根据这种原则，每道的绝对压下量都很低，钢锭断面越小，每道的绝对压下量越小，这是不符合生产要求的。

为了研究不同的压下制度对钢轨质量的影响，有关的轨梁厂进行了系统的观察和试验。

2.2.2.3　观察试验及生产统计

试验研究 9 道次与 11 道次的轧制方案，压下制度见表 2 －2。轧制 9 道次者翻钢两次，轧制 11 道次者翻钢三次。观察是在初轧机的操作台上进行的，距离较远，在观察过程中，轧件在每一道次轧制时，最多只能看到三个面，即上面和两个侧面，上面能看得清楚，两侧面看不清楚，这是因为夹料机工作时影响观察，为了使轧件正确地进入孔型，夹料机经常夹住轧件的两个侧面，侧面看不清楚，同时轧件轧制速度较快，也不允许详细地全面观察。所以观察的结果与实际情况稍有出入。

表 2－2　初轧机压下制度

9 道次压下制度				11 道次压下制度			
道　次	高度/mm	宽度/mm	压下量/mm	道　次	高度/mm	宽度/mm	压下量/mm
0	680	680		0	680	680	
1	560		120	1	580		100
2	495		75	2	510	680	70
3	425		70	3	580		100
4	360	710	65	4	510		70
5	560		150	5	440		70
6	440		120	6	370	550	70
7	340		100	7	480		70
8	265	430	75	8	410		70
9	280	300	150	9	340		70
				10	270	410	70
				11	280	300	130

在观察过程中，首先进行了一般性研究，即按照轧制次序不挑选钢锭的表面质量。以后又挑选了 22 罐浇铸情况较好的、表面比较光洁的钢锭进行对比试验。在观察中发现，钢锭在轧制过程中经常出现开裂的现象。

根据 65 罐的观察结果，采用 9 道次轧制时，发现开裂的钢锭占试验总数的 71.0%；采用 11 道轧制时，则发现开裂的钢锭占总数的 53.6%。

根据 15 罐浇铸情况较好的钢锭，其中有 7 罐 44 个锭采用 9 道次轧制，发现开裂的钢锭占试验总数的 63.63%，采用 11 道轧制的 8 罐 70 个锭，发现开裂的占总数的 45.71%。

为了进一步作比较，又选择了 7 罐浇铸情况较好的钢锭，其中每罐钢将其半数钢锭用 9 道轧制，观察结果表明，9 道次轧制者，发现开裂的钢锭占试验总数的 76.28%，11 道次轧制，发现开裂的占 57.14%。

成品检查统计结果表明，初轧机采用 9 道或 11 道轧制者，结疤缺陷几乎相同，裂纹缺陷二者相差不多，浇铸情况较差的，其结疤及裂纹缺陷显著增多。

在试验条件下看出，采用 9 道次轧制时，钢坯普遍出现折叠缺陷，特别是相当于钢锭头部较为严重（因肩部较大）。带有折叠缺陷的钢坯对钢轨质量是有影响的，在钢轨成品上极容易把残留的钢坯折叠缺陷误认为裂纹。

根据测定结果，9 道次的轧制周期是 50 s，11 道次的轧制周期是 55.2 s，11 道次的轧制周期比 9 道次延长 10.4%。

如果采用双锭轧制，即两个钢锭前后相继进入轧机，可减少间隙时间 4.06 s，缩短轧制周期 7% 左右。

在国外也曾进行过类似的试验。有学者认为，轧制过程中产生裂纹的根本原因是内应力和应力状态的影响。由于钢锭表面层的变形较中间剧烈而产生内应力，当应力超过金属分子的结合力时，就可能引起裂纹，自由宽展的两侧面，特别是钢锭角部易产生裂纹。

2.3　钢坯表面缺陷清除及加热

2.3.1　钢坯表面缺陷清除

钢锭上的结疤、裂纹等缺陷，经热轧后往往残留在钢坯表面，在加热和开坯过程中也会产生其他新的疵病，如过热、过烧、耳子、折叠和刮伤等，所以加强钢坯缺陷的处理工作，是提高钢轨质量的重要方法之一。钢坯表面缺陷的清除，一般用火焰与风铲处理，由于风铲处理的效率甚低，钢轨坯主要是采用火焰进行处理。

由于钢轨坯抢温处理时钢坯温度的限制，在生产中常引起争论。这里简单叙述火焰处理操作，以及多年来国内在抢温处理问题上所进行的试验研究工作及实际操作情况。

2.3.1.1　火焰处理操作

火焰处理钢坯是利用氧气和焦炉煤气作燃料，在 2500 ~ 3100℃ 高温条件下熔化并清除钢坯表面缺陷。火焰枪的构造如图 2 – 2 所示。

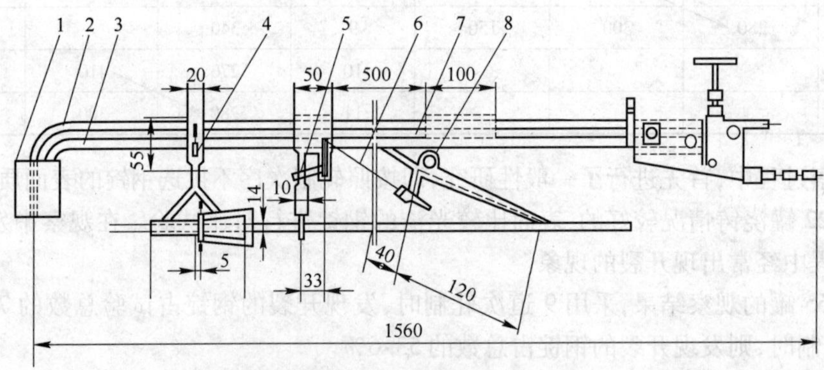

图 2 – 2　火焰枪的构造

1—嘴子；2—氧气管；3—煤气管；4—固定装置；5—滑动装置；6—连接钢丝；7—固定钢丝；8—后滑动装置

开始清理时，火焰枪的头部与钢坯表面成 70° ~ 80° 的角度，首先用枪头沿缺陷位置处加热钢坯，同时用直径为 5 mm 的铁丝助燃，当铁丝头部发白亮时，即给足氧气，调整煤气，这时移动枪头，使之与钢坯表面呈 20° ~ 25° 的角度，正式开始处理工作，正常处理速度一般保持在 112 mm/s 左右。经验证明，采用一次点火往复处理方法，速度既快质量又高，起点处在钢坯上会留下许多深坑，影响成品质量。

无论处理何种缺陷，在处理过程中，如果通过熔渣可清楚地看到在火焰焦点处有白线，则证明裂纹未全部烧掉，应加深处理，在火焰焦点处可以留下轻微可见的裂纹，但深度不应超过 1.0 mm。对于不同的缺陷应采用不同的处理方法，一般小的缺陷，可以用风铲或火焰处理，大缺陷以火焰处理为宜；钢坯有深度 5 ~ 15 mm 的裂纹缺陷时，需用火焰处理多次；深度为 10 mm 以下的角部缺陷应一次处理干净；钢坯中部纵裂纹深度小于 5 mm 以下者也应一次处理干净；如果深度在 10.0 mm 以上，应采用三次处理方法：第一次距裂纹 5 mm 平行处理，第二次沿着裂纹处理，第三次清除残余边棱，经处理后的深宽比不应小于 1∶6；对小结疤与发裂处理时，要尽量的宽，处理速度也要尽量快，并要求一次处理干净。

2.3.1.2 抢温处理研究

众所周知,钢轨坯火焰处理受温度的限制,这与钢轨的化学成分直接有关。随着碳锰含量的提高,对处理温度的要求更加严格。如自 1953 年国内开始生产钢轨以来,钢轨钢的碳锰含量不断提高,开始生产时,钢轨钢的平均碳含量为 0.62%,以后提高到 0.71%、0.74% 和 0.75%,锰含量为 0.7% ~1.0%。自 1966 年以后,又采用了碳含量为 0.65% ~0.77%、锰含量为 1.1% ~1.4% 的 AP1 钢轨,因此对钢坯的火焰处理温度更要从严控制。

生产经验表明,钢轨钢坯不允许在冷状态下进行火焰处理,刚刚热轧后钢坯温度甚高又无法进行清理操作。所以当进行火焰清理时,要求钢坯必须具有适当的温度,温度过高则无法操作,温度低不能保证成品质量,所以钢坯需采用抢温进行处理,利用轧制余热,在保证质量的前提下进行火焰处理。为了研究抢温处理问题,各有关企业进行了大量的试验工作。

A 冷坯火焰处理试验

以国内某轨梁厂的试验为例,挑选了 9 个罐号,18 个试样,火焰处理了 54 个试验面。试验结果表明,钢坯温度为 0℃时,大气温度与钢坯相同,经火焰处理后钢坯表面普遍发生裂纹,其深度为 4.2 ~12.9 mm,热酸侵蚀后可看出,经火焰处理的部位都产生黑色的硬化层,其深度为 1.0 ~2.6 mm,在显微镜下观察时,其组织为马氏体和屈氏体;钢坯温度为 27 ~140℃ 情况下进行火焰处理后,表面未发现裂纹缺陷;钢坯于 27℃、50℃、80℃情况下,经火焰清理后硬化层深度为 1.04 ~1.73 mm,硬化层组织为马氏体、屈氏体和索氏体,考虑到因火焰处理,组织变化产生残余应力,在下一工序加热过程中可能开裂;钢坯于 100℃、120℃情况下处理后,硬化层组织为索氏体。

B 热坯处理

在试验条件下,钢坯温度为 70℃以上,室温为 0℃时,经火焰处理后,钢坯表面良好。钢坯温度于 60℃以下进行火焰处理时,钢坯表面发现了裂纹缺陷。

试验结果表明,室温处理后钢坯表面产生网状龟裂,裂纹的方向与火焰处理的方向呈垂直状,与钢材轧制方向无关。

“一字形”与“人字形”处理质量无显著差别;处理前用火焰枪预热时,处理后质量较好。

经火焰处理后的钢坯,经常出现折断现象,在钢坯运输过程中,堆垛以及加热出炉时都产生了钢坯折断现象,严重时钢轨成品在矫直时也发生折断,钢轨的横裂缺陷日益增多,所以重新研究抢温处理时钢坯的适宜温度非常紧迫。

2.3.1.3 火焰处理温度

钢轨坯抢温处理时钢坯温度的限制是火焰处理的一个重要问题,它对钢轨的质量和使用后果都有较大的影响,还直接影响工人的劳动环境和身体健康。

从 1952 年以来,随着钢轨生产情况的发展,对钢轨坯抢温处理时钢坯温度的限制曾经有 4 次变更。

1957 年以前规定,钢坯温度夏季不低于 120℃,冬季不低于 150℃。按照这样操作要求处理的钢坯,生产中没发现什么问题。当时钢轨钢所采用的钢号是 M62,其化学成分为:$w(C)=0.55\% \sim 0.68\%$、$w(Mn)=0.7\% \sim 1.0\%$、$w(Si)=0.13\% \sim 0.28\%$、$w(P)\leqslant 0.04\%$、$w(S)\leqslant 0.05\%$。

1957年以后,现场开始对一部分冷钢坯在冷状态下进行火焰处理,主要原因是钢坯表面缺陷多,需要处理的钢坯量大,处理能力不够,致使带有缺陷又未经处理的冷钢坯越来越多,这些钢坯还必须合理使用,不经处理就轧制钢轨,一级品率低,严重影响成品质量。自1957年以后,钢轨钢钢号用P71、P74代替了M62,钢中的碳含量显著提高,碳含量由0.55%~0.68%提高到0.64%~0.77%和0.67%~0.80%,锰、硅、磷、硫等化学成分相同,钢质变硬变脆,在这种情况下,生产中采取了冷坯进行火焰处理的措施,与此同时在钢轨成品上就出现了横裂缺陷。

1960年以后又规定,火焰处理时钢轨坯的温度应为80℃以上,这是因为自1957年一部分冷坯采用火焰处理后,生产中逐渐疏忽了抢温处理的限制,经常把大量的冷坯进行火焰处理,因此在生产中就出现了一定量的钢坯折断现象,在钢坯运送过程中、钢坯堆垛、加热后出炉时都发生钢坯折断现象,同时钢轨矫直时也出现了矫断现象,给生产带来了很多麻烦,影响了钢轨质量,使用部门也产生了疑虑。

1961年以后,规定钢坯温度为冬季不低于150℃,夏季不低于120℃,这与1957年以前的规定相同,这是因为,1960年以后,把钢坯温度控制在80℃以上进行火焰处理,生产中钢坯折断的现象仍陆续出现之故。1961年的试验结果表明,碳含量为0.75%、锰含量为0.83%的钢轨坯,在150℃进行火焰处理后,个别试样在火焰起点处有裂纹缺陷,8个试样中有一个试样中出现裂纹;钢坯于200℃进行火焰处理了8个试样,表面没发现缺陷,钢坯于150℃用火焰切断时,在钢坯的横截面上普遍出现裂纹,于200℃用火焰切断时,个别的钢坯在横截面上出现裂纹,因此应当严格控制火焰处理时的钢坯温度。在这个问题上,不同国家的工厂规定是不一致的,气温较低地区的工厂规定处理温度就高,气温较高地区的工厂规定处理温度就低。例如前苏联的亚速钢厂规定,M62、M75钢的钢轨坯的处理温度不低于150℃;另外有的工厂规定钢轨坯的处理温度不准低于250℃,还有限制不低于300℃以上的。

试验结果表明,钢坯于150℃在上述条件下进行火焰处理时,个别试样在火焰起点处发现有裂纹缺陷。钢坯于150℃用火焰切断时,在截断的面上普遍出现裂纹。

钢坯于200℃进行火焰处理后,表面没发现裂纹等缺陷。但钢坯于200℃用火焰切断时,个别的试样在截断面上出现裂纹。

严格控制火焰处理时钢坯的温度,是提高处理质量的保证,但是要求过高的处理温度对现场的劳动条件影响较大,也必须慎重考虑,尤其是夏天,处理场温度太高,工人操作非常困难。因此在当时的具体条件下,钢轨坯的处理温度规定为冬季不低于200℃,夏季不低于150℃还是可行的。严格控制处理温度,生产中尚未发现问题,由于钢轨钢中碳、锰含量的提高,还必须经常注意钢坯处理后的情况,出现问题要及时解决。

2.3.2　连续式加热炉及钢坯加热

2.3.2.1　*加热炉形式*

从初轧厂送往轨梁厂的钢坯,要重新加热后再轧制钢轨,钢坯加热操作的好坏,直接影响钢轨质量,同时与轧机设备也是有关的,甚至影响生产。钢坯的加热在连续式加热炉内进行,燃料用混合煤气。加热炉有二段连续式加热炉和三段连续式加热炉两种构造形式。

二段连续式加热炉只有预热段和加热段,采用二段连续式加热炉是受场地限制的特例。

炉子的炉底有效面积为 8.76 m×10.35 m,加热冷料时每个炉子的生产能力为 35 t/h。煤气的用量为 1000 m^3/h,煤气的发热量为 7536 kJ/m^3,煤气压力为 9807 Pa。这种炉子的优点是构造简单,操作容易。缺点是没有均热带,调节各段的温度比较困难。

三段连续式加热炉是连续式加热炉的通用炉型。此炉型有三个加热段,即预热段、加热段和均热段,炉子的炉底有效面积为 8.7 m×17.6 m,加热冷料时的生产能力为 70 t/h,一台三段连续式加热炉能力相当于两台二段连续式加热炉的总和。加热时煤气用量为 24000 m^3/h,煤气发热量为 7536 kJ/m^3,煤气压力为 9807 Pa。

加热炉采用高压喷射式烧嘴,其特点是利用高压煤气自动吸入空气,空气吸入量的增减依靠风盘调整。由于采用高压煤气,炉子的出料端经常是负压而吸入大量空气,所以空气的过剩系数是比较大的。据测定,上下加热的空气过剩系数为 1.0~1.15,均热段为 0.85~1.05,为此需注意钢坯在炉内加热时的氧化烧损问题。

每个加热炉都有自动控制和测量仪器,炉子工作情况的控制是通过仪表室内的自动控制器进行的。炉内的温度压力,各加热段的温度以及煤气流量,都可以在仪表室自动记录,炉温通过热电偶进行测量,热电偶安置在炉顶。

2.3.2.2 钢坯的加热操作

钢坯全部由初轧厂供给,装炉的钢坯有冷料和热料两种,热料占 40%~60%,热料在初轧厂进行挑料,将具有明显结疤、裂纹、过烧等缺陷者挑出进行表面清理。表面良好的经台架用地滑车由初轧厂运往轨梁厂装入加热炉,生产经验表明,热料加热时,可节约燃料 40%~50%。冷坯经表面清理后用火车运往轨梁厂,钢坯的输送和装炉是按炉号、罐号并区分清段号进行的。炉号不清、有明显缺陷的及规格不合格的,严禁装入炉内。

在一般情况下,炉内上下加热的炉温为 1250~1320℃,均热段炉温为 1200~1280℃,炉温与钢温一般差 10~60℃。断面规格为 196 mm×196 mm 的冷钢坯,加热时间不少于 165 min,均热时间不少于 30 min;热坯的加热时间不少于 105 min,均热时间不少于 15 min。

钢坯在加热过程中,由于生产条件和设备情况是随时发生变化的,为了保证钢坯的加热质量,必须相应的及时进行调整。

A 待轧期间的调整

在生产过程中,因轧钢机出现问题,如换辊、断辊、电气或其他故障不能连续进行轧制时的待轧期间,需相应进行调整。生产经验表明,轧钢换一架轧辊大约需 50 min,在这种情况下,为了能及时地进行生产一般煤气都不减量,但均热段要减少风量,空气过剩系数控制为 0.7~0.8,炉压无显著变化。

轧钢换三架轧辊时,大约需 170 min,在这种情况下,要减少煤气流量,例如减至 17000~18000 m^3/h,炉压应为 17.7~19.6 Pa,炉内上下加热段温度保持在 1200℃左右,均热段为 1000~1100℃,均热段要控制低风操作,空气过剩系数为 0.7~0.8,均热段调整风量时,最主要是烧嘴流量和风盘均匀一致,以免发生温度不均、局部低温或烧坯。

因换辊、断辊、电气或其他故障,待轧时间为 5~8h 以上的,煤气流量减少到 12000 m^3/h 以下。

B 冷、热钢坯混装时加热炉的调整

轨梁厂的钢坯有两种,一种是热坯,即经初轧厂开坯剪断后,直接送往加热炉内进行加热的,另一种是冷却后由大型厂钢坯跨送往加热炉的冷坯。因为冷、热坯的温度不同,加热

时的操作方法也各不相同,特别是冷热坯混装进行加热时,必须特别注意加热操作。根据生产经验,热坯在前、冷坯在后时,操作特点是降低炉内压力,其目的是有利于加热段温度的提高,对提高产量有利。

冷坯在前、热坯在后时,操作的特点是增大炉内压力,这样有利于均热段冷料的加热,以便提高产量。应当说明,炉内压力的增减,是依靠调整正烟道闸门进行控制的,适当提高烟道闸门炉内压力就降低,降低烟道闸门,会增高炉内压力。

全部装入热坯进行加热时,其控制特点是适当减少空气用量,使均热段的空气过剩系数为0.8~1.0,加热段为1.0~1.15,有利于减少烧损。

C　煤气发热量变化时的调整

实践表明,煤气发热量的高低对钢坯加热的质量有明显影响,煤气发热量波动时,加热操作需进行相应调整,为此操作人员对所供煤气常提出如下要求:

(1) 煤气的发热量要稳定;

(2) 煤气的压力要稳定;

(3) 煤气的净化要好,灰尘达最低限度。

为了稳定煤气的条件,生产中还要经常透烧嘴,以免堵塞影响正常操作。

煤气发热量高时,如大于7536 kJ/m^3,要及时调整风盘,增大间隙及风量,以利于节约煤气。同时还要注意控制空气过剩系数为0.8~1.15。

D　炉底的高低变化与调整

在加热过程中炉底经常发生铁皮堆积现象,使炉底出现高低不平的现象。炉底增高钢坯容易产生局部烧坏,要及时调整烧嘴,炉底较高的部位应减少风量,炉底低的部位风量应稍大。炉底出现铁皮堆积时,必须及时进行清理,铁皮堆积严重时,影响生产和劳动条件,需要人工打炉底,或停产进行清除。为消除铁皮的危害,有的加热炉采取了架空顺沟式炉底,机械化出渣,清除铁皮。

E　加热温度的控制

由于钢轨的碳含量较高,加热温度需严格控制,加热温度的波动范围要求小,要求轧钢过第二孔后的温度不低于1050℃,否则将容易引起断辊。在操作过程中,要特别注意加热和均热时间,如加热时间短,则冷料在加热段因上面加热较充分,下面加热不足,到均热段将延长均热时间,同时还容易出现温度不均现象。

2.3.2.3　加热缺陷

钢坯在加热过程中难以避免的缺陷是氧化与烧坏。

A　氧化

生产中的烧损是指加热过程中因产生氧化铁皮而造成的损失量。生产经验表明,钢轨坯的烧损为全部金属的1.0%~1.2%。烧损量与操作条件有关,而且与温度高低、加热时间、炉内气氛、钢坯的碳含量等因素有关,碳高则氧化少。同时煤气中硫含量的多少也影响烧损,硫高则烧损增多,这是因为煤气中的硫常与铁化合为FeS,FeS的熔点低,失去保护膜的作用,而加剧氧化。生产中减少烧损是具有重要经济意义,因此提出了无氧化加热问题。

B　烧坏

统计数据表明,钢轨钢烧坏的约占0.03%,产生的原因是温度高和钢坯在炉内停留的时间过长,产生过热、过烧或裂纹等缺陷。钢轨坯的烧坏下限温度为1280℃。在接近该温度下停留时间过长,或氧化气氛较强时,都促使烧坏产生。消除的办法是严格控制加热温度和加热时间,避免在高温下停留时间过长,并及时进行调整。

2.4 轨梁轧机轧制及轧制缺陷调整

2.4.1 轨梁轧机轧制

我国早期钢轨生产所使用的坯料多是采用钢锭,经过初轧机开坯后轧制成矩形坯,再运到轨梁厂或大型厂进行轧制成形。在轨梁厂轧制钢轨时,由于轧件的形状非常复杂,与坯料之间没有几何相似性,而且钢轨的腿部在轧制过程中始终处于拉缩变形,为此,必须采用异形孔将坯料切出高而深的腿部,将矩形坯轧制成近似钢轨外形的帽形。一般轧件在帽形孔中的变形是不均匀的,金属在轧辊的切楔作用下被强迫宽展,形成宽而厚的腿部。为尽量减小不均匀变形,通常采用3~5个帽形孔,并配置在二辊式可逆开坯轧机上。粗轧轨形孔也多配置在二辊式可逆轧机上,轧件在粗轧轨形孔中变形,并逐渐接近成品钢轨断面尺寸。

随后轧件在二辊式轧机(或三辊式轧机)上采用闭口式轨形孔进行中轧和精轧,最后轧出成品。由于其孔型设计多是采用不对称设计,因此其成品断面的对称性不理想,其轨高、底宽、腹高等尺寸的控制精度也不高,工人调整轧机要凭经验,常常还会因孔型磨损,对轧件产生楔卡作用,造成钢轨腿尖加工不良,出现圆角或表面质量缺陷。有关轨梁轧机孔型法轧制钢轨的孔型系统如图2-3所示。

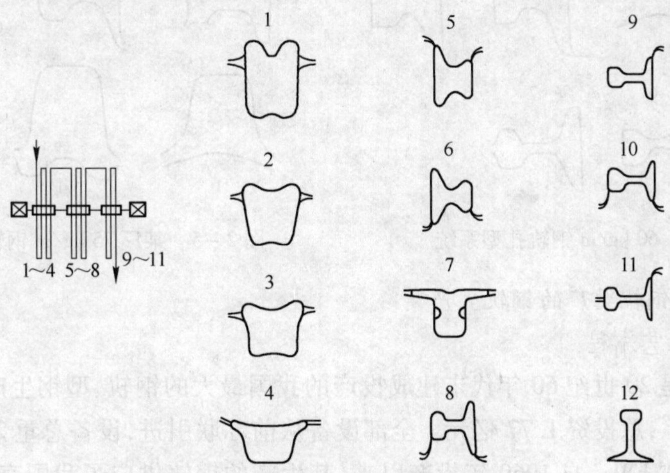

图2-3 孔型法轧制钢轨的孔型系统

我国的主要钢轨生产企业如鞍钢、攀钢、包钢和武钢在长期的生产实践中积累了大量的经验,在进行一系列的设备和工艺改进之后,已成功利用普通孔型轧制法生产出铁路建设急需的60 kg/m和75 kg/m钢轨,满足了国民经济发展的需求。

我国60 kg/m钢轨断面采用铁道部推荐断面,轨高176 mm、头宽73 mm、腰厚16.5 mm、底宽150 mm;钢轨的截面面积为77.45 cm^2,单重为60.35 kg/m。该钢轨是在950/800轨梁轧机上轧制的,以300 mm×350 mm初轧坯为原料,压缩比为13.5。采用包括2个箱形孔、1个梯形孔、3个帽形孔和5个轨形孔的孔型系统,如图2-4所示。这孔型系统的特点,一是吸收了万能法大压下系数的优点，设置了一个梯形孔，使轧件变成一个高的矩形，有利于轧件在帽形孔中得到较大的压下量，有利于改善轨头和轨底质量；二是在第一个帽形孔底部采用高的切楔和较大的张开角度及圆弧半径，以利于强化轨底；三是所有轨形孔腰部均采用不等厚设计，以增加腿根部压下量和展宽量，保证腿长的增长，同时适当减小轨形孔宽度，以保证轨高尺寸。

我国 75 kg/m 钢轨断面采用前苏联国家标准断面，即轨高 192 mm、轨头宽 75 mm、底宽 150 mm、腰厚 20 mm；断面面积 95 cm^2，原料初轧钢坯断面尺寸为 300 mm × 330 mm，压缩比为 10.42。

根据孔型设计经验，对于重型断面钢轨，其异形孔数量至少要 9 个，否则容易出现尺寸波动，稳定性差。基于这种考虑，75 kg/m 钢轨孔型系统采用包括 1 个梯形孔、3 个帽形孔和 5 个轨形孔的孔型系统，其主要特点是在第一个粗轧帽形孔设计上采用较大的压下系数，以强化轨头、轨底。在轨形孔设计上腰部采用不等厚设计，有利于轨底尺寸的稳定，同时在孔型断面上闭口腿的延伸系数略大于开口腿的延伸系数，以减少开口腿磨损，提高孔型寿命。具体孔型系统见图 2 – 5。

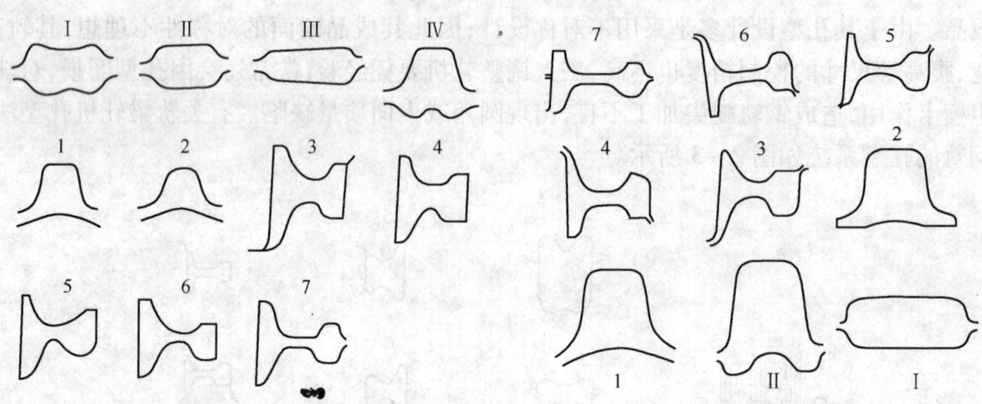

图 2 – 4　60 kg/m 钢轨孔型系统　　图 2 – 5　某厂 75 kg/m 钢轨孔型系统

2.4.1.1　包钢轨梁厂的钢轨生产

A　产品及工艺流程

包钢轨梁厂是 20 世纪 60 年代末建成投产的我国最大的钢轨、型钢生产厂。全厂占地面积 11.3×10^4 m^2，总投资 1.77 亿元。全部设备从前苏联引进，设备总重 2.1×10^4 t，装机总容量为 9.7×10^4 kW。自 1969 年投产以来，其生产的钢轨供应了我国京包、包兰、兰新、京广、津沪、大秦、包神、京九等国家主要铁路干线用轨，也供应了北京等地的地下铁道用轨。该厂生产的工字钢、槽钢供应了铁道、桥梁、锅炉、衡器、吊车、码头、机场、电站等大型工程。该厂设计生产能力为 110 万 t/a，其中钢轨 35 万 t/a。

该厂可生产的产品主要有：

(1) U74、U71Mn 等钢种的 50 kg/m 和 60 At 道岔轨；

(2) QU100 ~ QU140 断面吊车轨；

(3) 22 ~ 63 号普通工字钢，30 号矿井 ~ 45 号的加厚工字钢，矿井和 U 形钢等支护钢材；

(4) 28 ~40 号普型槽钢;

(5) B Ⅳ-500 钢板桩;

(6) 直径为 100 ~ 350 mm 的圆钢、管坯;

(7) 边长为 75 ~ 200 mm 的方钢、方坯。

钢轨生产工艺流程如下:

初轧坯或连铸坯→加热→950 开坯→800 粗、中轧→850 精轧→热锯锯切→热打印→冷床冷却→缓冷→出坑上垛→矫直→量尺→检查→铣头钻孔→轨端淬火→探伤→成品外观检查(不合格者退回量尺检查)→入库发货。

B 主要设备参数及布置

加热炉为三段式连续加热炉,共 3 座,每座加热能力为 100 t/h。燃料采用重油及煤气。

开坯机为 950 二辊可逆式轧机,前后有推床及翻钢机。轧辊直径为 980 ~ 1050 mm,辊身长 2300 mm,驱动电机功率为 5350 kW。

粗、中轧机为两架 800 三辊式轧机,前后有摆动台和翻、移钢机。轧辊直径 720 ~ 880 mm, 辊身长 1900 mm,驱动电机功率为 8100 kW。

精轧机有两架,一架为 850 二辊式轧机,另一架为万能轧机。

850 二辊式轧机轧辊直径为 770 ~ 930 mm,辊身长 1200 mm;万能轧机水平辊直径 900 ~ 960 mm,辊身长 550 mm,立辊直径 700 mm,辊身长 300 mm。驱动电机功率为 2600 kW。

热锯为滑座式热锯,共有 7 台,锯片直径 1800 mm。

矫直机共有 3 台,为 1200 mm 辊距六辊悬臂水平矫直机。其中 1 台后来经过改造变成平立联合矫直机。

加工线共有 4 台从德国引进的采用硬质合金加工的钢轨加工锯钻联合机床及其刃磨机床。包钢轨梁厂的设备布置如图 2 - 6 所示。

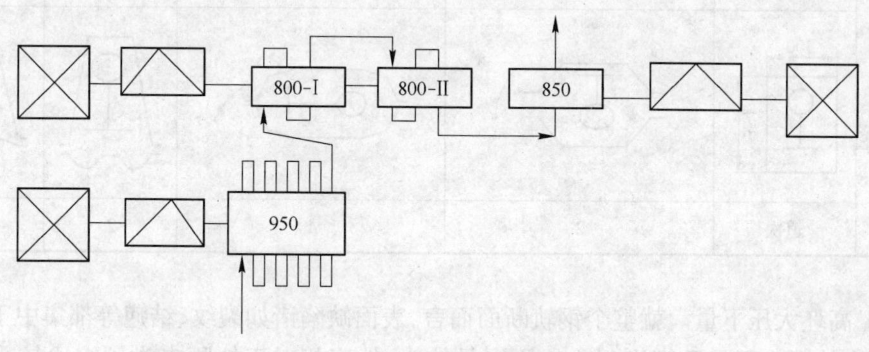

图 2 - 6 包钢轨梁厂布置简图

C 包钢 60 kg/m 钢轨孔型设计及轧辊配置

为了提高钢轨断面尺寸精度,改善钢轨综合性能,使钢轨产品质量达到国际先进水平标准,以适应铁路运输事业向着高速、重载和大运量方向发展,包钢轨梁厂借鉴俄罗斯主要钢轨生产厂家轧制钢轨所采用的孔型系统并结合自己的特点,从 1986 年开始研制采用 6 个轨形孔的孔型系统轧制钢轨,并最终获得成功。

a　孔型系统的选择与设计

按照 950/800/850 二列式轨梁轧机的布置条件(见图 2－6),并根据多年生产钢轨的实践及借鉴国外经验,对现有 60 kg/m 钢轨孔型系统 5 个轨形孔系统进行了改进,即 950 开坯机采用 1 个箱形孔、1 个梯形孔、2 个帽形孔,轧制道次为 2—4—2—1,仍实行固定面轧制,800/850 轧机采用 1 个帽形孔和 6 个轨形孔,轧制道次为 3—3—1。实践表明,这种孔形系统使金属变形均匀,高坯大压下量可改善轨头轨底质量,有利于钢轨两腿的均匀变形,提高了轨底宽度的稳定程度。

该孔型系统具有如下特点:

(1) 孔型系统相应改进。结合包钢轧机布置形式及工艺特点,采用 1 个箱形孔、1 个梯形孔、3 个帽形孔、6 个轨形孔的孔型系统。

(2) 实行固定面轧制。钢锭大面轧在轨腰上,小面轧在轨头轨底上,以提高和均衡轨头、轨底、轨高的压缩比,改善钢轨的综合性能,减少轨头轨底的表面缺陷。

包钢生产 60 kg/m 钢轨采用专用锭型。根据初轧厂现行 60 kg/m 钢轨坯的开坯规程,制定了轨梁厂 60 kg/m 钢轨 950 开坯机的轧制规程,见表 2－3。

表 2－3　初轧－轨梁轧机固定面轧制规程

轧机	钢　锭	Ⅰ孔		Ⅱ孔		Ⅲ孔
初轧 φ1150	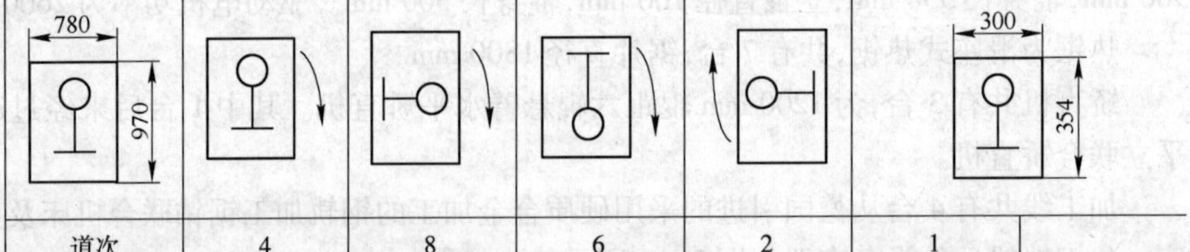 780 970					300 354
	道次	4	8	6	2	1
	钢坯	Ⅰ孔（箱形孔）		Ⅰ孔（梯形孔）	Ⅱ孔（帽形）	Ⅲ孔（帽形）
轨梁 φ950	300 354					
	道次	2		4	2	1

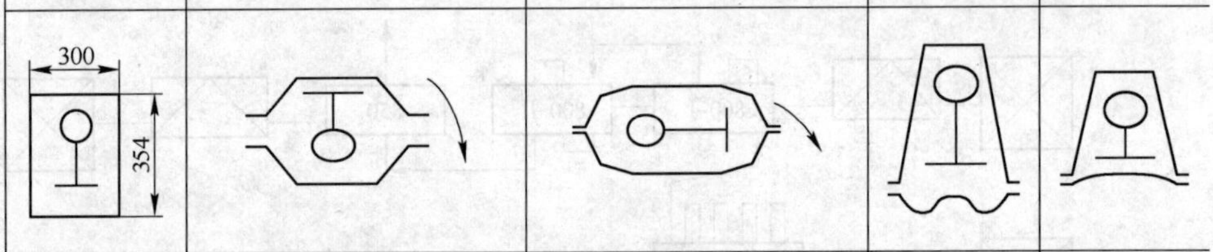

(3) 高坯大压下量。就整个钢轨断面而言,表面缺陷诸如裂纹、结疤等都集中于轨头和轨底,而在轨腰出现的几率则很小。原因是轨头、轨底相对于轨腰来讲压缩比较小。轧制 60 kg/m 钢轨采用的钢锭与成品各部位的压缩比见表 2－4。

表 2－4　钢锭与成品断面各部位的压缩比

部　位	整个断面	轨　高	轨底	轨　头	轨　腰	腿　厚
压缩比	F/f	H/h	B/b	B/a	B/d	H/t
	7566/77.45	970/176	780/150	780/73	780/16.5	970/12
	97.6	5.51	5.2	10.7	47.3	80.8

在钢锭和成品断面确定的情况下,从工艺角度来看,继续加大梯形孔的宽度,增加帽形孔的压下量,同样会改善轨头、轨底的表面质量。因此,在设计6个轨形孔系统中,将梯形孔宽度增加到370 mm,使 B/h 值为2.1。俄罗斯及国内一些钢轨生产厂所用扁箱孔或梯形孔宽度与成品轨高之比见表2-5。

表2-5 扁箱孔或梯形孔宽度与成品轨高之比

厂 家	俄罗斯夏塔吉尔		包 钢		攀 钢		鞍 钢
规 格	65 kg/m	75 kg/m	60 kg/m	75 kg/m	60 kg/m	75 kg/m	50 kg/m
孔 型	140×320	140×345	151×280	151×310	155×305	147×350	176×255
B/h	1.8	1.8	1.59	1.6	1.73	1.82	1.67

(4) 梯形孔、帽形孔采用非对称性设计。实践表明,设计钢轨孔型最关键的两个孔是第一个帽形孔和第一个轨形切深孔,其中产生于帽形孔腿尖处的缺陷如大圆角、偏角等经后面各道次轧制仍不容易完全消除。因此,在设计梯形孔、帽形孔和轨形切深孔时,需特别考虑以下几点:

1) 尽量避免在帽形孔腿尖处产生上述缺陷,严格控制好梯形孔进入第一个帽形孔的宽展量。将梯形孔两端设计成非对称性结构,减小上部侧压,控制下部宽展,确保孔型充填良好、出钢平直。

2) 应当考虑各种因素尤其是温度对底宽的影响,即帽形孔底宽对温度变化敏感性愈小愈好,使轧件经过几个帽形孔之后,底宽趋于一致且没有偏角或圆角。

3) 解决好最后一个帽形孔与第一个轨形切深孔的匹配问题。既要保证轨形切深孔上腿不"楔卡"、充填良好,下腿变形均匀、长度适宜,又要避免轨形切深孔负荷过大不易咬入。因此,帽形孔采用切楔偏心和下底不对称的设计,轨形孔采用腰部不等厚设计,使轨底宽度稳定,延伸系数更接近于实际。

(5) 两腿变形均匀。原5个轨形孔系统中,钢轨上腿加工2次,下腿加工3次。相比之下,采用6个轨形孔系统,有利于钢轨两腿加工,使上下腿均为3次加工。均匀对称的变形增加了底部尺寸的稳定性,减少和消除了帽形孔底部带来的缺陷。

轨形孔的增加使钢轨头部和底部每道次变形量和负荷更加均匀,孔型磨损减轻,轧件表面质量改善,轧辊使用寿命延长。特别是轧件从帽形孔进入轨形切深孔时,6个轨形孔相对于5个轨形孔两腿的直压和侧压明显变小,使闭口腿不易造成"楔卡",再加上机列3孔、4孔上腿均采用开口腿,避免了以往闭口腿腿短且大圆角而开口腿腿长易形成折叠的现象。

(6) 控制宽展,均匀延伸。轨形孔用小宽展量(平均每孔为3.95 mm),有利于强化轨底表面加工;且闭口腿延伸接近于开口腿延伸,相对减小开口腿磨损,延长孔型使用寿命。

钢轨采用6个轨形孔轧制的孔型系统如图2-7所示。

b 导卫装置的设计

除2、3孔导板需另行设计制作外,其他各孔均可由原5个轨形孔系统的导卫板代用。为易于2孔切深咬入,对2孔入口头部、底部导板进行了特殊设计。轧制表明效果良好。

c 轧辊孔型配置

950开坯机:为避免帽形孔轧件出钢上翘,配置帽形孔采用"上压力"方式并增大上辊辊径。其孔型配置如图2-8所示。

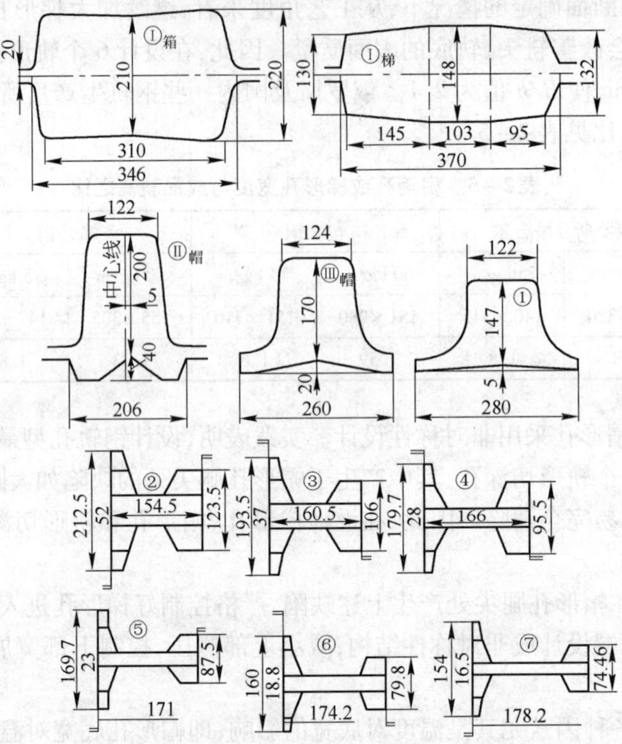

图 2－7　6 个轨形孔轧制的孔型系统

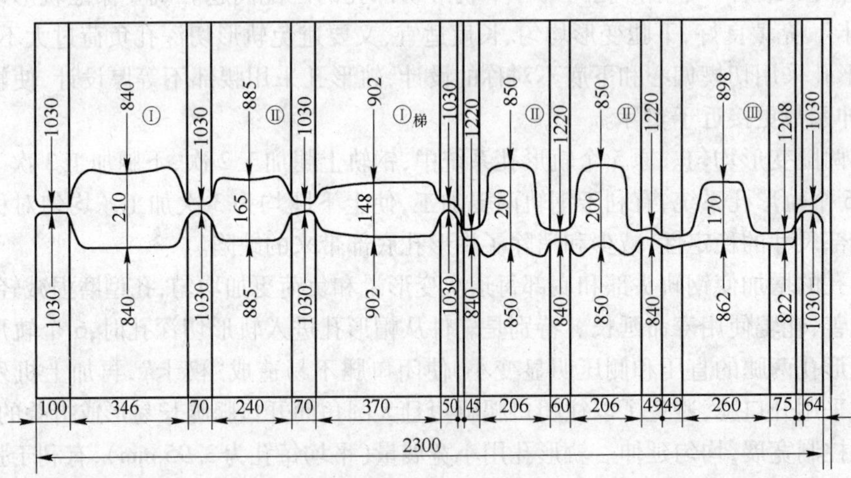

图 2－8　950 轧机配辊图

800/850 轧机：850 机列各轨形孔采用大斜度倾斜配置，上轧制线切深。850 轧机配辊简图如图 2－9 所示。

2.4.1.2　攀钢轨梁厂的钢轨生产

A　产品及工艺流程

攀钢轨梁厂建于 1971 年，于 1974 年 8 月投产。设计年产量为 110 万 t，其中钢轨 50 万 t、型钢 48 万 t、方圆钢 12 万 t。在经过其后的多年改造，能生产 160 多个钢种，产品规格近

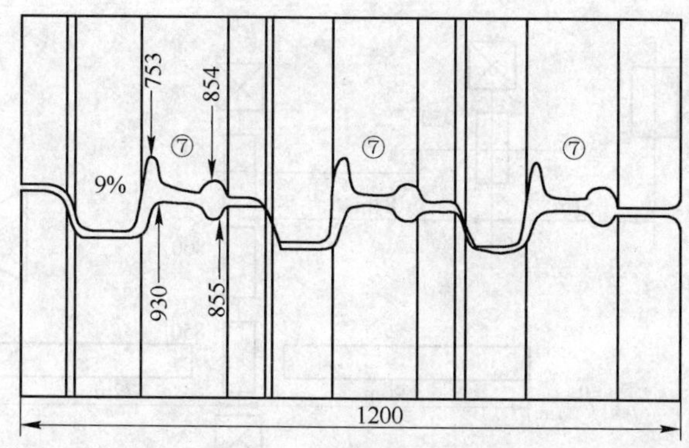

图 2－9 850 轧机配辊图

70 个，其中 310 乙字钢、220 帽形钢、履带钢、槽帮钢、垫板钢、扁钢和全长淬火轨等品种填补了国内产品空白。同时还能按照 UIC 标准和 BS 标准生产钢轨及垫板。

产品大纲包括：

（1）方钢：80 mm × 80 mm ~ 200 mm × 200 mm；圆钢 ϕ90 ~ 270 mm；扁钢 100 mm × 300 mm 及 65 mm × 180 mm。

（2）工字钢：工 11、工 25、工 28、工 32、工 36、工 56；槽钢：24 号、28 号、36 号；20 号角钢，310 乙字钢，220 帽形钢，203 及 216 履带板，36 型 U 形钢，19 型槽帮钢，垫板及钢枕。

（3）可按中国、英国、UIC 等标准生产 37 kg/m、43 kg/m、50 kg/m、52 kg/m、60 kg/m、75 kg/m 钢轨，吊车轨 QU80 及道岔轨 50 At；还可生产 50 kg/m、60 kg/m 和 75 kg/m 全长淬火轨。

钢轨生产工艺流程如下：

钢坯→上料→装炉→加热→950 开坯→800 粗、中轧→850 精轧→打印→锯切→冷却→缓冷→出坑堆放→矫直→补矫→探伤→加工→检查→修磨→检查→入库→发货。

B 主要设备参数及轧机布置

轨梁厂总建筑面积约 11 万 m^2，厂房最大长度 696 m，最大宽度 192 m，共 8 个跨间。全厂设备总重 23000 t，轧线设备 15700 t，电气设备 2000 t，起重设备 2800 t，全长淬火设备 1200 t。主要设备参数如下：

（1）加热炉：共有 3 座三段连续推钢式加热炉，炉子有效长度 29.535 m，有效宽度 6.812 m，每座炉子小时产量为 100 t；采用高炉焦炉混合煤气燃料，炉底管采用汽化冷却。

（2）轧机：共有 4 架轧机，其中 950 二辊可逆式开坯机一架、800 三辊粗、中轧机两架、850 二辊精轧机一架。轨梁厂轧机布置如图 2－10 所示。

950 二辊可逆式轧机：轧辊中心距 880 ~ 1050 mm，辊身长度 2300 mm；电机为 6500 kW 直流电机，转速为 0—70—110 r/min。

800 三辊粗、中轧机：轧辊中心距 720 ~ 880 mm，辊身长度 1900 mm；电机为 6500 kW 电机，转速为 0—90—180 r/min。

850 二辊精轧机：轧辊中心距 770 ~ 930 mm，辊身长度 1200 mm，电机功率 1800 kW，转速为 100 ~ 200 r/min。

（3）热锯：共有 7 台滑座式热锯，锯片直径为 ϕ1620 ~ 1800 mm；电机功率为 215 kW，转

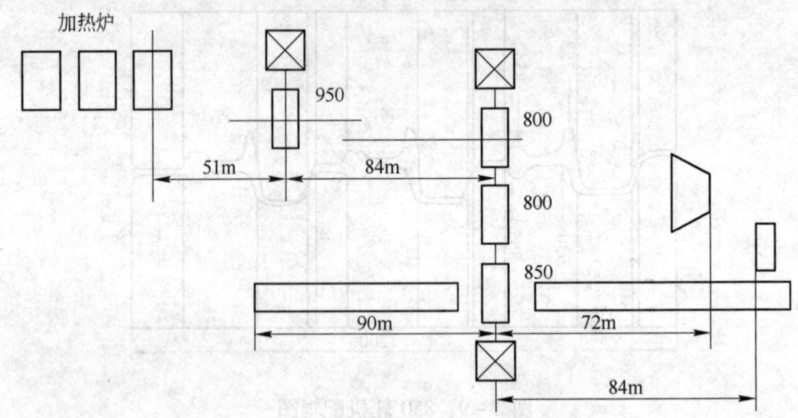

图 2 - 10　攀钢轨梁厂轧机布置图

速为 980 r/min。

(4) 矫直机:共有两台 8 辊悬臂矫直机、一台 7 辊立式矫直机、两台双向液压矫直机。8 辊悬臂矫直机的辊距为 1300 mm,矫直速度为 0.9 ~ 1.5 m/s。

(5) 探伤线:两条超声波探伤线和一条涡流探伤线。

(6) 钢轨加工线:包括 6 台锯钻联合机床、4 台轨端淬火机,可以加工的钢轨规格为 37.2 ~ 75 kg/m,长度为 9 ~ 25 m,淬火机可对钢轨进行轨端帽形淬火。

(7) 全长淬火生产线:该生产线可以生产 50 ~ 75 kg/m 的全长淬火钢轨,淬火速度为 1.2 m/s,淬火层深度为 12 mm(踏面)、角部 15 mm,淬火层形状呈帽形。生产线小时生产能力为 3.7 ~ 5.37 t。

C　攀钢钢轨孔型设计及轧辊配置

a　钢坯的选择

(1) 在充分利用加热炉能力和保证定尺长度的前提下,确定钢坯的断面尺寸和长度。钢轨在产品结构中占很大比例,因此钢坯长度必须根据加热炉的宽度来确定,以便充分发挥加热炉能力;另外,根据钢轨定尺的要求,每根钢坯轧出成品长度须是 12.5 m 或 25 m 的倍数加切头、切尾量,以 50 kg/m 钢轨为例:

1) 钢坯长度:由于加热炉宽度为 6.8 m,钢坯允许的最长长度为 6 m,因此 50 kg/m 钢轨钢坯设计长度为 5.9 m。

2) 根据主轧跨设备(图 2 - 10)确定从精轧机架轧出的钢轨总长度。可以看出,在现有的设备布置状况下只能轧三根 25 m 的定尺钢轨,即每根钢坯切三根定尺钢轨。

(2) 加大轨高方向的压下,减少轨底裂纹。50 kg/m 钢轨的钢坯可为方坯或矩形坯,决定选用 325 mm × 280 mm 的矩形坯。

钢轨在铁路运输中承受复杂负荷,因而对其质量要求很严,尤其是轨底中央三分之一处按标准规定不允许有裂纹。而轨底中央三分之一处的质量与轧制过程中轨高方向的垂直压下量有关。压下量愈大,质量就愈好。从理论上分析,用矩形坯的高面轧成钢轨的高度方向比用方坯的质量好,因轨底中央三分之一处的变形量增大。

(3) 钢坯的共用性。从设计角度来看,每种规格的钢轨应该有自己单独的钢坯,但当生产钢轨规格较多时,必须考虑钢坯的共用性。轨梁厂 50 kg/m、52 kg/m、75 kg/m 钢轨都采用325 mm×280 mm钢坯；60 kg/m钢轨的钢坯为370 mm×280 mm；43 kg/m钢轨钢坯为280 mm×280 mm。为使75 kg/m钢轨和50 kg/m钢轨共用一种钢坯，必须改变原有的孔型设计方法，在开坯机孔型设计中取消两个箱形孔，钢坯直接进梯形孔。

b 孔型系统的确定

孔型系统的选择直接关系到成品钢材的优质高产。国内二列式四架轨梁轧机轧制钢轨时都采用图2-11所示的孔型系统，即采用2个箱形孔、1个梯形孔、3个帽形孔、5个轨形孔的孔型系统。

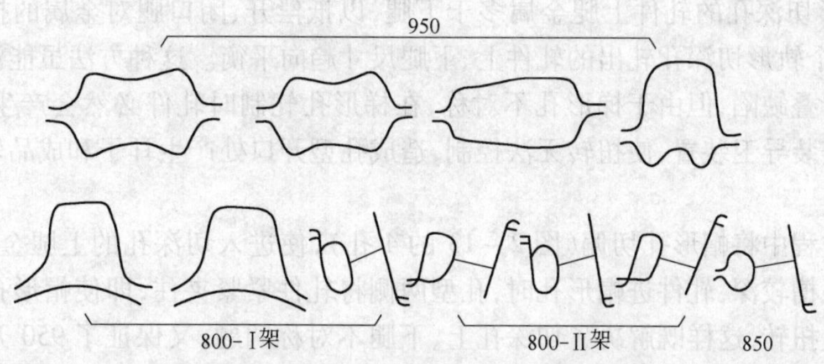

图2-11 二列式四架轨梁轧机孔型系统

其中950开坯机布置4个孔型（2个箱形孔、1个梯形孔、1个帽形孔）；800轧机第一架布置3个孔型（2个帽形孔、1个轨形孔）；800轧机第二架布置3个轨形孔，850精轧机架配置1个轨形孔。轨梁厂生产4种规格的钢轨采用上述孔型系统，其特点是用箱形孔将钢坯压小，靠帽形孔的作用使轨底中心三分之一处得到良好加工，改善钢材组织，同时使进入轨形孔的轧件有足够的底宽，以保证轨底尺寸的稳定性，最后采用轨形孔使钢轨成形。75 kg/m钢轨由于单重、断面尺寸都较大，尤其是轨高比50 kg/m和60 kg/m钢轨高得多，因此采用6个轨形孔的孔型系统，如图2-12所示，即1个梯形孔、3个帽形孔和6个轨形孔。6个轨形孔的优点是轨底加工良好，轧辊磨损减少。轨形孔由5个增加到6个有利于钢轨底部上、下面的加工，钢轨底部上表面（底部上腿）和底部下表面（底部下腿）都得到3次加工。因此，腿部变形均匀，保证了尺寸的稳定性。同时，随着轨形孔的增多，钢轨头部和腿部变形参数包括侧压和延伸随之减少。这样，在批量生产时，轧辊磨损可减少，钢轨表面质量可改善。

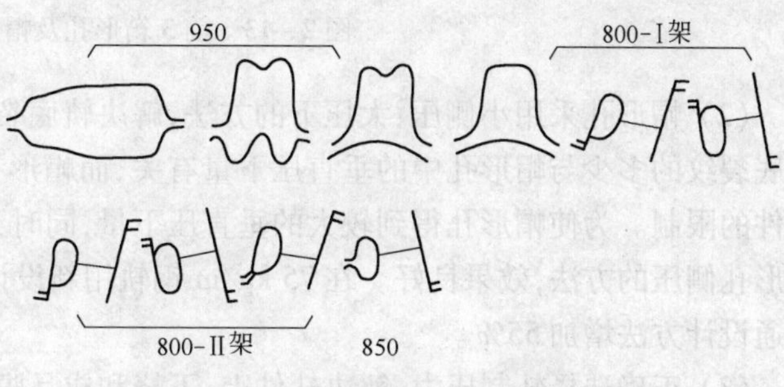

图2-12 6个轨形孔的孔型系统

c 轧制道次

减少轧制道次是提高钢轨产量的重要手段。对50 kg/m钢轨，为提高产量，将原来钢轨共轧14道的轧制方案改为“2∶1∶1∶1”的轧制方法，950开坯轧5道，950开坯的轧制时间为51 s。这样，950开坯和800—850机列的轧制节奏趋向平衡，最高班产量达到300根以上，比设计产能提高25%。

d 孔型系统的改进

(1) 用帽形孔切偏方法,保证开坯机轧制的稳定性。950 开坯的轧制稳定直接影响产品的质量,由于 950 开坯机只有推床,没有导卫装置,因此在孔型设计时,必须减少轧件的扭转,保证轧制稳定性。从孔型系统中可以看出,800—850 机列第 3 孔为第 1 个轨形切深孔,其上腿为闭口腿,下腿为开口腿,金属在孔型中变形较复杂,上腿受楔卡和压下作用而被拉缩,下腿受两辊的挤压作用而增长。实测废钢得知,上、下腿腿长之差达 30 ~ 35 mm。为解决第 1 个轨形切深孔上、下腿不对称的问题,有些厂将 950 开坯的梯形孔作成不对称,使进入第 1 个轨形切深孔的轧件上腿金属多于下腿,以抵偿开、闭口腿对金属的拉缩和增长作用,使从第 1 个轨形切深孔轧出的轧件上、下腿尺寸趋向平衡。这种方法虽能消除成品上腿圆角和下腿折叠缺陷,但由于梯形孔不对称,在梯形孔轧制时轧件必然会产生扭转,而 950 开坯又无法安装导卫装置,使扭转无法控制,造成孔型开口处产生耳子和成品轨底三分之一处产生折叠。

在设计过程中将帽形孔切偏(图 2 - 13 的 4 孔),使进入切深孔的上腿金属多于下腿。由于帽形孔轧槽较深,轧件进帽形孔时,孔型两侧将轧件紧紧夹住,即使帽形孔切深楔子切偏也不会产生扭转,这样既解决了切深孔上、下腿不对称问题,又保证了 950 开坯轧制的稳定性。

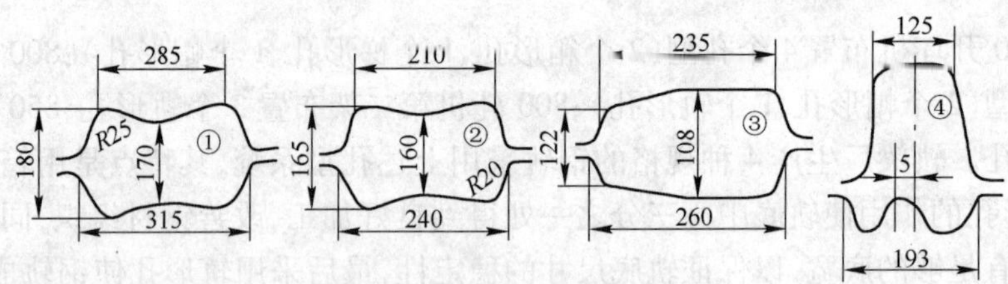

图 2 - 13 前 3 箱形孔及帽形孔

(2) 帽形孔采用小侧压、大压下的方法,解决轨底裂纹问题和提高轧辊寿命。成品钢轨轨底裂纹的多少与帽形孔中的垂直压下量有关,而帽形孔的最大垂直压下量又受轧件咬入条件的限制。为使帽形孔得到较大的垂直压下量,同时又能使轧件顺利咬入孔型,采用减少帽形孔侧压的方法,效果良好。在 75 kg/m 钢轨用新设计方法时,垂直压下量为 180 mm,比普通设计方法增加 55% 。

(3) 正确选择轧制压力,解决轧件上、下挠和成品腹部尺寸不合问题。有些厂采用轧件往回抽的操作方法解决钢轨生产中这一问题,但影响轧制速度,使产量降低;在此用选择轧制线的方法来解决 950 开坯机轧件上挠下钻的难题。950 开坯配置 4 个孔型,第 1、2、3 是对称孔型,在正常温度下轧件不会上挠或下钻,而第 4 孔是帽形孔,必须正确选择轧制线。通常用孔型上、下部分面积相等的方法确定轧制线,但这种方法适用于对称孔型。为此,通过平均圆周速度的计算,把轧制线往下移,增加下辊直径,即采用下压力来保证轧件从孔型中平直轧出,效果良好。

成品钢轨的腿部高度大于头部高度,轧件出孔时头部下垂,产生向下力矩而影响钢轨腹部尺寸。因此在成品孔使用下压力,使轧件产生向上的反方向力矩,保证出孔的平直。钢轨成品孔下压力为:50 kg/m 和 60 kg/m 钢轨为 24 mm;75 kg/m 钢轨为 36 mm。

(4) 用一套950开坯辊生产两种不同规格的钢轨。通常一套开坯辊只能轧一种规格的钢轨,为节省轧辊,在设计50 kg/m钢轨时,考虑用一套开坯辊同时生产50 kg/m和43 kg/m两种规格的钢轨。50 kg/m钢轨高度比43 kg/m的高12 mm,宽度大18 mm,帽形孔宽度按50 kg/m钢轨考虑,高度按43 kg/m钢轨考虑。

(5) 改变成品孔的构成,解决轨底不对称问题,按国际标准组织生产。国际标准中规定钢轨必须检查断面不对称性,钢轨断面不对称是国内钢轨普遍存在的问题。为此攀钢轨梁厂为使其生产的钢轨符合用户要求(如52 kg/m钢轨出口印度),对实样进行了分析和讨论,认为钢轨不对称的原因主要是:1)成品孔卫板太大;2)850轧机机后的打印机高度安装不当;3)孔型设计不当;4)钢轨在精轧孔轧制时头部自重引起。而这种缺陷产生的真正原因是轨腰和轨底不垂直,钢轨上表面腰与腿之间的角度大于90°,而下表面却小于90°,分析认为这是由于钢轨头部自重所引起的。因为钢轨是横着从孔型中轧出,而轨头高度又比轨底高度小,在成品孔轧制时,轧件的轨底先和辊道接触,轨头和辊道有Δ的间隙。这样头部受自重影响产生向下力矩,致使成品钢轨腰与腿不垂直,如用对称样板检查,就超过允许偏差。根据轧件在精轧机架中的运行情况,在设计52 kg/m钢轨成品孔时,采用轨底往里搬和轨头往里搬两种方案解决断面不对称现象。试轧证明,腿部往里搬的方案效果较好。在批量生产时,采用这种方案使钢轨的对称合格率由原来的42%提高到99%以上,使产品完全符合国际标准。

(6) 减少翻钢道次,确保固定面轧制。用钢坯大面轧成钢轨的轨高(即固定面轧法)是提高钢轨质量的重要措施之一。为保证上述措施的实施,在设计时减少了950开坯的翻钢道次。某厂轧制50 kg/m钢轨时在950上轧7道,翻钢3次,钢坯为方坯,不进行固定面轧制;轨梁厂在950开坯轧3道,钢坯为矩形坯,钢坯大面立进第Ⅰ孔。为保证固定面轧制,翻钢次数必须是偶数,这样才能使钢坯的大面在帽形孔中得到垂直压下,因此生产时在950开坯翻两次钢。在设计75 kg/m钢轨时,采用325 mm×280 mm矩形坯,并用钢坯的小面进Ⅰ孔。为保证固定面轧制,翻钢次数必须是奇数,为此取消两个箱形孔,钢坯在950开坯只翻1次钢就进帽形孔。

(7) 根据终轧温度,合理分配成品孔各部位的收缩系数,使成品钢轨腹部尺寸达到标准要求。钢轨腹部和配件鱼尾板相连接,其尺寸精度要求严,偏差仅0.5 mm。为使腹部尺寸保持稳定,除成品孔采用上、下压力外,必须正确选择成品孔各部尺寸的收缩系数。通常为简化计算,成品各部尺寸的收缩系数都按1.014左右取,这样往往与钢材的实际收缩不符。为使成品孔各部的收缩系数较为合理,用温度计实测生产钢轨各部位的温度,并根据测得的温度取收缩系数。对75 kg/m钢轨,头部温度较高,取收缩系数为1.018;底部和腰部温度较低,取1.055;整个钢轨的平均收缩系数为1.0165。

(8) 加大压下量,解决轨底外侧不平。轨底外侧不平是钢轨生产中极易产生的缺陷,这主要是孔型设计不当引起轨形孔底外侧得不到加工。因此,在设计钢轨时,采取加大帽形孔底部的垂直压下量和增加轨形孔开口腿的侧压量两项措施,收到很好效果,所生产的5种规格钢轨未发现轨底外侧不平的缺陷。

(9) 根据热锯的位置和移钢方向确定孔型在轧辊上的位置。为便于操作和防止锯切过程中轧件的变形,必须正确选择孔型在轧辊上的配置方向。在配置轨形孔时,将轨形孔的头部朝北,底部朝南。因为生产钢轨时,轧件由Ⅰ架往Ⅱ架的移动方向为自北向南,头部朝北就可防止移钢时轧件发生翻转现象。另外，热锯锯切方向是从北往南移动，头部朝北就可先锯钢轨的头部，减少钢轨断面的变形。

(10) 加大头部变形，提高 75 kg/m 钢轨头部表面质量。75 kg/m 钢轨断面大，从钢锭到钢轨的总变形量减少。这样表面缺陷在相同的条件下就比 50 kg/m 和 60 kg/m 钢轨多。国外有关资料介绍，钢轨单重愈重，头部表面缺陷就愈严重。为减少头部表面缺陷，在进行 75 kg/m 钢轨孔型设计时，将帽形孔槽底作成鼓形，以增加头部变形量，改善其质量。结果表明效果良好。1983 年 50 kg/m 钢轨探伤报警率为 1.18%；60 kg/m 钢轨探伤报警率为 1.6%。而 1985 年试生产 1500t 的 75 kg/m 钢轨，其探伤报警率仅 0.12%。

2.4.1.3　鞍钢大型厂的钢轨生产

A　产品大纲及工艺流程

鞍钢大型厂是我国最早的钢轨生产厂之一，年设计生产能力 95 万 t，其中钢轨年产量 40 万 t，还可生产各种型钢和方、圆钢。

产品大纲包括：

(1) 钢轨：43 ~ 60 kg/m；

(2) 吊车轨：80 kg/m、300 kg/m、120 kg/m；

(3) 电车轨：B1；

(4) 道岔轨：45 ~ 50At；

(5) 工字钢：20 ~ 30 号；

(6) 槽钢：18 ~ 30 号；

(7) 角钢：100 × 100 ~ 200 × 200 等边、160 × 100 ~ 200 × 125 不等边；

(8) 球扁钢：24 ~ 27 号船用球扁钢；

(9) 方圆钢：75 ~ 160 mm 等。

钢轨生产工艺流程为：

钢坯验收→表面清理→钢轨轧制→锯切打印→收集成排→装坑缓冷→弯曲矫直→锯头钻孔(螺孔倒棱)→超声探伤→成品检查→喷标涂色→合钢入库→落垛堆放→装车出厂。

B　主要工艺设备

鞍钢大型轧钢厂占地面积 10.022 万 m^2，建筑面积 7.8 万 m^2，厂房面积 6.595 万 m^2。全厂共有设备 478 台(座)，设备重量 20789 t。

主要设备包括：

(1) 采用计算机控制的三段式连续加热炉三座。

(2) 三架三辊横列式半开口式 800 轧机。电机功率 4560 kW，直流电动机驱动；轧机前后有摆动台和翻钢机。

(3) 热锯锯切，5 台 ϕ1780 滑座式热锯机，由 PC 机对热锯过程进行控制。

(4) 采用悬臂式矫直机矫直型钢和钢轨。后来该厂又对设备进行了技术改造，主要引进了交交变频主电机，功率为 6000 kW，可无级调速。

(5) 加工线引进了摆动式锯钻联合机床，提高了尺寸加工精度。1989 年 6 月安装了从美国森特罗麦特卡特公司引进的具有 20 世纪 80 年代水平的 CENTRO-MATALCUT · INC 摆动式单轨端锯钻组合机床，选用德国西门子 PLC 程序控制，美国威格斯和锐森公司液压系统及其元件。机床由锯床、钻床、夹紧装置、定尺机构、液压系统、程序控制柜、铁屑运输装置和机床操作盘8大部分组成,由380 V、50 Hz交流供电,加工钢轨范围43~75 kg/m。锯钻钢轨强度极限1300 MPa。

C 轧制技术的改进

鞍钢进行了一系列的技术开发、技术攻关、技术改造和技术引进,使钢轨生产工艺技术得到不断进步。主要的技术改进包括:

(1)实现了计算机控制烧钢,从而可保证加热均匀,减少钢轨纵向尺寸波动。

(2)将210 mm方坯改为195 mm×225 mm矩形坯,实行固定面挑料、固定面清理、固定面轧制,基本消除了钢轨底部裂纹。

(3)由于采用了从美国引进的锯钻组合机床,提高了钢轨加工精度,特别是长度精度,同时解决了高强度钢轨的加工问题。

(4)改造钢轨淬火设备,实现轨端帽形淬火。

(5)实现钢轨螺栓孔机械化自动倒棱,可减少应力集中,提高钢轨疲劳寿命。鞍钢研制的螺栓孔自动倒棱装置获国家专利。

(6)钢轨全部进行全长超声波探伤。

鞍钢在技术改造的同时,钢轨生产取得了长足进步,开发了相应的产品,但与国外先进水平和用户的要求相比,尚有以下差距:

(1)由于冶炼设备和工艺手段落后,钢轨钢的纯净度较国外先进水平有差距,特别是磷、硫含量偏高。

(2)由于采用模铸工艺及无钢坯在线清理装置,钢轨表面质量低于国外先进水平。

(3)由于轧制工艺设备落后,钢轨部分尺寸精度不高。

(4)钢坯的品种、型号有待进一步发展。例如,60 kg/m钢轨没有形成大批量生产能力,74SiMnV高强度耐磨轨尚未广泛推广,全长淬火轨还是空白。

2.4.1.4 武钢大型厂钢轨生产

A 产品大纲

武钢大型厂是1960年投产的,设计年生产能力为60万t,其中钢轨及型钢40万t,方、圆钢20万t。

产品大纲为:

(1)钢轨:43 kg/m、45 kg/m;

(2)工字钢:16~20号;

(3)槽钢:16~25号;

(4)角钢:16号;

(5)球扁钢:20号、22号;

(6)方圆钢:90~100 mm。

B 工艺与设备

武钢大型厂轧机为二列式布置,坯料在ϕ800 mm开坯轧机上轧5~7道后,被送到ϕ760 mm中轧机轧6道,最后在ϕ650 mm精轧机上轧1道成形。

主要设备有:

(1)加热炉:三段连续推钢式加热炉,小时加热能力91 t,燃料使用混合煤气。

(2)开坯轧机:二辊可逆式轧机1台,辊径ϕ915 mm,电机功率为4600 kW。

(3) 中轧机:三辊不可逆式轧机 2 台,辊径 ϕ820 mm,电机功率为 5400 kW。

(4) 精轧机:二辊轧机,辊径 800 mm。

(5) 热锯:5 台,锯片直径 1800 mm。

(6) 矫直机:2 台,其中 800 辊矫为悬臂式,1200 辊矫为龙门式。

(7) 钢轨加工线:1 条,机床是从德国引进的瓦格纳锯钻联合机床。

(8) 冷床 3 座,冷床面积为 31 m × 25 m。

2.4.2 轧制缺陷调整

2.4.2.1 头大、头小

A 特征

出现头大、头小的钢轨在生产中列为次级产品,使一级品率降低,影响生产指标,同时也对线路使用不利,因为钢轨头部的宽窄波动直接影响线路上两个钢轨之间的距离,给钢轨的铺设与维护带来很多困难。

B 产生原因与消除办法

产生该缺陷的主要原因是轧件温度的变化、轴瓦磨损和机件松动等,是轧制过程中必然随时发生的,因此必须经常测量并调整钢轨头部的尺寸。通常是切取热锯试样经水冷后进行测量,生产经验表明,热锯试样与缓冷矫直后钢轨的尺寸并不相同,前者较后者小 0.15 ~ 0.20 mm,所以热锯试样的尺寸标准 69.4 ~ 70.3 mm,最好控制在 69.8 ~ 69.9 mm 范围。为了正确调整钢轨头部尺寸,在轧件温度高时,将第三架轧机的上辊操作侧往上抬,使第 10 孔即成品前孔的头部适当放大,以增加成品孔的压下量。如轧件温度很高时,第三架下辊亦应下落避免头小。轧件温度低时,需减小第 10 孔的轨头尺寸。有时在轧制间隙时间过长、轧件温度降低很多时,成品孔钢轨头部的尺寸需相应减小。轴瓦磨损、机件松动可使钢轨头部尺寸变大,调整工需在头部宽度未达到 70.3 mm 以前,将成品孔尺寸予以减小。

2.4.2.2 轨高、轨低

A 特征

国家标准规定 P50 型钢轨的高度为 152 mm,P43 型钢轨的高度为 140 mm,其允许偏差为 $^{+0.8}_{-0.5}$ mm,钢轨高度尺寸超出正偏差范围的称为轨高,低于负偏差范围的称为轨低。钢轨出现轨高、轨低降级为次品。如果过高或过低的钢轨在线路上铺设时,在轨端与相邻钢轨的连接处将出现高低不平,列车行驶不稳,端部凸起和凹下的轨端,受到车轮的强烈冲击和冲轧,对列车运行和钢轨的使用都有影响。

B 产生原因与消除办法

产生该缺陷的主要原因有三:一是成品前孔磨损或轧辊车削不良,轧辊的工作斜面间隙过大,在轧件咬入后,轧辊往两边窜动而使高度增加,如图 2-14 所示;二是轧件温度低,在成品孔内宽展量大使轨高增加;三是成品孔磨损或轧辊位置错动使成品孔高度增加。第一种情况的消除办法是将第三架轧机的上辊往操作侧窜动,中辊往传动侧窜动。发生第二种情况时,需将第三架轧机的上辊往下压,以减小成品孔内的压下量。第三种情况的调

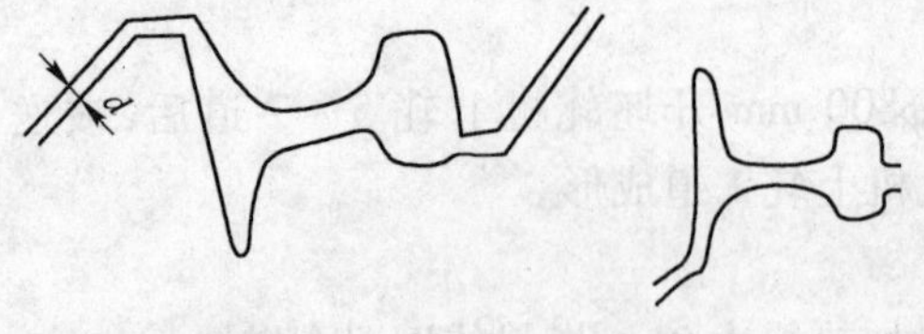

图 2-14 轨高与轨低的产生

整办法是压第10孔,使成品孔内的宽展量减小,同时将中辊往操作侧窜动,下辊往传动侧窜动,减小成品孔的高度。产生轨低的原因与轨高相反,其调整办法也与轨高相反。

生产经验表明,钢轨高度的尺寸在轧钢机控制为140.1~140.3 mm为好,因为钢轨矫直后高度会减少0.3~0.5 mm,所以轧钢机钢轨的高度不得小于140.0 mm。

2.4.2.3 颈厚、颈薄

A 特征

国家标准规定P43型钢轨的腰部厚度为14.5 mm,P50型的厚度为15.5 mm,其允许偏差为$^{+0.75}_{-0.5}$ mm,轨腰厚度超出允许正偏差范围的称为颈厚,小于允许负偏差范围的称为颈薄。钢轨出现颈厚、颈薄的均列为次级产品,同时对线路铺设有影响,因为颈厚、颈薄的钢轨,用鱼尾板与其邻轨连接时将出现接触不严密,容易松动,造成应力集中而影响使用寿命,轨腰太薄的钢轨则强度降低。一般说来按照标准尺寸,头部不超出允许偏差,腰部也不会超出偏差。

B 产生原因与消除办法

经验表明,在同一个成品孔内保持头部尺寸相同的条件下,如加大头部的压下量则腰部变厚,减小头部的压下量则腰部变薄,这是因为腰部与头部的伸长率不同所致。根据孔型设计,在成品孔内头部的热尺寸为71.5 mm,成品前孔为77 mm,成品孔的压下量为:77 − 71.5 = 5.5 mm,腰部的压下量相应为16 − 14.5 = 1.5 mm,如果把成品前孔轨头的热尺寸减小至75.0 mm,则成品孔的压下量为75.0 − 71.5 = 3.5 mm,而腰部的压下量为零。头部金属的伸长率大于腰部,所以腰部两边的延伸都比较大而被拉薄。如果把成品前孔钢轨头部的热尺寸放大至78.5 mm,在成品孔内的压下量为78.5 − 71.5 = 7.0 mm,轨头的压下量增加将近1.3倍,而钢轨腰部的压下量为3.0 mm,轨腰的压下量增加2.0倍,靠近头部的两边延伸较小,所以腰部增厚。由实际测量结果看出,在同一孔型内,轧制温度与成品前孔的尺寸相同,仅成品孔增加压下量1.0 mm,则钢轨头部的尺寸减小1.0 mm,而腰部减小0.6 mm,如图2−15所示。这表明调整成品与成品前孔的尺寸,可以有效地消除颈厚、颈薄缺陷。

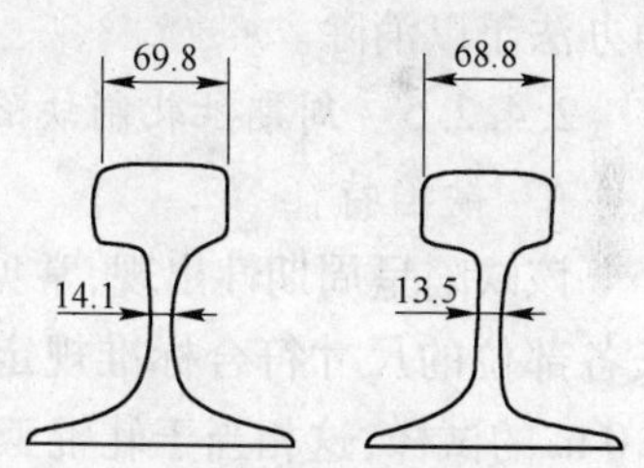

图2−15 颈厚与颈薄的产生

2.4.2.4 底宽、底窄

A 特征

根据标准规定,P43型钢轨底部的宽度为114.0 mm,P50型钢轨底部宽度为132.0 mm,其允许偏差为$^{+1.0}_{-2.0}$ mm,轨底宽度超出允许正偏差范围的称为底宽,小于允许负偏差范围的称为底窄。如轨底过宽,钢轨在铺设时将无法与垫板相配合;轨底过窄,则降低其稳定性,对使用不利。钢轨出现底宽、底窄者生产中列为次级产品。生产过程中钢轨底部的尺寸波动性较大,钢轨底部的尺寸可看作是由三个部分组成的,即上腿A、腿厚B和下腿C,见图2−16。生产中发生底宽、底窄波动时,分别测量三个部分的尺寸,因为下腿是开口孔,所以其长度变化较大,上腿是闭口孔,尺寸比较稳定。

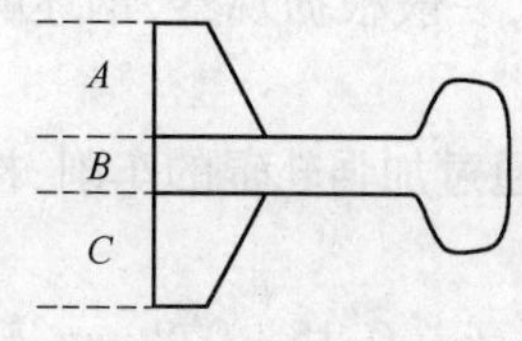

图2−16 轨底宽度的变化

B 产生原因与消除办法

根据测量结果与轧钢机调整经验，底宽的产生原因与消除办法是：

(1) 腰厚而底宽：底宽系腰厚所引起，其产生原因是孔型调整不当，应调整成品孔，使腰部尺寸适当减小。

(2) 上腿长：系孔型车削不当所致，发现该缺陷时，需用样板检查成品孔上腿长度，观察其是否超出偏差，如果是孔型车削不当则应更换轧辊。

(3) 下腿长、腰部正常、上腿略短：多半因成品前孔开口腿肥大，致使入成品孔时插不进闭口孔，产生楔卡现象而使金属下流。其消除办法是将第三架上辊西侧往下压，并将上辊往西窜，把上腿压薄以易于插入，如第二架已磨损较多，则二架上辊亦应同时往传动侧窜，并减少成品孔开口腿的侧压。

(4) 下腿长、腰厚、上腿正常：按(1)、(3)进行调整。

底窄的产生原因与消除办法是：

(1) 腰薄而底窄：底窄系腰薄所引起，应调整增加成品孔轨腰厚度。

(2) 上下腿都短：系第4孔压下量太小，使腿长不足230 mm或因1孔压下量过大，致使入2孔的钢料过窄，需相应进行调整。

(3) 下腿短：产生原因是10孔上腿太薄，极易插入闭口部分，而成品侧压不足，下腿不能伸长。应将10孔传动侧上抬，并使上辊往操作侧窜，尽可能地增加下辊侧压。

(4) 上腿短：其产生原因多半是充填不满且有大圆角，经检查确定后，相应的按调整圆角办法予以消除。

2.4.2.5 周期性轧制缺陷

A 缺陷特征

该缺陷呈周期性出现，常见的有头大、头小，轨高、轨底和底宽、底窄。为保证沿钢轨全长各部位的尺寸符合标准规定，生产中每用一个新的成品孔时，就从热锯上截取一段长约3.0 m的试样，这相当于轧辊工作半径的圆周长度，每隔100 mm检查其实际尺寸，以观察不同位置处的尺寸是否稳定。

B 产生原因与消除办法

生产实践表明，周期性轧制缺陷的产生原因与消除办法有以下4方面：

(1) 轧辊质量不好，软硬不均，车削轧辊时硬的部位进刀量小，软的部位进刀量大，致使局部尺寸超出允许偏差。

(2) 轧辊车削不良，局部进刀量过大或过小，使局部出现偏差。

因上述局部尺寸变化，由于同一孔型的上下两个辊的局部偏差很容易恰巧合在一起，所以最有效的办法是改变两个轧辊的相对位置，将一个轧辊(中辊或下辊)固定，另一上轧辊转动某一角度，使局部偏差错开以消除钢轨的周期性缺陷。

(3) 因温度不均，在加热炉内钢坯与滑铁管接触处温度过低，一般根据观察，钢坯的表面温度情况很容易分辨，适当的提高炉温延长均热时间可以消除。

(4) 轧辊车削时，由于中心线定偏，或辊颈车成椭圆，这必须通过加强轧辊的车削、检查和验收去解决。

实践表明，车削良好的轧辊，一般头部差为0.15～0.2 mm，轨高差0.15～0.2 mm，轨底差0.3 mm左右。如果头部差超过0.5 mm，轨高差超过0.3 mm，轨底差超过0.5 mm，就很难保证钢轨规格稳定。引起周期性轧制缺陷的主要原因是(1)和(2)。

2.4.2.6 圆角

A 特征

该缺陷常出现在钢轨的腿尖部位,如图2－17所示。缺陷的外表呈现充填不满现象,金属由于自由宽展,表面没有受到加工,轻的仅局部产生,重的沿钢轨全长分布。就其外表观察,是轧制入闭口腿孔型部分的腿短,或因轨底在闭口腿孔型内受颈部拉缩量超过设计规定,进入闭口孔的腿部肥厚,在孔型内发生楔卡,使腿尖得不到加工而出现圆角。

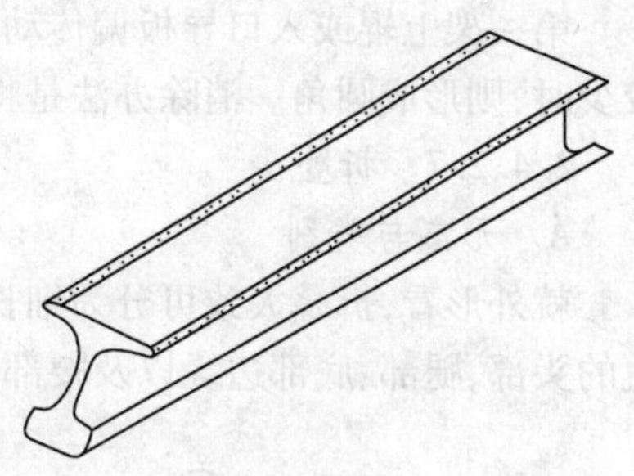

图2－17 腿尖圆角的产生

B 产生原因与调整办法

生产经验表明,出现圆角缺陷的主要原因是第5孔的轨底宽与厚度不当,一般钢轨的上腿容易短,容易出圆角,这是因为轧件进第5孔时上腿是闭口腿,金属不易向上流动,如果腿部较厚极易发生楔卡而充填不满。下腿是开口腿有侧压加工,金属变形时容易向开口腿流动,为此第4孔腿部两侧的厚度,单重为43 kg/m 的钢轨应为12.5 mm和14.5 mm,单重为50 kg/m 的钢轨应为13.5 mm 和15.5 mm。还要考虑到较薄的一面,其厚度不能小于该架轧机的辊缝。导卫板的安装以及轧辊的车削和调整对圆角都有影响。大型厂曾出现以下几种情况:

(1) 钢坯脱方,对角线超过规定。试验结果表明,若脱方钢坯的短对角线轧制为钢轨的上腿,因第5孔的上腿为闭口孔,轧件在第5孔内如果上腿充填不满,在以后各孔轧制时就很难使腿尖得到加工而导致圆角。这样形成的圆角只出现在钢轨的上腿,其消除办法是控制脱方钢坯的进钢方向,使短对角线轧制为钢轨的下腿,经开口腿轧制将下腿碾长,可预防圆角出现。

(2) 第4孔和第5孔的压下量不当。第4孔的压下量太小,轧件腿短且厚,进第5孔轧制时腿部充填不满,转变为圆角缺陷。消除办法是加大第一架轧机上辊的压下量,轧制单重为43 kg/m 钢轨时,需控制出第4孔的腿宽不小于230 mm。

第5孔的压下量过大,腰部加剧延伸,使腿部拉缩量增大,腿部充填不满。消除办法是减小第5孔压下量,控制主电机负荷在6000 A 左右。

(3) 孔型磨损和车削不良。第5孔工作斜面磨损,使用锻钢轧辊时磨损极为严重。因工作面的磨损,下腿变短变厚,进入第6孔轧制时,厚腿在孔型内容易楔卡,腿尖充填不满而形成圆角。消除办法是加大第5孔或第7孔以及第9孔的压下量,并将一、二架的下辊往传动侧窜动,增加下辊侧压。如调整无效应立即换第一架轧辊。生产经验表明,使用锻钢轧辊时,如果斜面上进行表面淬火,则磨损减轻,第一架采用球墨铸铁轧辊后,这种情况基本消除。

第10孔磨损或车削不良,使腿部增厚且短,进入成品孔时,因楔卡作用,腿尖充填不满,多在上腿出现圆角。消除办法是加大第6孔和第8孔的压下量,将第二架或第三架的上辊往操作侧窜动。如调整无效,则应换第二架轧辊,换第10孔的孔型。

(4) 轧辊安装不正确。第4孔孔型倾斜,因中间辊的支承瓦座厚度不同,中间辊下瓦座有缝隙,或上辊传动侧安全臼与压下螺丝间有缝,以及传动侧弹簧未拧紧,轧制时辊跳等原因所引起。消除办法是将中间辊安装水平,调整瓦座,使两侧辊缝相同,轴瓦与辊缝必须紧贴，安全臼中心线与压下螺丝中心线一定要重合。两侧上轧辊座吊杆螺丝应拧得合适，在换辊时，必须严格检查上述各项。

（5）导板或轧辊偏斜。第4孔导板偏传动侧，使轧件下腿短，上腿长，促使上腿产生圆角。消除办法是将第4孔导板对准孔型，或稍稍偏向操作侧。

第一架上辊或入口导板偏传动侧，轧件入第2孔轧制时，因切深不对称，如操作侧切深较少时，则形成圆角。消除办法是将第一架上辊往传动侧窜动，把导板对准孔型。

2.4.2.7 折叠

A 形态与类别

就外形看，折叠大致可分为细长裂纹状折叠、沟状折叠及片状折叠等三种，常出现在钢轨的头部、腿部、底部边缘以及腰部，如图2－18所示。

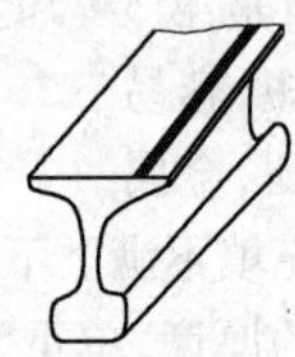

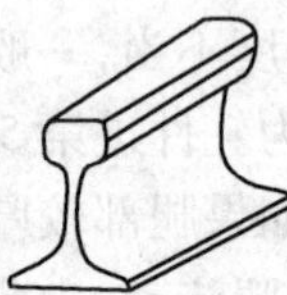

图2－18 折叠缺陷的形态

a 细长裂纹状折叠

细长裂纹状折叠的外形与轧制方向的细长裂纹大致相同，有时很难予以识别，出现在钢轨的头部和腿部。一般认为可根据裂口的方向进行辨别，裂纹的方向与轧制面呈垂直，折叠的裂口与轧制面相倾斜，试验结果表明，钢坯上的裂纹缺陷，经轧制后在钢轨上残留的，其开裂的方向都与轧制面倾斜。由于经异形孔轧制变形的结果，开裂的方向（与轧制面垂直或倾斜）不能作为识别裂纹或折叠的依据。折叠是由前一孔型过充满挤出耳子，经下一孔压入轧件与本体轧合的结果，同时轧合的耳子与基体并不焊合，折叠的两壁是由原轧件的表面所构成，在显微镜下，折叠的两壁呈现脱碳，这与裂纹的情况也完全相同。

b 沟状折叠

沟状折叠出现在钢轨底部，呈沟槽状，大都是全长性缺陷，现场又称为底不满。这种缺陷在显微镜下无异常现象。

c 片状折叠

片状折叠在钢轨的腰部、腿部或底部等部位，呈周期性出现，外表类似舌状的结疤。

国家标准规定，钢轨表面不准许有折叠缺陷，生产中发现具有折叠的钢轨就改为次品。折叠缺陷对钢轨的使用不利，它和裂纹、结疤及其他缺陷一样，在使用过程中容易产生应力集中，使钢轨产生劈裂式折断，降低钢轨的使用寿命。

B 产生原因与消除办法

a 细长裂纹状折叠的产生原因与消除办法

原钢坯上的严重裂纹，轧制过程中轧件在孔型内挤出耳子的演变。孔型设计不当，孔型磨损，车削不良，以及轧件调整不当都会促其出现。

研究结果表明，表面具有严重裂纹的钢坯，如果把裂纹缺陷轧在钢轨腰部，因轧制变形金属流动之故，往往在钢轨的腿部以细长裂纹状折叠出现，如图2－19所示。消除办法是，严禁使用表面具有裂纹缺陷的钢坯轧制钢轨。根据生产经验，第4孔上辊腿部因与轧件磨损出现凹下时，在轧件的相应位置出现棱子，经下一孔将棱子压倒，严重者转变为折叠，为减少此种折叠，应加强生产检查，及时更换轧辊。

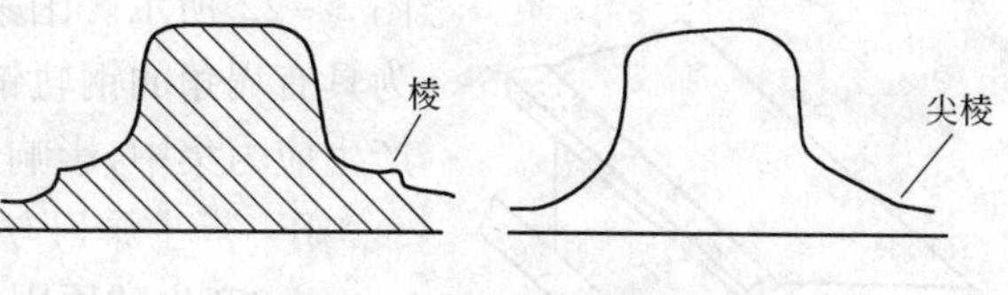

图2-19 细长裂纹折叠缺陷

如果第4孔两腿太薄太长，在第5孔闭口腿尖则形成折叠。消除办法是，将第4孔上辊适当地抬起，增加其腿部厚度。

头部压下量过大时，第7~10孔的头部容易在开口腿处挤出耳子，下一道就形成折叠，如图2-20所示。生产中要首先找出是哪一孔挤出耳子，调整轧件，减少该孔的压下量。

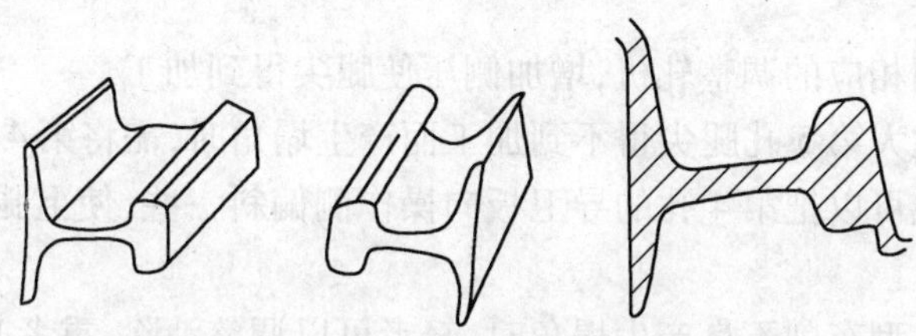
图2-20 头部折叠的产生

轧辊车削不良时，如锁口的缝隙太大，或头部闭口的半径太小也促使轨头出现折叠。应减少该孔压下量，无效则换辊。

b 沟状折叠的产生原因与消除办法

第5孔开口腿展宽过大，经第6孔轧制时，将过展宽的部分压折所致，如图2-21所示。

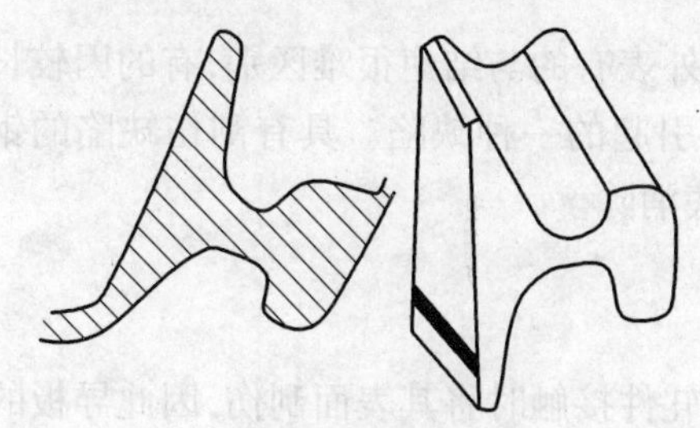
图2-21 沟状折叠

第4孔压下量过大，钢坯脱方，第5孔开口腿侧压太大，第2切深孔偏斜过大，以及第4孔导卫板偏东太多等，是第5孔开口展宽过大的主要原因。

在轧制过程中应相应的减少第4孔压下量。控制进钢方向，使钢坯的短对角丝轧制为第5孔的开口腿；减少第5孔开口腿的侧压力及压下量。调整好第一架的入口导板。

c 片状折叠的产生原因与消除办法

片状折叠是因轧辊掉肉而产生的。导致轧辊掉肉的原因很多，例如轧辊局部有过硬点之现象（现场称为硬豆子），在使用期间局部过硬点容易剥落。

孔型冷却时，局部轧辊的工作面冷热不均可使局部掉肉。轧件与轧辊的碰撞，运送、安装与落辊时局部碰伤等原因都可导致轧辊局部掉肉。为此，在安装轧辊之前应详细检查孔型；冷却水要均匀，应采用扇形喷嘴冷却孔型。经常检查孔型，特别是轧制端部温度过低的钢或夹钢后更应如此，把孔型的掉肉与碰伤处用砂轮磨光，严重时应更换轧辊。

2.4.2.8 下腿塌角

A 外表特征

下腿塌角出现在钢轨的下腿腿尖，就其外形看，腿尖呈缺肉及未加工等状况，如

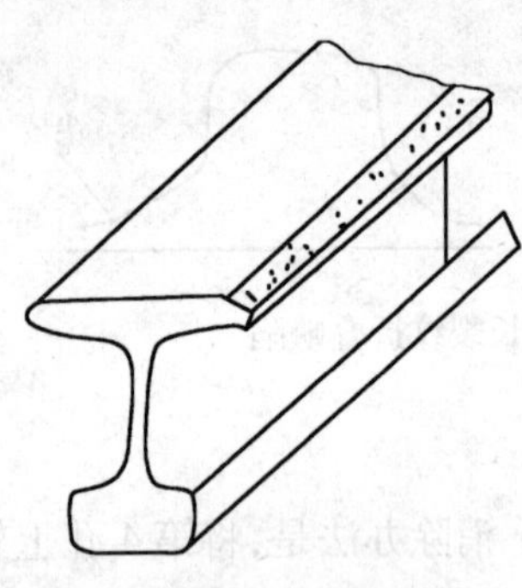

图 2－22 下腿塌角的产生

图 2－22 所示。国家标准规定钢轨底面不得有凹下缺陷，因为具有塌角的钢轨铺设使用时，轨底与枕木接触不好，容易产生应力集中，影响钢轨使用寿命。

B 产生原因与消除办法

a 产生的原因

下腿腿尖部分无侧向压力，腿尖侧面没有得到加工。生产表明，如果第一架轧机的第 4 孔压下量太大，使第 5 孔腿尖得不到加工，第 4 孔轧制时中辊辊跳过大，第 4 孔磨损不均，使腿尖磨耗量过大，第 5 孔斜面磨损，第二架轧机因轧辊磨损，使腿尖加工不足，以及第三架轧机的下腿开口孔型车削不良，腿尖太厚无侧向压力之现象，都可促使该缺陷产生。

b 消除办法

根据产生的原因相应的调整轧机，增加侧压使腿尖得到加工。

因第 4 孔压下太大第 5 孔腿尖得不到加工而产生塌角时，需将第 4 孔上辊适当抬起，以增加其腿部厚度。也可以把第 4 孔的导卫板向操作侧偏斜一些，使上腿略短而肥，加大第 7 孔、第 9 孔压下量。

因孔型磨损及孔型车削不良产生塌角时，轻者可以调整消除，重者必须更换轧辊。

因辊跳值过大产生塌角时，则需把固定瓦座的楔子打紧。并注意调整中辊上下瓦座，尽量使其边瓦的厚度相等，或使上瓦座边瓦稍厚。下瓦座边瓦厚于上瓦座边瓦的现象是不允许的。

2.4.2.9 热刮伤

A 缺陷特征

轧制过程中的热刮伤缺陷常被误认为是结疤，其外表有的与结疤很难区别，有的因较长与折叠又有相似之处，是导卫装置和设备刮伤轧件所引起的一种缺陷。具有刮伤缺陷的钢轨，容易产生应力集中而影响使用性能，应当予以彻底消除。

B 产生原因与消除办法

下列几种热刮伤的产生原因与消除办法是：

(1) 导板刮伤：由于导板表面不光滑，有毛刺，与轧件接触时将其表面刮伤，因此导板的表面应保持光洁，经严重磨损的应及时更换重新刨光。在轧制钢轨时，交接班或停轧时应随时检查导板的表面情况，发现有毛刺时，应及时用砂轮磨平。

(2) 卫板刮伤：由于个别卫板受力过大，磨损迅速，表面引起毛刺而刮伤轧件，发现这种情况应立即更换卫板。

(3) 设备刮伤：轧制过程中，凡与轧件接触的地方都有刮伤轧件的可能性。辊道盖板、延伸台、中央冷却台架等地方尤为严重。所以在轧钢时应仔细观察各有关地方是否存在刮钢现象，特别是检修之后换地板盖的地方更要特别注意，某大型厂曾因地板盖子刮伤造成了不少次品钢轨。地板盖棱角刮钢地方大的用火焰切平，小的可用砂轮磨光。

2.4.2.10 扭转

A 缺陷特征

具有扭转缺陷的钢轨，在检查台架上直立水平放置时，在轨端可以看到，轨底与台架不能严密接触，轨底的一边与台架相接，另一边与台架之间存有缝隙。钢轨的扭转缺陷给铺设带来困难，增加了钢轨的不稳定性，国家标准规定，钢轨全长的扭转不得超过 1.0 mm。

B 产生原因与消除办法

钢轨产生扭转的原因主要是导卫板安装不当和延伸不均。因导卫板安装不当引起扭转时，需要调整导板装置，使之与扭转力矩相平衡。生产经验表明：

(1) 出第 7、9 和 11 孔之轧件，头部向下扭转时，应该把头部的下卫板抬高，将腿部的上卫板下降。

(2) 出第 8、9 和 10 孔之轧件，头部向上扭转时，应该把头部的下卫板落下，将腿部的上卫板抬高。

轧制过程中延伸不均时，也会出现扭转现象。例如第 9 孔轧出的轧件，头部为 80.5 mm，腰厚 17.0 mm，经 10 孔轧制后，如果头部为 78.0 mm，腰厚无变化，头部有延伸而腰部没有延伸，轧件就会产生扭转。

2.4.2.11 轨底凹下

A 特征

轨底凹下一般都在钢轨底的上部，呈现凹下状。国家标准规定，钢轨底部不得有凹下现象，否则轨底在使用过程中要承受列车的冲击负荷。

B 产生原因与消除办法

生产中如果轧件在第 10 孔开口腿压得过于薄而长，在成品孔轧制时，则高度压下很多，在厚度上因没有侧压反面有间隙存在，使上腿弯曲，尤其是当轧件温度低时则更为严重。因成品孔的下腿是开口腿，所以不会出现凹下。

消除办法是增加成品前孔上腿的厚度。将第三架的上辊往传动侧窜动。车削第 10 孔上辊开口腿的内侧，或用砂轮打磨，使开口腿的厚度增加。

2.4.2.12 浪形旁弯

A 缺陷特征

具有浪形旁弯的钢轨，在检查台架上直立水平放置，用直尺靠量时可以看出钢轨不平直。具有波浪形左右弯曲的钢轨铺设时，两根平行钢轨的间距有波动，由于钢轨在线路上的作用是支承车轮，并引导列车向前运行，列车经过具有浪形旁弯的钢轨时，将会产生左右晃动。

B 产生原因与消除办法

产生浪形旁弯的根本原因是钢轨在出成品孔时不稳定，带有跳动地前行。导致轧件出成品孔发生跳动的原因是：

(1) 成品孔的出口导卫板太短，则轧辊与卫板的间隙大，轧件就跳动不稳。卫板的长短必须按辊径选用，应严格控制轧辊与卫板的间隙。

(2) 成品孔轨头的出口卫板上下间隙不应过大，正确地调整卫板间隙，不应大于成品热尺寸 3.5 mm。

(3) 成品孔出口处辊道如因磨损出现沟槽，可导致轧件上下跳动，应及时予以焊平磨光。

2.4.2.13 钢轨的相关缺陷

A 缺陷特征

相关缺陷是钢轨的缺陷与缺陷之间具有因果相连关系的现象，即生产中在调整消除某一缺陷的同时又引起另一缺陷，往往是顾此失彼，二者不可兼得。钢轨的相关缺陷很多，经常遇到的有下列几种：轨高和底窄，轨高和商标不清，轨低和底宽，轨低和颈厚头小，轨高和上底凹下，以及上腿圆角和下腿塌角。

B　产生原因与消除办法

(1) 轨高和底窄：生产中出现轨高时，调整工往往是将第 10 孔的上辊压下，这样就容易出现底窄。所以如果出现轨高同时轨底宽度又接近下限时，则不能采取压下第 10 孔的办法来调整，而应该采取减少第 10、11 孔水平宽度的办法进行调整；使第三架的上、下辊往西窜动，中辊往传动侧窜动。

(2) 轨高和商标不清：生产中出现轨高，如果调整第 10 孔而压下达 76 mm 以下或轧件入成品孔轧制时，颈部的压下量则只有 0. 5 mm，在钢轨腰部将造成商标不清及颈薄。因此当发生轨高时，首先应检查腰厚及商标凸出的高度，如果腰厚在 14. 3 mm 以下，商标又不够显著凸出，则不能采取压第 10 孔的办法进行调整，应通过减小水平宽度来调整。

(3) 轨低和底宽：生产中出现轨低时，调整工一般将第 10 孔的上辊提高（抬起）。如果这时轨底尺寸已达 114 mm，因放大第 10 孔的结果，可使轨底变宽。所以当发现上述情况时，不能采取抬高轧辊的方法进行调整，而必须水平方向窜动轧辊，使第三架的上、下辊往传动侧窜动，中间辊往操作侧窜动。或者根本不调整轧辊而控制进入成品孔的轧件温度，使其降低到 860 ~ 870℃ 再进行轧制（一般正常时入成品孔轧件的温度为 920 ~ 930℃）。

(4) 轨低和颈厚头小：发现这种情况时，不能采取增加压下量的办法进行调整，必须采用水平方向调整的办法予以消除。

(5) 轨高和上底凹下：生产经验表明，发生轨高时，如果使第三架上辊水平窜动，就可能造成上底凹下，所以在水平方向窜动轧辊的同时，必须密切注意是否有凹下缺陷，如果发现有凹下缺陷，应调整凹下，然后再窜动下辊或减少成品孔压下量进行调整。

(6) 上腿圆角和下腿塌角：生产中出现圆角时，一般都压第 4 孔，但第 4 孔压薄后，又产生下腿塌角。此时应该采取调整导卫装置或车削修磨的办法来消除圆角及塌角。

2. 4. 2. 14　耳子

A　外表特征

耳子都出现在相当于孔型的开口位置，沿钢轨纵向金属呈明显的凸起，一般都沿轧件全长延伸，也有时在轧件的一定长度上形成，或以周期性出现。国家标准规定钢轨头部的高度凸起不允许超过 0. 5 mm，底部的宽度不允许超过 1. 0 mm，所以实际上耳子的高度都大于 0. 5 mm。钢轨的耳子对铁路使用有影响，头部的耳子使火车轮缘与钢轨不能密切接触，列车行驶不稳，耳子磨平后对使用无损害。

B　产生原因与消除办法

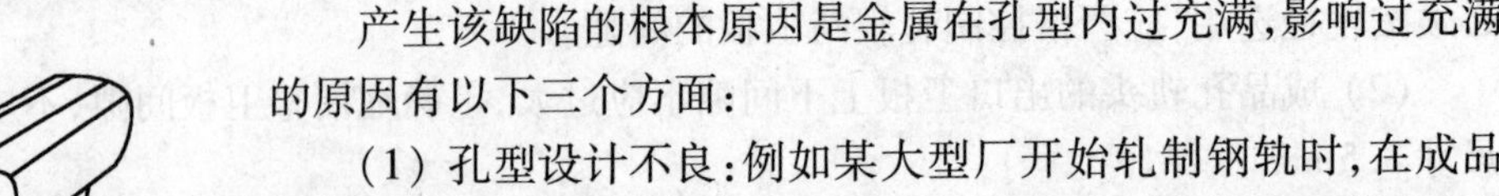

产生该缺陷的根本原因是金属在孔型内过充满，影响过充满的原因有以下三个方面：

(1) 孔型设计不良：例如某大型厂开始轧制钢轨时，在成品钢轨的头部普遍出现耳子，这是成品孔内金属过充满的结果。为消除钢轨头部的耳子，曾将成品孔内的压下量减小到零，结果头部仍出现耳子，见图 2 – 23。这是轧件在进成品孔之前，因头部的尺寸过厚，在成品孔中沿头部的厚度受到侧向压力致使耳子产生。为此将成品前孔的头部减小 0. 5 mm，根部减小 1. 5 mm。由于成品前孔厚度的减小，为使金属在各孔型内变形均匀，把第 5

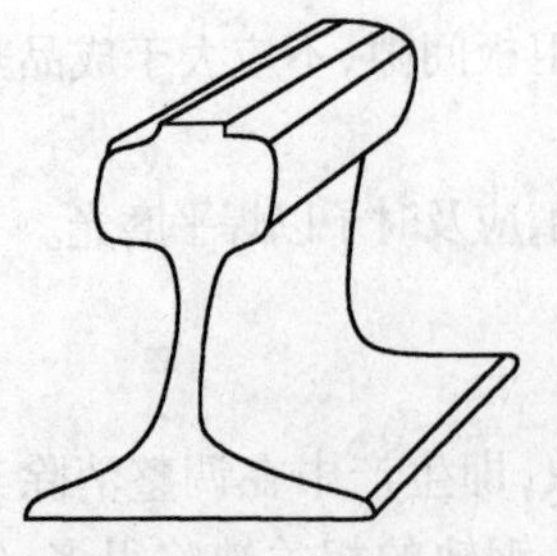

图 2 – 23　头部耳子的产生

孔到第9孔的厚度都减小1 mm;同时为使成品孔内钢轨的头部充填良好,又把成品前孔的头部宽度每侧加大了0.5 mm,在正常轧制情况下,钢轨头部的耳子基本消除。

(2) 轧制操作不当:如低温轧钢、轧件温度不均、局部温度过低,或因意外原因间隙时间增加,使轧件温度降低,则轧件横展增加,导致金属在孔型内过充满出现耳子。入口导卫板的偏斜或过松,使轧件进入孔型时偏斜,容易晃动,轧制不稳;成品前孔如磨损过大或磨损不均,则进入成品孔的金属过多,都会促使耳子产生。

(3) 轧辊调整欠佳:一般在换辊后开始轧制时,或轧辊沿水平轴向倾斜,或因轧辊调整不当,使前一孔型的轧件断面规格过大,致使在成品孔中金属过充满而出现耳子。

只要生产中正确地设计孔型,加强轧辊调整,注意轧制操作,把磨损严重的孔型及时更换,不轧制低温钢,控制烧钢温度均匀,正确安装导卫板,则钢轨的耳子就会消除。

2.5　钢轨钢质不良缺陷研究

2.5.1　钢轨的结疤、裂纹和分层

结疤、裂纹和分层是钢轨产品的主要缺陷。结疤、裂纹一直是降低钢轨一级品率的主要缺陷。钢轨的分层是一种不易发现和极其危险的内部缺陷。因此,为改进钢轨质量,人们对结疤、裂纹和分层缺陷的形态、来源以及消除这些缺陷的研究进行了不懈的努力。

2.5.1.1　钢轨的结疤

结疤对钢轨质量有严重影响,它降低钢轨的使用寿命。据统计结疤缺陷比操作不良的20余种缺陷的总和还多5倍以上,因而提高钢轨质量的首要问题是消除结疤。文献[18]认为,产生结疤的主要原因是浇铸时钢液飞溅所引起的疵病。实际上,在相当于钢锭尾部所轧制的钢坯上经常出现树皮状结疤,这主要与均热炉底铺焦粉有关。据观察,绝大部分结疤出现在钢轨底部,又以其两侧最易出现,因此孔型设计人员认为,轨底结疤缺陷的产生与孔型设计和金属变形流动规律相一致,也曾在孔型设计方面作了修改。

A　结疤的形态和类别

结疤就其外形看大致可分为真正的结疤、过热和轻微过烧、舌形结疤及碾皮等4种,形状大小不一。

(1) 真正的结疤:外形与初轧坯上的结疤相似,见图2-24。其显微组织,外表呈全脱碳或半脱碳,缝隙处存在氧化物夹杂,其基体为珠光体与铁素体,如图2-25所示。

图2-24　结疤外观形状

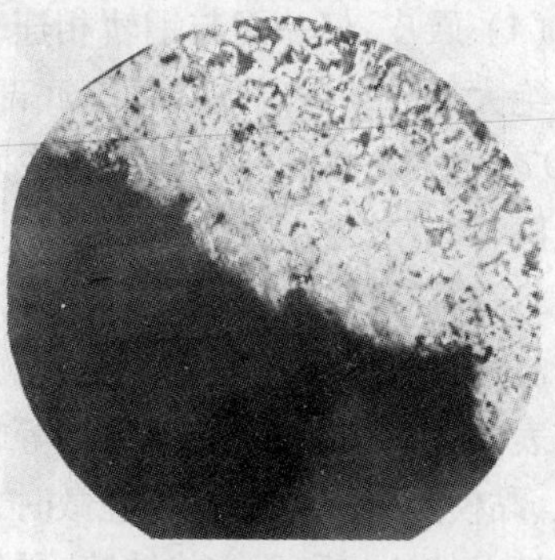

图2-25　结疤的组织形貌

（2）过热和轻微过烧：外形与初轧坯过烧形状相似，也有局部呈拉裂现象，但与拉裂不完全相同，多出现在轨底边缘，见图 2－26。过烧的钢轨坯，其显微组织在边缘严重脱碳，脱碳层深达 2.5 mm，内稍有魏氏组织，内部为珠光体与铁素体。边缘晶粒长大，多为 2、3、4 号，内部晶粒细小为 1、2 号，皮下有大量氧化物、硅酸盐、硫化物及其复合夹杂，见图 2－27。但轧成钢轨后魏氏组织消除。

图 2－26　轨底边缘的过热

（3）舌形结疤：外表呈断断续续的拉断状，类似舌形。如图 2－28 所示。

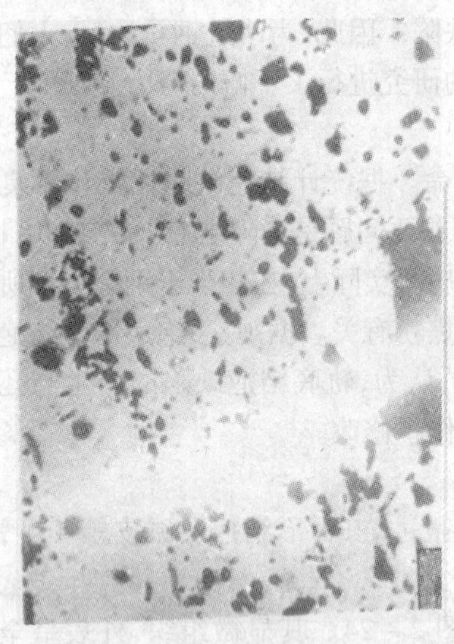

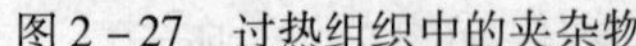

图 2－27　过热组织中的夹杂物　　图 2－28　舌形结疤

（4）碾皮：仅一面与钢轨相连，三面不与钢轨相粘结，可以撕掉，如图 2－29 所示。

绝大部分结疤出现在钢轨底部，轨底又以其两侧为最多，中间部分少。出现在轨底者约占 80%，头部约为 20%，轨腰很少发现。

B　结疤产生的原因

a　铸锭操作的影响

浇铸过程中水口漏钢、钢液飞溅是钢轨产生结疤的主要原因。钢液飞溅、钢锭黏模等使钢锭表面产生结疤、重皮及粗糙等缺陷，经加热轧制后残留在钢轨表面形成结疤。钢锭上的结疤、黏模及重皮等缺陷较轻微时，经长期加热可以减轻或消除，严重者或加热短暂时，会造成钢坯上的片状和鱼鳞状缺陷，再经轧制后成为钢轨上的结疤。钢锭上的裂纹也可能转变为类似结疤的形态。

b　钢锭加热的影响

钢锭在加热期常见到的缺陷是烧化和过烧。过烧的钢坯经轧制钢轨后以结疤的形态出现已为试验证实。过烧实际是晶界已经破坏,在轧制过程中产生断裂现象,较重的过烧钢锭遭遇低温的空气后,会产生微小裂口。在生产实践中,检查钢锭的烧坏只能在初轧机的操作台上进行,因距离较远,不能做到四面检查。试验与统计资料说明,均热炉操作与钢轨的结疤率有关,见图2-30。

图2-29　碾皮缺陷

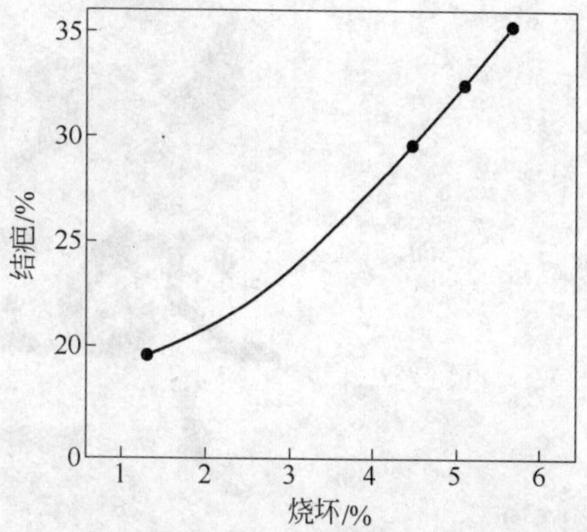

图2-30　加热炉中钢坯的结疤

钢锭的角部最容易烧坏,如烧坏严重则蔓延至钢锭面部。轻微烧坏的钢锭在初轧机上轧制时,角部呈现“鸡爪形”缺陷。

c　轧制的影响

钢锭在初轧机轧制过程中,因控制钢坯断面规格不稳定,或孔型设计欠佳,压下量分配不当,很容易出现折叠;连轧机的扭转辊及导卫板调整不当或磨损严重,往往刮伤钢材。被刮伤的钢坯造成钢轨上的折叠。折叠在轧制中常被拉断,残余物在检查时也常错判为结疤。轨梁轧机的出入口导卫板和导板横梁及辊道盖板,因磨损严重,往往在轧件上造成严重的擦伤或刮伤,以致在下一道轧制时造成折叠和类似结疤的缺陷,见图2-31。

多年的生产经验表明,钢锭浇铸操作特别是采用大水口实现快铸,是消除结疤缺陷的主要措施。

C　结疤的增长与消除

结疤一直是钢轨产品的主要缺陷,结疤缺陷造成的次品占全部次品的70%左右。几十年来结疤缺陷变化很大。以鞍钢为例,1954年因开工不久,缺乏生产经验,钢轨结疤较多,全年一级品率为80.6%,结疤缺陷为7.27%。1955年以后,生产逐渐走入正轨,加强了研究与改进钢轨质量的工作,取消了均热炉底铺焦粉,钢坯的树皮状结疤大大减少,贯彻了及时开满水口对正、圆流浇铸,改进了钢锭模的涂料配比及涂料操作,因而结疤缺陷率大大下降,1955年全年钢轨一级品率达到88.1%。1958年10月以后结疤缺陷上升到25.1%,主要原因是钢坯质量变差。钢坯质量不好的主要原因是在铸锭、均热、轧制及冶炼过程中不按规程进行操作,片面追求数量,忽视质量。钢轨工艺规程在生产中实际上被废止,生产操作混乱,钢轨一级品率急速下降。1958年钢轨一级品率降至66.9%,1959年降为60.5%,1960年降至46.2%,1961年8月降到17.0%。还有一种炼钢非计划出钢,钢轨钢出炉就不

图 2－31 轧制产生的刮伤

合格，全炉都改为工业轨。在这种情况下，自 1961 年 9 月以来，开始整顿了生产纪律，加强了技术管理，严格执行按规章进行操作，注意浇铸和熔炼造渣，采用大水口对正快铸，加强烧钢操作，钢锭的出炉最高温度限制为 1270～1280℃，基本消灭了钢锭烧坏现象。提高炼钢质量，严格控制钢坯热装炉，合理挑选坯料，加强钢坯的处理工作，对减少结疤等缺陷有显著效果，到 1966 年钢轨的一级品率达到 96.61%，达到了国际水平。1967 年以后生产、管理出现了混乱现象，钢轨的质量又明显下降，这种混乱状况一直到 1978 年。1978 年末加强了生产管理，钢轨的质量又迅速恢复到 1966 年的水平。违章操作，造成生产混乱会严重影响钢轨质量，应当引以为戒。

据观察，钢锭表面裂纹、结疤及黏模等缺陷经常出现，表面质量不好的钢锭，在同样加热良好的条件下，经轧制钢轨后，结疤缺陷显著增多。试验结果表明，这是由于炼钢的熔炼后碳含量较低使造渣不易，以及精炼以后兑入大量铁水，都对钢轨质量有不良影响。

观察与统计资料说明：1960 年前后，初轧厂烧坏的钢锭中，以烧化现象极为普遍。轻微的烧化对质量影响不大，较重烧化的钢锭，在送锭轧制过程中遭受冷风吹时，钢锭上会出现微小裂口，钢锭一旦烧坏，重则造成废品，轻则使钢轨产生结疤。据详细温度测定，在加热过程中，钢锭温度达到 1330℃时即产生严重烧化，钢锭出炉时的表面温度高于 1300℃时，烧坏的钢锭占总锭数的 65%，低于 1280℃时则烧坏甚少，说明出钢时钢锭的表面温度对造成烧坏影响很大。但如加热不均、局部温度过高也容易造成烧坏。生产统计资料表明，1957 年均热炉的平均出钢温度为1250℃,1959年则平均为1270~1290℃,1962年以后出钢温度大为降低,基本上消灭了烧坏。

初轧机、连轧机与轨梁轧机,在轧制过程中往往造成折叠及刮伤,合理地分配压下量、设计良好的孔型、严格控制初轧坯的断面规格、加强导卫板的安装与打磨、注意连轧扭转辊的调整可以从根本上消灭刮伤及折叠。加强初轧机的挑料工作,钢坯进行抢温处理,提高钢坯的处理质量,都可以减少结疤等缺陷。

D 钢轨结疤缺陷的研究

为研究结疤缺陷的形态、类别及其产生原因,对生产各工序的操作情况采取了观察统计和缺陷对照方法。首先在钢轨成品检查台上进行长期的观察,根据结疤缺陷的外表特征及其与钢轨各部位间的关系进行分类。

进行钢坯与钢轨表面缺陷对照试验,挑选表面具有结疤、过烧和裂纹等缺陷的钢坯,钢坯的断面尺寸为196 mm×196 mm,定尺长度是7.85 m,检查钢坯表面,将钢坯的面别固定,面的次序是以钢坯尾部为标准,按顺时针方向依次为1、2、3、4面,见图2-32。详细检查记录钢坯表面缺陷的部位、长度及数量,并作出标记,用火焰在钢坯尾部烧一缺口,钢坯编号后进行轧制,在钢轨成品的相应部位,检查原钢坯缺陷的残留情况,以研究钢坯缺陷对钢轨质量的影响。

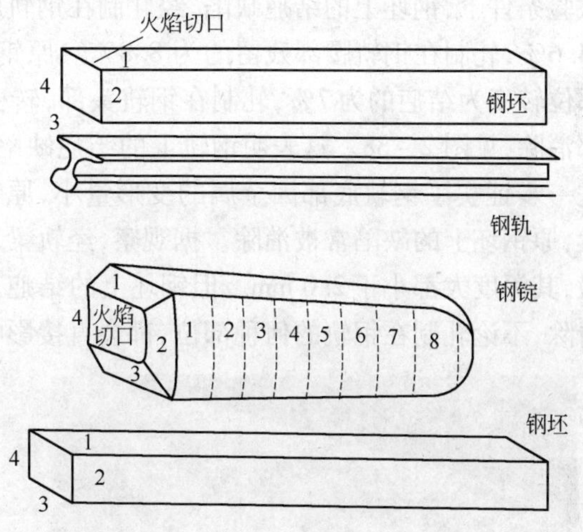

图2-32 钢坯检查面别的确定

进行钢锭与钢坯表面缺陷对照试验,在钢锭库挑选表面具有结疤、黏模、夹砂等缺陷的钢锭,钢锭的单重为5.64 t,肩部宽高为680 mm×680 mm,下部宽高为580 mm×580 mm。钢锭进行表面检查时,将面别固定,各面的区别是以钢锭尾部为标准,按顺时针方向依次为1、2、3、4面,见图2-32。再分面详细检查记录其表面缺陷的部位,作出标记进行钢锭编号和轧制,试验钢锭轧制之钢坯送往钢坯库,四面检查原钢锭缺陷的残留情况。

a 观察统计结果

据统计,绝大部分结疤出现在钢轨底部,又以其两侧最易出现,轨底中间部分较少。根据轧制过程中金属变形的特点与结疤缺陷在钢轨上呈现部位的特点对照起来看,可以发现结疤缺陷与金属变形程度有关,钢轨底部金属的加工量小,则原钢坯上的缺陷容易显露,而轨腰加工量大,原钢坯上的缺陷常被消除。

b 钢坯与钢轨表面缺陷对照

为了研究钢轨结疤缺陷产生的原因,在轨梁厂先后挑选了128根断面尺寸为196 mm×196 mm、长约8 m的钢坯,其表面缺陷是树皮状结疤及裂纹,分作6批进行试验,每根钢坯可以轧制4根钢轨。为使试验条件与生产情况一致,将每根钢坯分作四等份,按部位详细记录其表面情况,见图2-32。为了分清钢坯各面与钢轨各面间的关系,将试验钢坯都按固定面轧制,即轨梁厂轧制钢轨时,以钢坯指定的某一面轧成钢轨底部、轨腰或轨头,以便研究钢坯某一面上的缺陷与钢轨相应位置处的关系。试验结果表明,钢坯上的结疤、过烧和裂纹等缺陷，经加热轧制钢轨后，大部分已消失，仅少数残留于钢轨的相应部位。在试验条件下看出，因钢坯缺陷及其程度的不同，在钢轨上的残留情况各异。据观察，轨梁厂轧制过程中，在导卫板及地板盖子附近有刮掉的铁屑，这是导卫板和地板盖子因使用磨损，表面不光或带有尖角造成轧件刮伤，如果被刮伤的铁屑与轧件分离而脱落，则钢轨上只能出现沟痕，如果被刮伤的铁屑与轧件相连，必将在钢轨上成为轧制结疤。

从试验结果中还可以看出，钢坯上如图 2－33 所示的缺陷，加热轧制在钢轨底部时以图 2－34 所示的形态表现出来；钢坯上如图 2－35 所示的缺陷，轧制在钢轨腰部时则全部消失；钢坯上如图 2－36 所示的缺陷，轧制在钢轨头部后，在相应部位以图 2－37 所示的形态表现出来。这表明钢坯上的结疤缺陷轧制在钢轨底部，则原钢坯上的缺陷残留；轧制在钢轨腰部，则原钢坯上的缺陷全部消失；轧制在钢轨的头部，则原钢坯上的缺陷会留有痕迹。在试验条件下，钢坯上的结疤缺陷，经轧制在钢轨底部残留的为 47.0%，轧制在头部残留的为 24.6%，轧制在钢轨腰部残留的为 8.8%。原钢坯的裂纹缺陷，轧制在钢轨底部时，在相应部位转变为结疤的为 7%，轧制在钢轨头部，转变为结疤的为 4.76%，轧制在钢轨腰部则全部消除，见图 2－38。这表明钢轨上的结疤缺陷的残留和演变，与金属的加工量大小有关，进一步证实了钢轨底部因金属的变形量小，原钢坯上的缺陷容易显露，钢轨腰部的加工量大，原钢坯上的缺陷常被消除。据观察，经轨梁厂加热轧制后消失的钢坯缺陷，一般均较轻微，其深度大都小于 2.0 mm。但钢坯上的结疤、过烧、裂纹以及其他较严重的缺陷，如不经清除，不论轧制在钢轨的何种部位，都会直接影响钢轨产生结疤。

图 2－33　钢坯表面结疤之一

图 2－34　轧制在钢轨底部的结疤

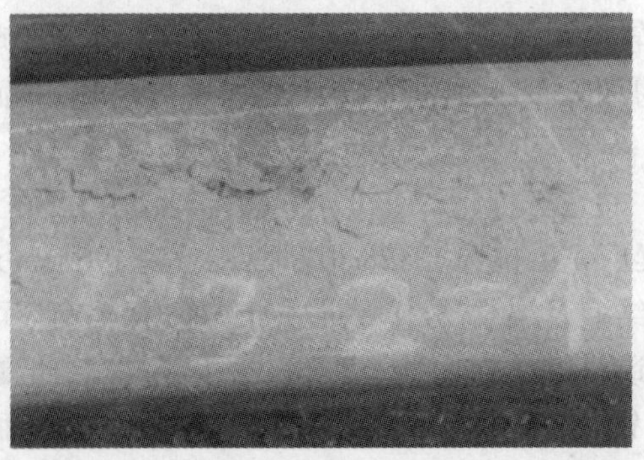

图 2－35　钢坯表面结疤之二

图 2－36　钢坯表面结疤之三

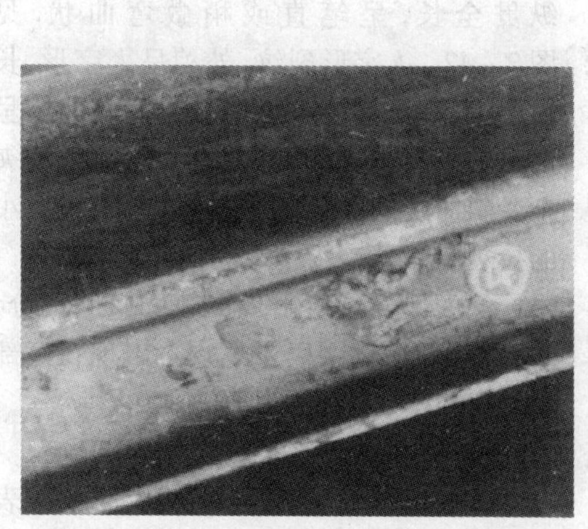

图2－37　钢轨头部残留的结疤

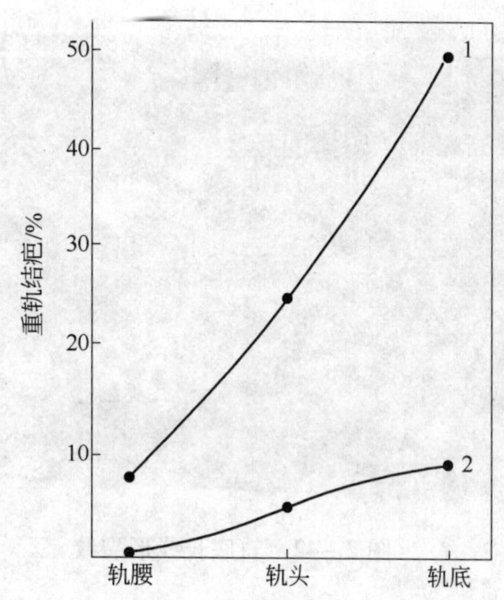

图2－38　各种结疤缺陷的分布

1—原钢坯上的结疤缺陷；2—原钢坯上的裂纹缺陷

c　钢锭与钢坯表面缺陷对照

铸锭时钢液飞溅造成的结疤，外表为圆形或近似圆形，周界呈封闭状。另一种结疤为水口漏钢或浇铸时未对正，钢液沿模壁流下，而粘在钢锭表面，其所占面积较大，钢锭的重皮也呈类似的形状，如图2－39～图2－41所示。钢锭黏模缺陷是浇铸时钢液温度过高或水口不正，钢锭模内壁局部熔化，与钢锭粘在一起（见图2－37），脱模时，这样的钢锭将模壁粘下一部分，黏着于钢锭表面，这种缺陷多出现在钢锭底部，严重时可漫及面部。黏模的部位出现粗糙状的凸起，厚的达20 mm，薄的2 mm左右。钢锭夹砂是钢锭表面具有大量的耐火泥砂，砂粒附在钢锭的表皮层，系保温帽中之耐火泥砂，于浇铸期间掉入模内，附着于钢锭的表皮层，形成皮下夹砂。此外钢锭表面的横向裂纹与纵向裂纹也经常出现。

图2－39　钢锭尾部结疤

图2－40　钢锭结疤之一

图2－41　钢锭结疤之二

2.5.1.2　钢轨的裂纹

A　裂纹的类型及分布

钢轨的裂纹就其外形大致可以分为长线形裂纹、人字形裂纹、杂乱分布的短小细纹以及斜向裂纹等4种。

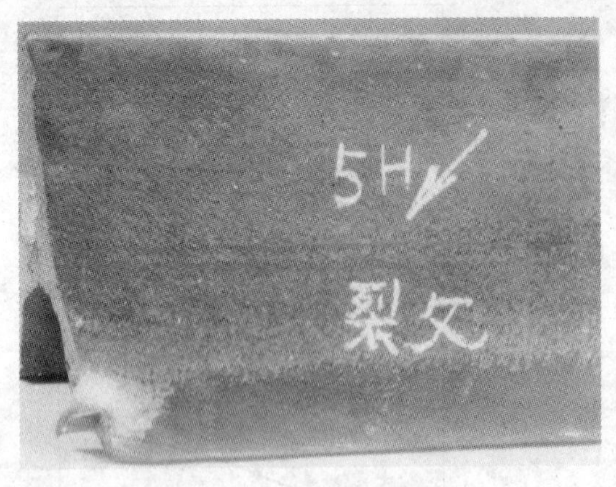

图 2 – 42　轨底长线形裂纹

长线形裂纹沿钢轨的纵长方向，有时纵贯全长，呈笔直或稍微弯曲状，见图 2 – 42。人字形裂纹，外貌呈人字形，长短不一，在显微镜下可以看出裂纹两壁呈严重的脱碳现象，缝隙处有大量氧化物夹杂。斜向裂纹无一定方向性，也有呈极小的拉裂状。

绝大部分裂纹出现在轨底中间部分，头部较少，在轨腰极少发现。出现在底部者约占 80%，头部约占 20%。

B　裂纹的产生和消除

长线形及人字形裂纹主要是由钢锭表面的横裂、纵裂以及轧制时钢锭表面产生的横裂造成的。抹帽不平、接口漏钢、坐帽不正、模壁清除不彻底等原因致使钢锭在凝固过程中不能自由收缩，以及出钢温度过高等都使钢锭产生裂纹。

杂乱分布的短小裂纹可能是皮下气孔和针孔等演变所致。

斜向裂纹产生的原因是钢轨坯在冷状态下进行火焰处理后，致使钢坯产生横向或斜向裂纹，轧制后残留在钢轨上，正常生产情况下，这种缺陷不存在。

初轧机轧制过程中钢锭出现横向开裂的占总锭数的 60% 左右，横向开裂的根本原因是钢锭的表面裂纹和其他缺陷所引起，加热与轧制不当也可促使其产生，最后以纵裂或人字裂表现在钢轨上。据统计资料，出钢温度高于 1585℃时，钢轨的裂纹缺陷显著增多。

生产中加强整模、浇铸操作，控制出钢温度，裂纹缺陷就会减少。

C　缺陷对照试验

自 1969 年以来，钢轨上出现的开裂缺陷主要是轨底开裂，现场称为底裂，就是沿钢轨底部的纵向大裂纹，经矫直后有脆性开裂现象，与一般裂纹有所不同。按罐统计时，钢轨出现底裂缺陷的罐数，有时竟占总数的 30% 左右。底裂缺陷的重量百分比是很小的，因为钢轨的检查制度不严格，底裂缺陷有时因外表细小隐蔽，甚至肉眼不易发现，容易漏检，在铁路干线上常看到带有底裂缺陷的钢轨。自 1971 年以来，经两年左右的观察统计和试验工作，研究结果表明钢轨的底裂与钢坯的裂纹直接有关。为了进一步找出钢轨底裂缺陷产生的主要原因，采用缺陷对照试验研究了钢锭表面裂纹等缺陷对钢坯及钢轨表面缺陷的影响。

a　试验方法

在碎铁厂的冷锭库挑选了 6 个有裂纹等缺陷的钢锭作试验锭，钢锭的模型是 Z6.5，扁型锭，单重为 6.5t，上口尺寸是 750 mm × 650 mm，下口尺寸为 665 mm × 565 mm，高度 1920 mm，又挑选了两个表面良好的钢锭作对照试验。试验锭的编号为 1 ~ 8，同时在碎铁厂对试验锭的各面进行编号，把一小面指定为 1 号面，然后在钢锭帽部沿顺时针方向顺序编为 2、3、4 号面。试验锭进行详细的表面检查，在检查过程中，对肉眼可见的缺陷作好记录，记录缺陷的大小、形状和存在部位，把有代表性的缺陷进行编号照像，然后在每个试验锭的第 1 号面的保温帽部用火焰烧一缺口作为标志，以控制固定面轧制。

经检查、编号、照像后的钢锭集中在一起送往初轧厂。

钢锭在初轧厂的凉炉、保温和加热按有关钢轨冷锭的规定进行，但特别注意下列事项：

(1) 钢锭严格按照编号顺序装炉。在装炉记录上详细注明试验锭号及装炉位置，以保证锭号不乱，倒炉和出炉时严格按钢锭的编号顺序操作。

(2) 控制固定面轧制，火焰切口的面朝上进钢。

(3) 钢锭各面与钢坯各面之间的关系，试验锭在初轧机轧制 11 道，经三次翻钢，轧成断面尺寸为 250 mm × 260 mm 的钢坯，大剪剪断后剪口的痕迹恰好是钢锭的第 4 号面，由此可确定原钢锭的 1、2、3 号面。

(4) 钢坯经连轧机成为断面尺寸为 210 mm × 210 mm 的钢坯，冷却后进行四面检查。详细记录其表面缺陷，对有代表性的缺陷进行照相。钢坯 4 个面的编号与钢锭相一致。根据试验结果，把钢锭和钢坯表面的缺陷进行对照比较，研究钢锭表面缺陷与钢坯表面缺陷的关系。

(5) 根据上述试验结果，挑选了 7 根有代表性的钢坯进行钢坯钢轨表面缺陷对照试验。钢坯也采用图 2 – 32 所示的试验方法，控制固定面轧制，并有意地把表面裂纹严重者轧成钢轨底部，便于缺陷残留在钢轨上进行对比。

在轨梁厂试验钢坯的装炉和轧制严格按照顺序和固定面轧制，试验钢坯轧制之钢轨锯断时，在钢轨腰部及端面打清锭段号标志，以便检查时进行缺陷对照。

试验钢轨进行四面检查、记录和照像，并与钢锭、钢坯对照比较，研究钢锭、钢坯和钢轨表面缺陷之间的关系。

b 试验结果

试验结果表明，钢锭的裂纹缺陷最容易残留在钢轨底部，如果轧制在轨腰和轨头就很容易消除。例如原钢锭有 10 条裂纹轧在相当于钢轨的腰部全都消失；原钢锭有 3 条裂纹轧在相当于钢轨的头部，在钢轨相应部位出现一块拉裂缺陷。这次试验在钢锭上相当于轨底部位有 5 条横裂纹（其中一条较轻），轧制钢坯后在相应部位有 8 条裂纹，轧制钢轨后在相应部位有 4 条裂纹，其中一条判定为底裂缺陷。

另有 18 根钢轨原钢锭相应部位没有任何缺陷，轧成钢轨后，在轨底出现两条裂纹。

裂纹示例如图 2 – 43 ~ 图 2 – 50 所示。

图 2 – 43 1 号锭肩下裂纹

图 2 – 44 钢锭横裂

图 2-45　钢锭结疤下裂纹

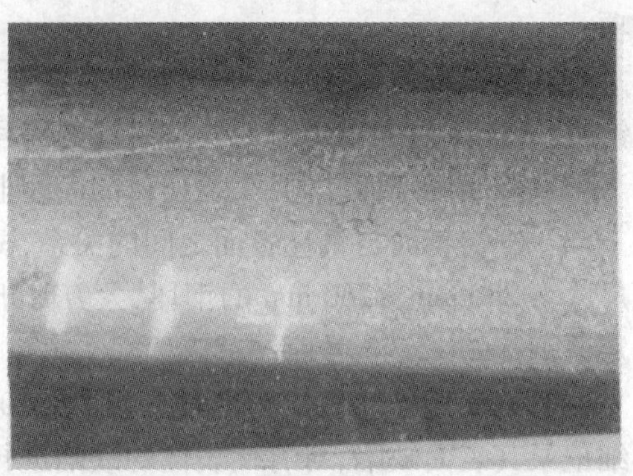

图 2-46　钢坯人字裂纹之一

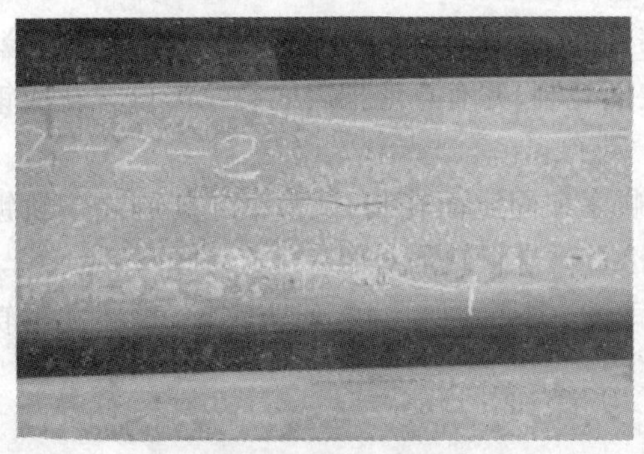

图 2-47　钢坯人字裂纹之二

图 2-48　钢坯裂纹

图 2-49　轨底开裂缺陷

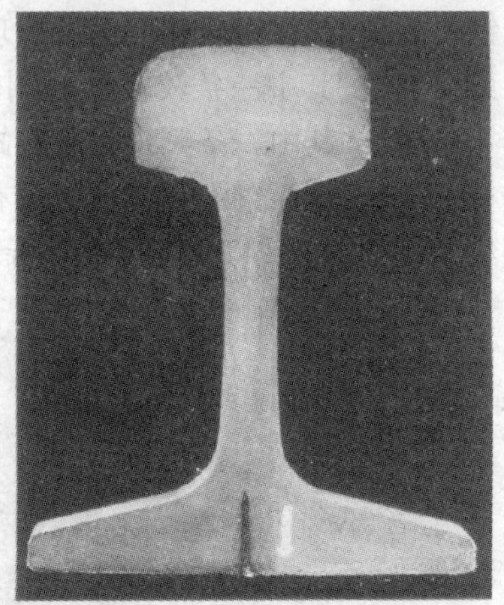

图 2-50　底裂低倍缺陷

2.5.1.3　钢轨的分层

A　分层的种类及特征

钢轨的分层按其低倍组织的特点可分平直裂缝或鼓泡、不规则的小裂缝以及相当于钢锭缩孔位置的裂缝等三类。

平直裂缝或鼓泡如图 2－51 和图 2－52 所示。从外表看，裂缝界面上成石板状，分布在钢轨横截面上，不规则地通过轨腰伸向轨头及轨底。沿钢轨的纵向鼓泡可长达 1 ~ 2 m，而平直裂缝则往往贯通很长。裂缝的端部不一定与钢锭的缩孔相连，但钢锭上中部居多。解剖检验后可看到，裂缝及鼓泡处无偏析，其界面上有脱碳现象和轻微的氧化物圆点，大部分无外来夹杂。鼓泡或裂缝处氧含量正常，该区沿钢轨的纵横向冲击韧性没有变化。

不规则的小裂缝或析集物见图 2－53，分布在钢轨横截面上相当于钢锭不规则的结晶带内，其低倍组织特点除主要裂缝外常伴生许多细微线纹，裂缝沿钢轨纵向长度不深，常分布在相当于钢锭中上部轧出的几段钢轨上。经检验后可看出，在裂缝处有轻微的硫偏析及少量的氧化物、三氧化二铝和钙镁等夹杂物，但无脱碳现象。有这种缺陷的钢轨试样在 EMS60 脉冲式疲劳机上试验，其断裂次数与正常钢轨差不多，轨腰冷弯后无裂开现象。这种缺陷对钢轨使用的影响尚待研究。

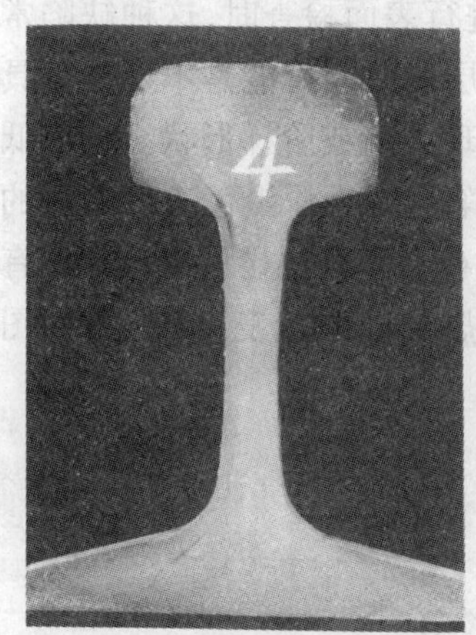

图 2－51 平直裂缝

图 2－52 鼓泡

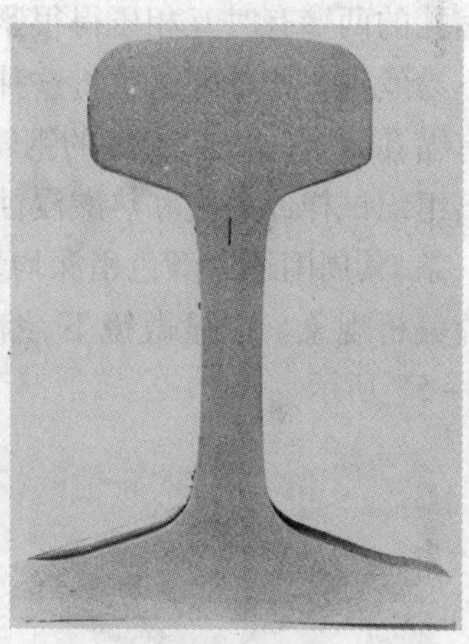

图 2－53 不规则的小裂缝

相当于钢锭缩孔位置的裂缝出现在钢锭切头后的第一段钢轨上，缝内有肉眼可见的白色或米黄色粉末，经化学和 X 射线分析表明这些夹杂主要是钢渣和保温剂（石灰石与焦炭或白云石与焦炭）。

其他还有因点状偏析、外来耐火材料和淬火层下的裂纹所造成的分层。

B 分层的产生和消除

平直裂缝或鼓泡多出现在冷锭装炉轧成的钢轨上，其产生原因是冷锭装炉时炉温过高（高于 600℃），加热速度快，尤其是初期加热速度太快。

不规则的小裂缝产生原因是镇静和脱帽时间太短，钢锭车调走时模内钢液振荡严重使钢液在结晶过程中产生收缩缺陷，经加热轧制后该缺陷残留暴露。

相当于钢锭缩孔位置的裂缝就是残余缩孔，在进行钢轨成品检查时即是分层。自 1957 年 11 月份开始出现分层，起初出现分层的约占总罐数的 2%，其中平直裂缝、鼓泡和缩孔残余都有，1959 年以后激增，最高达 27%，其中主要是残余缩孔，此后严格控制了帽部浇高，铸锭完后立即加入数量足够、质量良好的发热剂，调整了镇静和脱帽时间，冷锭的加热时间得到了改善，保证初轧钢坯的切头量足够，上述各类分层大大减少。

2.5.2 钢轨的低倍组织缺陷

钢轨的低倍组织是衡量钢轨内部质量的重要标志,使用经验表明,钢轨在线路上的破损,特别是疲劳破损和突然折断与钢轨的内部质量和低倍组织缺陷直接有关,当然与钢轨在线路上的使用条件也直接有关。低倍缺陷影响钢轨的使用寿命,铁道部门对钢轨的低倍组织情况非常重视,因此在钢轨的制造过程中,研究消除钢轨的低倍组织缺陷,对提高钢轨质量至为重要。钢轨低倍组织的检查与评级标准,是根据铁道部门的要求与有关生产厂之间达成的协议制定的。这里介绍钢轨低倍组织缺陷的种类、形态特点、产生原因,以及为改善钢轨低倍组织而采取的措施。

2.5.2.1 缩孔残余

A 缺陷特征

缩孔残余出现在相当于钢锭头部所轧制的钢轨上,一般出现在轨腰中间或稍偏于一侧,缩孔的两壁有时互相压得很紧,也经常多少离开一些,在钢轨进行表面检查时,这种缺陷常不易发现。检查工人也将这种缩孔残余统称为分层,而造成分层的原因可能是不同的。具有缩孔残余(分层)缺陷的钢轨折断后,在断口上钢轨腰部可呈现裂缝或阶梯形状。切取低倍组织试样经磨光和热酸浸蚀,用肉眼可看出轨腰缩孔残余缺陷呈现为深黑色边界明显的一条,其周围还有颜色稍深均匀偏析的区域,如图 2－54 所示。硫黄印画也显示出该部位有硫偏析现象。在显微镜下,缩孔残余部位聚集有较多的硅酸盐及硅酸盐复合夹杂,如图 2－55 所示。

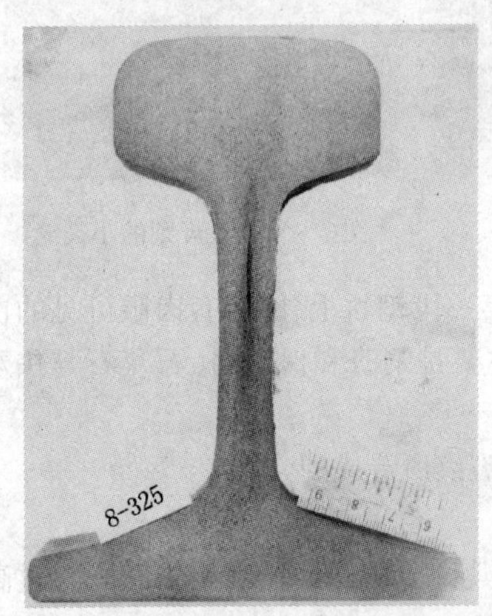

图 2－54 缩孔残余

图 2－55 硅酸盐及其复合夹杂物的缩孔残余
(缩孔残余处放大 86 倍)

使用部门曾经进行过观察,带有分层缺陷的钢轨用于铺设线路,使用初期还算正常,过一时期则发现分层处逐渐扩大,如果再继续使用则钢轨头部便发生歪扭,必须立即拆除。

B 产生原因

钢锭的帽部浇高不够、切头率不足等是出现缩孔残余的主要原因。

缩孔是钢锭头部普遍存在的现象,钢液在凝固过程中,首先结晶的外壳就决定了钢锭的外部尺寸，由于容积的收缩液面下沉以及钢中气体的逸出，金属填不满开始凝固时所形成的外壳容积，在钢锭的上部就形成缩孔。因为缩孔是钢锭最后凝固的地方，钢中排出的气体常充满其中，并伴随着低熔点物的析集，在缩孔的下面，经常有疏松现象，其产生原因与缩孔相同，在模子容积一定的条件下，缩孔最后形成的状况取决于帽部的容积和帽部的保温补缩情况，同时也与钢液的浇铸温度、速度、模子的形式和壁厚有关。

在正常生产情况下，缩孔应当完全切除干净。在钢轨上出现残余缩孔的主要原因是浇铸时操作不准、钢锭的浇高不够和初轧坯的切头不足。

钢坯在初轧大剪剪断时，如果缩孔剪切不净，在钢坯的端面上可以看到有凸起现象，现场称之为鼻孔。

C　缩孔残余缺陷的检查与消除

a　缩孔残余缺陷的检查

钢轨成品上缩孔残余缺陷出现在钢轨的端面上，检查钢轨端面时，当发现钢轨腰部有开裂现象（在钢轨的横截面上轨腰出现裂纹）时，这种情况大部分都是缩孔残余缺陷。由于轨端腰部的裂纹用肉眼不易判断，检查人员发现可疑时，常用白纸在轨端反光照射钢轨的端面，增强光线的亮度以便仔细检查，如仍有怀疑，可用扁铲沿裂缝的纵向进行试铲，发现分岔即可判定。

b　缩孔残余缺陷的消除

生产经验表明，消除缩孔残余的主要办法是严格地贯彻执行合理的操作规程，必须保证帽部的浇铸高度，Z5.7 t钢锭不少于420 mm，Z6.5 t钢锭不少于440 mm，发热剂加入量足够，同时初轧厂要稳定控制钢坯断面尺寸和定尺长度，轧制后缩孔残余缺陷要彻底切净。

2.5.2.2　点状偏析

A　缺陷特征

点状偏析外表为点状黑斑，有时呈深灰色斑点，多出现在相当于钢锭的头部，在钢轨的横截面上以密集小孔点出现，在纵剖面上点状偏析相当于钢锭的∧形析集，即所谓“胡须”位置，中部或尾部从未发现过，如图2－56、图2－57所示。试验结果表明，点状偏析很少出

图2－56　钢轨头部的点状偏析

图2－57　钢轨的点状偏析

现在本体的1/6以下。随着钢锭重量的增加,点状偏析趋向严重。硫印结果表明,在缺陷部位有较高的C、S、P含量的夹杂物。在显微镜下可以看到,在偏析处有大量硫化锰和少量氧化铝夹杂,其基体仍为珠光体与少量铁素体,用磷试剂浸蚀后所显示出的组织在显微镜下呈气孔形,这类缺陷有时同白点伴生。点状偏析对钢轨的使用极其不利,常是钢轨头部水平或垂直分层的起因。点状偏析处不仅有大量非金属杂质,而且会直接造成钢轨表面破裂,容易在疲劳应力下成为微裂纹产生的原因,即钢轨破断的起点。生产和使用经验表明,当点状偏析不很严重、分布范围不是很大时,对钢轨的质量没有显著的影响,所以一般不超过4级是可以允许的。

B　产生原因

产生点状偏析的根本原因是钢液在凝固过程中上浮的液态析出物及气体逸出的轨迹,在结晶过程中,当钢液中的成分高到一定程度时,就形成了气泡,同时也由于这部分的液体密度较小,容易沿气体上浮的道路而上浮。

钢液在矿石沸腾期的降碳速度低,炉渣发黏,沸腾无力,脱氧程度不足,含有大量的气体与夹杂,尤其是出钢口过大,出钢时炉渣与钢液混拌流出造成脱氧不足,这是产生全罐或大部分钢锭具有点状偏析的主要原因。在浇铸过程中,在钢液温度较高的情况下,罐内的复渣与钢液相互作用,可使钢液内的硅氧化,降低了钢液内硅的含量,当钢液内硅的含量显著降低时,钢液中则富有氧化铁,因此钢液在凝固过程中,它将引起碳氧化,释放出大量的一氧化碳而引起皮下气孔与点状偏析。点状偏析缺陷形成的机构是由于CO逸出后分解的结果。这些缺陷常出现在相当于钢锭的头部,因此在这些缺陷部分有较高的C、S、P含量的夹杂物。

试验结果表明,出现点状偏析的钢轨,在浇铸过程中钢液中的硅逐渐氧化而减少。

在钢锭模整模涂油时,因油内含有大量的氢质挥发物,涂刷时因模温过低不能及时挥发,在注速较快的情况下,则气体的逸出是比较困难的,这就可能使钢液中溶有更多的气体,这是造成一罐中个别锭具有点状偏析的主要原因。

C　点状偏析的增长和消除

1955年前在钢轨的生产中曾大量出现了这类缺陷,比例曾高达4.21%。为消除点状偏析,进行了系统的生产性试验,具有点状偏析缺陷的,绝大部分是熔炼期不够正常,矿石沸腾期的降碳速度低,炉渣情况不是黏就是沸腾无力,这充分说明钢液内含有较多的气体与夹杂。经验表明,由于出钢口过大,熔渣与钢液同时流出时,在钢轨上全罐都出现点状偏析。在试验过程中变更正模时涂料的配比,焦油与洗涤油的混合比由3∶1改为4∶1,同时提高了涂油时钢锭模的温度,一般都接近规程上限120℃,基本上消灭了点状偏析,同时还改善了钢锭的表面质量,热锯白点率也显著下降,从30%左右降低到10%以下。

从出现点状偏析缺陷的炉号看,一般涂油时模温偏低,约50℃,且浇铸速度比较快。根据不同直径水口比较,水口直径为60 mm的,在浇铸过程中大部分模内冒烟,帽部沸腾,造成模内冒烟与沸腾的主要原因是涂料中的挥发物——气体所引起。

在生产中加强了熔炼操作,矿石沸腾期使沸腾良好,注意造渣,避免出钢带渣现象,保证涂油时钢锭模温度在80~120℃,并尽量按上限进行操作,改变了涂料的配比,则点状偏析缺陷已基本得到消除。

2.5.2.3　中心偏析

A　外表特征

中心偏析出现在相当于钢锭的头部,从低倍组织试样的断面看,具有这种缺陷的试样,在相当于钢轨的中部呈现被热酸腐蚀的明显痕迹，其截面颜色深浅不同，中心部分颜色较重，外表呈疏松状，如图 2－58 所示。生产检验人员判定中心偏析的轻重程度，主要是根据轨腰处偏析集中的部分，对其附近均匀逐渐过渡到较浅色的区域不作判定条件。

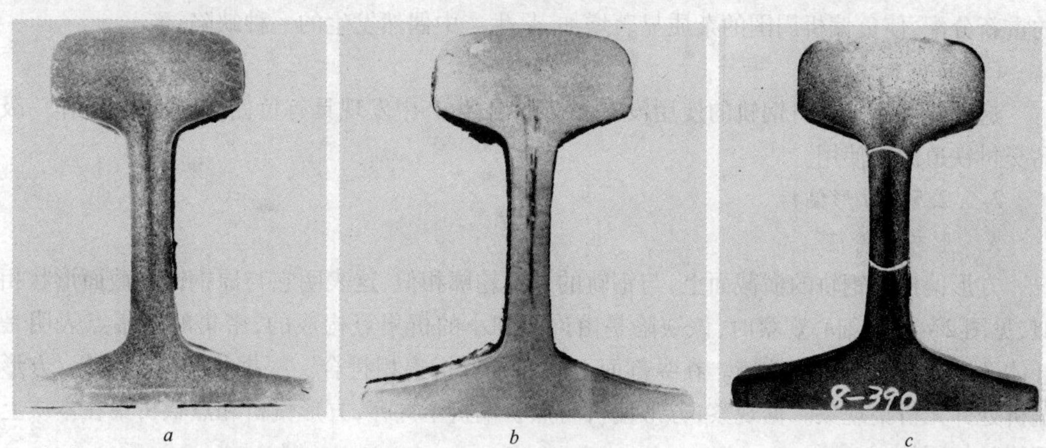

a　　　　*b*　　　　*c*

图 2－58　中心偏析

a—轻微中心偏析；*b*— 一般中心偏析；*c*—严重中心偏析

该缺陷位于缩孔之下，一般都处于钢轨的腰部，其表现程度则有轻有重。硫印结果表明，在偏析处聚集着较多的硫磷化合物夹杂。在显微镜下可看出，在偏析处除硫、磷偏析外，有时还有很小的硅酸盐或镁钙等外来夹杂，这类缺陷常与中心疏松相伴产生。

B　产生原因

在钢液结晶过程中，随着钢液温度的下降碳、磷、硫等元素溶解度降低而上浮，是产生中心偏析的主要原因，这是钢锭凝固过程中的正常现象，钢锭的中上部是最后凝固部分，碳、磷、硫等杂质多集中于此，是模铸尚不能根本消除的一种缺陷。生产中影响这种缺陷的操作因素，主要是浇铸和初轧切头。浇铸时如果注入保温帽内的钢液量不足，操作违反规程，保温帽或保温剂潮湿，保温剂加入数量不够，以及保温剂效率不高，没有起到充分保温作用，帽部钢液迅速凝固，使偏析接近钢锭本体，初轧厂的钢坯切头不足都会促使这类缺陷的出现。

C　中心偏析缺陷的处理与消除

中心偏析缺陷部位除碳、磷、硫含量较高外，并无其他肉眼可见的有害夹杂，对钢轨的使用不会有什么影响，具有一般中心偏析的钢轨可以作一级品使用，生产中在相当于钢锭头部所轧制的钢轨上经常出现中心偏析现象。钢锭和钢坯的解剖结果表明，这种缺陷经常出现在钢锭缩孔的下面，实践证明，加强了正模和浇铸操作，初轧厂严格控制切头后，消除了缩孔残余，这类缺陷已大大减少。

2.5.2.4　负偏析

A　形态与特征

负偏析多出现在相当于钢锭头部的钢轨腰部，外表沿试样横截面呈局部颜色较浅，负偏析处较正常组织为白、亮，如图 2－59 所示。经热酸腐蚀后，负偏析的四周常易被浸蚀。在显微镜下可以看出负偏析处的珠光体组织较正常部位多，而铁素体较少。从化学分析结果可以看出，负偏析处的碳含量较正常部位高，硫含量较少。

B　产生原因

由于保温帽部脱卸过早,或保温帽内部钢液尚未完全凝固时受到强烈振动,当帽部中心较先凝固而四周的钢液尚未凝固时就形成了负偏析。中心先凝固,则液态与固态之间杂质的重新分配,使负偏析周围的杂质显著增加,是生产中偶然发生的一种缺陷。

C　负偏析的处理

这种缺陷实际上对钢轨的使用没有不良影响,生产中发现具有负偏析的钢轨,可作一级品交付铁道部门使用。

2.5.2.5　方形偏析

A　形态与特征

方形偏析在钢轨的横截面上,与钢轨的外形轮廓相似,这表明它与原钢锭的截面形状相似,见图 2－60。细心观察时,该缺陷是由许多细小的析集点构成的,密集的析集点表明是气体逸出甚快所遗留之轨迹。在纵剖面上它和∧形析集相符合。根据化学分析结果,方形偏析处并无析集现象。据观察,方形偏析与点状偏析不共存,方形偏析和点状析集在本质上可能是相同的。

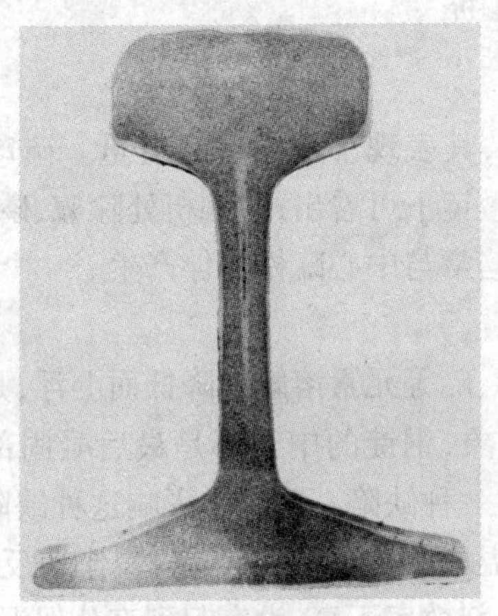

图 2－59　负偏析

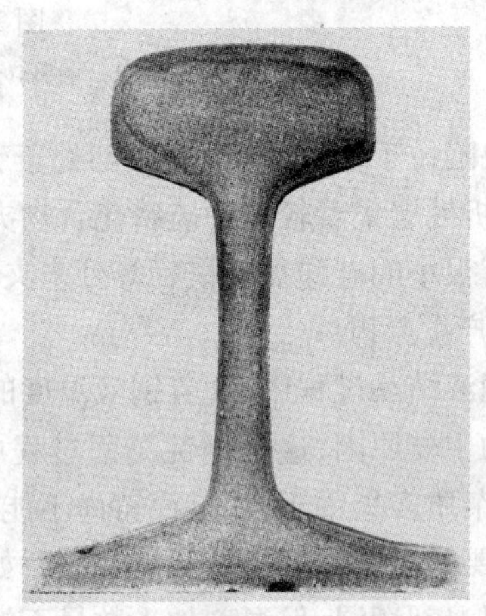

图 2－60　方形偏析

B　产生原因与消除办法

1954 年在钢坯上曾大量出现方形偏析。研究结果表明,这种缺陷一般对钢材的质量并无不良影响,后来这种组织大为减少,与此同时炼钢的出钢温度比以前有所提高,这种组织与出钢温度的关系还有待进行研究。对扁形钢锭 5404 和方形钢锭 5401 进行了解剖试验,硫印结果表明,在磷、硫含量及浇铸温度大约相同的条件下,方形钢锭具有方形偏析,而扁形钢锭则没有方形偏析,这表明钢锭的凝固速度对方形偏析有显著影响。若钢锭在凝固过程中受到振动,则必将增加方形偏析的严重程度。具有方形偏析的钢坯,在 1150℃下经 4 h 的退火处理就可以大部分消失。用同一个试样在 1150℃下经 6 h 的处理,则方形偏析就可以全部消除。这表明它并不是偏析,而是一种过蚀。产生这种过蚀性的原因,可能是钢锭的中心部分晶格不完全,所以晶格受到歪曲,内部应力较高,轧制时也会引起内部应力。

实际上具有方形偏析的钢轨对使用没有影响,生产中对钢轨的方形偏析不作考核,可作一级品交付铁道部门铺设使用。

2.5.2.6 一般疏松

A 缺陷特征

一般疏松是酸洗后在低倍组织试样的截面上，呈现出的一些均匀的细小针孔，颜色较深，边缘较平滑(见图2-61)，是钢轨较普遍存在的现象，出现在相当于钢锭的上部分。该缺陷就是钢锭V形偏析在成品上的表现。

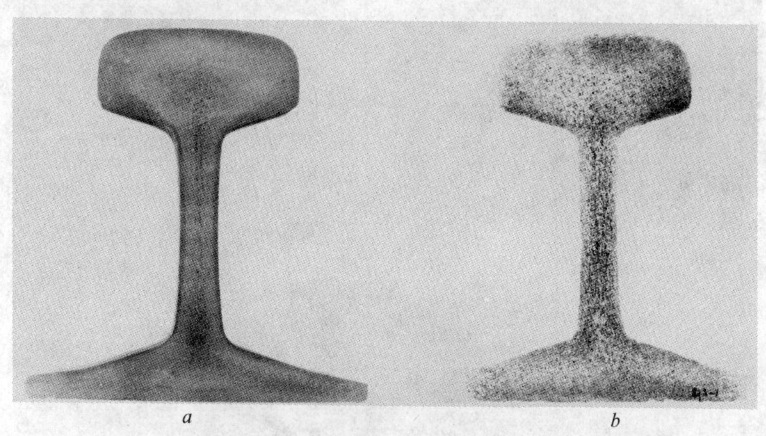

图2-61 一般疏松

a—一般疏松；*b*—严重的一般疏松

B 产生原因

V形偏析的形成是在钢锭冷却的最后时期发生的。钢锭在凝固过程中由于树枝状晶体骨架的下沉，把树枝状结晶间的母液向外挤出，而为正在生长着的树枝状结晶带的树枝缠住。这个过程伴随着结晶过程的进行而进行着，最后形成V形分布。

根据渐近结晶理论的推测，产生V形偏析的原因是由于密度较小的富有杂质不能混合的相，随着结晶的进行，当其上浮时沿着复杂路线运动的结果。

通常情况下一般疏松对钢轨的使用无害，不严重的带有这种缺陷的钢轨可以作为一级品交付用户使用。

C 减轻V形偏析的措施

保温帽部的保温良好，有助于抑制V形偏析的发展。

2.5.2.7 钢轨坯的内裂缺陷

A 缺陷特征

钢轨坯的内裂缺陷是经初轧机开坯后的钢轨坯，在剪断时于剪断面上两侧对称位置有时出现红点，在红点处冒出蓝色火焰，待火焰停熄钢坯冷却后，于冒火位置出现不规则的孔洞并呈现土红颜色，在生产中称之为内裂。将具有这类缺陷的钢坯剖开，内部有两条对称的裂缝，严重者剪断面红点处就能看到裂缝，这种钢坯内部的裂缝缺陷有时会纵贯整根钢坯而使其致废。

良好钢轨坯的硫印图片上显示出轻微的硫黄偏析，具有内裂缺陷之钢坯的硫印图片却没有明显的硫印偏析现象。

具有内裂的钢坯的横截面低倍组织试样，经热酸浸蚀后，出现明显的受浸蚀区，严重内裂缺陷之钢坯轧制钢轨后，钢轨低倍组织试样上仍然呈现深受热酸浸蚀的区域，如图 2－62 所示。在纵剖面低倍组织试样上可看到有两条裂缝，裂缝的位置与钢坯纵轴相对称，在靠近钢坯顶端处，两裂缝相距较近，往下便逐渐增宽，这与钢锭的“胡须状”偏析相一致。

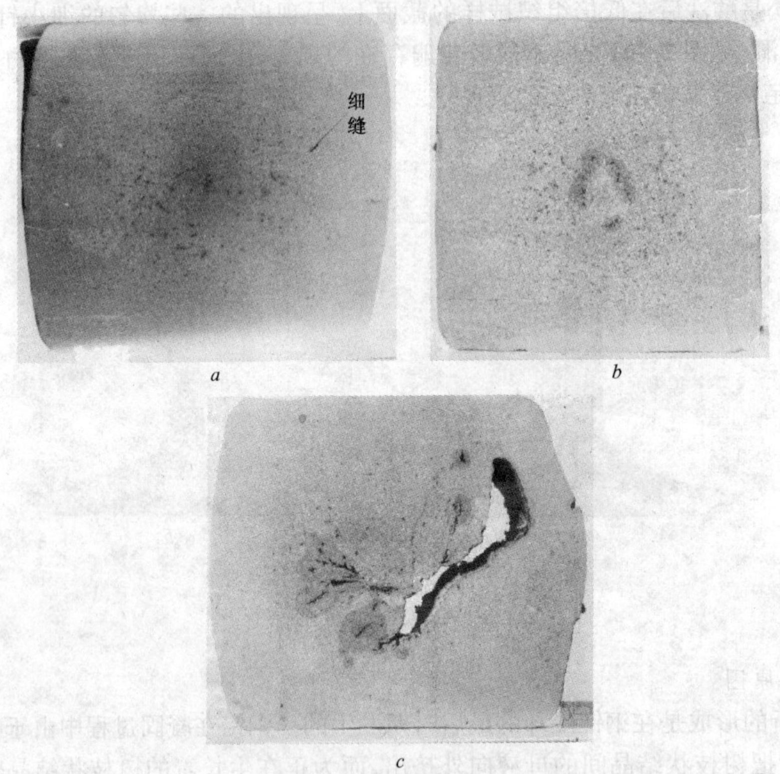

图 2－62　内裂纹钢坯的低倍组织

a—内裂纹钢坯低倍组织；*b*—内裂纹中部低倍组织；*c*—内裂纹尾端低倍组织

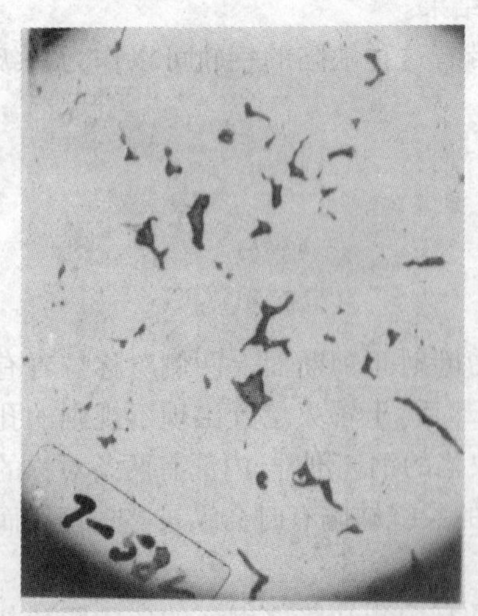

图 2－63　硫化锰夹杂

在显微镜下，具有内裂缺陷钢坯裂缝区和同断面的无裂缝区截然不同，前者晶粒粗大，后者细小，粗大晶粒约为细小晶粒的十几倍。在细晶粒间散布着细裂缝，一般有很多非金属夹杂物包围着这些晶粒，非金属夹杂物多为淡灰色的硫化锰，如图 2－63 所示。另外还有一些深灰色的氧化物夹杂，没有内裂缺陷的钢坯，晶粒正常，夹杂物少呈点状分布，见图 2－64。

化学分析结果表明，内裂缺陷处的硫含量反而比钢坯边缘为低，内裂处含碳、磷等元素的量比钢坯边缘和中心为高。

B　内裂产生的原因

钢锭模的形状不合理和均热炉内的温度偏高是影响内裂缺陷的主要原因。生产与试验表明，钢锭模的设计形状欠佳，其斜度与高宽比不当，影响钢锭的结构不良，因钢锭的偏析严重，在均热炉内的加热温度过高时，造成钢锭中心过烧，使非金属杂质熔融，因而晶粒边界的强度大为减弱，在轧钢时因受张力作用使晶粒开裂，经初轧机轧制过程的组织转变，在受张力作用区形成永久的沿钢坯纵向开裂——“形成内裂”，钢坯剪断时暴露于端面。

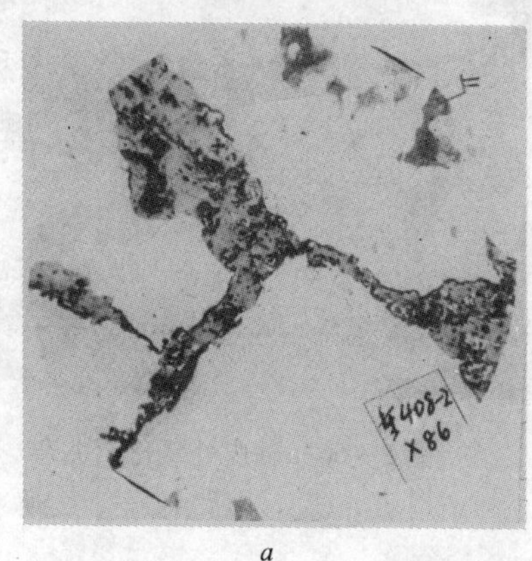

a

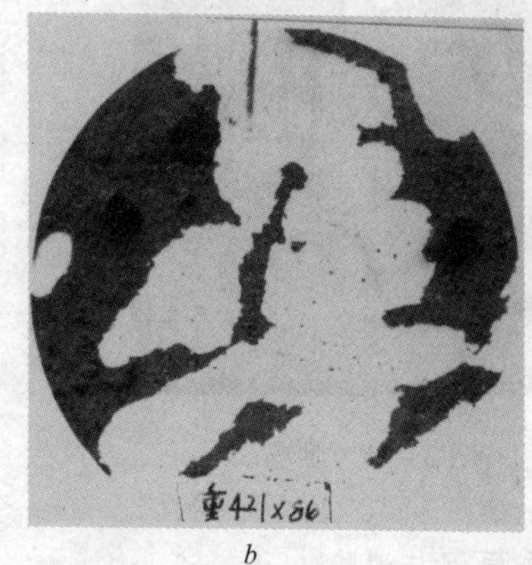

b

图 2-64 氧化物夹杂

a—氧化铁夹杂；b—氧化铁复合夹杂

C 内裂的产生与消除

自 1949 年到 1954 年期间系采用 S55 型的钢锭模进行浇铸，锭模的斜度为 2.06%，其高宽比为 3.07，由于 S55 型钢锭模的几何形状不良影响钢锭的内部质量，化学成分偏析严重，硫、磷等低熔点杂质大量聚集，钢轨坯经常出现内裂缺陷，致使大量钢坯报废。为消除内裂缺陷，自 1953 年到 1954 年曾进行了一系列的试验研究工作。同样用 S55 型的钢锭模进行铸锭，保温帽部分浇铸的钢液等于或超过规定容积时，钢锭的内裂率为 11.9%，浇高不足的，内裂率为 25.2%。浇铸温度不小于 1460℃的比小于 1460℃者内裂率降低 2.4%；当浇铸速度慢时则更为显著，浇铸速度慢出现内裂的机会增加。

后来设计了新钢锭模以改善钢锭的内部结构，减轻偏析，先后设计了 5306 型、5308 型以及 5308A 型钢锭模进行比较试用，根据钢锭解剖结果看出，用 5308A 型钢锭模的内部结构比 S55 型钢锭显著提高，并逐渐在生产中推广使用 5308A 型模子浇铸钢锭，钢轨坯的内裂缺陷也逐渐消失，证明了钢锭的内部结构、钢锭模的几何形状，是影响内裂缺陷产生的主要原因，并从根本上消灭了钢轨钢坯的内裂缺陷。

2.5.2.8 翻皮

A 缺陷特征

翻皮出现在下注钢的相当于钢锭头部所轧制的钢轨上，酸浸后呈现为颜色较浅细致的皮层，形状不规则，周围常聚有非金属夹杂，经腐蚀，成一些与皮下夹杂相似的密集的孔洞，见图 2-65。

在显微镜下，翻皮处的组织金属本体处纯铁体较多，且结晶细小，翻皮周围附近的密集孔洞含有大量的氧化铝夹杂，如图 2-66 所示。

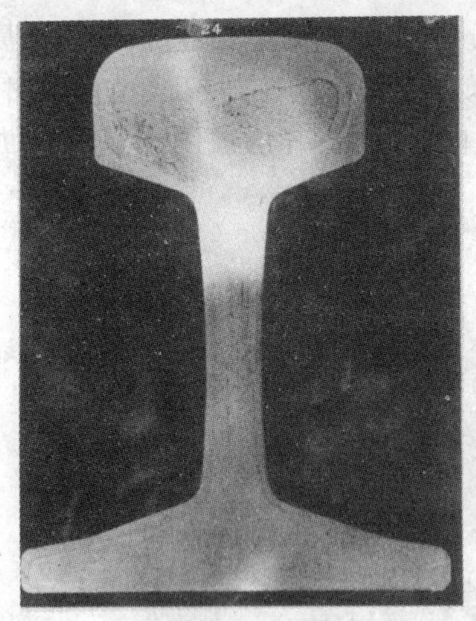

图 2－65　翻皮

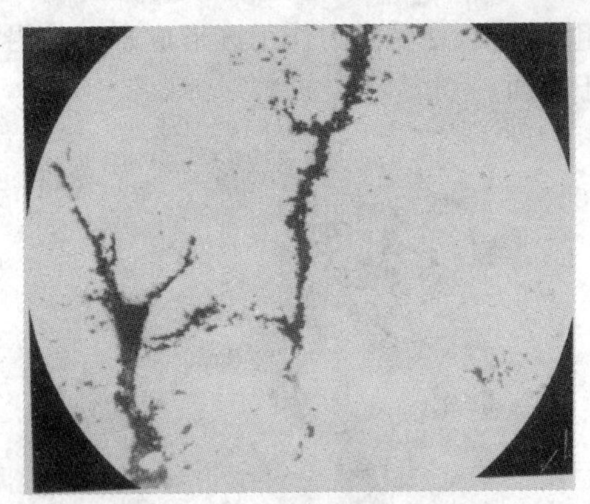

图 2－66　翻皮处氧化铝夹杂

B　产生原因与消除

采用下注时，上升的钢液表面如果保温不好就会凝结成一层薄膜，逐渐变厚，如果浇铸操作不当，上升的钢水把薄膜冲破并被卷入钢液中来不及上浮，就会造成翻皮缺陷。因为在浇铸过程中，钢液中的脱氧物如 Al_2O_3 等，就会上浮漂聚在此膜下面，当翻皮被冲破卷入时，也随同卷入钢液中，故翻皮处常有大量的夹杂物出现。

加强下注钢液表面的保温，采用高发热量和保温效果良好的保温剂，注意操作，这种缺陷就会根除。

2.5.2.9　非金属夹杂

从外表看常见的非金属夹杂有 5 种类型，即皮下夹杂、小点状夹杂、耐火材料夹杂、裂纹状夹杂和毛纹状夹杂。

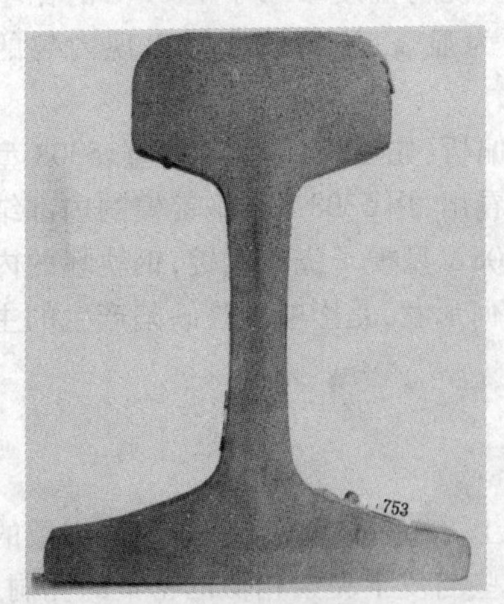

图 2－67　皮下夹杂

A　皮下夹杂

皮下夹杂出现在表皮附近，如图 2－67 所示。在钢轨头部和底部常见到皮下夹杂缺陷，经热酸浸蚀后，呈现细小密集的孔洞状。这种缺陷与皮下气泡的形状相似，但也容易区别，一般说来皮下气泡呈椭圆形而边缘光滑，距表皮有均匀一致的距离；而皮下夹杂的边缘曲折不整齐，距表皮深浅不一致。

在显微镜下，该缺陷处可看到有大量成簇的氧化铝或氧化铝与硅酸盐复合夹杂物（见图 2－68），基体组织与正常部位无任何差异。

生产经验表明，产生皮下夹杂缺陷的主要原因是脱氧操作、脱氧剂加入不当及保温帽掉泥所致。这种缺陷对钢轨的使用有一定影响，当其颗粒不大于一般疏松时，或颗粒较大但缺陷的个数不多时，可完全按皮下气泡的规定进行处理。

加强脱氧操作，注意保温帽部的抹泥质量，这种缺陷就会显著减少。

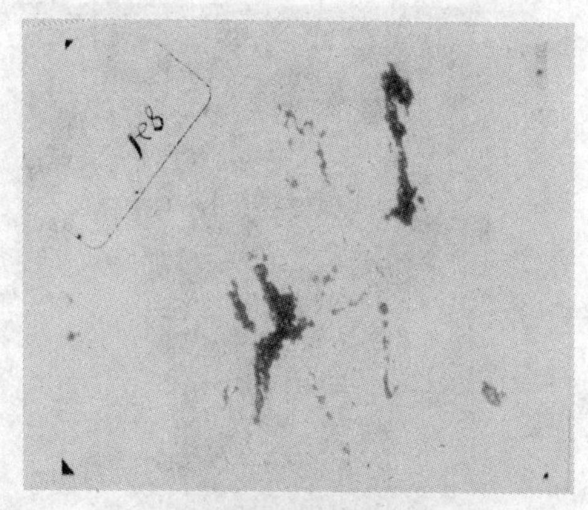

图 2－68 皮下夹杂处氧化铝与硅酸盐夹杂

B 小点状夹杂

小点状夹杂多出现在相当于钢锭尾部和中部所轧制的钢轨上，沿横截面的任何部位都有可能发生。经热酸浸蚀后，呈个别分散或成簇的细小孔洞，与皮下夹杂相似，有时其中还有米黄色的小点，如图 2－69 所示。

在显微镜下缺陷部位，可看到有成簇的氧化铝夹杂或耐火材料夹杂，见图 2－70。

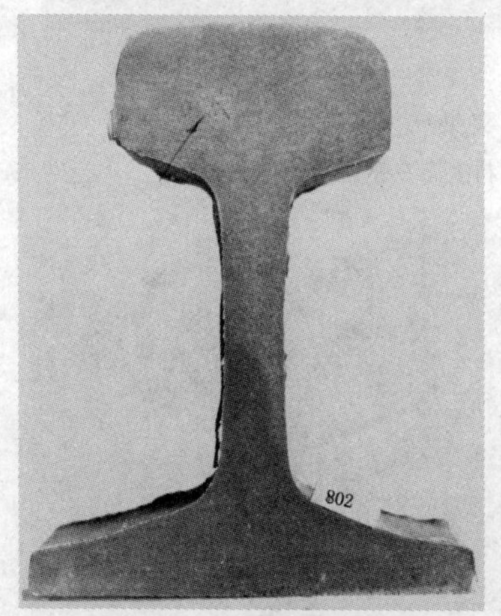

图 2－69 小点状夹杂

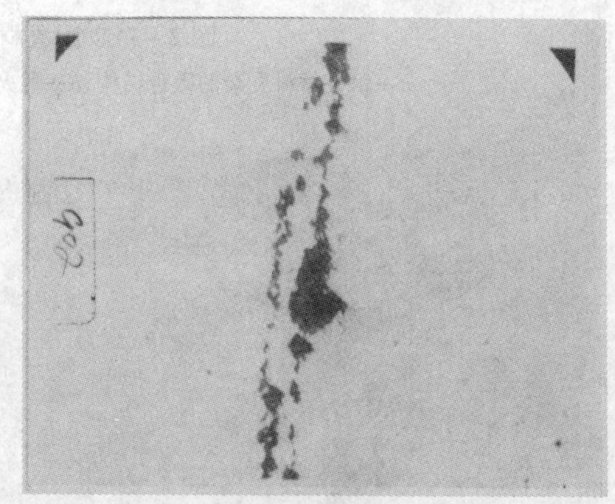

图 2－70 成簇的氧化铝夹杂

钢锭模清扫不干净以及保温帽掉泥是产生这种缺陷的主要原因。小点状夹杂是偶然混入钢内的外来夹杂，由于其颗粒较细小，轧制后延伸不长，一般对钢轨的使用无影响，如果发现小点状夹杂成簇出现，则考虑将钢轨适当切去 300 mm 左右。

加强钢锭模的清扫，注意抹帽质量，就会消除这种缺陷。

C 耐火材料夹杂

耐火材料夹杂多出现在相当于钢锭的头部，在钢轨的任何部位都可能发生。经酸浸后可明显看到大块的米黄色耐火材料。在显微镜下，缺陷处为大量耐火材料，如图 2－71 所示。

其产生原因是浇铸时耐火材料因冲蚀或浸蚀而带入钢内。浇铸时钢液温度过低，夹杂不易上浮，或浇铸操作不当使上浮的夹杂又重新卷入钢内，都可能产生这种缺陷。大块的耐火材料夹杂影响钢轨质量，发现这种缺陷时，必须将该根钢轨判废。

生产中注意铸锭操作，严禁铸流冲刷帽部，流钢系统要干净，杜绝低温出钢，避免低温浇铸，耐火材料夹杂就会消除。

D 裂纹状夹杂

裂纹状夹杂如图 2－72 所示。这种缺陷多出现在相当于钢锭头部的轨腰上，从外表看

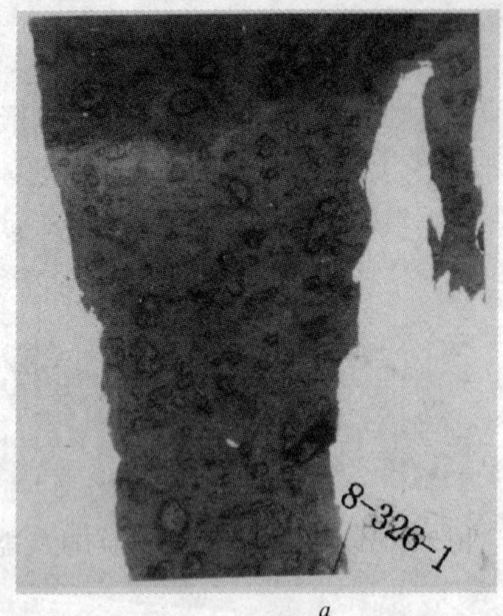

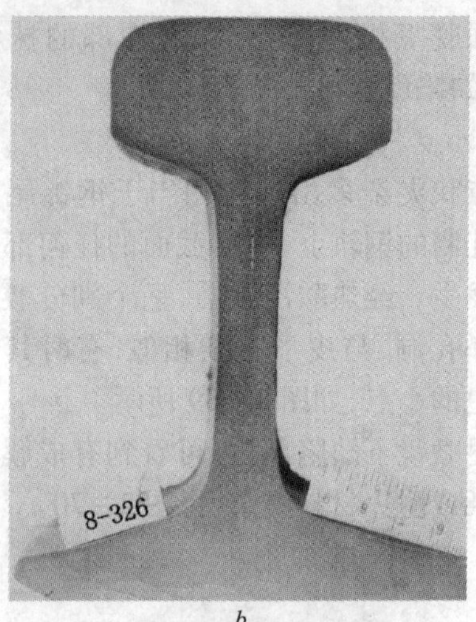

a　　*b*

图 2－71　耐火材料夹杂

a—耐火材料夹杂的微观结构；*b*—耐火材料夹杂在钢轨上的位置

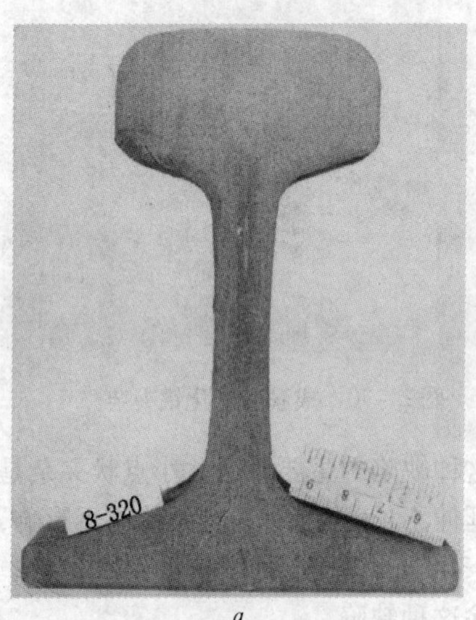

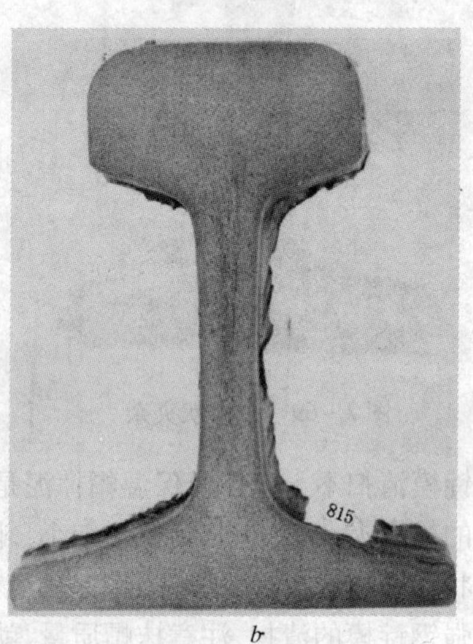

a　　*b*

图 2－72　裂纹状夹杂

a—裂纹状夹杂的形式之一；*b*—裂纹状夹杂的形式之二

出夹杂物在轧制过程中随着金属的流动而变形，经酸浸后呈长短不同的细纹状。硫黄印结果表明，在裂纹附近一般无硫偏析现象，但有些裂纹与正负偏析共存。据观测，裂纹状夹杂缺陷沿钢轨纵方向的深度与裂纹的长度成正比，当裂纹长 10 mm 时，沿钢轨纵向的延伸可达数 10 mm，当裂纹短小时，其深度也较小。

在显微镜下，裂缝处一般为钙及镁的夹杂物，如图 2－73 所示。

生产经验表明，发现这种缺陷可根据夹杂物的长短沿钢轨纵向切去 0.5～1.0 m 即可切净。

产生该缺陷的原因是，当时采用的发热剂白云石和焦炭的粒度混合比不合格造成的，严格控制发热剂的粒度，这种缺陷就会消除。

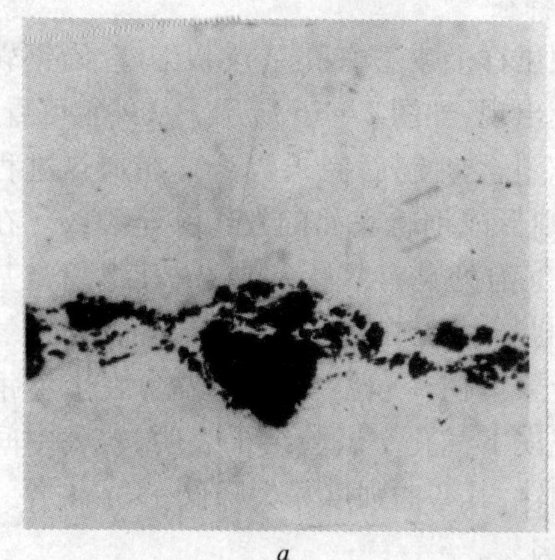

a b

图 2－73 钙及镁的裂纹状夹杂

a—×86；*b*—×331

E 毛纹状夹杂

毛纹状夹杂多出现在相当于钢锭尾部的轧制之钢轨上，经酸浸后，呈现为单个的极短小的毛纹状，外表平坦而光滑，一般长度不超过 3 mm，且深度很浅，它的出现位置无一定规律，在轨腰出现时因轧制变形，呈极小的毛纹状，见图 2－74。

图 2－74 光滑平坦的毛纹状夹杂

在显微镜下，毛纹是平坦而光滑的，其中仅有细小的硫化物夹杂，同时有磷偏析现象。当缺陷处稍稍凹下、但光滑度不大时，其中有较大块的硅酸盐夹杂，如图 2－75 所示。

这种缺陷对使用没有明显影响，可以允许存在。其产生原因可能与气泡有一定关系，钢中的细小夹杂物如来不及上浮，也会导致这种缺陷的产生。

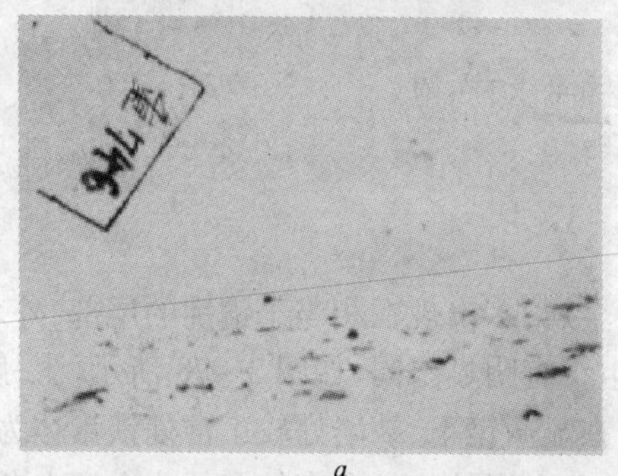
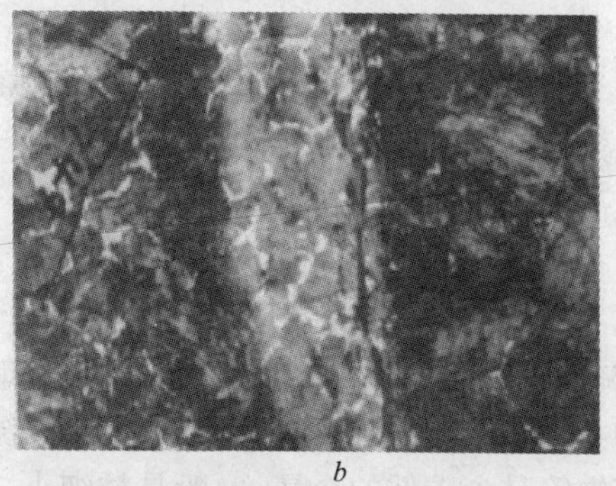

a b

图 2－75 毛纹状夹杂的组织结构

a—硫化锰及硅酸盐夹杂；*b*—磷偏析夹杂

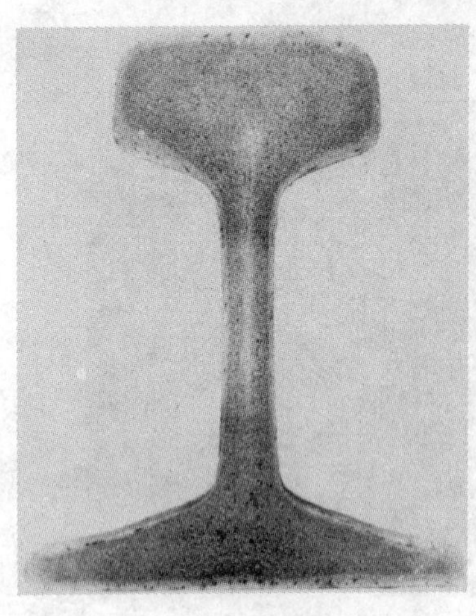

图 2 - 76　皮下气泡

2.5.2.10　皮下气孔

A　形态与特征

在低倍组织试样上皮下气孔呈点状细缝，沿钢轨横截面的边缘成簇出现，如图 2 - 76 所示。从外貌可看出，钢锭上的皮下气孔经轧制后尚未焊合。在加热过程中将气泡烧漏时，则形成钢轨表面的发纹甚至裂纹。在显微镜下，烧漏的气泡处具有氧化铁夹杂，其组织与基体完全相同，这类缺陷出现在距表皮较深的部位时，气孔内壁常出现大量聚集物，一般多为硅酸盐。在上浇钢锭的尾部经常出现皮下气孔。试验结果表明，轨底中间具有皮下气孔的钢轨，其弯曲强度大大降低。

B　产生原因

钢液的气体不能及时逸出时，聚集在钢锭的表皮下面则形成皮下气孔，整模时涂料温度过低，模底有积油，塞棒关闭不严，钢液在浇铸之前滴漏，在浇铸过程中，尤其是上注时，钢流未对正模心，钢流散乱，由于浇铸速度慢，飞溅的钢液迅速氧化不能及时被钢液所淹没则氧化更多，待钢液淹没后则与钢液内的碳作用放出的 CO 不能逸出，聚集在钢锭的表皮附近形成皮下气孔。

皮下气孔是上注锭钢轨常见的一种缺陷。生产经验表明，实行快速浇铸，采用大的水口，贯彻圆流对正 5 s 开满水口的浇铸制度，钢轨的皮下气泡大大减少。试验结果表明，采用防溅措施是减少皮下气孔的有效办法，浇铸时在模底放置一个防溅筒，即直径和高度各 400 mm、壁厚 0.3 ~ 0.5 mm 的薄壁钢板筒，则钢锭尾部的皮下气泡大大减少，见图 2 - 77。这表明钢液的飞溅、氧化和浇铸速度显著影响皮下气孔的产生。

图 2 - 77　钢锭尾部的皮下气泡

2.5.2.11　金属外物

A　缺陷特征

金属外物系指与钢轨钢液成分不同的外来金属，多出现在相当于钢锭的尾部，外表沿试样的横截面局部呈现颜色很浅，与正常部分的组织有明显不同，如图 2 - 78 所示。一般的金属外物与钢轨本体焊合良好，肉眼看不出接缝，在显微镜下，缺陷处较正常处铁素体为多，这表明该缺陷是含碳低的金属，一般晶粒细小。一些金属外物处含有较多的非金属夹杂，一般是成簇的氧化铝。同一钢轨由两种材质构成，在其间含有非金属杂质是极其危险的，对使用十分不利。

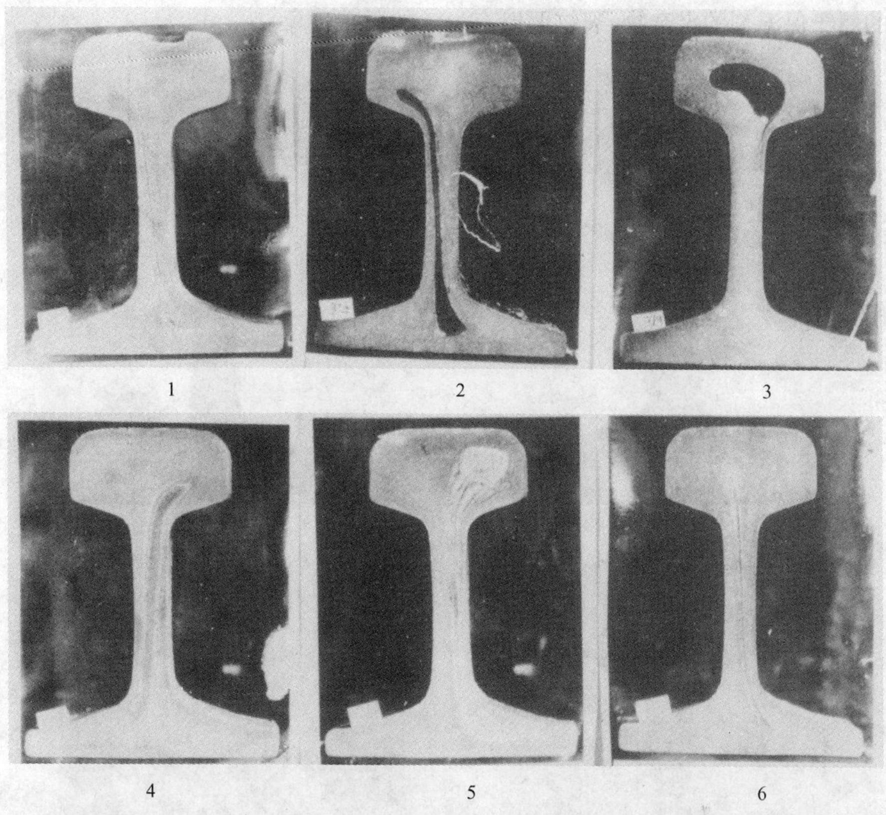

图 2-78 金属外物的不同形式

B 产生原因与消除办法

因为金属外物的碳含量甚低，其产生原因可能是在浇铸过程中，凝固在水口内或水口附近的钢瘤，由于操作不慎、烧氧打瘤不彻底或打瘤不及时，随钢液进入钢锭模内沉于靠近模底所致。1955 年在相当于钢锭尾部轧制的钢轨上，曾因底塞造成了大量金属外物，底塞是放置在上注钢锭模底部的圆形金属，其直径为 350 mm，厚度 50 mm，可防止钢流直接冲蚀模底。为避免钢锭底部漏钢，采取了模底加两个塞的措施，这样在浇铸过程中往往发生上面的底塞被打翻，上面的底塞由原平置状态变为竖起、斜立状而进入钢锭本体，经初轧切尾后不能全部切除而残留在钢轨内，损害了钢轨质量。

注意浇铸操作及时烧氧打瘤，杜绝一切其他金属进入钢锭内部，则该缺陷就可以得到根本消除。

2.5.2.12 鼓泡、离层和贯穿性裂纹

A 缺陷特征

鼓泡、离层和贯穿性裂纹等缺陷一般多出现在相当于钢锭头部轧制的钢轨上，在钢轨的腰部鼓起一个泡，鼓泡的位置多偏于轨腰一侧，有的在轨腰断面上任何部位出现离层现象，严重的裂纹贯穿整个钢轨断面。缺陷的两壁表面较光滑，有时带有灰白色、暗黑色的颜色，见图 2-79。经酸浸后缺陷处无偏析现象，硫黄印的结果表明，无显著硫偏析，裂纹的深度有时很长。

在显微镜下，缺陷处只见到有少量的氧化铁夹杂及细小的氧化物圆点，有时也有钙镁含

量较多的属于保温剂的夹杂物，裂纹两壁有少量的脱碳现象。

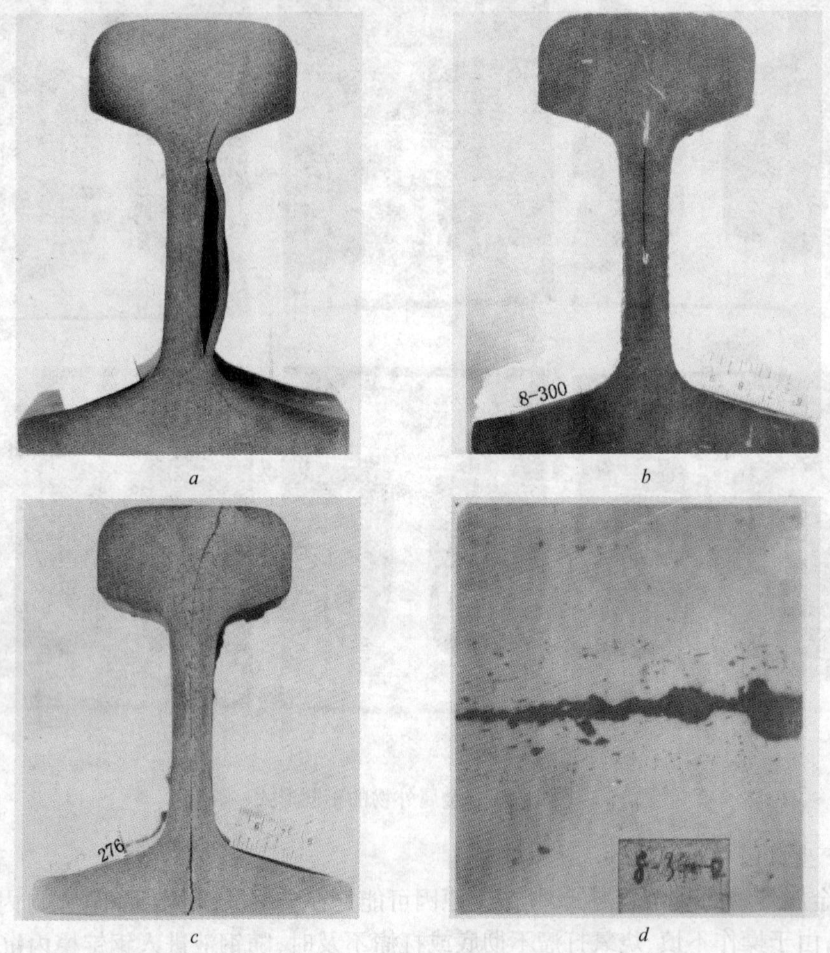

图 2－79　鼓泡、离层及贯穿性裂纹缺陷

a—鼓泡；*b*—离层；*c*—贯穿性裂纹；*d*—金相组织

B　产生原因

造成上述缺陷的主要原因是在原钢坯内部有与外界相连通的裂纹，在加热过程中已受氧化，轧制钢轨后未能焊合，在矫直时裂纹扩大，严重时贯穿整个钢轨断面。如果裂纹显著地偏于轨腰一侧时，由于裂纹两壁厚度相差悬殊，在冷却时因体积收缩可能以鼓泡形态出现。钢坯内部产生裂纹的原因可能是不同的，例如钢锭内部的裂纹、冷锭装炉时炉温过高和加热速度太快等原因都会促使钢坯内部出现裂纹。

图 2－80　钢坯断面裂纹

钢坯的缺陷示意图见图 2－80。为了使钢坯断面裂纹轧制后容易暴露，采取了固定面轧制，使裂纹立起来进轧钢机。试验结果表明，钢坯的断面裂纹轧制钢轨后，在钢轨腰部呈鼓泡开裂形态出现，如图

2－79*a* 所示。

硫印结果表明，该钢轨硫的偏析较重，硫黄印画的颜色较深，可以肯定这是相当于钢锭头部所轧制之钢坯。

C 处理与消除

带有鼓泡、离层和贯穿性裂纹缺陷的钢轨应该作废。注意冷锭的加热，钢锭装炉时凉炉温度要符合规定，装炉后冷锭的保温和加热速度要合乎规定，可以减少这类缺陷产生的机会。

2.5.2.13 钢轨底裂缺陷

A 缺陷特征

外表呈脆性开裂特征的沿轨底纵向裂纹称为底裂缺陷。这种缺陷出现在轨底中央三分之一部位，其长度不等，轻微的沿轨底纵向呈断续开裂状，严重的沿轨底通长呈劈裂状，如图2－81所示。将具有底裂缺陷的钢轨沿横截面切取试样，磨光经热酸浸蚀后，用肉眼观察时，可看到裂纹的表层（靠近轨底表面部分）呈暗黑色，裂纹的两壁呈光滑状，深约1～3 mm，由此往里呈现脆性开裂特征，见图2－82。在显微镜下进行观察时，可看到在缺陷的表层，有大块及圆点状氧化铁夹杂，如图2－83所示。经腐蚀后，裂缝的两壁呈严重脱碳现象，见图2－84，表明这种缺陷与钢坯的疵病有关。

图2－81 钢轨底裂缺陷

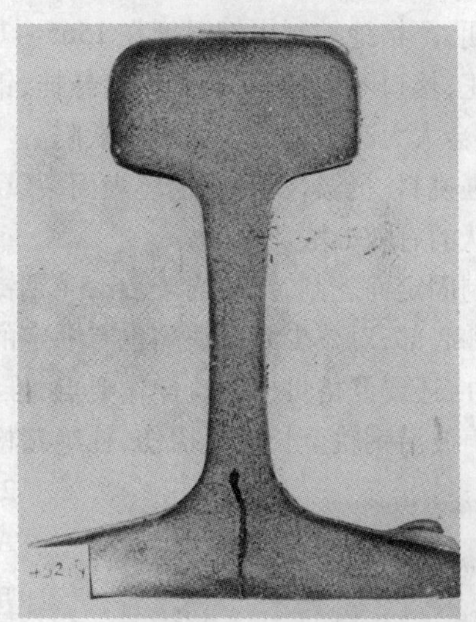

图2－82 脆性轨底开裂

B 产生原因

根据观察结果，裂纹是钢坯和钢锭表面最常见的缺陷之一。钢坯上的裂纹可分纵裂、人字裂（严重者呈拉裂状）两种形态；钢锭上的裂纹一般为面部、角部纵裂和横裂两种，横裂又以肩下裂纹较多而严重。

研究表明，钢轨底裂缺陷与钢坯表面裂纹演变有关；而钢坯的表面裂纹又与钢锭表面裂纹有直接关系。

方钢坯上的拉裂是钢锭的横向裂纹造成的，单独的纵向深裂纹是钢锭的纵向裂纹转变而来，钢锭的横向裂纹经轧制延伸也可能形成这种形态。

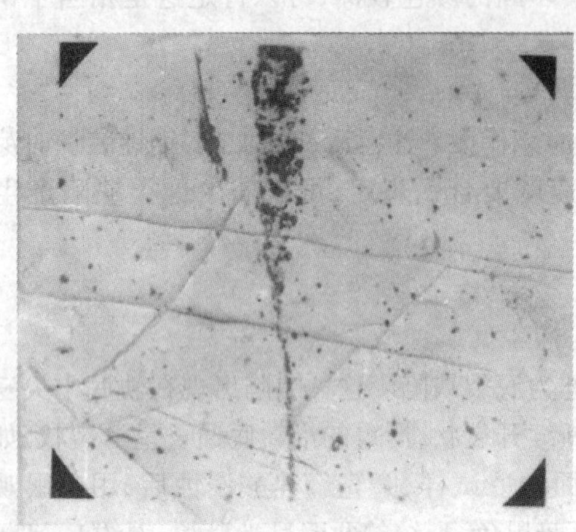
图 2－83　轨底开裂处的氧化物夹杂

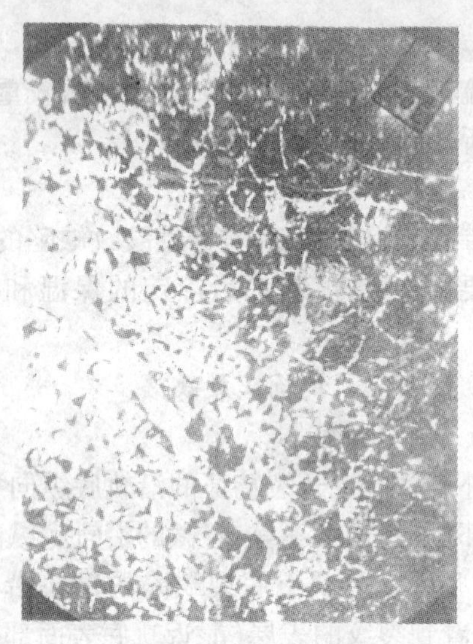
图 2－84　轨底开裂处的脱碳现象

C　消除办法

消除底裂缺陷的办法应该是减少、消除钢锭和钢坯表面裂纹缺陷。生产实践和试验结果都证明，严格地控制出钢温度在 1565～1575℃，杜绝高温出钢，加强整模操作，列型要齐，坐帽要正，接口不准漏钢，避免钢锭悬挂，钢锭模应按标准作废，浇铸保持圆流，铸流要对正底塞，就会大大减少钢锭表面裂纹缺陷。

加强挑料、抢温，及时对钢坯表面裂纹进行彻底清理，可以显著减少钢轨的裂纹缺陷，是众所公认的有效办法。

控制固定面轧制，把相当于 Z6.5 t 钢锭的大面轧成钢轨的腰部，把小面轧制成相当于钢轨的头和底部，对减少底裂缺陷也有一定的好处。

此外，还要严格贯彻钢轨操作要点，推行全面质量管理，执行内控标准，在生产作业线上采用超声波沿钢轨全长进行探伤，杜绝漏检，严防把底裂钢轨发给用户。

图 2－85　小人字裂纹

2.8.2.14　钢轨的横裂

A　缺陷特征

钢轨横列缺陷外表呈小人字裂、斜裂和针孔。

小人字裂类似拉裂，其断面整齐，常出现在钢轨底部，如图 2－85 所示。

斜裂和针孔缺陷外表呈斜向开裂，有时呈针孔状出现。就其外表看深度不大，其实很深，肉眼往往不易发现，尤其是钢轨表面不清洁时，肉眼更不易察觉，见图 2－86。

B　产生原因

造成横裂缺陷的根本原因是钢坯进行火焰处理时温度太低。生产经验表明，温度较低的钢轨钢坯经火焰处理放置几小时后可以听到钢坯的破裂声，火焰处理过的地方,用工业盐酸浸蚀后可以看到开裂现象,其深度达14 mm。火焰处理是在数秒内使钢坯表面温度骤然升高到1480～1500℃左右,由于加热速度很快,热量激烈地扩散,钢坯产生热应力与组织应力,开始处理时钢坯的温度愈低,则产生的应力就愈大,致使钢坯出现开裂现象。开裂的方向一般与火焰的方向相垂直。经火焰处理的地方,其显微组织发生很大变化,与空气接触的表面层是马氏体组织,稍内是屈氏体、索氏体及其相伴生的组织;第二层是金属受热带,在显微镜下可以看到,在原有晶粒的边界上有聚集的小晶粒,当钢坯进行火焰处理时,该层温度在相变点上下;第三层是原始结构,未受火焰处理的影响。据观察,钢坯的开裂发生在第三层的表面上,穿过第二层而暴露于表面层。经轧制后钢坯上的开裂缺陷残留在钢轨表面上,以小人字裂、斜向开裂及小针孔出现,如图2－87所示。

图2－86　斜裂和针孔缺陷

a

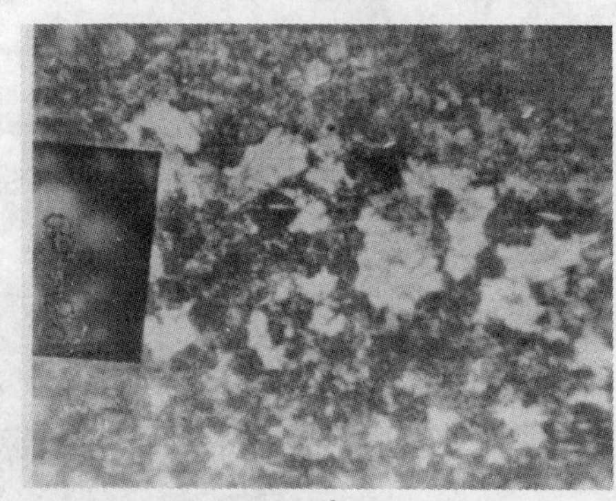

b

图2－87　横裂缺陷及组织

a—横裂的形式;*b*—裂纹的组织结构

C　横裂缺陷的产生与预防

钢轨的横裂缺陷是在1960年1月开始发现的,其实横裂缺陷早已出现,1957年以前钢轨材质为M62,碳含量为0.55%～0.70%,进行火焰处理时的钢坯温度夏季不低于120℃,冬季不低于150℃,生产中从未出现过横裂缺陷,冬季也曾发生过钢坯折断、压断等现象,但为数甚少没有引起人们的注意。1957年以后,钢轨钢逐渐由M71(碳含量为0.64%～0.78%)代替M62,碳含量有所提高。不久又有M74出现(碳含量为0.67%～0.80%),关于火焰处理的温度没有进行修正。1958年末放宽了火焰处理温度。冬季由原规定不低于150℃放宽到100℃,夏季由原规定不低于120℃放宽到不限制钢坯温度,更由于生产中疏忽对规程的执行,实际上冬季进行火焰处理时,也有不控制钢坯温度的现象,因而钢坯压断、折断现象大量出现,钢轨的矫断现象陆续发生,横裂缺陷逐渐增多。经过多次试验,严格地控制了火焰处理时的钢坯温度,碳含量小于0.7%者,空气温度在15℃以上时,钢坯的处理温度不低于150℃。碳含量高于0.7%者,空气温度在15℃以上时,钢坯的处理温度不低于

200℃，空气温度在15℃以下时，钢坯的处理温度不低于250℃，生产中严格贯彻上述措施后，钢轨的横裂缺陷基本消失。这表明造成横裂缺陷的根本原因是火焰处理时钢坯温度太低。不同地区、不同厂别有关火焰处理时钢坯的温度不一。有一些工厂M75钢种要求钢坯处理温度不低于300℃，甚至400℃。各种钢轨的硫印及低倍组织见图2－88～图2－90。

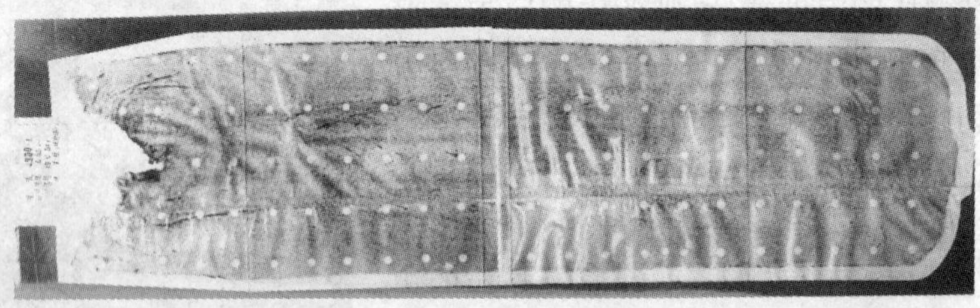

图2－88　钢轨用S55型钢锭解剖硫印图

图2－89　钢轨用5308A型钢锭低倍组织

图2－90　钢轨用Z6.5 t下注的低倍组织

2.6　钢轨的破损

2.6.1　核伤

2.6.1.1　缺陷特征

从断口上看在轨头内部有核状之斑痕，从断口的特征还看出属于不对称交变载荷下低周疲劳断裂，核伤斑痕处有的具有金属光泽，有的则变为褐色。这种斑痕的形成是钢轨在使用中承受反复疲劳载荷，使轨头内部缺陷逐渐发展的结果。核伤绝大多数都出现在曲线的外股钢轨的车轮和钢轨的接触面上，从钢轨的长度位置来看，大都发生在钢轨的小腰处。于钢轨的疲劳断面附近切取试样，有时可看到在条状疲劳裂纹源的位置上有暗点缺陷，用显微镜进行观察时暗点处为一孔洞，洞内镶嵌满了颗粒状夹杂物。在明视场下夹杂物呈紫灰色、黄色;在暗视场下紫灰色相呈浅紫色半透明,黄色相呈全透明黄亮色。用电子显微镜进行观察时,可看到核伤断口大体上是由沿轨头纵向的水平疲劳裂纹面和横向的疲劳裂纹面组成的,具有典型的细瓷状疲劳断口特征,如图2-91所示。

横向疲劳面向钢轨踏面方向的扩展很慢,达到硬化层区即停止。钢轨的横向核伤断口是由于横向裂纹面扩展到钢轨的下缘与外界相通而折断的,断口发生腐蚀形成麻坑而变暗,脆性断裂部分为穿晶解理断口。

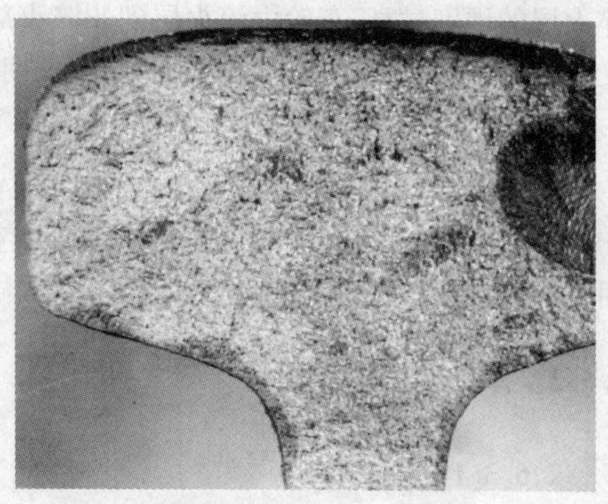

图2-91 核伤断口特征

2.6.1.2 产生原因与消除办法

由于核伤出现的位置规律性很明显,绝大多数出现在曲线外股钢轨的小腰处,在轮箍与轨头侧面的接触面上,这表明钢轨在铺设过程中的维修和使用不当,是促使核伤早期出现的主要原因,如果线路养护不好,会造成钢轨局部超载,而促使核伤加速发展。

根据显微镜、电子显微镜和电子探针的观察分析,核伤与钢质直接有关,钢内的白点、夹杂和钢轨其他缺陷是引起核伤发生的起源。

用电子探针对上述夹杂作面扫描和定量分析,结果表明,夹杂物主要是 Al_2O_3 和少量 CaO,萤光效应分别为红蓝色。

加强冶炼操作、有效地消除钢中白点、减少钢内杂质可减轻核伤病害。

2.6.2 鞍形磨耗

2.6.2.1 缺陷特征

鞍形磨耗发生在钢轨端部淬火区以后,从轨端的侧面看,距轨端100~500 mm处呈马鞍形凹下状,现场人员也称之为马鞍形压溃,凹下部位的轨头踏面变宽1~4 mm,高度凹下2~4 mm,最严重的可深达8 mm,曲线的下股钢轨普遍出现这种缺陷,直线段的鞍形磨耗较轻微。鞍形磨耗出现的位置,是从淬火过渡层终了处开始,到距轨端100~500 mm范围,其中距轨端300~400 mm处最为严重,如图2-92所示。硬度测定结果表明,鞍形区的硬度值与正常部位无明显差别,在显微镜下进行观察,缺陷处的组织与钢轨的基体组织完全相同。

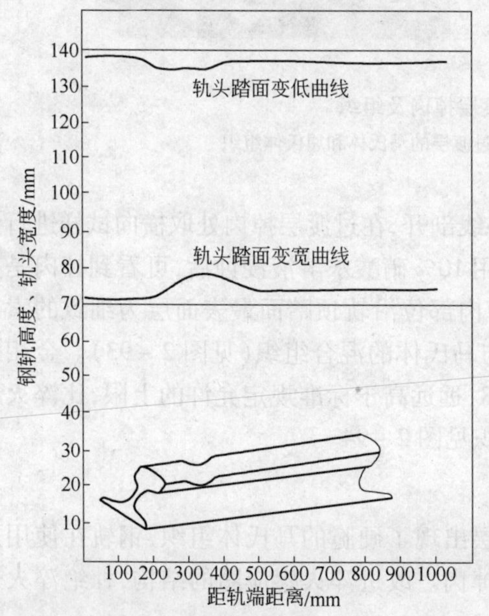

图2-92 鞍形磨耗示意图

2.6.2.2 产生原因

轨端淬火层的硬度与钢轨基体硬度的差太大是造成鞍形磨耗的主要原因。由于轨端淬火层的硬度过高，车轮由淬火层到非淬火部分时，因为硬度差别悬殊，硬度低的部位在接受车轮的冲击时，很容易被压堆变宽，经长期发展而呈现鞍形。

2.6.2.3　消除办法

1965年采用了基体硬度和刚度较大的AP1牌号钢轨，并降低了轨端淬火层的硬度，由HB302～401降低为HB280～360，同时缩短了淬火层的长度，这样的钢轨使用10年左右，表明鞍形磨耗缺陷基本上消除了。

2.6.3　淬火过渡层掉肉

2.6.3.1　缺陷特征

淬火过渡层掉肉是指在轨端淬火层过渡区轨顶踏面金属掉块的现象，见图2－93。

a

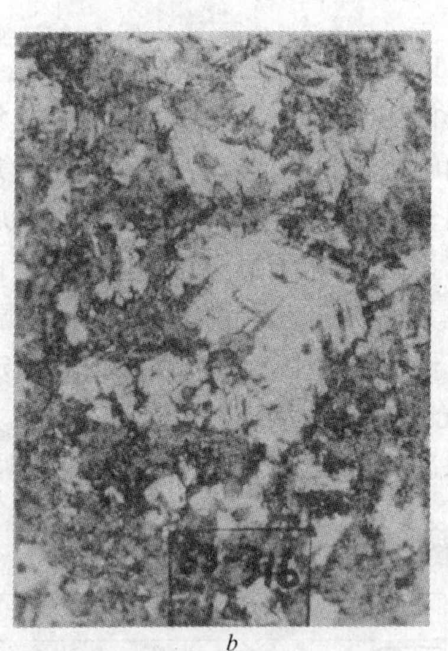

b

图2－93　淬火过渡层掉肉及组织

a—淬火过渡层掉肉缺陷；*b*—淬火过渡层的马氏体和屈氏体组织

将具有该缺陷的钢轨试样，沿轨头纵向中心线剖开，在过渡层掉肉处取横向试样进行硬度测定和显微组织观察。掉肉的过渡层磨光后用10%硝酸水溶液浸蚀后，可看到掉肉是在喷水区的末端。在显微镜下可以看到，过渡层掉肉部位沿轨顶踏面最表面层为细致的索氏体组织，在距表面1～3 mm深处有大量屈氏体与马氏体的混合组织（见图2－93）。金相硬度测定结果表明，在掉肉部位的硬度可达HRC48，远远高于标准规定允许的上限，比淬火层其他部位硬度都高。淬火过渡层掉肉的低倍组织见图2－94。

2.6.3.2　产生原因与消除办法

产生过渡层掉肉的主要原因是在淬火过渡层出现了硬脆的马氏体组织，钢轨在使用过程中，受到车轮的冲击负荷，就会造成碎裂以致掉肉。改进淬火感应圈的结构，杜绝淬火过渡区出现马氏体组织，这种缺陷就可消除。

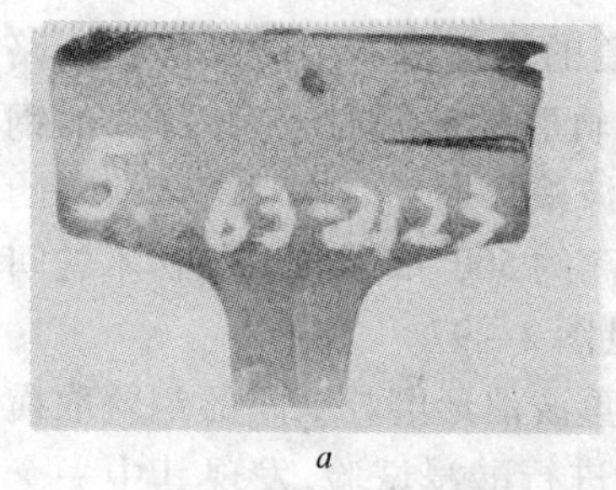

a

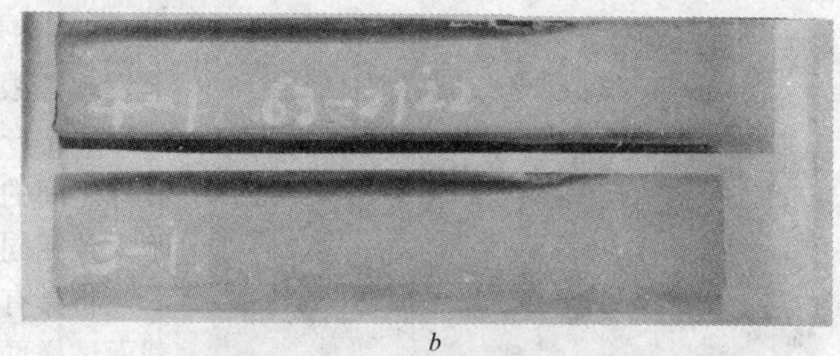

b

图 2 – 94 淬火过渡层掉肉的低倍组织

a—淬火过渡层断面低倍组织；*b*—淬火过渡层纵剖面低倍组织

2.6.4 轨端淬火层金属剥落

2.6.4.1 缺陷特征

在钢轨端部淬火区域出现的金属剥落现象，1965 年以前在线路上是比较普遍存在的，见图 2 – 95。出现这种缺陷的钢轨占铺设总数的 50% ~60%，剥落深度一般为 2.0 mm 左右，最深的可达 10 mm，剥落面积一般约为 20 mm^2，个别情况沿整个淬火层全部剥落，线路上称之为“揭盖”。用手提硬度计测定结果表明，出现剥落处钢轨的硬度很高，为布氏 HB441 ~558，这表明钢轨剥落处的组织必有马氏体出现。金相硬度测定结果表明，在掉肉部位的硬度可达 HRC40 左右，如图 2 – 96 所示。

图 2 – 95 淬火层金属剥落

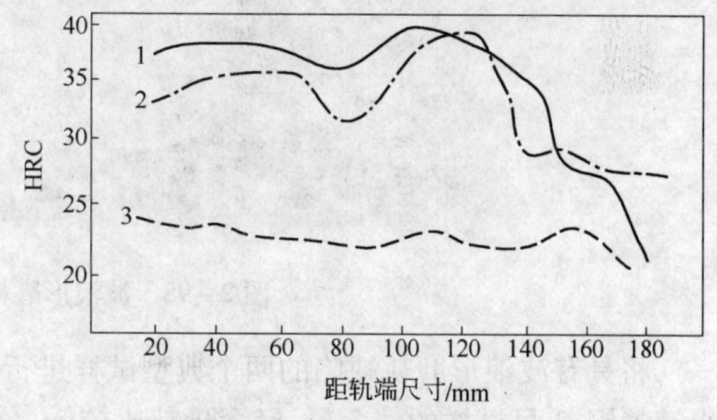

图 2 – 96 淬火层剥落处的硬度

1—距表面深 2.5 mm；2—距表面深 5.0 mm；3—距表面深 8.0 mm

2.6.4.2 产生原因与消除办法

产生该缺陷的主要原因是淬火层硬度过高，组织硬脆。于 1965 年修改了轨端淬火的技术条件，淬火层的硬度由 HB302 ~401 降低为 HB290 ~370，缩短了淬火层的长度，由原规定 70 ~150 mm 缩短为 20 ~70 mm，改进了感应圈的结构，使淬火过渡区的硬度均匀递减。同时钢轨的材质由 P75 改为 AP1，钢轨的基体硬度普遍提高以后，这种缺陷在线路上全部消除。

2.6.5 波浪形磨耗

2.6.5.1 缺陷特征

波浪形磨耗（也称为压溃）是轨头踏面被压宽下凹，轨头侧面呈波浪形，多出现在整根

图2-97 波浪形磨耗

钢轨上,在弯道的内侧常产生该缺陷。线路上发现整根钢轨磨耗缺陷时,与其相邻的钢轨不一定产生波浪形磨耗。据观察该缺陷的波峰之间的距离约500~550 mm,与枕木的间距大致相同,见图2-97。

将具有严重波浪形磨耗缺陷的钢轨取横截面试样两个进行酸浸试验,发现其中一个具有严重的点状偏析,另一个试样在钢轨腰部有轻微偏析,同时在两个试样的轨头外圆角处都具有一条被挤压伸出的金属,几乎要脱离钢轨本体,如图2-98所示。被挤压伸出的金属与本体相连部位,经取样磨光后在显微镜下进行观察,结果表明,在挤压脱落与连接处并没有非金属夹杂物。因受车轮挤压作用,可明显看出晶粒变形较为严重。

图2-98 波浪形磨耗的低倍组织

将具有波浪形磨耗缺陷的两个典型试样进行化学成分分析,1号试样是1958年试验的半镇静钢,2号试样的碳含量、锰含量都比较低,分析结果如表2-6所示。

表2-6 钢轨化学成分分析

试样编号	钢轨规格	化学成分(质量分数)/%				
		C	Si	Mn	P	S
1	44 kg/m	0.73	痕迹	0.36	0.028	0.057
2	50 kg/m	0.68	0.18	0.71	0.021	0.027

2.6.5.2 产生原因与消除办法

钢轨的强度低、碳和锰含量较少以及钢质不良是产生波浪形磨耗的主要原因。

提高钢轨的强度与质量,改善铁路使用条件,捣固要牢,使列车行驶平稳,则波浪形磨耗就会大幅度减少。

2.6.6 钢轨螺孔裂纹

2.6.6.1 缺陷特征

螺孔裂纹是指沿螺孔周边产生的裂纹缺陷，如图2－99所示。裂纹大都出现在第一或第二个螺孔上，据统计第一个螺孔出现裂纹的占47.1%，第二个螺孔出现裂纹的占33%，第三个螺孔出现裂纹的占15.5%，其他占4.4%。

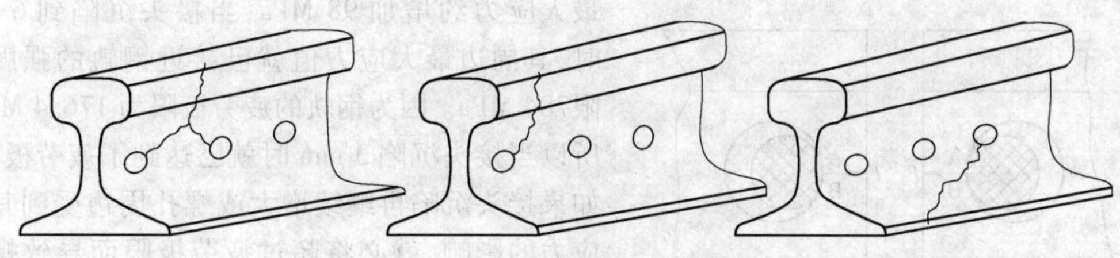

图2－99 螺孔裂纹示意图

因螺孔裂纹发展而折断的钢轨有三种类型，一是裂纹沿第一及第二螺孔共同发展或沿第二螺孔发展从轨头或轨底折断，约占全部折断的80%；二是裂纹沿第一螺孔发展折断，约占16%；三是其他类型的，约占4%。从外表看，裂纹沿第一和第二螺孔同时呈人字形向上发展，裂纹的方向常与钢轨轴成30°～50°角，以40°左右为最多。

2.6.6.2 产生原因

研究结果表明，线路技术特征和维护不及时是螺孔产生裂纹的主要原因，螺孔的质量也有一些影响。

A 线路技术特征的影响

(1) 线路坡度的影响：根据统计资料，在坡度小于2%的坡道上，螺孔裂纹88根，占伤轨总数的28%，占铺设总数的4.9%。在2%～3%的坡道上，螺孔裂纹有1692根，占伤轨总数的95.1%，占铺设总数的45.0%。

(2) 隧道内外的差别：隧道外发现螺孔裂纹的有60根，占伤轨总数的3.4%，占铺设总数的4.4%。隧道内1720根，占伤轨总数的96.6%，占铺设总数的64%。在长于500 m以上的隧道内伤轨有1079根，占铺设总数的86%。

(3) 与线路平面的关系：曲线上出现螺孔裂纹的有992根，占伤轨总数的55.7%，占铺轨总数的44%。在直线上出现螺孔裂纹的有788根，占伤轨总数的44.3%，占铺设总数的44%。在曲线中，曲线上股409根，占41.2%；曲线下股占58.8%。

B 螺孔裂纹的原因分析

螺孔承受着随时间变化的交变载荷，螺孔的破损与其疲劳性能极限直接有关，根据试验结果，碳素钢轨钢在静载荷下的抗拉强度为784 MPa，在交变载荷下的疲劳强度是314 MPa。还因为螺孔降低了钢轨的强度，螺孔使钢轨的疲劳强度降低40%～50%。

钢轨因热胀冷缩和爬行，可导致螺栓挤压螺孔孔壁现象，如图2－100所示。特别是当线路爬行和列车产生纵向冲击力时，由螺栓直接对孔壁的压力将会很大，并在螺孔与螺栓开始重合的A、B两点产生局部应力和应力集中。调查结果表明，螺孔裂纹大多是从A、B点的方向开始的。

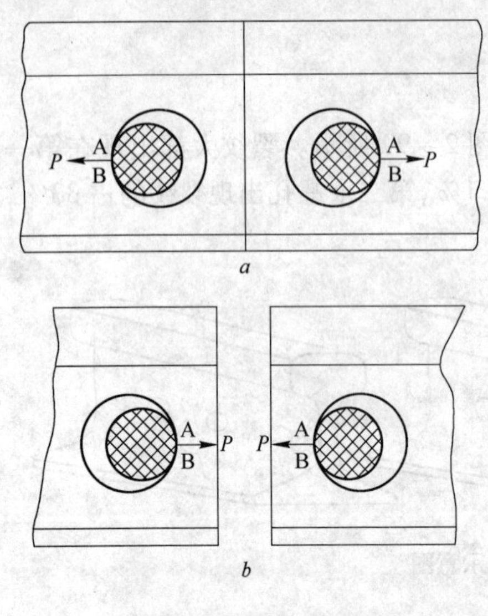

图 2－100　螺孔的受力
a—热胀；b—冷缩

在铺设过程中，钢轨接头直接承受垂直压力及纵向拉力的情况下，螺栓与孔壁直接接触处的拉应力是最大的，在该处最容易破裂。螺孔周边裂纹与车轮对接头的垂直冲击力直接有关，而垂直冲击力是随着接头下沉量的增大而增大的。接头沉陷每增加 1 mm，第一螺孔周边最大应力约增加 98 MPa，当接头沉陷到 6 mm 时，其周边最大应力值就已接近钢轨的强度极限784 MPa。因为钢轨的疲劳极限为 176.4 MPa，所以当接头沉陷 3 mm 时就已达到了疲劳极限，如果接头沉陷再继续增大或螺孔周边受到其他应力的影响，就必将超过疲劳极限而导致螺孔产生裂纹。

由于线路长期爬行的结果，螺栓对螺孔孔壁左右两侧形成严重的挤压，可使螺孔由圆形变成椭圆形，孔径由 31 mm 变为 32 ~ 33 mm，见图 2－101。这与螺栓和孔壁接触的情况相吻合。

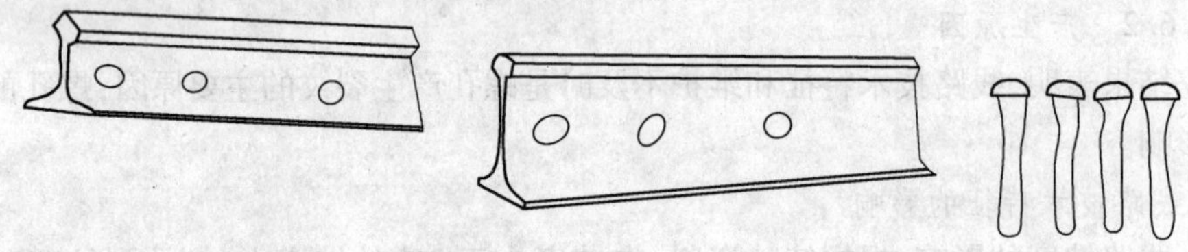

图 2－101　钢轨螺孔的变形

在大隧道中因潮湿且通风不良，钢轨的腐蚀速度达到每年 0.2 mm，轨腹达到每年 0.4 mm，使钢轨表面腐蚀剥层严重。裂纹是材料疲劳的结果，腐蚀剥层与腐蚀疲劳的影响，可使钢轨螺孔周边强度极限降低 30% 左右。

综上所述，在使用条件下 3% 的高坡地段，因防爬设备不足，螺孔周边应力增加 30%，腐蚀剥层和腐蚀疲劳使螺孔周边强度降低 30%，这些就是构成螺孔产生大量裂纹的主要因素，电力机车和多机车牵引使螺孔周边应力又增加 10%，再加上线路维护不及时，钢轨接头下沉，这将大大超出螺孔周边疲劳强度极限而产生螺孔裂纹。因此必须加强防爬、防腐及消灭接头沉陷，可以有效地防止螺孔周边裂纹的产生。

2.6.6.3　防止办法

防止钢轨产生螺孔裂纹的办法主要有：

（1）加强线路维护，彻底消除接头沉陷。提高线路质量，接头枕木应保持质量良好和均等；加强接头枕木的捣固并保证弹性均等；经常拧紧鱼尾板螺栓，以增进钢轨与夹板的整体性。

（2）使用高强度螺栓。增强鱼尾板和钢轨间的接头摩阻力，保证在防爬设备的共同作用下，螺栓不致挤压和打击螺孔周边，减少轨缝，气温最低时轨缝为 3 mm，使车轮对轨头的冲击力减小。改善螺孔周边的受力条件。

(3) 加强防爬设备。在3%的坡道地段,使用穿销式防爬器,每节钢轨下坡方向装10对,上坡方向装4对(25m的钢轨);12%的坡道上,每节钢轨下坡方向装6~8对,上坡方向装4对,并经常检查鱼尾板螺栓是否有挤压螺孔壁的现象。

(4) 钢轨接头采取防腐保护。可采用涂层保护,涂料应具备较高的耐水性、缓蚀性,来源容易,成本低。涂料技术要求不高,但要求可塑性高,能适应钢轨的弹性变形,接头拆装涂层完整性遭受破坏后容易修补。经试验研究后认为,沥青、废轴涂浆膏和凡士林浆膏等都可使用。

(5) 改进螺孔质量。螺孔的周边应该倒棱,呈45°角,减少应力集中,适当加大螺孔间的距离,第一孔至轨端和一、二孔的间距应加大。

2.6.7 压溃与不耐磨

2.6.7.1 缺陷特征

压溃与不耐磨是指从外表看钢轨头部被明显压宽与轨头侧面磨耗的现象,如图2－102所示,一般都发生在小半径的曲线上,曲线外股钢轨轨头侧面严重磨耗,内股钢轨轨头压溃。直线上的钢轨,压溃与磨耗现象也很普遍。

a

b

图2－102 钢轨的压溃与不耐磨

a—曲线下股钢轨压溃;*b*—钢轨的压溃与不耐磨

2.6.7.2 产生原因与消除办法

钢轨的材质较软是钢轨产生压溃与不耐磨病害的主要原因。

1966年以后鞍钢大批生产锰含量较高的AP1钢轨后,多年来的铺设使用经验表明,钢轨的压溃病害已大大减少,耐磨性能也显著提高。

2.6.8 剥离

2.6.8.1 缺陷特征

剥离是指沿钢轨全长轨头内侧圆角处金属剥落的现象,见图2－103,开始时,剥离呈轻微的等距离挤裂现象,表现为黑色线纹,其尖端与列车运行方向相反。黑色线纹往纵向扩展时就出现细小的纵向裂缝,逐渐发展为小块金属剥离,在曲线半径较小的外股钢轨内侧最容易出现这种病害。

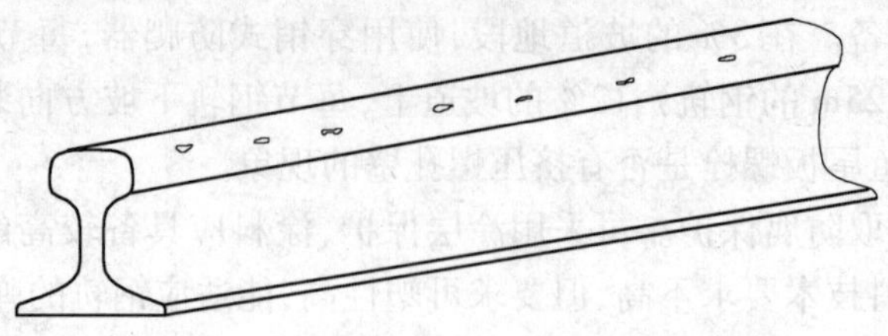

图 2 – 103　钢轨内侧圆角处剥离示意图

2. 6. 8. 2　产生原因与消除办法

出现剥离病害的主要原因是行车速度和机车车辆的轴重不断提高,使车轮和钢轨之间的接触应力增大,促使剥离病害出现。为消除剥离病害,应该改善钢轨材质,增加钢内的合金元素含量,增大钢轨断面和加强线路维护 。

2. 6. 9　钢轨的锈蚀

2. 6. 9. 1　缺陷特征

图 2 – 104　钢轨的锈蚀

钢轨的锈蚀从外表看为明显的生锈腐蚀状,见图 2 – 104,在南方潮湿地区、隧道及碱土地带钢轨的锈蚀问题是很严重的,例如冷藏车经过的弯道和曲线的内股与缓和曲线的外股钢轨,以及停放冷藏车的站线与冷藏仓库。钢轨锈蚀产生铁皮的厚度一般都有 3 ~ 5 mm。

据观察,因锈蚀作用轨腰厚度最薄处为 9 mm 时,钢轨腰部会出现轻微扭曲现象;轨腰厚度最薄处为 5 mm 时,钢轨腰部呈明显弯曲状;轨腰厚度最薄处为 3 mm 时,腰部弯曲明显,轨头向内倾斜,像要塌下来的状态。腰部最薄处只有 3 mm,列车通过时轨头摇摆,严重影响行车安全。

2. 6. 9. 2　产生原因与消除办法

钢轨锈蚀的主要原因是材质问题,以前生产的碳素钢钢轨内有色金属元素的含量非常少,抗锈蚀的能力很差。因此在南方潮湿地区、隧道及碱土地带最好采用含铜钢轨。

另外线路上也应该采用涂沥青与涂油等进行防锈处理。改进冷藏车结构,使冷藏车内的盐水不要流到钢轨上,也会大大延长钢轨的使用寿命。

参 考 文 献

[1]　陈亮. 重轨钢罐内脱氧试验总结. 金属学报,1958,3(1):12.

[2]　李熏,等. 重轨钢脱氧的研究. 金属学报,1958,3(1).

[3]　董少绩. 平炉之脱氧问题. 鞍钢,1951,(14).

[4]　Доброхотов Н Н . Вопросы производства стали,1957:134.

[5]　东北工学院炼钢教研组. 专业炼钢学　第二册,平炉炼钢及铸锭. 北京:冶金工业出版社,1959.

[6] Трубин К Г. Оикс Г Н. 钢冶金学. 邵象华译. 北京:重工业出版社,1953.
[7] 莫罗佐夫 A H,等. 平炉钢的脱氧. 北京:冶金工业出版社,1958.
[8] 萨马林, A M,等. 钢脱氧的物理化学基础. 北京:科学出版社,1958.
[9] Бордурин А А И. 炉内不预先脱氧炼制重轨钢. Металлург,1957,(7):16~17.
[10] 英国钢铁研究协会辑(丁振岩译). 钢锭及其产品的表面缺陷.
[11] Steel Times, 1970,(2):885~890.
[12] Open Hearth Proc, 1966:142~147.
[13] Steel Times,1970:232~238.
[14] Сталь, 1952,12.
[15] Чижиков Ю М. Прокатное производство, 1958.
[16] 柴罗辛斯基 М Л. 轧钢学. 北京:重工业出版社,1953.
[17] 刘宝昇. 重轨结疤缺陷的研究. 鞍钢技术, 1964,(3).
[18] 刘宝昇,廖郁文. 重轨结疤、裂纹和分层. 铁道科学技术,1964,(4).
[19] 镇静钢的低倍组织. 鞍钢,1957,(46).
[20] Данилов А М . Сталь, 1954,(3).
[21] Голиков И А. Сталь, 1954,(12).
[22] 西安铁路局. 钢轨螺栓孔裂纹调查.
[23] Бромберг Е М. Взаимодействие пути и подвижного состава,1956:132~136.
[24] 董志洪. 世界 H 型钢与钢轨生产技术. 北京:冶金工业出版社,1999.
[25] 梁健博. 国外重型钢轨使用情况简介. 包钢科技,1985(2):30.
[26] 乌统伟. 国外大型型钢生产技术的发展及给我们的启示. 轧钢,1993,(4):2.
[27] 徐列平. 采用六个轨形孔系统轧制重轨. 钢铁,1992,27(8):30.
[28] 张天绪. 轨梁轧钢厂的技术成就与展望. 包钢技术. (3):37
[29] 林健椿. 攀钢重轨轧制及孔型设计特点. 钢铁钒钛,1986,(4):5.
[30] 林健椿. 75 kg/m 重轨孔型设计、轧制及精整. 钢铁,1987,22(1):34.
[31] 刘宝昇. 国内外重轨生产的发展. 钢铁,1982,17(6):72.
[32] 孙书云. 鞍钢重轨生产及其质量的提高. 鞍钢技术,1983,(11):1.
[33] 靳芳春. 钢轨和大型钢材生产的骨干厂家—鞍钢大型轧钢厂. 鞍钢技术,1993,(10):52.
[34] 张绪平,王启钧. 鞍钢重轨生产及发展研讨. 轧钢,1994,(2):31.
[35] 刘安民. 武钢重轨底裂缺陷原因分析. 钢铁研究,1990,(4):69.

3 现代钢轨生产技术

3.1 吹氧转炉冶炼钢轨钢及大方坯连铸

铁路对钢轨使用性能的要求随着铁路的发展而不断提高。在传统的铁路线上,磨损是钢轨中的主要破坏形式,因此传统铁路主要强调钢轨的耐磨性。近年来随着铁路行车速度的不断提高,钢轨的损坏形式由过去的磨损转变为各种形式的疲劳损坏,尤其是铁路高速化以后,行车的安全性和舒适性就显得尤为重要。因此,良好的抗疲劳性能和焊接性能是提速和高速铁路用钢轨的基本特征,这些特征在钢轨内部质量上的反映就是高纯度和成分的控制精度。

对钢轨钢的冶炼技术而言,随着冶金技术的发展,炼钢向着高效、洁净化生产方向发展,转炉已经成为炼钢高效生产、为连铸供应高质量钢水的基础。为了满足铁路高速、重载和高密度运输对钢轨质量提出的更精、更细、更严的要求,目前各钢轨生产厂普遍采取转炉—LF炉精炼—VD 真空—连铸工艺生产钢轨钢。

与国外钢轨钢生产工艺类似,目前国内钢轨钢的生产也普遍采用铁水预处理→转炉→LF 炉外精炼→真空脱气→连铸工艺进行生产,在各工艺环节中采用相关技术进行钢水杂质元素的控制,以达到净化钢水的目的。

目前,国内生产钢轨的厂家是攀钢、鞍钢、包钢和武钢,这 4 家钢轨生产企业由于技术装备条件不同,因此钢轨生产技术和产品实物质量有所不同。

3.1.1 铁水预处理

3.1.1.1 铁水脱硫预处理技术

通过对入炉前的铁水进行以脱硫、磷为主要目的的预处理,可降低铁水、钢液和钢坯中的硫、磷含量,并减少冶炼和精炼的难度。

铁水预脱硫是指铁水进入炼钢炉前的脱硫处理,它是铁水预处理中最先发展成熟的工艺,脱硫预处理技术的发展首先是提高钢材质量和开发新品种的需要。钢的很多性能都受到硫含量及其在钢中形成的硫化物夹杂的物理和化学性质的影响。硫化铁、硫化锰夹杂在热轧温度下很容易变形,成为延伸形夹杂,引起钢的性能各向异性。图 3 - 1 说明钢中硫含量对横向韧性和延伸性的影响。一般来说,硫是有害元素,尤其在钢轨这样的高强度结构钢中,除了影响力学性能,硫含量的增加还对连铸坯和轧件的表面质量极为有害。德国蒂森公司研究发现,钢中硫含量高于 0.02% 时的坯料表面缺陷为硫含量低于 0.019% 时的两倍,因此必须把硫含量限制在 0.02% 以下。对于要求有较高横向延伸性、横向冲击功及低温切口韧性的钢种,硫含量低于 0.01% 才可满足这些要求。

脱硫预处理技术也是优化钢铁冶金工艺的需求。现代的钢轨钢冶炼高炉的单炉容积都较大,产量很高,降低焦比有很大的经济价值。近几年冶金焦的价格上涨较快,也要求降低焦比。有的地区原料入高炉的强碱(Na_2O,K_2O)负荷大,采用降低高炉渣碱度,以利于从渣中排除强碱使高炉顺行,但铁水中必须进行炉外脱硫处理。

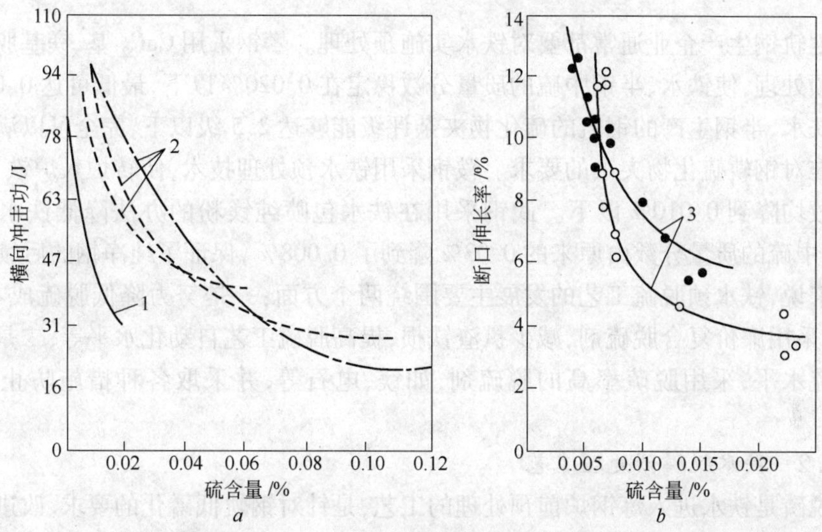

图 3-1 硫含量对横向冲击功和伸长率的影响

a—硫含量对板材和带材横向冲击功的影响;*b*—硫含量对铝合金钢试样断口伸长率的影响

1—带钢;2—钢板(不同资料来源);3—不同资料来源

H. P. 哈斯特等人总结了德国蒂森各厂高炉渣碱度对铁水硫含量、焦比和产量的影响,如图 3-2 所示。

铁水预脱硫的方法很多,目前主要使用的方法有:KR 搅拌法和喷吹法两种。

KR 搅拌法是日本新日铁广畑制铁所用于工业生产的铁水炉外脱硫技术。该方法是以一种外衬耐火材料的搅拌器浸入铁水灌中旋转搅拌铁水,使之产生旋涡,同时加入脱硫剂使其卷入铁水内部进行充分反应以达到铁水脱硫的目的。它具有脱硫效率高、脱硫剂耗量少、技术损耗低等特点。

喷吹法是将脱硫剂用载气经喷枪吹入铁水深部,使粉剂与铁水充分接触,在上浮过程中将硫除去。为了完成这一过程,要求从喷粉罐送出的气粉流均匀稳定,喷枪出口不发生堵塞,脱硫剂粉粒有足够的速度进入铁水,在反应过程中不发生喷溅,最终取得高的脱硫率,使处理后的铁水硫含量能满足钢轨钢生产的要求。

铁水预处理是炼铁和炼钢的中间工序,较少的全过程的温降不仅会减少能耗,也对工艺过程产生一定的影响。单从脱硫处理过程的温降看,其大小主要与脱硫方法、脱硫剂用量和扒渣测温取样等有关。

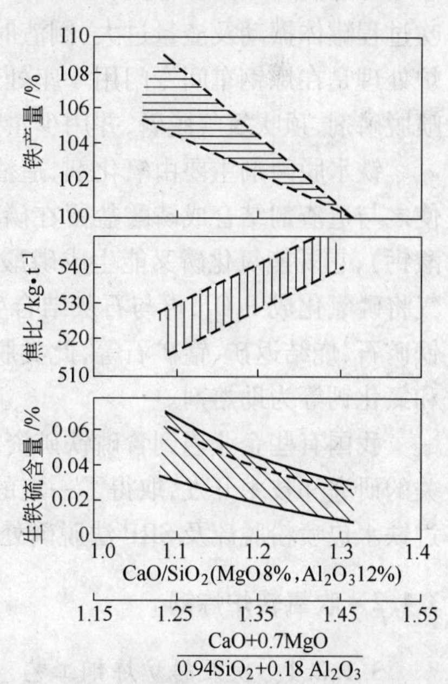

图 3-2 高炉渣碱度对铁水硫含量、焦比和产量的影响

(铁水成分:[Si]0.60%;[Mn]0.60%;[P]0.15%;包括油 80 kg/t;硫输入量 6 kg/t)

脱硫渣的扒除是脱硫处理过程的重要环节。此时要充分发挥扒渣机的能力,同时注意脱硫渣的性能和状态。石灰基脱硫渣在正常情况下是干渣,呈松散状,机械型扒渣机就可很好地扒除。

我国钢轨钢生产企业通常都要对铁水实施预处理。攀钢采用 CaC_2 基、镁基脱硫剂进行铁水脱硫预处理,使铁水、半钢中硫的质量分数稳定在 0.020% 以下,最低可达 0.005%。采用预脱硫铁水、半钢生产的钢轨的硫化物夹杂评级能够达 2.5 级以下,完全可以满足高速铁路钢轨标准对钢轨硫化物夹杂的要求。鞍钢采用铁水预处理技术,使转炉入炉铁水中磷、硫的质量分数均降到 0.010% 以下。武钢采用在铁水包喷纯镁粉的办法降低铁水中的硫含量,使铁水中硫的质量分数由原来的 0.03% 降到了 0.008%,保证了纯净钢的后续冶炼。

总体来说,铁水预脱硫工艺的发展主要围绕两个方面:一是努力降低脱硫成本,降低脱硫剂单耗,采用廉价复合脱硫剂,减少扒渣铁损,提高脱硫工艺自动化水平等;二是保证深脱硫的目标硫水平,采用脱硫率高的脱硫剂,如镁、电石等,并采取各种措施防止硫渣进入转炉。

3.1.1.2 铁水脱磷预处理工艺

铁水脱磷是铁水进入炼钢炉前预处理的工艺,是针对钢轨低磷化的要求、改进炼钢工艺技术及充分利用磷含量较高的铁矿资源的发展得到的。同时也可满足提高钢的质量、降低冶炼工艺成本和减少废弃物的要求。铁水脱磷的处理方法按处理设备可分为炉外法和炉内法,炉外法设备有铁水包和鱼雷罐,炉内法设备有专用炉和底吹转炉;按加料方式和搅拌方式可分为喷吹法、预加熔剂机械搅拌法(KR)及预加熔剂吹氮搅拌法等。

炉外法所用的两种流程主要在于脱磷剂不同,而且由于鱼雷罐反应动力学条件不佳,喷吹过程罐体振动及渣量过大,倒渣时残留铁水过多影响盛铁量,因此应用较少。炉内法专用炉处理是在炼钢车间专门用一座处理炉进行铁水脱磷,目前应用较多的是用氮气做载气顶喷脱磷剂、顶吹氧气脱磷,并用少量苏打分期脱硫,称为两级转炉串联操作 SRP 工艺。

铁水脱磷剂主要由氧化剂、造渣剂和助熔剂组成。其作用在于供氧将磷氧化成 P_2O_5,使之与造渣剂结合成磷酸盐留在磷渣中。工业上应用的造渣剂有两类:一类是苏打(即碳酸钙),它既能氧化磷又能生成磷酸钙留在渣中;另一类是石灰系脱磷剂,它由氧化铁或氧气将磷氧化成 P_2O_5,再与石灰结合生成磷酸钙留在渣中。工业上使用的氧化铁有轧钢皮、铁矿石、烧结返矿、锰矿石等,此类脱磷剂往往需添加助熔剂以改善脱磷渣性能,多采用萤石和氯化钙等为助熔剂。

我国有些企业遇到含磷铁矿资源利用和铁水含磷高的问题,对中磷铁水除磷进行了相关的研究和技术开发,取得了一定的效果。如包钢 80 t 顶底复吹转炉冶炼用的中磷铁水,经过铁水包喷粉脱硫及 SRP 法脱磷处理,半钢中 $w(P) \leqslant 0.035\%$,$w(S) \leqslant 0.010\%$。

3.1.2 吹氧转炉炼钢

3.1.2.1 吹氧转炉炼钢工艺

吹氧转炉炼钢中存在的复杂物理化学反应有以下一些特点:

(1) 首先,吹氧转炉炼钢要用氧气将铁水中的 C、Si、Mn、P 等元素快速氧化到吹炼终点的要求,在吹氧的全部时间里,熔池中始终进行着强烈的元素氧化反应,具有很强的氧化特性。只是在吹氧结束后短时的脱氧和合金化时间内,熔池的反应才主要是还原反应。

(2) 吹氧转炉炼钢在适当的温度下进行。在吹炼过程中,将入炉的1473～1573 K的铁水加热到1833～1933 K。吹炼的过程温度和终点温度都必须适当,过程温度过低则熔池中传质和传热速度缓慢,造渣困难,不利于熔池中杂质的去除和废钢等固体料的熔化;反之又损害炉衬的寿命,不利于某些不适于高温下反应的杂质的去除,钢中有害气体含量也将提高。过低或过高的终点温度,都会降低钢坯的质量和合格率,事故率也增高。

(3) 吹氧转炉炼钢过程中,同时且连续地进行着多种多相物理化学反应,通常同时存在着金属和炉渣两种液相,CO、CO_2、O_2 和炉气等几相气体,炉衬、固体成渣材料、废钢、铁合金和固体非金属夹杂物等多相固相,是一个复杂的反应过程。

要使得连铸过程顺行、稳产,就要求转炉连铸钢轨钢的成分、温度和时间达到"三同时"。某些企业对转炉冶炼钢轨钢的技术操作进行了实践,同时对冶炼效果进行了分析。

A 装入控制

表3－1是铁水成分和温度情况,可以看出铁水化学成分和温度波动较大,不稳定。从热平衡考虑,根据铁水硅含量决定入炉废钢的比例。一般铁水 w(Si)在1.5%以下,加入一大一小两槽废钢,总重量在17 t左右(11 t+6 t);铁水 w(Si)在0.8%～1.5%之间,加入一槽11t左右的废钢;铁水 w(Si)在0.3%～0.8%之间加入一槽6 t左右的废钢;而铁水 w(Si)在0.3%以下,为了促进化渣,应采用全铁水冶炼。

表3－1 铁水成分与温度

w(Si)/%	w(Mn)/%	w(P)/%	w(S)/%	温度/℃
$\frac{0.232\sim0.952}{0.500}$	$\frac{0.450\sim0.890}{0.629}$	$\frac{0.061\sim0.135}{0.087}$	$\frac{0.010\sim0.046}{0.024}$	$\frac{1232\sim1317}{1266}$

B 造渣控制

包钢现行采用单渣留渣法操作,冶炼钢轨钢必须根据铁水硅含量,利用[1.18 × w(Si) +0.059 × w(P)] × 铁水量的经验公式对入炉石灰量(t/炉)进行计算,以保证对碱度 R = 3.2的控制要求,并根据上一炉化渣情况、拉碳成分、温度等综合参数对计算结果予以修正。其他原料如氧化铁皮、萤石的加入量,则视吹炼过程的情况变化随时予以调节。造渣过程中铁水成分、石灰加入量与碱度的关系如表3－2所示。

表3－2 铁水成分、石灰加入量与碱度的关系

熔炼号	铁水成分		每吨铁水石灰加入量/kg	终点渣		
	w(Si)/%	w(P)/%		$w(SiO_2)$/%	$w(CaO_2)$/%	R
307090	0.365	0.094	54.3	12.38	46.57	3.8
106685	0.412	0.100	55.6	10.63	48.25	4.5
207096	0.418	0.092	56.3	12.14	45.94	3.8
207094	0.421	0.103	61.7	13.90	46.05	3.3
307074	0.429	0.102	56.2	14.22	47.65	3.4
505255	0.801	0.130	56.1	10.72	48.89	4.6
106690	0.860	0.140	66.3	14.80	46.18	3.1

C 吹炼控制

a 吹炼前期

吹炼前期是硅、锰氧化期，也是脱磷的最佳时间。在兑入铁水和加入废钢后，下枪开始吹炼。与此同时加入预计的大部分渣料，即加入石灰总量的60%左右；白云石的加入量视热平衡情况在开吹时一次全部加入；为保证渣中 $w(MgO)$，每炉加入镁球 300～400 kg，但当白云石的加入量在1000 kg以上时，镁球加入量可适当减少直至不加。这样既可使炉渣对炉衬的侵蚀量达到最小，有利于延长炉衬的使用寿命，又能够促进初期渣早化。

在吹炼前期高枪点火及前期渣料加完后，应及时把枪位降至1.0～1.1 m左右，以利于前期快升温、早化渣、化好渣，并能尽可能多地去磷。一般在开吹3 min左右前期渣可化好，但此时温度低易发生前期喷溅，如发现炉口有较多渣片甩出，应在短时间内适当提枪，并加入少量石灰或白云石压渣，这样一方面可以降低碳的氧化反应速度；另一方面也可以借助于氧气流的冲击作用吹开炉渣促进气体排出，同时也通过稠化炉渣起到抑制喷溅的作用。

b 吹炼中期

硅、锰氧化期结束后，第一批渣料基本化好。当碳焰初起时，开始小批量多批次加入第二批渣料，时间一般在6 min左右。第二批渣料加得过早，炉内温度低，第一批渣料还没有化好，又加冷料，渣就更不易熔化了，如果造成渣料结坨，会直接影响过程渣化透以及炉温的提高；加得过晚，正值碳的激烈氧化期，此时 $w(\Sigma FeO)$ 低，当第二批渣料加入后，易产生金属喷溅，同时还由于炉温的降低，抑制了碳的氧化，温度再度提高可能会产生严重喷溅。

吹炼中期枪位控制的基本原则是：继续化好渣、化透渣，快速脱碳，不喷溅，熔池均匀升温。现场实际操作中枪位在1.2 m，观察炉口反应情况适当调整，以保证碳焰反应柔和、炉口渣反应活跃为最佳。

c 吹炼末期

吹炼末期的主要任务是对吹炼中期炉渣熔化情况予以调整，此期枪位控制的原则是要拉准碳。吹炼末期降枪的主要目的是使熔池钢液成分、温度均匀，稳定火焰，便于判断终点，同时使渣中 $w(\Sigma FeO)$ 降低，减少铁损量，提高金属收得率，且有利于保护炉衬。低枪操作枪位一般保持在1.0 m左右。

d 吹炼过程的温度控制与拉碳

由于铁水成分、温度波动以及设备装备水平（动态控制）等生产条件有限，一次拉碳成分、温度的命中率偏低，所以在转炉炼钢现场操作中大多采取高拉补吹的操作方法。拉碳的目标值为 $t=1610\sim1630℃$，$w(C)=0.40\%$ 左右。在化好前期及中期渣的条件下，炉口火焰颜色由前期发红发暗逐步变浅且亮度增加。当氧累积达到3000 m^3 以后，通过观察火焰及炉口甩出的渣片来对炉内温度进行经验判断。温度高时炉口火焰白亮、直冲、浓度大、火焰边上红烟多，且甩出渣片颜色白亮；如火焰透明、稀薄、红烟少，火焰整体形状不圆、带刺，且甩出渣片颜色发黑，则说明温度不高。如果炉嘴偏大，观察火焰困难，可通过试加少量氧化铁皮来判断温度，如氧化铁皮入炉后持续冒大火，说明炉温较低；如只有一点白烟甚至没有反应则说明炉温高，需加料降温以防拉碳钢水温度高及钢水中磷含量高。另外在氧枪没有粘钢的情况下，还可以通过氧枪回水温差来判断温度，温差大于5℃则说明温度高，但如果氧枪粘钢，此法判断则不可靠。当氧累积达到3000 m^3 以后，要在注意观察炉口火焰的同时还要注意观察氧枪口的碳花反应，即炉口火焰出现第一次明显收火并伴随着氧枪口碳花的突然减少，此时抬枪拉碳，钢水的 w(C)即在0.40%左右。

D 后期处理

后期处理的原则是尽量减少点吹次数（点吹一次为好，特殊情况如磷含量高、温度低也应使点吹次数不多于3次），力求高碳出钢，并根据出钢口大小及钢包状况调整出钢温度（$t_{出}$=1640～1660℃左右），以保证罐内温度达到目标值。

在实际后期操作中，总存在着碳高磷亦高、温度高磷亦高的情况。这就需要对碳、磷、温度三者统筹兼顾，找到三者合理的交叉点。根据吹炼前期、中期、末期的化渣情况以及拉碳倒炉的渣量，炉内炉渣是否有生料等参数来决定点吹模式。如果拉碳炉渣黏度大，热电偶测温误差就会较大。操作者还应视炉内流出炉渣的亮度判断温度：炉渣表面有黑膜，下部发红且不活跃，则炉温在1600℃左右；炉渣颜色发白且不活跃，则炉温在1620℃左右；炉渣活跃、颜色白亮且表面有层发黑的渣膜，则炉温在1640℃左右；炉渣颜色白亮刺眼、表面有黑膜，且炉渣反应十分活跃，则炉温会大于1660℃。

a 拉碳正常时的点吹处理

若炉渣熔化情况良好，渣量较大，温度命中目标值，则操作者可根据出钢口大小、钢包状态，直接点吹或补加少量渣料点吹，达到终点温度目标值即可出钢。此时点吹处理中要注意掌握降碳速度与提高温度的关系。根据经验值：w(C)在1.0%左右时，每分钟降碳为0.40%；w(C)在0.6%左右时，每分钟降碳为0.25%；w(C)在0.4%左右时，每分钟降碳为0.18%。而点吹1 min能提高熔池温度30℃左右。

b 拉碳温度低、炉渣黏度大时的点吹处理

此时一般采用"温度先决"的点吹模式，向炉内补加Si-Fe提高温度，并根据拉碳温度、渣黏程度和生料多少综合决定Si-Fe的加入量。每100kgSi-Fe提高温度19℃，并且Si-Fe具有保碳、提高温度和化渣的作用，通过Si-Fe氧化放出的强热，可迅速提高炉温，促进碱性石灰的熔化，并减少同等点吹时间碳的氧化量。在点吹过程中要确保炉渣碱度。

c 拉碳温度高时的点吹处理

温度高常伴有磷高的问题，因此，点吹应用"成分先决"的点吹模式，也就是在点吹前期用较大量氧化铁皮和石灰使熔池温度降低，满足去磷要求，在点吹后期再使温度达到目标值。

d 炉渣稠化

无论采用哪种点吹模式，都应做好终渣的稠化工作。即在点吹末期，调整少量石灰或镁球入炉，待渣料入炉后立即抬枪结束点吹，使点吹末期入炉的渣料来不及熔化而起到稠渣的作用。这样既可起到保护炉衬的作用，又可降低终渣及钢液的氧化性，减少出钢过程温降，提高增碳剂及合金的效率，促进钢、渣分离，防止出钢过程中钢渣混出，减少钢液回磷的机会。

E 出钢控制

钢轨钢采用无铝脱氧，用硅钙钡做终脱氧剂。出钢过程首先要注意脱氧剂不要过早加入，待钢液铺满罐底并与增碳剂作用后，加入1/2脱氧剂，以稳定增碳效率；待钢液出至1/4时开始加入合金，合金加入要小流匀速，防止结坨；合金加完后把剩余的1/2脱氧剂加入，以保证合金效率。

根据出钢口的大小来决定挡渣时机的早晚。出钢口较大时，略早加挡渣棒；出钢口小时可稍晚加入。一旦挡渣失败，根据罐内钢水液面估计出钢量，以便及时抬炉。这样能够减少需扒渣的炉次，降低供连铸钢水的温度损失。

出钢过程对钢液进行全程吹氩处理，提高供连铸钢水的温度、成分的均匀性和钢水的洁净度。

3.1.2.2　我国钢轨钢的转炉冶炼过程

国内钢轨钢全部采用转炉冶炼，其冶炼条件和冶炼参数如表 3－3 和表 3－4 所示。

表 3－3　国内钢轨钢的冶炼条件

公司名称	铁水预处理	铁水成分(质量分数)/%					铁水温度/℃
		C	Si	Mn	P	S	
鞍　钢	无	3.8～4.2	0.3～0.8	0.5～1.0	<0.04	<0.03	1250～1300
攀　钢	喷粉、脱硫	3.7～4.1	0.06～0.10	0.35～0.85	0.05～0.07	0.006～0.010	1300～1350
包　钢	扒渣	4.2～4.5	0.45～0.80	0.6～0.8	0.12～0.22	0.03～0.05	1250～1350

表 3－4　转炉冶炼钢轨钢的工艺参数

公司名称	炉容×座数 /t×座	冶炼周期 /min	装入量 /t	氧枪类型	喷头		氧气流量 /$m^3 \cdot h^{-1}$	工作压力 /MPa
					孔数/个	夹角/(°)		
鞍　钢	90×3	40±2	100		4	13	17500	0.82
攀　钢	120×5	40±3	140		5	13	21300	0.88
包　钢	80×5	35±2	90	拉瓦尔	3	12	15000	0.80

A　攀钢的情况

在钢轨钢的冶炼过程中，攀钢主要采用如下的方法[15]：

(1) 高中碳钢增碳法冶炼。攀钢从 2000 年初起开展了“转炉增碳法冶炼高中碳钢工艺技术的研究”。通过对高碳钢的代表性钢种 PD_3(S) 和中碳钢的代表性钢种 45 号钢、30MnV 进行转炉一次拉碳、出钢增碳冶炼模式、过程温度控制、钢水质量控制及相应的生产工艺研究，建立了高中碳钢增碳法炼钢工艺，并在高速铁路钢轨钢的冶炼中得到了成功的推广应用。

(2) 完善脱氧工艺。通过选用合适的预脱氧剂，优化脱氧剂加入量及加入顺序，钢轨钢的脱氧得到强化，脱氧效果明显改善，钢液氧活度可稳定地控制在 $(10～20)\times10^{-6}$；另外，钢轨氧化物清洁度明显改善，表现在钢中夹杂总量、高熔点的 Al_2O_3 夹杂大幅降低（见表 3－5），钢轨 T[O] 降至 20×10^{-6} 以下；钢轨中硅酸盐和 B 类、D 类夹杂评级均达 1.5 级以下。

表 3－5　钢轨的夹杂含量(%)

类　别	原工艺		新工艺	
	范　围	平　均	范　围	平　均
SiO_2	28～56	40.6	24～66	37
Al_2O_3	25～39	33.5	3.1～5.9	4.7
夹杂总量	66～88	72	36～70.5	51.2

B 鞍钢的情况

鞍钢采用氧气转炉复合吹炼技术，并应用计算机控制冶炼过程，以保证化学成分稳定。如碳含量（质量分数）的波动范围可控制在 0.1% ~0.4% 以内。出钢脱氧合金化采用复合合金脱氧工艺，改变钢中夹杂物形态，改善钢质，采用该工艺保证了钢轨钢的冶炼要求。

C 包钢的情况

为提高钢轨钢的质量，包钢首先对转炉冶炼的终点成分和温度进行了严格的控制，为下一步精炼创造良好的钢水条件，同时还特别注意控制出钢时间，保持均衡出钢，使之适应于连铸拉速保持基本恒定的要求。

包钢的主要矿石来自于白云鄂博矿，属成分较复杂的共生矿，其中有害元素磷的含量较高，增加了冶炼的难度。近年来，通过改进选矿工艺、调整配矿比例，已使铁水中磷的质量分数降到 0.1% 左右，但仍属于中磷铁水。为了降低钢水中的磷，需延长转炉的吹炼时间，这又使钢中的碳含量同时降低，需要加入较多的增碳剂才能使钢水的成分达到标准的要求。为防止增碳过程对钢水纯净度的影响，采取了控制出钢碳在 0.2% 以上以及采用含水分、灰分和挥发分较低的优质沥青焦进行增碳的措施。

同时要求钢水温度到精炼工位之时大于 1490℃，有利于缩短精炼时间，保证精炼质量。为此，对转炉冶炼前的铁水温度和废钢加入量提出了相应要求。钢中的铝含量较高时，会在钢中形成 Al_2O_3 夹杂物，在钢轨轧制过程中 Al_2O_3 夹杂不能与基体一起变形，导致钢轨内部被划伤，使钢轨的抗疲劳性能下降。为此改变了原来用铝进行脱氧的工艺制度，改用硅钙或硅钙钡复合脱氧剂进行终脱氧，这种无铝脱氧制度将钢中铝的质量分数控制在不大于 0.004% 的水平，满足了时速 200 km 和时速 300 km 高速钢轨对铝含量的目标要求。

在转炉炼钢过程中采用优化转炉冶炼工艺，就是在保证钢水质量和钢轨质量的前提下，最大程度地缩短冶炼时间，提高转炉产能和效率，给连铸生产创造良好的供钢条件。目标是在合适的终点碳控制前提下，冶炼时间（下氧枪到出完钢）不超过 35 min，终点 $w(P) \leqslant 0.015\%$，终点温度超过 1650℃，提高废钢比。

为了达到该结果，对转炉冶炼工艺进行优化设计，对转炉终点碳不做严格控制要求，通过提高前期供氧强度、减少点吹和倒炉频次来缩短时间，后期发挥底吹优势进一步脱磷、均匀钢水、控制钢中氧，同时控制炉渣中 $w(FeO)$。

同时优化转炉冶炼工艺。转炉平均冶炼时间减少 5 min，钢包温度提高 10℃。生产统计达到精炼的钢水温度平均较以前提高 7℃，精炼加热时间减少了 2 min。从生产工序时间和精炼时间两方面缩短近 7 min，基本保证了连铸炉机匹配的钢水数量供应，连铸 4 流浇铸率由原来的 16.71% 提高至 37.96%，优化工艺后氧枪粘结现象很少发生。

原工艺受转炉终点 $w(C)$ 目标值限制，改钢频次多，一定程度上影响了其他炉次的正常出钢，不仅降低转炉产量，甚至造成铸机停浇，影响连铸产量；改钢后重新更换钢包前需要的等待时间长、炉内温降大，要进行点吹提温，不但造成钢水过氧化，而且增加了倒炉次数，加大了钢铁料消耗，增加了转炉生产成本。采用新工艺后，没有出现因转炉终点 $w(C)$ 不符合目标值而不能出钢影响连铸生产的情况，稳定了工艺时序，顺行了各工序。

D 武钢的情况

武钢采用低拉碳法去磷，为使钢水的纯净度及成分控制稳定，尽可能减轻钢水过氧化程度，根据转炉吹炼 C-O 关系曲线，当 $w(C) \leqslant 0.1\%$ 时，$w(O)$ 急剧升高。在保证去磷效果时，使吹炼终点碳控制在0.1%左右对钢质有利，吹炼终点按目标 $w(C) \geqslant 0.1\%$ 进行控制。实际终点 $w(C)$ 平均为0.093%，$w(C) \geqslant 0.1\%$ 的比例为35%。

出钢增碳使用低硫增碳剂，用Si-Ba-Ca系复合脱氧。为保证精炼效果，采用挡渣出钢，钢包渣层厚 $\delta \leqslant 150$ mm；加入改质材料，降低渣的氧化性，使渣在吹氩、LF精炼工序中能更有效地吸收钢水中的夹杂物。

运输到连铸车间钢水接收跨的钢水，先用吊车吊运到100 t的LF炉中进行二次精炼，经吹氩、提高温度、合金化后，再到VD炉进行真空脱气处理，然后吊放到大包回转台上进行浇铸。

3.1.3　炉外精炼

3.1.3.1　炉外精炼的方法和手段

炉外精炼技术是近年来发展起来的一项炼钢新技术。随着经济的发展，对钢材质量越来越高的要求主要表现在纯净度高、各向异性小、合金成分范围窄等方面，传统的炼钢工艺已无法满足这些要求。

每种炉外精炼技术的使用，无论在设备结构、工艺安排和完成精炼任务等方面都与其现有的生产设备和工艺密切相关，采用的炉外精炼方法也不尽相同。总体来说，炉外精炼的种类可以分为以下5种：

（1）渣洗。渣洗是获得洁净钢并能适当进行脱硫和脱氧的最简单的精炼手段。生产中利用合成渣借出钢时钢液的冲击作用，使钢液和合成渣充分混合，从而完成脱硫、脱氧、去除夹杂等精炼任务。近年来发展的LF法，也是利用渣洗原理，在钢包中加入固体的合成渣料，并用电弧加热、吹氩搅拌以促进合成渣对钢液的精炼。影响渣洗效果的因素很多，且难以定量控制，重现性较差，但因其精炼效果较好而且技术手段简单易行费用低，一直被广泛使用。

（2）真空。真空是炉外精炼广泛使用的手段之一。目前大部分的炉外精炼中都配有抽真空装置。随着真空技术的发展、抽真空设备的完善和抽空能力的扩大，真空在炼钢中的应用将愈来愈普遍。

真空对冶金反应产生的影响主要表现在：气体在钢液中的溶解和析出；用碳脱氧；脱碳反应；钢液或溶解在钢液中的碳和炉衬的作用；合金元素的挥发；金属夹杂及非金属夹杂的挥发去除。由于具有真空手段的各种炉外精炼方法工作压力均大于50 Pa，所以炉外精炼所应用的真空只对脱气、碳脱氧、脱碳等反应具有较明显的影响。

现有的各种带真空的炉外精炼方法都可以将钢中的氢降到 $(2 \sim 3) \times 10^{-6}$ 以下，若辅以吹氩、脱碳反应或延长真空脱气时间，可以进一步将氢降到 1×10^{-6} 左右。真空促进了碳氧反应的发展，所以在真空下碳的脱氧反应能力显著提高，利用这一特点，可将碳作为有效的脱氧剂，从而获得很纯的钢。例如在VOD精炼工艺的安排中，吹氧脱碳结束后，立即提高真空度，利用钢中的碳来脱氧，不仅保证了钢的纯净度，还为精确控制成分创造了条件。此外真空还为精炼超低碳钢种提供了可能；深度的脱氧还为脱硫提供了有利条件。

只应用真空的炉外精炼方法主要以脱气为目的。这类方法有VC、SLD、TD等；真空辅以搅拌的炉外精炼方法有VD、ISLD、DH、RH、PM等；辅以搅拌和加热的方法有LFV、SKF、VAD等；辅以搅拌和喷吹的方法有VOD、RH-OB等。

(3) 搅拌。搅拌是各种炉外精炼都采用的基本方法,因为冶金熔体被搅拌的程度与冶金反应的速率有密切的关系。搅拌可以扩大反应界面,加速反应物质的传递过程,从而提高反应速率。在设计精炼方法时,除了要创造最佳的热力学条件外,还必须提供尽可能好的动力学条件,因此利用或创造各种形式的熔池搅动就成为各种炉外精炼方法的共性问题之一。较早出现的搅拌方法大多是利用钢液本身的位能,依靠钢液流动的冲击使熔池发生搅动,如异炉渣洗、混合炼钢、TD、VC 等。但是这种伴随其他工艺过程而出现的熔池搅动,其搅拌强度和时间无法控制,还不能认为是精炼手段。

实践中发现未脱氧钢的真空精炼效果优于镇静钢,因为前者碳氧反应排除的一氧化碳促进了熔池的搅动,但强度较弱,且持续时间也较短。鉴于此,人为地从熔池底部吹入气体,利用气体上浮时所做的功搅拌熔池,即现在广泛应用的吹氩搅拌。RH、DH、PM 等方法利用压差造成钢液运动,不失为一种简单有效的搅拌方法。作为精炼手段的搅拌,要求搅拌的强度和持续时间可以按照精炼的要求灵活控制。生产中应用较多的是喷吹气体搅拌和电磁搅拌,如吹氩搅拌的 VD、VAD、LF、LFV、VOD、AOD 和电磁搅拌的 SKF、ISLD 等。

单纯搅拌可以均匀成分和温度、促使夹杂上浮,如钢包吹氩、SAB 和 CAB 等法,但这些方法的冶金功能具有局限性。在选用搅拌的同时,还应辅以其他精炼方法,搅拌可使这些手段的功能更充分、更完善地发挥。

(4) 加热。加热是调节精炼钢液温度的一项重要手段,冶金功能比较完善的精炼方法都选用某种形式的加热手段。随着全连铸技术的发展,转炉炼钢车间所采用的炉外精炼设备也增设了加热手段。当前应用最多的是电弧加热,如 LF、LFV、SKF、VAD、GRAF 等精炼方法;有些 DH 的真空室设有电阻加热,但由于其热效率太低,未见其他精炼方法选用电阻加热。一些转炉炼钢厂较多采用化学加热法,依靠溶解在被精炼钢液中的铝(或碳和硅)吹氧氧化的放热,来达到加热钢液的目的,如 CAS-OB、RH-OB、铝氧加热法等。VOD 和 AOD 脱碳反应的氧化热,也将加热被精炼的钢液,但这种加热过程从属于吹氧脱碳,不能按照温度调节的要求来决定氧化放热量的多少,因此这种加热不能算是具备加热手段。只有精炼不要求脱碳的钢种时,有意识地提高精炼钢液中碳和硅等元素的含量,精炼时吹氧,由其氧化放热来抵偿精炼过程中的热量损失,此时 VOD 和 AOD 才是具备了加热手段。

(5) 喷吹。喷吹是将反应剂加入到冶金熔体中的一种手段,由于其简便有效,多种炉外精炼技术中都具备这种手段。喷吹包括单一体的喷吹,如 VOD 中在低压环境中喷吹氧气,将高铬钢液中碳脱到超低碳水平;混合气体的喷吹,如 AOD 中氩氧混合气体喷吹;粉气流的喷吹(喷粉),如 SL 法或 TN 法,用载流气体将参与精炼反应的粉剂通过浸入式的喷枪,吹入到精炼钢液中。若将喷吹的方法扩大到反应剂以较高的速度直接加入到溶剂中,还可包括喂丝和喷丸等方法。

喷吹的冶金功能取决于精炼剂的种类,可以完成脱碳、脱硫、合金化、控制夹杂形态等精炼任务。

3.1.3.2 钢轨钢的炉外精炼

钢轨钢对炉外精炼的要求包括温度控制、成分微调、夹杂物控制和气体控制。

在国外的钢轨生产厂中,除法国 Sacilor 公司采用 VAD 法外,其他重要的钢轨生产厂家都采用 RH 真空循环脱气法对钢液进行真空处理,如德国蒂森钢公司和克虏伯公司、日本的新日铁和日本钢管公司、英国钢公司以及瑞典钢铁公司等。采用 RH 法处理钢水需要的时间短、生产效率高、温降少且效果好，但投资和生产成本较高；采用 VAD 法可以达到同样的处理效果，但所需时间长、温降大，而且要求有一定的净空（在新砌的钢包内，钢液净空应达到 900 mm），但投资和生产成本较低。

生产钢轨钢依靠真空处理将钢液中的氢含量降低到 0.0002% 以下，再将连铸坯进行缓冷，使钢中氢含量降低到 0.0001% 左右，可保证钢轨不产生白点。据报道，具有悠久生产历史的英国沃金顿钢轨厂，在生产含铬耐磨钢轨时，钢液经真空处理后，再将连铸坯在相变温度下（700℃左右）放入缓冷坑缓冷，利用相变时钢中氢溶解度大幅度下降的热力学原理，进行固态扩散除氢。但是余热淬火后，钢已完成了相变过程，而且温度一般都在 550℃以下，如果再移送到缓冷坑中，温度更低，扩散除氢将很困难，而且还不能进行中温矫直。因此，在采用在线预热淬火及中温矫直工艺中，必须进行钢液真空脱氢，即真空处理是采用余热淬火和中温矫直工艺的先决条件。

此外国内外研究人员一致认为，铝脱氧钢中的 Al_2O_3 夹杂是钢轨产生疲劳裂纹的主要根源。因此，蒂森钢公司采用了无铝脱氧工艺，出钢时只在钢包中加入 FeMn 和 FeSi 脱氧，从根本上清除 Al_2O_3 夹杂来源，是彻底解决钢轨疲劳断裂问题的较好方法。

除真空处理法外，目前国内外仍有许多钢轨厂家用钢包吹氩气等较简单的炉外精炼方法生产钢轨钢，如加拿大阿尔戈马钢公司、南非海威尔钢公司、俄罗斯及我国各钢轨生产厂，美国伯利恒公司斯蒂尔顿厂在技术改造前也采用钢包吹氩法处理钢水。

为补偿炉外精炼的钢水降温，通常采用 RH-OB 法和钢包炉（LHF）法加热钢水。RH-OB 法采用向钢水中加铝同时吹氧，利用铝氧化产生的热量加热钢水，加热速度一般为 4 ~ 8℃/min；在加铝 - 吹氧加热钢水后，使钢水继续循环 6 min，可把钢液中 Al_2O_3 含量降低到加热前的水平。钢包炉采用电极埋弧加热，升温速度容易控制，加热速度一般为 3 ~ 6℃/min，不产生 Al_2O_3 夹杂。

为了满足钢轨钢对化学成分、气体含量及非金属夹杂的严格要求，并按时向连铸机提供质量、温度合格的钢水，达到稳定连铸生产和保证铸坯质量的目的，选用的炉外精炼设备应具有以下功能：

(1) 具有合金微调功能，可准确控制钢水的化学成分；

(2) 具有升温和保温功能，可调整和控制钢水温度；

(3) 具有真空脱气功能，可有效降低钢中气体含量；

(4) 具有脱硫功能，可去除钢中有害杂质；

(5) 具有吹氩搅拌功能，能均匀钢水的成分和温度；

(6) 能在转炉与连铸之间起到缓冲协调的作用。

目前，国内钢轨钢生产企业选择的精炼设备主要是 LF、RH 和 VD 真空精炼设备。

LF 是 20 世纪 70 年代由日本开发成功的，能显著提高电炉钢的产量，成为电炉与连铸匹配的主要设备。另外 LF 精炼可提高钢液的纯净度及满足连铸对钢液成分、温度的要求，使得转炉配 LF 也得到了迅速发展。LF 已在炉外精炼设备中占了主导地位，大大提高了我国转炉和电炉钢的炉外精炼比。通过 LF 精炼主要达到以下几个目的：

(1) 钢水温度满足连铸工艺要求；

(2) 处理时间满足多炉连铸工艺要求；

(3) 成分微调能保证产品具有合格的成分及实现最低成本控制；

(4) 钢水纯净度能满足产品质量要求。

LF 是以电弧加热为主要技术特征的炉外精炼设备，包括电极加热系统、合金与渣料加料系统、底透气砖吹氩搅拌系统、喂线系统、炉盖冷却水系统、除尘系统、测温取样系统、钢包及钢包车控制系统等。

从电极加热方式上，我国基本采用交流钢包炉。在实际生产过程中，从钢包预热、渣层厚度控制、合金加入、吹氩搅拌、成渣反应过程及电极供热等方面实现对 LF 精炼过程的温度控制。

为确保成分微调的准确性，在计算各种合金料用量时，必须考虑加入的所有合金对钢液量的影响，特别是考虑合金中的磷对最终成分中磷含量的影响。

LF 精炼过程中氧的控制一方面用脱氧剂最大限度地降低钢液中的溶解氧，并进一步减少渣中的不稳定氧化物含量；另一方面采取措施使脱氧产物上浮去除。用强脱氧元素铝脱氧，钢液脱氧完全，此时钢中的溶解氧几乎都变成 Al_2O_3，钢液脱氧的实质是钢中氧化物夹杂的去除问题。LF 炉内可以创造极好的脱硫热力学和动力学条件，适合于生产低硫钢，满足钢中成分中对硫含量的要求。

早期的 RH 真空精炼是以脱氢为主要目的而发展起来的，随着 RH 真空精炼的实践和 RH 技术的发展，其功能得到了扩展，如图 3－3 所示。

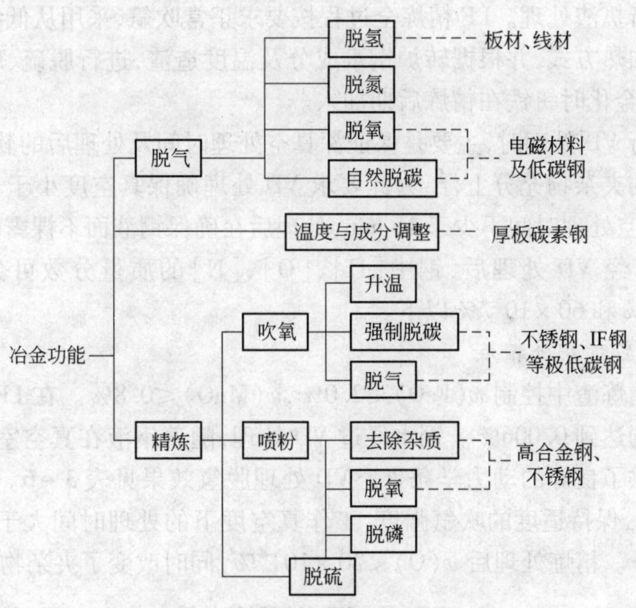

图 3－3 RH 真空精炼的冶金功能

A 攀钢钢轨钢的炉外精炼

在 LF 没有投产前，攀钢的钢轨钢采用吹氩精炼技术进行处理，为了提高钢的纯净度只能依靠充分发挥吹氩的精炼作用。通过提高出钢温度，延长吹氩时间，以及采用强搅、弱搅相结合的吹氩工艺，钢包吹氩去除钢中氧化物夹杂的能力显著提高。

采取上述措施后，钢轨夹杂总量减少 20%。LF 投产后，LF 采用惰性气氛炉盖、全程吹氩、精炼渣脱硫等技术进行钢轨钢炉外精炼。

同时，为适应新标准对钢轨钢生产工艺的要求，攀钢利用现有 RH 真空处理设备对钢轨钢进行真空处理，建立了钢轨钢 RH 真空处理工艺。结果表明，经 RH 真空处理后，钢轨钢中 $w(H)$ 可降到 $1\times10^{-4}\%$ 以下，钢轨全氧质量分数可稳定地控制在 $20\times10^{-4}\%$ 以下。另外还发现，经 RH 真空处理后，钢轨中的氧化物夹杂大幅降低，钢轨夹杂总量（质量分数）降至 $50\times10^{-4}\%$ 以下。

B　鞍钢钢轨钢的炉外精炼

鞍钢钢轨钢主要采用 LF-VD 进行炉外精炼处理。转炉冶炼的钢水由钢水过跨车从炼钢车间运输到连铸车间的钢水接收跨，然后用吊车吊运到 100 t 的 LF 中进行二次精炼，经吹氩、提温、合金化后，再到 VD 炉进行真空脱气处理，然后吊放到大包回转台上进行浇铸。

C　包钢钢轨钢的炉外精炼

为保证钢轨质量，钢水在浇铸前全部进行 LF 精炼和真空脱气，在整个精炼过程中主要采取如下质量控制措施：

（1）在 LF 精炼过程中，首先利用还原性很强的白渣进行精炼，以此降低钢中氧、硫及夹杂物的含量。

其次是通过加入发泡剂和利用吹氩的搅拌作用，使渣起泡，渣层变厚，实现埋弧加热，以提高热效率，并起到防止吸氮的作用。为提高精炼效果，转炉应进行挡渣出钢，如挡渣失败，必须在扒渣站进行扒渣处理。LF 精炼全过程按要求正常吹氩，采用从低级数到高级数逐渐提高升温速度的加热方式，并根据转炉钢水成分及温度造渣，进行脱硫、成分微调及升温操作，含钒钢轨钢合金化时钒铁在精炼后期加入。

（2）钢水进行 VD 处理时，主要是保证深真空处理时间及处理后的软吹时间，以保证脱气效果并使细小的夹杂物充分上浮，为此要求 VD 处理确保真空度小于 0.1 kPa，目标不大于 0.06 kPa，深真空处理时间不少于 15 min，处理后在确保钢液面不裸露的情况下的软吹时间不少于 8 min。经 VD 处理后，钢中[H]、[O]、[N]的质量分数可分别控制在 $2.5\times10^{-4}\%$、$20\times10^{-4}\%$ 和 $60\times10^{-4}\%$ 以下。

D　武钢钢轨钢的炉外精炼

武钢在钢包精炼渣中控制 $w(FeO)\leqslant2.0\%$，$w(MnO)\leqslant0.8\%$。在 LF 精炼处理后，钢水硫的质量分数平均达到 0.006%。钢水经过 VD 处理，随着钢液在真空室内的强烈搅拌，为夹杂物的排除提供了良好的动力学条件。VD 处理脱氢效果见表 3－6。由表中可见，在工作真空度 67 Pa 下，保持适度的吹氩强度，工作真空度下的处理时间大于 15 min，即可保证 $w(H)<2\times10^{-4}\%$。精炼处理后 $w(O)<20\times10^{-4}\%$，同时改变了夹杂物的形态。

表 3－6　VD 处理脱氢效果

项　目	真空度/Pa	吹氩量/L · min^{-1}	时间/min	$w(H)$/%
范　围	≤67	220～600	10～17	$(0.5\sim1.9)\times10^{-4}$
均　值		380	14	1.25×10^{-4}

3.1.4　大方坯连铸

3.1.4.1　大方坯的连铸工艺

模铸工艺本身固有的缺陷，给钢轨生产带来了一系列的问题和困难，如多次切头切尾使金属的收得率大为降低；钢锭均热及轧制开坯造成能耗升高；钢液中氧含量高、二次氧化及模壁粗糙等导致钢轨表面质量差；钢锭凝固过程中缩孔尺寸不定，造成初轧坯短尺；多种轨型兼用一种铸模导致初轧坯尺寸的不足或多余而形成短尺，从而使得成材率降低等。

连铸技术是解决上述问题的最好方法。目前国内外用于浇铸钢轨钢的大方坯连铸机已达到了20余台，生产能力超过了1000万t/a，连铸坯生产的钢轨已占到全部钢轨生产总量的70%以上。采用连铸工艺生产钢轨的主要厂家及连铸坯的尺寸如表3－7所示。

表3－7 采用连铸工艺生产钢轨的主要厂家及铸坯尺寸

国 家	生 产 厂 家	转炉/t	铸机半径（流数）/m（流）	坯料规格 /mm×mm	钢轨规格 /kg·m⁻¹	压缩比
英国	BSC 拉肯拜厂	250	9.8(8)	255×330	56.3	11.6:1
法国	萨西洛尔钢铁厂	240	13.0(6)	320×360	60.0	10.6:1
	索拉克公司			240×320		
德国	蒂森钢公司鲁尔区1号			240×330		
	蒂森钢公司鲁尔区2号		11.95+18(6)	265×385		
	克虏伯公司莱茵豪森厂	300	10.5(4)	260×600	60.0	10.3:1
	马克西米立安冶金公司	60	15.28(2)	320×430		
加拿大	悉尼钢公司			265×265		8.2:1
				280×405	56.1	14.9:1
	阿尔戈马钢公司	108×3	10.5(4)	230×265	49.6	9.4:1
				265×320	65.5	10.1:1
美国	伯利恒钢公司斯蒂尔顿厂			370×600		
	惠林钢公司莫内森厂			320×360		
日本	日本钢公司福山厂	250	15.28(4)	250×355		11.5:1
	新日铁广畑2号	150	14(4)	245×345	60.0	
	新日铁广畑5号	150	14(4)	300×400	60.0	
瑞典	科库姆冶金公司		6.0(4)	200×200	50.0	6.2:1
	瑞典钢铁公司律勒欧厂			175×240		
南非	海奥尔德钢和钒公司	60	11.5(2)	250×305	40,48	12.6:1
				318×266		10.1:1
奥地利	奥钢联多纳维茨厂		9.0(4)	250×360		
俄罗斯	捷尔任斯基钢铁公司			280×320		13.5:1
				280×325		13.8:1
中国	包 钢	80×5		280×380	50,60	13.7:1
				319×410	75	13.8:1
	鞍 钢	90×3		280×380		13.7:1
	武 钢			250×280		9.0:1
	攀 钢	120×5				

钢轨钢连铸坯的质量控制主要是改善连铸坯的中心偏析和提高钢水的纯净度。为防止或者减轻连铸过程中钢轨钢的中心偏析，国内外主要采取的措施如下：

（1）合理选择大方坯的断面尺寸，以保证中心偏析在轨腰，不进入轨头或轨底；

（2）控制钢水的过热度；

（3）采用电磁搅拌技术；

（4）采用轻压下技术；

（5）严格控制连铸坯的拉速；

（6）采用合理的冷却控制制度。

在钢轨钢夹杂物控制和含量控制方面主要采取如下措施：

（1）正确选择脱氧制度；

（2）实现全程保护浇铸；

（3）采用中间包冶金。

用连铸坯生产钢轨的优点是：

（1）大幅度提高金属收得率。以加拿大阿尔戈马钢公司为例，对 1991 年生产数据分析表明，用钢锭轧制钢轨，金属收得率为 72.1%，用连铸坯轧钢轨金属收得率为 83.8 %，提高了 11.7%。此外还缩短了流程，大幅度降低能耗，提高了生产率。

（2）表面质量显著提高，这是连铸坯轧钢轨的另一突出优点。据介绍，用连铸坯轧制的钢轨，其表面缺陷比用钢锭轧制的钢轨减少 55%。

（3）内部质量明显改善。连铸坯断面小、冷却快，铸坯内部组织比较均匀、细小致密，与模铸相比元素偏析较轻。另外，由于连铸时严密的保护浇铸，防止钢水二次氧化，钢包、中间包和结晶器中夹杂进一步脱除，使连铸坯中夹杂总量比模铸减少 45%。

（4）钢轨性能得到改善。阿尔戈马钢公司用连铸坯轧制钢轨的实践表明，由于表面及内部质量均得到明显改善，钢轨使用性能也得到提高。该公司用连铸坯轧制的钢轨经美国铁路协会检验证明，抗拉强度、屈服强度、伸长率及断面收缩率均高于用钢锭轧制的钢轨，只是硬度略低。目前用连铸坯生产的钢轨能满足几乎所有重要铁路公司的标准，对使用寿命和可靠性要求最高的钢轨都采用连铸坯生产。

钢轨钢在连铸时属较难浇铸钢种之一，容易出现的主要缺陷有：

（1）白点。钢轨钢对氢有较高的敏感性，进入钢液的氢会以过饱和状态固溶于铸坯中，在轧制后的冷却过程中，氢的析出使钢轨头部产生微小裂纹。

（2）夹杂物。钢轨面表皮下条状 Al_2O_3 夹杂物集中处易发生应力集中，是造成疲劳裂纹的根源。当 Al_2O_3 条状夹杂物长度大于 8 mm 时，就极易造成疲劳损坏。

（3）中心偏析。连铸坯中心区碳、硫、磷的富集，在钢轨低倍组织和显微组织中形成轴向的带状化学非均质。这种轴向偏析条纹会影响钢轨的使用寿命。

3.1.4.2　钢轨钢连铸过程中偏析的控制

中心偏析是在铸坯凝固末期富含碳、硫、磷等元素的钢液向坯壳鼓肚和凝固收缩形成的空穴流动所造成的。因此，在避免铸坯鼓肚的同时，可以通过增加铸坯断面上等轴晶比例来避免或改善中心偏析。控制偏析的技术和方法主要有以下几种。

A 电磁搅拌技术

电磁搅拌能抑制柱状晶的生长,提高铸坯断面上的等轴晶率,使偏析元素均匀分布在等轴晶之间,避免溶质元素的集聚,从而改善中心偏析。根据电磁搅拌器安装位置的不同可分为结晶器内搅拌(M-EMS)、二冷区搅拌(S-EMS)和液相穴末端搅拌(F-EMS)。国外生产钢轨钢大方坯的连铸机多数采用了结晶器与二冷段电磁搅拌或凝固末端电磁搅拌的组合电磁搅拌技术。如蒂森钢公司鲁尔区厂对 6 流大方坯连铸机改造时增加了结晶器电磁搅拌装置,形成结晶器与二冷区的组合电磁搅拌,与单一 S-EMS 搅拌相比,M + S-EMS 搅拌不仅改善了铸坯表面质量、消除了铸坯皮下夹杂和针孔,而且还进一步改善了铸坯心部的结晶组织和中心偏析,提高了钢轨钢连铸坯的质量。再如中国台湾中钢公司使用组合电磁搅拌后,显著地减少了高碳钢连铸坯偏析缺陷。

实践表明,恰当地应用电磁搅拌,可增加铸坯等轴晶率,降低中心偏析,提高铸坯质量,提高铸机的生产率。对中心偏析倾向较大的中、高碳钢,仅采用单一电磁搅拌方式难以满足铸坯心部质量要求。因此,为了使钢轨钢铸坯中心偏析得到显著改善,需要采用组合搅拌的方式。电磁搅拌各种组合形式如图 3-4 所示。硫负偏析会形成“白亮带”,这种严重的负偏析会对钢的淬透性、表面硬度、力学性能等带来一定的影响。采用正反向交替运行或各相电流采用不同频率的电磁搅拌器,使磁场按设定的时间,周期交替变换运动方向,钢水也周期地改变流动方向,这样可减轻或消除“白亮带”。

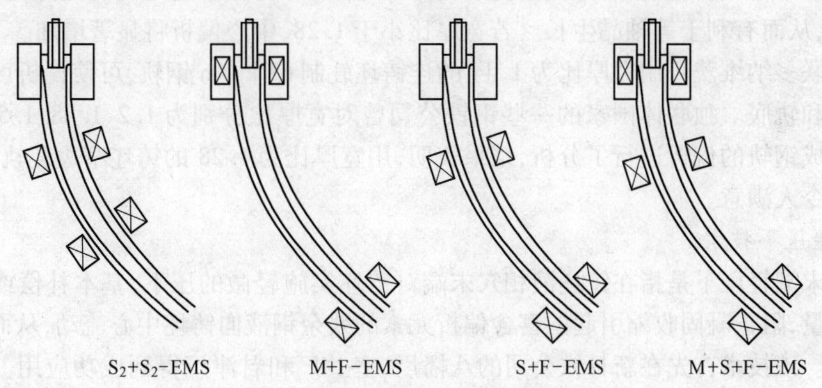

图 3-4 电磁搅拌各种组合形式

B 控制钢水过热度

钢液浇铸温度是影响柱状晶生长、决定连铸坯中心偏析程度的重要因素,见图 3-5。

由图 3-5 可见,高碳钢连铸钢水过热度 $\Delta T > 25$℃,柱状晶发达,中心偏析严重;$\Delta T < 25$℃,中心等轴晶区扩大,中心偏析明显减轻;$\Delta T < 10$℃,中心偏析不显著。因此,控制钢轨钢钢液过热度是减轻铸坯中心偏析,获得良好内部质量的关键,但钢轨钢钢液流动性差,过热度低容易造成水口堵塞,使钢包和中间包严重结壳,一般钢轨钢钢液过热度控制在 10~15℃。但随着连铸技术的进步,低过热度或零过热度浇铸已成为现实。如比利时冶金研究中心开发了一种将普通浸入式水口改造成换热器形式的新型水口,高温钢液与铜质水冷换热器发生热交换,降温 15~30℃,利用这种换热器形式的水口可以在不改变中间包钢水温度和连铸机主体结构的条件下实现接近液相线温度的低过热度浇铸,达到降低结晶器内钢水过热度、基本消除

铸坯中心偏析和细化晶粒的目的。最近10年来,法国索拉克厂发展的中间罐等离子加热技术,可使中间包内钢液过热度控制在±5℃,实现了低过热度恒温浇铸钢轨钢。

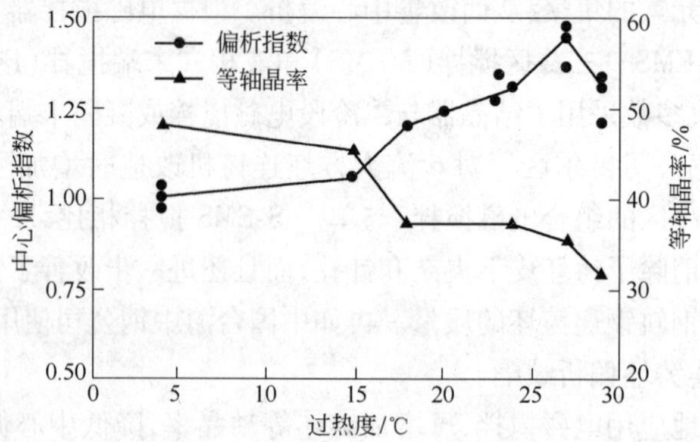

图3-5　高碳钢过热度对中心偏析和等轴晶率的影响

C　适当的铸坯宽厚比

俄罗斯中央黑色金属科学研究所推荐生产钢轨钢连铸坯的宽厚比为1.15~1.45,并且连铸坯轧制钢轨的压缩比应大于10,保证中心偏析集中在轨腰,不进入轨头或轨底,同时较大的压缩比有利于轧制过程中显微偏析的焊合。

为减轻中心偏析,应使大方坯的宽厚比不小于1.28为好。这是因为宽厚比增大,温度梯度减小,从而有利于等轴晶生长。若宽厚比小于1.28,中心偏析将显著增加。

奥钢联多纳维茨厂用宽厚比为1.44的连铸坯轧制68 kg/m钢轨,可使偏析区基本不出现在轨头和轨底。独联体国家的一些钢铁公司曾对宽厚比分别为1.2、1.28、1.5、2.0的连铸坯所轧成钢轨的偏析进行了分析,结果表明,用宽厚比为1.28的铸坯窄边轧轨头时,轴心偏析分布令人满意。

D　轻压下技术

凝固末端轻压下是指在铸坯液相穴末端对铸坯实施轻微的压下,基本补偿或抵消铸坯凝固收缩量,阻止凝固收缩引起的富含偏析元素的残余钢液向铸坯中心流动,从而改善铸坯中心偏析。该技术首先在新日铁公司的八幡厂、室兰厂和君津厂得到成功应用。韩国浦项钢铁公司大方坯连铸机采用轻压下技术后,明显地改善了轮胎钢丝钢和轴承钢的中心偏析,提高了钢丝内部质量和力学性能。蒂森钢公司鲁尔区厂的6流大方坯连铸机在1993年8月和1994年1月经过改造后,也采用了轻压下装置,基本消除了高碳钢(碳含量大于0.7%)的中心偏析。对用连铸大方坯加工的小方坯和线材中心的元素进行定量分析证明,轻压下法是迄今为止进一步消除连铸大方坯宏观偏析的最佳方法。

轻压下对连铸方坯中心偏析的改善如图3-6所示。

E　严格控制拉速

钢轨钢碳含量较高,裂纹敏感性强,且高温下的抗拉强度较低,铸坯在刚出结晶器时,鼓肚倾向大,容易在固液界面处产生裂纹。而且随着拉速的提高,铸坯在结晶器内的停留时间缩短,使钢液的凝固速度降低,从而延长了铸坯液芯长度,这不但推迟了等轴晶的形核和长大,扩大了柱状晶区,而且使铸坯鼓肚的危险随之增加。拉速对铸坯偏析的影响见图3-7。

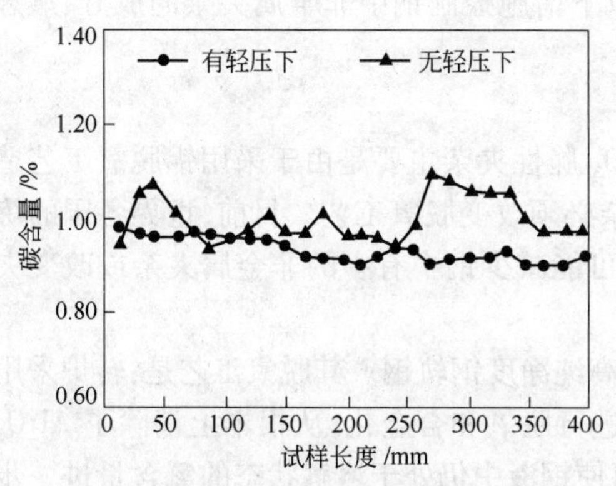

图 3-6 碳含量沿方钢纵向轴分布曲线
（方钢由连铸方坯轧制而成，连铸坯采用轻压下与未采用轻压下的对比）

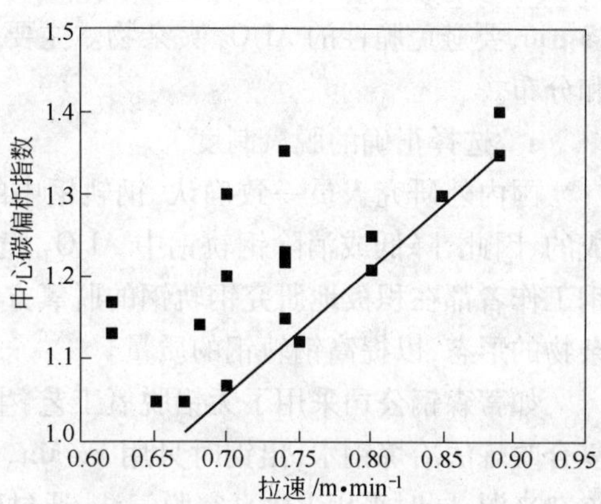

图 3-7 拉速对铸坯偏析的影响

由图 3-7 可见，拉速太快，铸坯中心偏析加重。目前国内外现有的大方坯连铸机浇铸钢轨钢的拉速均在 1.0 m/min 以下。

F 制定合理的冷却制度

钢轨钢在冷却到 1000℃以下时导热性差，连铸时采用强冷却会增大铸坯的内、外温差，产生热应力，由此将增加铸坯内裂的危险性。但冷却强度不足，将造成凝固壳太薄，铸坯在高温下的强度低，坯壳发生蠕变而产生鼓肚，导致枝晶间杂质富集的钢液向液相穴心部移动，形成中心碳偏析。因此，确定合理的冷却制度是钢轨钢连铸的一项关键技术。国内外典型大方坯连铸机浇铸钢轨钢的冷却制度列于表 3-8。

表 3-8 生产钢轨钢大方坯连铸机的冷却制度

公司(生产厂)	机 型	流 数	铸坯断面尺寸/mm × mm	拉速/m · min^{-1}	比水量/L · kg^{-1}
奥钢联、多纳维茨	全弧型	5	283 × 390	0.75 ~ 0.9	0.2 ~ 0.5
蒂森、鲁尔奥特	全弧型	6	265 × 385	0.8 ~ 1.0	0.3 ~ 0.5
奥尔克 - 哈利洛沃	立弯式		300 × 450	0.5 ~ 0.6	0.5 ~ 0.6
顿涅茨	立弯式		265 × 340	0.5 ~ 0.6	0.2 ~ 0.3
阿尔戈马	全弧型	4	267 × 318, 267 × 356	0.5 ~ 1.0	~0.6
包 钢	全弧型	4	280 × 325, 280 × 380 319 × 410	0.65 ~ 0.85	0.2 ~ 0.5
武 钢	全弧型	5	230 × 250, 250 × 280	0.7 ~ 1.2	0.3 ~ 0.6
鞍 钢	全弧型	4	280 × 280, 280 × 380	0.75 ~ 1.0	0.2 ~ 0.5

3.1.4.3 钢轨钢连铸过程中纯净度的控制

高纯净度是钢轨钢连铸坯最基本的质量要求，包括夹杂物控制和氢含量控制两个方面。

A 夹杂物控制

夹杂物控制是为了提高钢轨的使用寿命，防止钢轨在使用中产生点状剥落。通常要求钢中总氧量控制在 0.002% 以下，夹杂物的形态为球形的复合夹杂物，夹杂物尺寸应小于

13 μm,要避免脆性的 Al_2O_3 夹杂物。主要采取以下措施控制钢中非金属夹杂的成分、形态和分布。

a　选择正确的脱氧制度

国内外研究人员一致确认,钢轨钢中的 Al_2O_3 脆性夹杂主要是由于采用铝脱氧工艺造成的,因此,降低或消除钢轨钢中 Al_2O_3 脆性夹杂必须改变脱氧工艺。目前,世界各国的炼钢工作者都在积极地研究钢轨钢的脱氧方法,尽可能减少钢中有害的非金属夹杂或改变夹杂物的形态,以提高钢轨钢的质量。

如蒂森钢公司采用了无铝脱氧工艺,生产出高纯净度钢轨钢。其脱氧工艺是:转炉采用复合吹炼法冶炼钢水,出钢时只用 Fe-Mn、Fe-Si 进行脱氧和合金化,从根本上消除了 Al_2O_3 夹杂来源,同时采用 RH 真空脱气法,通过碳脱氧使钢液中仍处于溶解状态的氧含量进一步降低(T[O]≤0.002%)。采用这种脱氧方法生产的钢轨达到了较高的纯净度:99% 以上炉次的铝含量不大于 0.001%,钢轨中氧含量降至 0.0015% 以下,同时氧化物夹杂的生成也发生了变化,从不利的脆性氧化铝变成有利的细小硅酸盐,用无铝脱氧工艺生产的钢轨未出现壳状剥离(shelling)缺陷。

俄罗斯库兹涅茨克钢公司采用 Si-Ca-V 复合脱氧剂代替传统的铝脱氧,并用于 50 kg/m、60 kg/m 钢轨钢的生产。其脱氧方法是先用 Si-Mn 进行炉内脱氧,然后向罐内加入 Si-Ca-V 复合脱氧剂进行脱氧。采用复合脱氧工艺生产的钢轨的表面质量明显提高,并且改善了钢中非金属夹杂的形态,不存在或很少存在条带状的夹杂,夹杂多为球状,而且分布均匀,带状硅酸盐夹杂的长度也不超过 5 mm,钢轨使用寿命提高了 30%。

攀枝花钢铁(集团)公司采用转炉冶炼→非铝脱氧→LF 精炼→RH 真空脱气→连铸的生产工艺后,PD3 和 U71Mn 钢轨的内部质量明显提高:钢中 Als 含量均在 0.005% 以下,钢轨 T[O]在 0.002 % ~0.003% 的范围内,氧化物夹杂为 1.5 级;钢轨头腰探伤报警率大幅降低:U71Mn 钢由原来的 0.92% 降至 0.23%;PD3 由原来的 1.13% 降至 0.32 %。

b　全程保护浇铸

连铸过程钢液二次氧化是铸坯中大颗粒夹杂物的主要来源之一。为防止钢液二次氧化,国内外钢轨钢大方坯连铸过程均采用了钢包→中间包→结晶器全程保护浇铸的生产模式,即钢包→中间包采用长水口,长水口与大包滑动水口接合处用氩气及密封垫密封,中间包添加覆盖剂,中间包→结晶器采用浸入式水口,结晶器采用保护渣。采用全程保护浇铸,钢包→中间包钢水吸氮少于 0.0003%,中间包→结晶器钢水吸氮少于 0.00015%,有效地减少了连铸坯中的夹杂物。目前,追求的保护浇铸效果为零吸氮。

c　中间包冶金

采用中间包冶金技术降低钢中夹杂物、提高钢水质量的主要措施有:

(1) 提高中间包包衬材质寿命,减轻耐火材料的侵蚀,消除对钢水的污染。韩国浦项钢铁公司为了进一步提高轮胎钢丝用连铸大方坯的纯净度,将钢包长水口用原材料的铝矾土改为烧结氧化铝,将浸入式水口和中间罐塞棒用材料由 Al_2O_3 基改为氧化镁基。

采取这项措施后,不同碳含量的轮胎钢丝在拔丝时的断头率分别由 29.6% 降至 2.4%(碳含量为 0.7%)和由 5.9% 降至 1.5%(碳含量为 0.8%)。

(2) 改善中间包钢水流动形态,减少钢液湍流,采用大容量中间包,延长钢水在中间包内的停留时间,促进夹杂物上浮分离。包钢 4 机 4 流大方坯连铸机采用大容量 T 形中间包,并设有8孔挡墙,以改善中间包钢水流动状态,减少卷渣;武钢5机5流大方坯连铸机采用大容量T形中间包,中间包设有挡墙和坝,促进夹杂物上浮分离;鞍钢4机4流大方坯连铸机采用32 t的大容量T形中间包,并设有挡渣墙和溢流堰,可促进夹杂物充分上浮分离。

(3) 中间包恒 Al_2O_3 液位(恒重)浇铸,防止钢渣卷入结晶器。鞍钢的中间罐钢水液位采用称重系统与大包滑动水口连锁控制,保证中间罐钢水液位稳定,减少中包下渣。

B 氢含量控制

为避免钢轨中白点的产生,冶炼时通过冶金和耐火材料充分烘干及对钢液进行真空处理脱氢,并将连铸坯缓冷,以控制钢中的氢含量。

氢含量的控制是为了防止钢轨产生白点缺陷,要求钢的氢含量控制在0.00015%以下。钢水在连铸过程中存在着许多增氢的可能性,这也是连铸过程控制的重点,如新砌中间包内衬的脱气过程,可使浇铸的第一炉钢水氢含量由0.00015%增至0.00045%,第二炉钢水中氢含量由0.00015%增至0.00029%;中间包使用的绝热板或涂料,向大包、中间包和结晶器钢液表面添加的常温保护渣等,也都可能因其中水分而使钢液增氢。因此,即使钢液经真空脱气后氢含量不大于0.0002%,连铸后钢中氢含量仍可能高于发生白点的临界氢含量。为避免钢轨中形成白点,还必须将连铸坯进行堆垛缓冷除氢,高强度低合金钢轨及热处理钢轨的连铸坯需采用缓冷坑或保温罩缓冷除氢,以控制钢中氢含量不大于0.0001%。

国外许多著名钢轨厂家均采用这种综合除氢工艺,如英国沃金顿钢厂在生产含铬耐磨钢轨时,钢液经真空处理后,再将连铸坯在相变温度下700℃左右放入缓冷坑缓冷,利用相变时钢中氢溶解度大幅度下降的热力学关系,进行固态扩散除氢;日本钢管福山厂、新日铁八幡厂,采用钢液真空处理和连铸坯堆垛并加保温隔热罩缓冷相结合的综合除氢工艺;德国蒂森钢公司鲁尔区厂采用RH真空处理后,钢中氢含量不大于0.0002%,一般钢轨采用堆垛缓冷,含铬合金轨连铸坯采用箱式缓冷,氢含量一般不大于0.0001%,保证不发生白点。

3.1.5 我国钢轨生产工艺与技术

3.1.5.1 国内钢轨生产概况

国内钢轨的典型生产工艺为:

高炉铁水→铁水预处理→转炉→钢包吹氩、喂复合线→连铸→初轧→推钢式加热炉→轧机→热锯定尺→冷床→缓冷坑→平立联合辊矫直机→轨端四面液压矫直机→联合锯钻机床→轨端帽形淬火→在线超声波探伤→人工检查入库。

国内各钢厂钢轨钢的生产工艺为:

鞍钢:LD→吹氩→方坯连铸→LF→VD精炼装置;

包钢:LD→吹氩→LF→VD→CC;

攀钢:LD→吹氩→LF→RH→模铸(大方坯连铸很快投产)。

3.1.5.2 包钢钢轨生产工艺与技术

包钢进行的以连铸为标志的炼钢技术改造,实现了采用连铸坯生产钢轨的工艺路线,也是国内第一条采用连铸坯生产钢轨的生产线。其中,引进了德国技术的LF钢包精炼炉、VD真空脱气装置、大方坯连铸机,并进行了顶底复合转炉和铁水镁基脱硫的技术改造。

A 工艺路线

根据与德方签订的技术文件,在包钢长期平炉→模铸→初轧坯→轨梁轧制→缓冷工艺生产钢轨的经验以及近年转炉生产镇静钢经验的基础上,确定了包钢钢轨生产的新工艺为:

铁水脱硫扒渣→铁水包内喷粉脱硫→80 t SRP 法脱磷→80 t 复吹转炉半钢冶炼→LF 炉钢水加热、脱硫、合金化成分微调→VD 法真空脱气→挡渣出钢(或扒渣)→大方坯连铸(带电磁搅拌,280 mm×325 mm,280 mm×380 mm,319 mm×410 mm)→铸坯堆垛缓冷→质量检查→缺陷处理→轨梁轧制→余热淬火。

80 t 顶底复吹转炉冶炼所用的中磷铁水经过铁水包喷粉脱硫及 SRP 法脱磷处理后,半钢磷含量不大于 0.035%,硫含量不大于 0.01%,转炉钢水终点磷含量将不大于 0.015%。转炉出钢采用气动挡渣工艺,尽可能减少进入钢包中的渣量。如果挡渣失败,可在钢水进入精炼之前检查扒渣。钢水在 LF 炉内加热提高温度及成分微调处理。经过 LF 炉处理后的钢水随着钢包进入到 VD 工位。在 66.7 Pa 真空下处理约 20 min,使氢含量降至 0.0002% 以下。在 VD 工位备有双线喂丝机,可根据需要继续对钢水进行成分微调、脱氧及夹杂物变性处理。在连铸机和精炼设备之间有过程计算机进行工艺状态通讯,及时协调生产节奏,保证连铸机生产顺行。

由于轨梁厂采用余热淬火生产热处理轨,所以钢水必须经过真空处理,使[H]≤0.0002%。

B 钢轨钢各个工艺过程的成分

包钢钢轨钢各个工艺过程的成分控制如表 3-9 所示

表 3-9 包钢钢轨钢成分的控制(%)

项 目	C	Si	Mn	P	S	Al	H
GB2585	0.67~0.80	0.13~0.28	0.70~1.00	≤0.040	≤0.040		
淬火钢	0.75~0.82	0.13~0.28	0.70~1.00	≤0.040	≤0.040		≤0.0002
包钢内控	0.75~0.80	0.13~0.28	0.70~1.00	≤0.020	≤0.010	0.01~0.012	≤0.0002
目标值	0.77±0.22	0.20±0.025	0.853±0.05	≤0.020	≤0.010	0.01~0.012	≤0.0002
转炉出钢	0.2		0.25	≤0.015	≤0.010	0.01~0.012	0.0003~0.0005
LHF 前	0.65	0.18	0.70	≤0.020	≤0.010	0.01	0.0003~0.0005
VD 前	0.65	0.20	0.85	0.020	≤0.010	0.01~0.012	0.0003~0.0005
VD 后	0.77	0.20	0.85	0.020	<0.010	0.01~0.012	≤0.0002

C VD 真空脱气

VD 真空处理钢液的目的是完成钢轨钢的钢液脱氢、脱氮和脱氧处理,同时具有真空加料、喂丝等功能及对钢液进行成分微调和夹杂物变性处理。

VD 真空脱气主要设备及工艺参数为:真空罐外径 5.0 m、高度 4.6 m,罐盖直径 5.2 m、高度 1.8 m,防辐射屏直径 3.4 m,盖提升行程 400 mm,真空罐抽气管道直径 1.0 m,真空泵抽气能力 250 kg/h(297 K 空气,0.7 MPa),极限真空度 0.02~0.04 kPa,VD 处理作业周期 35 min,VD 处理能力(双工位)60 万 t/a。

VD 炉操作过程为:把钢包用吊车放入真空罐内,连接氩气管,调节氩气流量至 30~50 L/min(标态),使钢液表面沸腾,并测温取样(3 min);移动罐盖运输车到处理位置,降下罐盖(各 1 min);选择处理模式,启动真空系统 4 min 后达最大真空度 20 ~ 40 Pa;深真空处理氩气流量为 250 ~ 300 L/min(标态),真空罐内压力保持在 20 ~ 40 Pa,处理时间为 15 min,并根据钢种成分要求加入备好的合金材料;根据钢液温度降低值计算处理时间,若时间合适泄真空,提盖并移走真空罐盖(3 min);测温取样后喂线,并对钢液进行软吹氩气取出夹杂,软吹时间 6 min,然后进行最后一次钢液测温取样,合适后加入覆盖渣,停止吹氩,用吊车把钢水送去连铸。

D 钢轨生产的工艺特点

包钢钢轨生产的工艺特点是:

(1) 钢水质量好。$w(P) \leqslant 0.02\%$、$w(S) \leqslant 0.02\%$(部分钢种小于 0.005%)、$[H] \leqslant 0.0002\%$,化学成分精确控制波动范围小(碳含量为 ±0.025%),洁净度高,温度可精确控制;

(2) 连铸坯表面质量好,无缺陷坯可达 98%;

(3) 铸坯内部组织均匀;

(4) 金属收得率高,约比模铸提高 10% 以上;

(5) 钢轨的实物质量提高;

(6) 钢轨质量的均匀性可保证钢轨线余热淬火的工艺要求;

(7) 在轧态钢轨生产线上取消缓冷工艺,显著提高轧钢厂的钢轨生产能力。

3.1.5.3 鞍钢钢轨生产工艺与技术

鞍钢是我国最早的钢轨生产基地,工艺装备具备年产 50 万 t 43 ~ 50 kg/m 钢轨的生产能力。近年来试验生产 60 kg/m 的钢轨,也曾开发过 Mn-V 钢轨,目前正在开发 Nb-RE 钢轨。U71Mn 钢轨钢是鞍钢的名牌产品,大方坯连铸投产前主要采用模铸生产。2000 年 6 月鞍钢采用大方坯连铸机生产 U71Mn 钢轨钢,在生产初期 U71Mn 连铸坯存在以下问题:

(1) 钢水中氢、氧含量较高,严重影响铸坯质量;

(2) 在铸坯内部三角区存在细小裂纹,此裂纹在轧制过程中发展而导致在轨头、轨腰、轨底出现裂纹,结果探伤不合格;

(3) 铸坯中部中心疏松、中心缩孔较严重。

针对以上问题,采取了下列措施:

(1)将 VD 炉的保压时间增加到 15 min 以上,可使钢水中$[H] < 3 \times 10^{-4}\%$,$[O] < 15 \times 10^{-4}\%$,对降低钢水中的氢、氧含量有明显的效果;

(2)对铸坯中三角区裂纹和中心偏析,采取降低中间罐钢水过热度(确保中间罐钢水过热度在 30℃以下)、提高结晶器电磁搅拌的电流强度和电流频率(电流强度由 200 A 提高到 500 A,电流频率由 115 Hz 提高到 118 Hz,对改善铸坯内部质量有明显效果)、降低拉速(由 0.8 m/min 降低到 0.7 m/min)等措施,对铸坯补缩、提高结晶器坯壳厚度、降低三角区裂纹有显著效果。

采取以上措施,使鞍钢生产的 60 kg/m 的 U71Mn 钢轨钢试制获得成功,铸坯低倍合格率达 99.8%,一级品合格率达 92.8%。继 U71Mn 钢轨钢成功生产后,鞍钢为我国台湾开发了钢轨钢 800N,之后又成功开发了出口美国的钢轨钢 ARB78、出口泰国的 900A 等特殊钢轨钢。2001 年 8 月鞍钢又为秦沈高速铁路成功试制了 PD3(200)钢轨钢。鞍钢试生产的用于 PD3(200)的 280 mm × 380 mm 铸坯完全满足轧制高速钢轨的要求,并于 2001 年 10 月进行批量生产。

A　主要生产工艺流程

转炉冶炼的钢水由钢水过跨车从炼钢车间运输到连铸车间的钢水接收跨，然后用吊车吊运到100 t的LF炉进行二次精炼，经吹氩、提温、合金化后，再到VD炉进行真空脱气处理，之后吊放到大包回转台上进行浇铸。钢水经中间罐分浇成4流大方坯，再经火焰切割和称量后，由推(拉)钢机移到热送运输辊道上，最终运至轧钢车间进行装炉轧制。对有缺陷的铸坯，由横移台车(推拉钢机)运至铸坯精整区进行下线精整。工艺流程见图3－8。

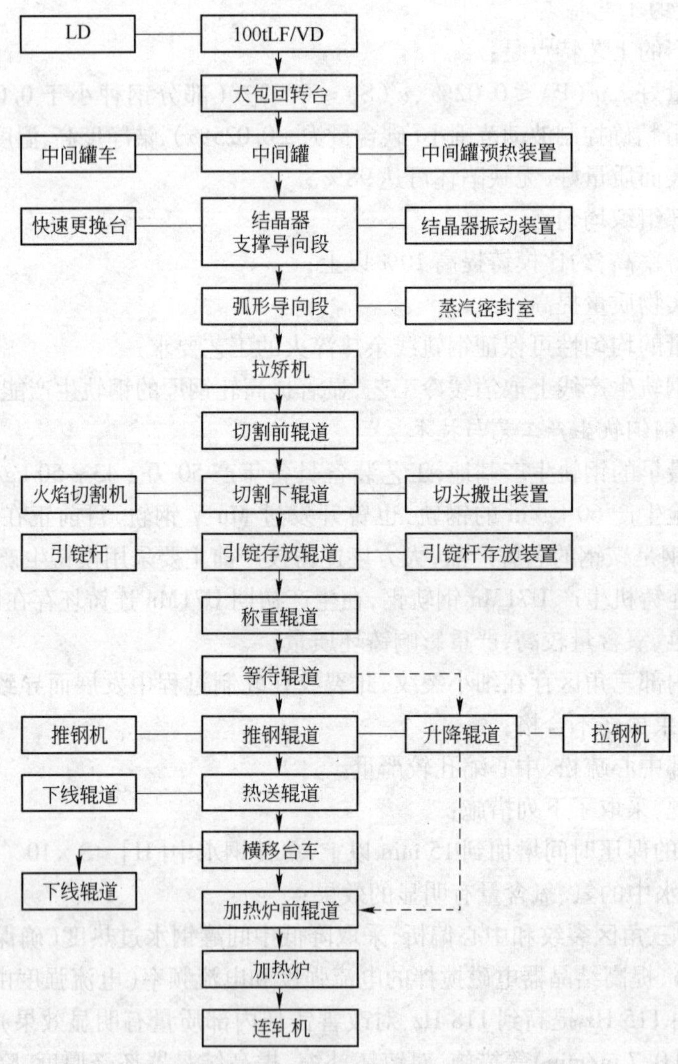

图3－8　鞍钢钢轨钢冶炼及连铸流程

B　钢轨钢的冶炼工艺措施

鞍钢生产钢轨钢的冶炼工艺措施有：

(1) 采用保护渣、保温渣、绝热板三位一体保护浇铸，改善钢锭头部和表面质量；

(2) 采用下注法生产钢轨钢，使钢轨的表面缺陷大幅度下降；

(3) 采用罐内吹氩技术，使钢水温度及化学成分均匀，非金属夹杂物含量降低，从而延长了钢轨的使用寿命；

(4) 采用Si-Ca-V复合合金脱氧工艺,改变钢中非金属夹杂物的组成和氧化物形态,提高钢轨的使用性能;

(5) 采用罐内固体合成渣洗工艺,净化钢水并脱硫。

C 大方坯连铸的质量要求

鞍钢的大方坯连铸机以浇铸钢轨钢和硬线钢为主,连铸机的设计充分考虑其工艺特点。连铸机的装备水平要满足最终产品的质量要求主要包括以下几个方面:

(1)高纯净度。高纯净度是钢轨钢连铸坯最基本的质量要求,包括氢含量和夹杂物控制两个方面。氢含量的控制是为了防止钢轨产生白点缺陷,要求钢的氢含量控制在$2.5 \times 10^{-4}\%$以下。夹杂物控制是为了防止钢轨在使用中产生点状剥落,提高钢轨的使用寿命。钢中的氧化夹杂物,尤其是链状分布的Al_2O_3是钢轨在使用中产生点状剥落的主要根源,因此,高质量的钢轨钢对钢中的夹杂物数量及形态都有严格的要求。夹杂物的数量一般用总氧量来控制,要求控制在$20 \times 10^{-4}\%$以下;夹杂物的形态应为球形的复合夹杂物,要避免脆性的Al_2O_3的夹杂物,其尺寸应小于13 μm。

(2) 中心偏析和中心疏松小。钢轨钢和硬线钢都属于高碳钢种,凝固温度范围宽,其凝固方式为典型的糊状凝固,树枝晶发达,容易形成枝晶搭桥,铸坯容易形成中心偏析和中心疏松缺陷,使钢轨产生组织和性能上的不均匀性。铸机应采用低温浇铸、电磁搅拌等工艺措施来减小铸坯的中心偏析和中心疏松。

(3) 表面质量好。钢轨在使用过程中,轨面承受着巨大的接触应力,并承受着车轮带来的冲击、磨损和弯扭作用,轨面的任何微小缺陷都会成为钢轨疲劳破坏的应力源,因此要求连铸坯具有良好的表面质量和皮下质量。

D 大方坯连铸机的装备特点

大方坯连铸机以满足铸坯的质量要求为前提,以高拉速、高作业率为目标,以经济实用为原则,实现了高效连铸的要求。其技术装备特点如下:

(1) 大包回转台:采用了两臂能单独升降的连杆式大包回转台,并具有回转、升降、称量和加盖等多种功能。加盖装置的设置可有效减少浇铸过程中钢水的温度损失,保证多炉连浇。回转台的正常回转采用交流电机驱动,并设有液压马达事故回转系统。

(2) 中间罐系统及保护浇铸:采用了大容量T形中间罐,并设有拦渣墙和溢流堰,使夹杂物能够充分地上浮分离。中间罐正常容量32 t,工作液位高度800 mm,能保证多炉连浇,更换钢包时连铸机保持正常的浇铸速度。中间罐内的钢水液位采用称重系统与大包滑动水口连锁控制,保证中间罐钢水液面的稳定。中间罐钢水向结晶器的注入采用滑动水口控制。

为防止钢水在浇铸过程中产生二次氧化,整个浇铸系统采用了无氧化保护浇铸。钢水从大包到注入结晶器,采用了由长水口、中间罐覆渣、浸入式水口、结晶器保护渣组成的保护系统,使钢水与空气隔离。同时对滑动水口、长水口、浸入式水口各接缝处通入氩气进行密封,防止空气吸入。

(3) 结晶器液位自动控制:结晶器液位采用Cs137检测系统与中间罐滑动水口进行连锁控制,以减小钢液面的波动,防止保护渣的卷入。稳定的结晶器液面也有利于保护渣的均匀铺展和熔化,形成均匀的保护渣膜,改善铸坯的表面质量。

(4) 结晶器振动装置:结晶器振动装置采用了板弹簧导向的四偏心正弦振动机构,实现结晶器的高频小振幅振动,提高铸坯的表面质量。结晶器、支撑导向段和振动装置通过QC

台实现整体更换,有利于减少铸机的在线检修维护时间,提高了铸机的作业率。

(5) 结晶器电磁搅拌:结晶器电磁搅拌具有提高铸坯表面质量、改善凝固组织、降低中心偏析和中心疏松、促进夹杂物上浮分离等综合作用,能显著改善铸坯的表面质量和内部质量。电磁搅拌形成的钢水流动能有效减小浸入式水口流出钢水的冲击深度,减少坯壳重熔;通过对凝固前沿的冲刷作用,使凝固坯壳均匀生长,使结晶器内的热区上移,提高弯月面的钢水温度,促进保护渣熔化,也有利于提高拉坯速度。

(6) 铸坯导向及二次冷却系统:带有液芯的铸坯在二冷区内承受着钢水静压力、拉坯力、矫直力和坯壳内部热应力的复合作用,易于产生表面裂纹和内部裂纹。因此,在铸坯导向和二冷系统采用了12 m的大圆弧半径、较长的密排辊支撑导向段、气水雾化二次冷却和多点矫直等技术,以减小凝固坯壳承受的拉伸应变,防止裂纹产生。铸坯二次冷却采用弱冷技术,使拉矫机出口处的铸坯表面温度可达到950 ~1000℃。

(7) 铸坯热送:铸坯经过切割和称量后,直接通过热送辊道热送装炉。由于钢坯连轧生产线与连铸车间毗邻,铸坯装炉温度高,显著减少了铸坯再加热的能源消耗和氧化损失。

3.1.5.4　攀钢钢轨生产工艺与技术

攀钢也是我国钢轨的生产基地之一,国内率先生产出时速200 km客运专线60 kg/m的钢轨,并已铺设在秦沈客运专线上,具备年产60万t(37 ~75 kg/m、75 kg/m、37 ~52 kg/m、50 ~75 kg/m,U71Mn、PD2、PD3)的生产能力。

A　钢轨的生产工艺流程

钢轨的生产工艺流程为:

铁水预处理→120 t氧气顶底复吹转炉→挡渣出钢→液面保护渣→吹氩气处理→三位一体(保温帽、保护渣、发热剂)浇铸→热钢均热→轧机→开坯→剪切→钢坯火焰处理→加热炉加热→精轧→缓冷→矫直→在线超声波探伤→冷加工→质量检查→入库。

B　铁水预处理

攀钢铁水硫含量一般在0.060% ~0.080%。如果仅靠转炉脱硫,很难将钢中硫含量降到0.030%以下。1992年,攀钢建成年处理能力200多万吨的铁水脱硫车间,并相继开发出CaC_2基、镁基脱硫剂及相应的脱硫工艺。经脱硫预处理后,攀钢铁水、半钢中的硫含量可稳定在0.020%以下,最低可达0.005%。实践证明,采用预脱硫铁水、半钢生产的钢轨其硫化物夹杂评级能达到2.5级的要求。

C　脱氧及精炼工艺

a　脱氧工艺

通过选用合适的预脱氧剂、优化脱氧剂加入量及加入顺序,钢轨钢的脱氧得到强化,脱氧效果明显改善,钢液氧活度可稳定地控制在0.001% ~0.002%。另外,钢轨氧化物清洁度明显改善,表现在钢中夹杂总量、高熔点的Al_2O_3夹杂大幅降低,钢轨T[O]降至0.002%以下(0.0016% ~0.002%);钢轨硅酸盐、B类和D类夹杂评级均达1.5级以下;钢轨头部报警率大幅降低。

b　出钢挡渣及钢包渣调质处理

转炉下渣是影响转炉钢质量的主要因素之一,为防止转炉下渣量大造成钢液二次氧化,自1998年起,攀钢开始全面采用整体出钢口,使转炉下渣量得到有效控制。采用整体出钢口加挡渣锥的挡渣工艺后,冶炼中、高碳钢的钢包渣层厚度降至60 mm以下。加入钢包渣改质剂后，钢包渣中 FeO + MnO 的含量能稳定在 4% 以下，有效地减轻了吹氩过程中钢包渣对钢液的二次氧化。采用整体出钢口加钢包渣调质剂前后吹氩过程氧含量的变化如表 3 – 10 所示。

表 3 – 10 吹氩过程氧含量变化

工　艺	吹氩前后钢液氧含量变化/%
普通出钢口 + 挡渣锥	+0.001
整体出钢口 + 挡渣锥 + 钢包渣调质	+0.0003

c 强化钢包处理吹氩

攀钢为进一步提高钢的纯净度，充分发挥吹氩的精炼作用。通过提高出钢温度、延长吹氩时间，以及采用强搅、弱搅相结合的吹氩工艺，钢包吹氩去除钢中氧化物夹杂的能力显著提高。采取上述措施后，钢轨钢夹杂总量减少 20%。

d RH 真空处理

为适应新标准对钢轨钢生产工艺的要求，攀钢建立了钢轨钢 RH 真空处理工艺。在 RH 工位进行成分微调，浸入管插入深度为 550 ~ 650 mm，吹氩量为 1200 L/min（标态），处理时间大于 18 min，真空度小于 500 Pa，高位温度控制在 1560 ~ 1580℃。结果表明，经 RH 真空处理后，钢轨钢中氢含量可降到 0.0001% 以下，钢轨总氧可稳定地控制在 0.002% 以下。经 RH 真空处理后钢轨中的氧化物夹杂大幅度降低，钢轨夹杂总量降至 0.005% 以下。

e LF 处理

钢包就位后，取样测温，加入顶渣 600 kg/炉，渣层厚度控制在 50 ~ 80 mm。顶渣成分：$w(CaO) = 60\% \sim 66\%$，$w(Al_2O_3) \leqslant 8\%$，$w(SiO_2) = 4\% \sim 6\%$，$w(MgO) = 5\% \sim 7\%$，$w(H_2O) \leqslant 2\%$，$w(CaF_2) = 12\% \sim 16\%$，$w(P、S) = 0.08\%$。升温速度不大于 3℃/min，不进行脱硫和成分微调，离位温度为 1590 ~ 1610℃。

D 冶炼与连铸的设备特点

为满足钢轨产品质量要求，以冶炼与连铸高效化为目的，采用了以下可靠、先进和适用的连铸技术及设备：

(1) 带称量和加盖功能的钢水罐回转台；大容量深液位中间罐，并采用挡渣措施，可以降低钢水夹杂物含量，提高连浇作业率；保护浇铸（钢水罐长水口和中间罐浸入式水口 + 保护渣），避免钢水二次氧化。

(2) 结晶器电磁搅拌。能加强结晶器内钢水的对流运动，有助于清洗凝壳表层区的气泡和夹杂物，改善铸坯表面质量；同时钢水的运动有利于打碎枝状晶，增加铸坯的等轴晶核心，改善铸坯的凝固组织。

(3) 结晶器液压振动。与传统的机械振动相比，在浇铸过程中可对振幅、频率、振动方式进行全动态调节，并具有变频控制模式，振动装置的振幅、频率都可随拉速的变化而变化；并在结晶器振动时，保持最佳的负滑脱时间以控制铸坯振痕深度。

(4) 二冷段气水雾化冷却及动态控制。在二冷区，除结晶器足辊区为喷水冷却外，其余冷却区均采用气水雾化冷却方式，并由在线二冷动态控制模型自动控制各冷却区的水、气量。

(5) 凝固末端动态轻压下。采用动态轻压下技术能减轻中心偏析、中心疏松的自然形成。在铸坯凝固终点前，使坯壳受到压缩，避免富含偏析成分的钢液在铸坯中心积聚形成中心偏析；同时轻压下给铸坯一定的压下力，使铸坯压缩一定量来补偿凝固收缩量，从而减少了中心疏松。

（6）连续矫直技术。

（7）火焰切割机和在线铸坯称重、打印装置。

（8）链式引锭杆及其侧移存放装置。

（9）热送辊道输送合格铸坯和电动平车运送下线铸坯的出坯方式。

（10）铸坯缓冷箱。正常生产时铸坯由热送辊道热送至轨梁厂，当热送辊道发生故障时，铸坯需下线冷却后由铸坯运输车送到轨梁厂。

3.1.5.5 武钢钢轨生产工艺与技术

A 钢轨钢的生产工艺流程

武钢生产钢轨钢的工艺流程为：

铁水预处理→转炉吹炼→LF→VD→连铸→铸坯堆垛冷却→ϕ860 mm 轧机轧制→ϕ760mm 轧机→锯切→缓冷→矫直→淬火→轨头加工→超声波探伤→检查→入库。

武钢生产的 U71Mn 钢化学成分如表 3 – 11 所示。

表 3 – 11 武钢生产的 U71Mn 钢化学成分（质量分数/%）

元 素	C	Si	Mn	P	S
范围	0.68 ~ 0.75	0.21 ~ 0.28	1.13 ~ 1.46	0.011 ~ 0.028	0.004 ~ 0.012
平均值	0.71	0.24	1.27	0.016	0.006

B 武钢生产钢轨钢采取的措施

a 提高钢水纯净度

（1）减轻钢水过氧化程度。由于采用低拉碳法去磷，为了钢水的纯净度及成分控制稳定，尽可能减轻钢水过氧化程度，根据转炉吹氧 OANW-O 关系曲线，[C] = 0.10% 时是曲线的拐点，当[C] ≤0.10% 时，[O]垂直上升。在保证去磷效果的同时，使吹炼终点[C]控制在 0.10% 左右。实际终点[C]平均为 0.093%，[C] = 0.10% 的比例为 35%。

（2）钢包渣改质。挡渣出钢，钢包渣层厚 $\delta \leqslant 150$ mm，加入改质材料，降低渣的氧化性，使吹氩、LF 炉精炼工序更好地吸附钢水中的夹杂物。钢包精炼后 w(FeO) ≤2.0%，w(MnO) ≤0.8%。

（3）使用复合脱氧剂。预处理后，入炉铁水[S] ≤0.010%，出钢增碳使用低硫增碳剂，Si-Ba-Ca 系复合脱氧，精炼处理后[O] < 0.002%，同时改变夹杂物的形态，钢液在真空室内强烈搅拌，为夹杂物的排除提供了很好的动力学条件。

（4）防止二次氧化。连铸全程保护浇铸，浇铸过程钢水增氮小于 0.0005%，平均增氮 0.0003%。出钢至中间包过程氮变化情况如图 3 – 9 所示。

b 降低钢水氢含量

出钢过程需加入大量的增碳剂等材料，转炉钢氢含量比平炉模铸工艺增多约 0.0002%。去氢处理可以在钢液、钢坯和钢轨上进行，最经济和有利于质量的办法是工艺去氢。VD 处理脱氢效果表明，在工作真空度为 67 Pa、保持适度的吹氩强度、工作真空度下的处理时间大于 15 min 的条件下，即可保证[H] < 0.0002%。VD 处理脱氢的效果如表 3 – 12 所示。

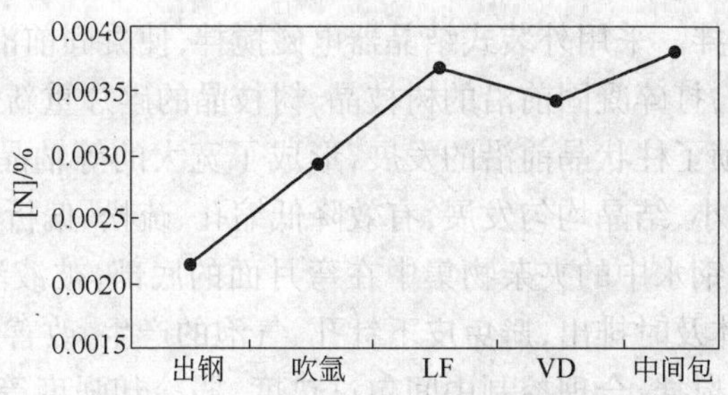

图3-9 出钢至中间包过程氮的变化

表3-12 VD处理脱氢效果

指 标	工作真空度/Pa	吹氩量(标态)/L·min^{-1}	真空度下处理时间/min	处理后[H]/%
范 围	≤67	220~600	10~17	0.00005~0.00019
平均值		380	14	0.000125

c 减轻铸坯缺陷

U71Mn高碳钢的钢水凝固结晶直接形成奥氏体组织，随着铸坯温度的下降，发生固态转变，沿奥氏体晶界析出铁素体，具有共析成分的奥氏体分解成为珠光体，形成了珠光体、铁素体，其中珠光体占90%左右。珠光体硬度高、塑性差，使铸坯的表面裂纹、内部裂纹的敏感性增加。随着碳含量的增加，钢水凝固收缩增大(见表3-13)，柱状晶发达，在凝固末端中心区域钢液会形成碳的富集，严重的碳偏析发生过共析转变，形成网状渗碳体，使钢的加工和使用性能变差，凝固过程中形成很大的变形应力。

表3-13 碳钢凝固收缩量与碳含量的关系

碳含量/%	0.10	0.35	0.45	0.70
凝固收缩量/%	2.00	3.00	3.30	5.30

针对铸坯缺陷，采取了以下措施：

(1) 减少钢水过热度。将铸坯轧制成钢轨，取样进行低倍分析，铸坯缩孔级别大于2级，钢轨轨腰部位会出现纵向细线状裂纹，为严重的中心缩孔或疏松形成。合理控制中间包钢液的过热度是减轻铸坯中心偏析和缩孔缺陷的基础，过热度对铸坯中心偏析有明显的影响(图3-10)，实际中间包钢水过热度控制在15~30℃。

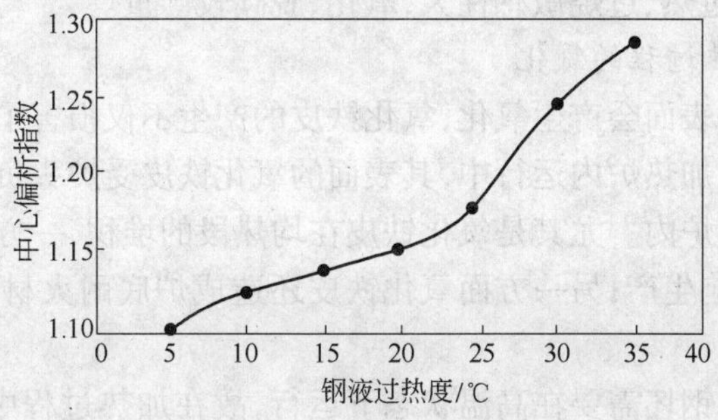

图3-10 过热度对铸坯中心偏析的影响

（2）结晶器电磁搅拌。采用外装式结晶器电磁搅拌，使凝固前沿强制对流运动，加速钢水残余过热传给凝固壳，打碎凝固前沿的树枝晶，树枝晶的碎片重新熔化，降低了钢水温度，增加了等轴晶核心，封锁了柱状晶前沿的发展，形成了宽大的等轴晶区，钢液的搅动使液芯由外向内的温度梯度减小，结晶均匀发展，有效降低缩孔、疏松、偏析等中心缺陷级别。结晶器内钢水的旋转运动使钢水中的夹杂物集中在弯月面的底部，被液渣层捕集。随着钢水的运动，凝固时放出的气体及时排出，避免皮下针孔、气泡的产生，改善铸坯表面质量。

通过采用铸流电磁搅拌、合理控制中间包过热度、弱冷却强度等措施，可避免铸坯表面裂纹产生，降低铸坯中心缺陷的级别和危害，防止产生白点，满足了钢轨对性能、质量的要求。

（3）采用低拉速、弱冷却强度，铸坯缓冷时间大于 24 h，避免表面裂纹的产生。

3.2　钢坯加热

钢坯加热工艺直接影响钢轨的表面质量、尺寸精度和力学性能。近年来，随着高速铁路的发展，铁道部门对钢轨表面质量、内部质量、力学性能和外观尺寸的要求日益严格，这对钢坯的加热质量也提出了更高的要求，尤其是要求改善钢坯加热温度的均匀性、减小钢坯温度波动和降低钢坯加热时的脱碳层深度。

钢轨钢由于碳含量高，钢坯加热过程中过热、过烧敏感性大，氧化、脱碳较严重。国外主要钢轨生产厂如日本新日铁八幡厂、德国蒂森公司、法国钢铁集团哈亚士厂、加拿大悉尼钢厂和卢森堡罗丹厂等，钢坯加热设备均采用计算机控制的步进梁式加热炉。而我国主要的钢轨生产厂武钢大型厂、包钢轨梁厂和攀钢轨梁厂，已逐步将原来的推钢式连续加热炉改变为步进式加热炉。

鞍钢大型厂在二期改造过程中才引进步进式加热炉，步进式加热炉是生产高速铁路用钢轨的必备设备，不仅能够满足高速铁路对钢轨表面脱碳层的严格要求，而且从加热的均匀性上能够保证产品最终的轧制尺寸精度，减少氧化烧损，提高成材率。

3.2.1　钢坯表面缺陷及清除

对钢轨钢坯加热工艺制度进行研究，有利于改善钢坯加热质量，为生产高速铁路用钢轨提供加热合格的钢坯，提高钢轨生产厂的竞争能力。

若钢坯加热工艺不合理将引起表面轧制等缺陷，PD3、U71Mn 等钢轨钢种由于碳含量高，钢坯在加热过程中过热、过烧敏感性大，氧化、脱碳较严重。

3.2.1.1　钢坯加热过程的氧化

钢坯在加热过程中表面会产生氧化，氧化铁皮的产生不仅损害了钢的性能，还降低了钢的成材率。同时钢坯在加热炉内运行中，其表面的氧化铁皮受炉头负压吸冷风的影响，常常与钢坯机体脱离而掉在炉内。尤其是氧化铁皮在均热段的堆积，一方面造成炉底上涨过快，迫使清渣周期缩短，影响生产；另一方面氧化铁皮还造成炉底耐火材料的侵蚀，影响炉体的寿命。

在加热炉的生产中钢坯需要在高温状态下运行，故在加热过程中氧化烧损是不可避免的，这就需要研究钢坯氧化烧损加剧的温度区间，并结合加热气氛状况，找出既可满足生产又能做到低烧损、低单耗的加热工艺。

钢坯在炉内的氧化是两种元素在相反的方向上扩散的结果，即炉气中的氧原子通过钢坯表面向内部扩散，而铁离子则由内部向外扩散，两者在一定的加热温度和炉内气氛等条件下，起化学反应而生成铁的氧化物。一般情况下，钢坯表面生成的氧化铁皮的结构是 $Fe_2O_3 + Fe_3O_4 + FeO$，这三种氧化物以固溶体的形式存在于钢的表面。钢坯氧化与炉温、在炉时间、炉内气氛密切相关。炉温越高，在炉时间越长，烧损越严重；炉气中的 O_2、H_2O 含量越高，氧化也越严重。

A 加热温度对氧化烧损的影响

研究表明，当温度达到1200℃以上后，氧化烧损加剧。1000℃时的烧损量为800℃时氧化烧损量的6倍，1100℃时约为10倍，1200℃时约为15倍，1320℃约为31倍。因此，最大限度地降低炉温，减少钢坯在高温段的停留时间，是降低氧化烧损的有效措施。氧化烧损率与加热温度的关系见图3－11。

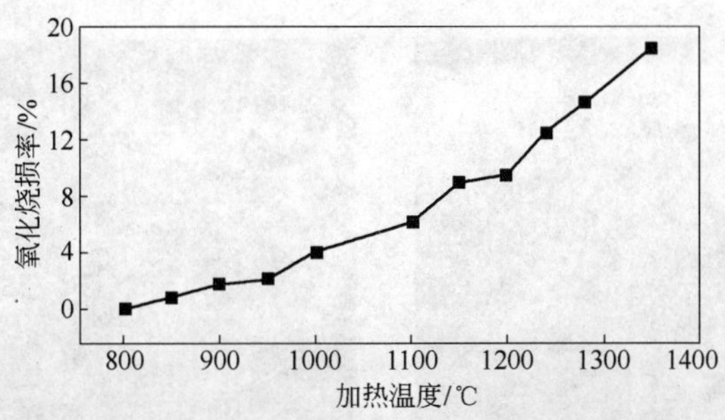

图3－11 氧化烧损率与加热温度关系曲线

B 加热气氛对氧化烧损的影响

钢坯在炉内加热时，炉气中 O_2、CO_2、H_2O、CO、H_2、CH_4 和 H_2S 等气体，与钢的化学反应有不同的特点。其中 O_2 在加热时很小的浓度就能使钢氧化，CO_2 和 H_2O 对高温加热的钢起氧化作用，而 CO 起还原作用，且化学反应是可逆的，在一定温度下化学反应的方向决定于 CO_2 和 CO 的浓度。若增大 CO 浓度，就能避免或减少钢氧化，它们之间还存在着如下的反应关系：

$$CO + H_2O = CO_2 + H_2$$

H_2S 燃烧生成 SO_2，炉气中的 SO_2 能大大提高钢的氧化速度，因为它与铁生成 FeS 而使氧化铁皮熔点降低（最低熔点为1190℃），加剧氧化铁皮的熔化，使氧化更深入。

生产中一般采用空气过剩系数表示炉内的加热气氛。空气过剩系数越高，氧化烧损越重，当空气过剩系数超过1.15后氧化加剧。因此，在加热炉高温段，应严格控制炉内气氛，尽量将空气过剩系数控制在1.15以下，合适的空气过剩系数应选择在1.0～1.15之间。试样氧化烧损率与加热气氛关系见图3－12。

3.2.1.2 钢坯加热中的脱碳

钢轨的脱碳将使钢轨的硬度、耐磨性和疲劳强度等性能降低。近年来，随着铁路车速和轴重的不断提高，要求钢轨具有更大的刚度和更强的耐磨性，这对钢轨的脱碳层深度提出了更严格的要求。

图3－13为U71Mn钢加热前后的脱碳照片。由图3－13可知，U71Mn钢连铸坯的脱碳

层由两部分组成:全脱碳层和部分脱碳层。全脱碳层全部为铁素体组织,是由试样边缘至最初发现有珠光体或最初发现有其他组织的部分。部分脱碳层是指组织和基体组织有差异的区域,自试样边缘开始,从发现珠光体或其他组织的部分至钢的原来组织。

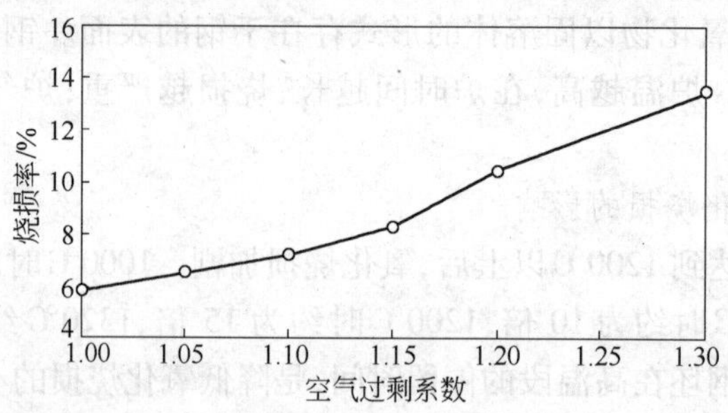

图 3 - 12　氧化烧损率与加热气氛的关系曲线

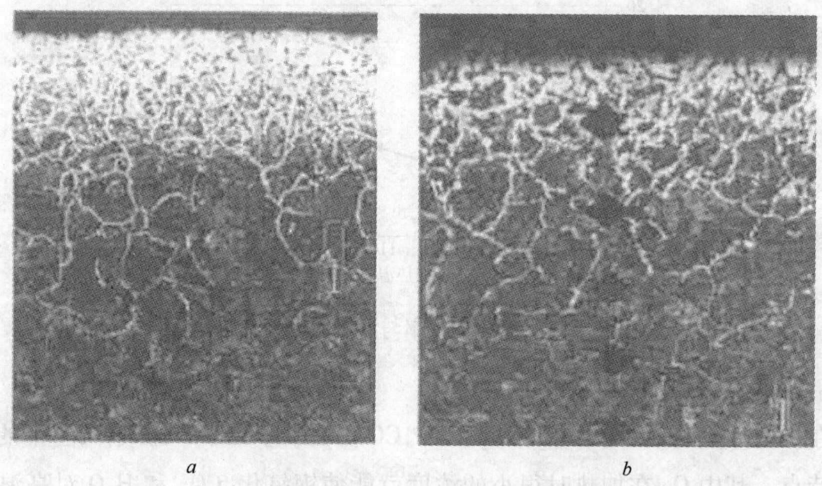

a　　b

图 3 - 13　U71Mn 钢加热前后的脱碳照片

a—加热前(×50);*b*—加热后(×200)

图 3 - 14 为 U71Mn 钢的脱碳照片。从图中可见,成品的脱碳层深度明显减小,而且只包含部分脱碳层,没有全脱碳层,与连铸坯相比,其脱碳层的铁素体组织细小得多。

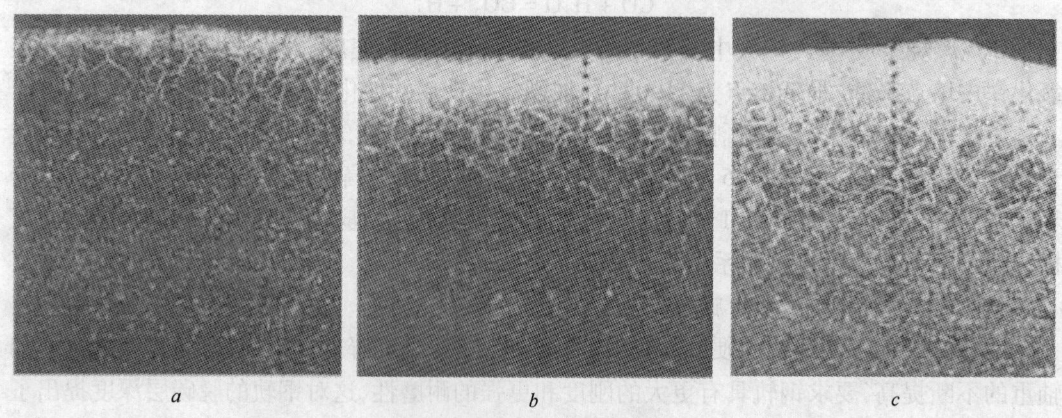

a　　b　　c

图 3 - 14　U71Mn 钢的脱碳照片(×25)

a—加热 225 min 后;*b*—加热 285 min 后;*c*—加热 345 min 后

A 加热时间对脱碳的影响

由图3-14可知,在加热温度相同的条件下,随着加热时间的增加,钢坯的完全脱碳层明显变厚,部分脱碳层的铁素体组织也粗大了很多。对实验数据进行处理,以时间的平方根为自变量,脱碳层深度为因变量进行线性回归,其线性回归方程式为:

$$d = -1.5979 + 0.211\sqrt{t}$$

式中 d——脱碳层深度,mm;

t——加热时间,min。

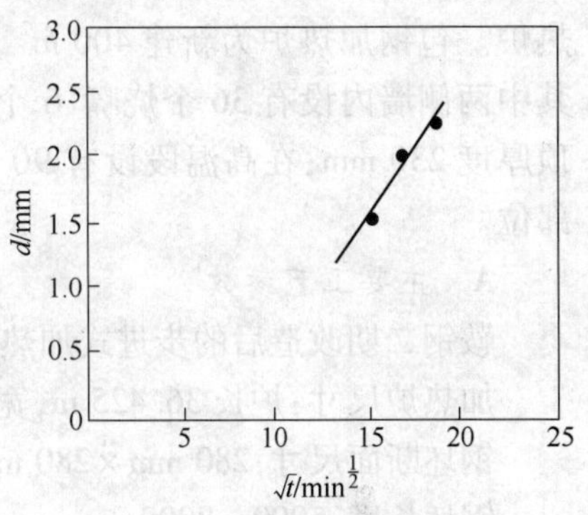

图3-15 脱碳层深度与加热时间的关系

加热时间与脱碳层深度的关系如图3-15所示。加热过程中,扩散是限制性环节,当钢坯氧化层致密、无裂缝,钢中碳化物的分解不是限制性环节时,可以将其脱碳层的形成分解为脱碳和氧化两个彼此独立的过程,而脱碳层的深度应为脱碳层与氧化层深度之差。由菲克定律不难推出脱碳层深度随加热时间的变化呈抛物线关系,即脱碳层深度与加热时间的平方根成正比。

B 脱碳深度与轧制变形率的关系

大量的理论研究和实践经验表明,钢坯加热过程中形成的脱碳层在轧制过程中是发生变化的,轧件的脱碳层深度的变化程度与其变形率成正比。由于钢轨的断面是异形断面,轨头、轨尾和腰部的变形率各不相同,钢轨轨头部分脱碳层深度的变化用如下模型表示:

$$\frac{d}{D} = \eta \frac{h}{H}\frac{1}{\lambda}$$

式中 d——钢轨轨头部分的脱碳层深度;

D——钢坯的脱碳层深度;

h——钢轨的高度;

H——钢坯的高度;

λ——由坯料到轧件的延伸系数;

η——比例常数,根据实测数据进行回归处理,得 $\eta = 5.661$。

则钢轨轨头脱碳层深度的预报模型为:

$$d = 5.661\frac{h}{H}\frac{1}{\lambda}D$$

由于在实际生产中 h、H 和 D 都是已知量,则在轧制过程中轨头的脱碳层深度 d 与延伸系数 λ 成反比。换言之,钢轨轧件的变形程度越大,其轨头部分的脱碳层深度就越小。

为了减少加热过程中的脱碳现象,一些企业研究了采用保护涂料的方法。研究表明,当加热温度和加热时间相同时,涂有保护涂料的试样与未涂覆保护涂料的试样相比,脱碳层的深度变小,而且其形态发生了很大的改变:未涂保护涂料的试样的脱碳层由全脱碳层和部分脱碳层组成,且脱碳层的铁素体组织较粗大;涂有保护涂料的试样的脱碳层只有部分脱碳层,且脱碳层的铁素体组织较细小。统计分析可知,保护涂料可使脱碳层减少约9.2%,氧化减少约10.9%。

3.2.2　步进式加热炉及钢坯加热

3.2.2.1　步进式加热炉

目前我国钢轨生产厂中，包钢轨梁厂和鞍钢大型厂的加热炉已改或扩建为步进式加热炉。包钢加热炉为新建 400 m^2 步进梁式加热炉，炉膛长 45.97 m、宽 8.7 m、高 3.94 m，其中两侧墙内设有 36 个烧嘴、6 个侧墙人孔、6 个侧开炉门、4 个窥孔和 1 个摄像头孔；炉顶厚度 230 mm；在高温段设有 90 个平焰烧嘴；整个炉顶还有 2 处下压部位和 1 处爬坡部位。

A　主要工艺参数

鞍钢二期改造后的步进式加热炉，其具体工艺参数为：

加热炉尺寸：炉长 36.425 m，宽 8.6 m，加热能力为 170 t/h；

钢坯断面尺寸：280 mm × 280 mm、280 mm × 380 mm、420 mm × 310 mm；

钢坯长度：5000 ~ 8000 mm；

钢坯出炉温度：1150 ~ 1250℃；

加热炉步距：440 mm、550 mm；

装钢最短周期：约 60 s。

B　工艺流程及设备组成

由 4 流方坯连铸机生产的铸坯被运至加热炉入炉辊道，按铸坯长度规格停在指定位置。由高架式装钢机将钢坯从入炉辊道运至步进炉固定梁的钢坯等待位置。钢坯定位装置按钢坯规格，将钢坯推至步进梁取料位置。由步进梁将钢坯装进加热炉。从加热炉入口输送至加热炉出料口过程中，钢坯被加热至轧制温度。出钢机将热钢坯从加热炉出口端固定梁上取出，放至加热炉出口辊道中心线处。最后钢坯由出炉辊道运往轧机区，进行轧制。

该区域的设备主要由入炉辊道、装钢机、钢坯定位装置、步进机械、出钢机、出炉辊道、装料炉门、出料炉门等组成，见图 3 - 16。

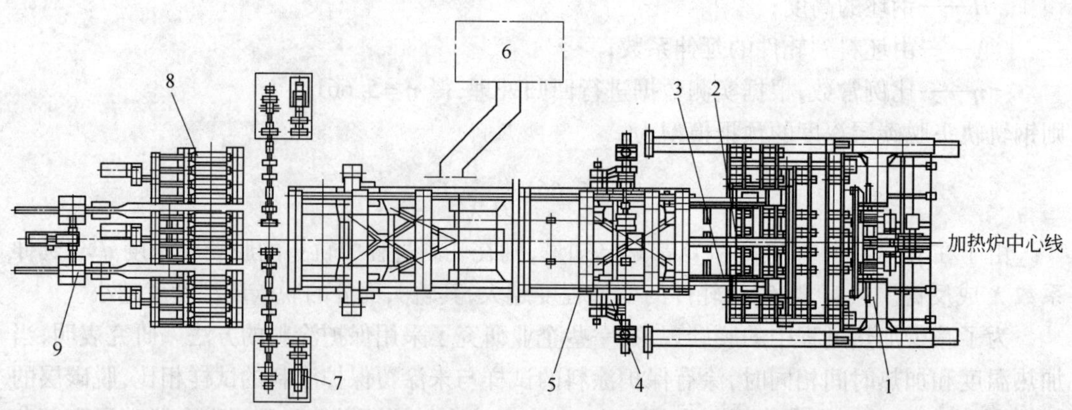

图 3 - 16　鞍钢大型厂加热炉区域设备平面布置图

1—高架式装钢机；2—入炉辊道；3—钢坯定位装置；4—装料端炉门升降机构；5—炉底机械；6—液压站；7—出料端炉门升降机构；8—出炉辊道；9—出钢机

C 步进式加热炉区域的工艺和设备特点

步进式加热炉区域的生产工艺和设备主要有以下特点：

(1) 步进式加热炉与4流方坯铸机连接，实现铸坯短流程热装。

传统连铸坯轧制工艺复杂，设备重量大，钢坯冷却后再加热造成能源浪费。鞍钢大型厂的4流连铸机铸坯热装生产线做到了加热炉与连铸机口对口连接，实现了型钢连铸坯短流程热装。

(2) 高架式装钢机实现进坯、装坯双层作业。

在型钢生产线上实现多流连铸坯热装很困难，主要存在以下问题：

1) 板坯连铸机为单流铸坯，而方坯连铸机多为2流、4流、6流。鞍钢大型厂加热炉与4流连铸机连接。由于各流铸坯受多种因素影响，运行速度不一致，4流铸坯不能在同一时间到达加热炉入口辊道处，因而给装料带来困难。

2) 板坯连铸机上料周期为180~300 s，而型钢轧制线上料周期短，轧制节奏快，生产最短坯周期仅为60 s，因此要求装钢机60 s为加热炉装1块坯。

采用高架式装钢机，每次装1根铸坯，其优点是：

1) 可实现进坯、装坯双层作业，4流铸坯不管哪一流到达规定位置，通过装钢机工作，各流铸坯均可进入入炉辊道，装钢与进坯互不影响，从而解决了各流铸坯因运行速度不同，而不能同时到达入炉辊道的关键问题。

2) 高架式装钢机除装钢时靠近加热炉炉门外，其余均在等待位置，远离高温区，因而可避免机械设备因高温而带来的损坏。并且，装钢机设置了隔热板，有效地保护了机械设备。

3) 高架式装钢机操作灵活，步进梁出现空位时可直接上料，确保了加热炉生产率的提高。

装钢机由车体、走行装置、升降装置三部分组成。走行装置采用电动机、减速器、双齿轮齿条驱动，运行平稳，双侧同步前进。走行装置的电动机采用交流变频调速，以适应各种生产节奏。走行过程采用编码器控制，取料、装料准确停位。升降装置采用电动机、减速器、齿轮齿条驱动。升降过程采用编码器控制，以实现全自动准确停位。

(3) 设置钢坯定位装置，解决型钢生产周期短的问题。

钢坯定位装置设置在加热炉固定梁与第4流辊道交接处，成功地将装钢这一环节从步进梁循环周期中分离出来，确保了生产周期的正常运行。其作用主要体现在：

1) 装钢机可以在钢坯定位装置处于零位的任意时刻上料，不受步进梁运行周期限制，使上料周期与步进梁循环周期分离，解决了型钢生产周期短的关键问题。

2) 装钢机将钢坯放在固定梁上等待，再由钢坯定位装置将钢坯推至步进梁的取料位置并摆正。

3) 根据坯料断面尺寸将坯料摆成所需要的步距，通过位置传感器控制，将钢坯送至不同上料位置，配合步进机械实现步距转换。

钢坯定位装置采用液压缸驱动小车式，设备结构简单，维修方便，行程可调，生产运行良好，其车体各部位轴承采用HS轴承，耐高温，不需润滑。

(4) 采用双轮斜轨步进梁整体式步进机构。

步进机构是步进式加热炉的关键设备之一，鞍钢大型厂步进机构的特点主要体现在以下几方面：

1）步进梁及框架采用整体结构。常规的步进式炉采用分段式步进梁及框架，结构复杂，连接处的液压锁定装置故障率高、维修困难。鞍钢大型厂步进式炉采用整体式结构，结构简单，可靠性高。

2）步进梁水平运动、垂直运动均采用液压驱动，运行平稳，速度可调，停位准确，可按钢坯断面调整步距。并且在升降缸和水平缸上分别装有线性位移传感器，通过 PLC 实现精确定位，实现行程误差自动补偿。升降缸和水平缸按设定次序交替动作，进行正循环、逆循环、踏步、步进梁上升等动作。

步进梁的垂直运动即提升或下降通过两个液压缸来实现，液压缸推动带上下轮组的升降框架，下轮组在斜面上作上下运动，此时水平运动的液压缸被锁定。两个液压缸的同步靠液压系统的同步功能来实现。步进梁的水平运动由液压缸来完成，直接作用于水平框架上，使之在升降框架的上辊轮组上运动，运动中升降液压缸被锁定。

3）保证框架沿炉子中心运动，防止炉内钢坯跑偏。每个水平和升降框架的定心导向借助于配置在该框架四角的侧部辊组来实现，以保证框架沿炉子中心运动，防止炉内钢坯跑偏。

4）为了保证升降液压缸易于拆装，升降液压缸的设计是超程的，使升降框架降低到斜轨座的止挡上，这样液压缸处于无负荷状态，易于拆卸检修。

（5）采用双托杆式出钢机。

在加热炉出料端设置托杆式出钢机。出钢机设有两个托杆，用于将炉内加热好的钢坯取出，放到出炉辊道中心线上。该出钢机有如下特点：

1）托料杆升降运动采用液压传动，运行平稳，升降速度可调，以避免取料、放料产生的冲击。水平运动由电动机驱动，电动机放置于托杆之间，布局合理。

2)出料杆行程速度可调，空行程快速前进，取钢后低速运行。出料杆运行由交流变频电动机驱动，可实现速度变换。根据加热坯料规格的不同，出钢机行程采用编码器控制。出料杆前进至取料位置及后退至放料位置时均低速运行，使之准确停位。

3）采用双齿轮齿条驱动，保证两个出钢托杆同步运行。出料杆升降采用同步轴连接，以保证两个出钢托杆同步升降。

4）出料托杆采用工字钢结构，具有刚度好、变形小、重量轻等优点。

（6）采用单独传动的入炉辊道。

为适应装钢机取钢操作，采用单独传动的入炉辊道输送铸坯。入炉辊道的作用及要求是：

1）保证入炉钢坯准确停位。采用变频调速电机驱动，辊道运行速度可调。不同长度规格的钢坯通过编码器控制，可准确定位。

2）辊道带轮缘，可实现钢坯导向，且结构简单。

3）采用 HS 耐高温轴承，保证了辊道正常运行。

（7）步进式加热炉自动控制系统。

步进式加热炉自动控制系统，采用具有国际先进水平的美国 AB 公司 Contriogic 5000 系列 PLC 设备组成的分散控制系统，对加热炉生产过程进行控制。主要设备旁设有操作台，以方便调试和操作。

3.2.2.2 步进式加热炉的工艺制度

合理的加热工艺制度是加热炉实现高产、优质和低消耗的关键。加热过程中钢坯的温度分布能够真正代表加热工艺制度的实际情况，因此，要了解掌握加热炉内实际执行的加热工艺制度或寻找最佳的热工制度，必须进行钢坯温度的直接测量。

攀钢在高速轨生产中，要求加热炉热工制度要保证钢坯加热工艺的要求。为满足高速铁路用钢轨对钢坯加热质量的要求，以钢轨钢坯的加热温度和允许的断面温差为优化目标，应用钢坯加热过程温度预测模型计算加热炉的燃料消耗量和各段的燃料分配比例，以及钢坯在不同加热时间下对应的炉温分布。

A 钢坯加热温度

根据轧制工艺要求和攀钢轨梁轧线上轧件的温降规律，确定钢坯的加热温度为：

PD3：$t_f = 1220℃ \pm 20℃$；

U71Mn：$t_f = 1200℃ \pm 20℃$。

B 钢坯断面温差

PD3、U71Mn 钢轨钢坯断面温差为 $\Delta t \leqslant 50℃$。

C 优化后的加热工艺制度

a 供热分配

加热炉内上、下供热比例为40%、60%；各段燃料分配比例为均热段上层10%，均热段下层25%，加热段上层30%，加热段下层35%。

b 炉温制度

正常生产时，加热炉炉温制度见表3－14。加热炉待轧时，根据待轧时间确定的炉温制度见表3－15。

表3－14 正常生产时的加热炉炉温制度

钢种	钢坯温度/℃		加热时间/min		各段炉温/℃			
	出炉	轧制三道	总计	均热	均上	均下	加上	加下
PD3	1220±20	≥1120	210～270	35～45	1240～1290	1240～1290	1290～1340	1290～1340
U71Mn	1200±20	≥1080	210～270	35～45	1220～1270	1220～1270	1270～1320	1270～1320

表3－15 钢坯待轧阶段的炉温制度

待轧时间/min	各段炉温/℃	
	均热段	加热段
20～30	1200～1250	1250～1300
30～60	1150～1200	1200～1250
60～90	1100～1150	1150～1200
90～120	1050～1100	1100～1150
120～180	1000～1050	1000～1100
>180	<1000	<1000

c　炉内气氛控制

分段控制加热炉炉内气氛，均热段空气消耗系数为 0.9 ~ 1.0，加热段空气消耗系数为 1.15 ~ 1.25，全炉空气消耗系数为 1.05 ~ 1.10。

合理的供热制度是实现合理温度制度的保证。目前大多数轨梁厂加热炉控制属于炉温控制的方式，因此，实际生产中应实时调整加热炉燃料供给量和燃料分配比例，将加热段炉温控制在 1300 ~ 1320℃的范围内，均热段炉温控制在 1230 ~ 1250℃的范围内。在此加热工艺操作制度下，钢坯在加热段末期有较高的表面温度（1170 ~ 1200℃），运行到均热段后能以较低的加热速度对钢坯表面进行加热，减小断面温差，从而满足钢轨钢加热工艺对断面温差不大于 50℃的要求。

合理的加热工艺制度是改善钢坯加热质量、降低加热炉燃料消耗的关键，而合理的加热炉待轧策略（包括计划性待轧和非计划性待轧）是进一步减少钢坯待热时间、提高加热炉生产率的重要手段。

3.3　钢轨的轧制

3.3.1　钢轨轧机及典型布置

3.3.1.1　国外典型钢轨轧制工艺及装备

A　法国钢铁集团哈亚士厂

哈亚士厂是法国最大的钢轨生产厂，也是最早采用万能轧制法生产钢轨的厂家。其工艺流程为：加热炉→初轧机→开坯机→双机架万能轧机→轧边机→万能粗轧机→轧边机→万能精轧机→冷却→平立复合矫直→液压补矫→检测→端头加工→入库。生产工艺布置如图 3 - 17 所示。

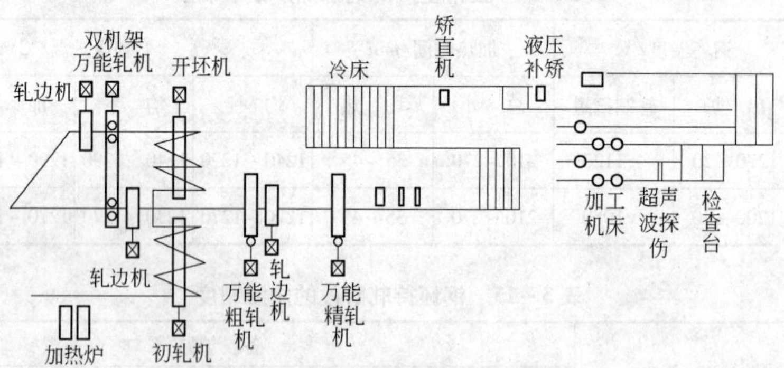

图 3 - 17　哈亚士厂钢轨生产工艺布置图

该厂钢轨孔型系统特点是：在第一架开坯机上设计了 6 个孔型，其中 3 个箱形孔和 3 个帽形孔；在第二架开坯机上设计了 4 个轨形孔；在双机架万能轧机上设计了 2 个万能孔和 2 个轧边孔；在万能粗轧机上设计了 1 个半万能孔；在万能精轧机上设计了 1 个半万能孔。整个孔型的总延伸系数为 2.5。为减少更换品种时的换辊，他们设计了一种可生产几个品种的立轧边孔，同时开始采用与常规连铸坯断面根本不同的近终形断面连铸坯，这样大大减少了开坯孔型的数量，降低了轧辊消耗 40%。

步进式加热炉小时加热能力为 80 t。

初轧机和开坯机都为二辊可逆轧机，辊径为 950 mm，辊身长 2250 mm，电机功率分别为 6190 kW 和 3700 kW。双机架万能轧机水平辊辊径为 1230 mm，电机功率 3700 kW，立辊辊径为 800 mm；轧边机辊径为 550 mm。

万能粗轧机的水平辊辊径为 1170 mm，电机功率为 6190 kW，轧边机辊径为 922 mm，电机功率为 1480 kW。万能精轧机的水平辊辊径为 1100 mm，立辊直径为 800 mm，电机功率为 1620 kW。

涡流探伤装置：3 组锅台线圈用于检查轨头踏面，7 组用于检查轨底。

超声波探伤装置：采用 17 个探头，其中 9 个探测轨头，4 个探测轨腰，4 个探测轨底，探头频率为 4 MHz，探头直径为 12 mm，探伤速度为 1 m/s。

该厂的万能工艺已在世界推广应用，采用其专利技术用万能法生产钢轨的厂家有：日本新日铁八幡厂、南非依斯科比勒陀利亚厂（ISCOR，Pretoria Works）、美国惠灵匹兹堡钢铁公司万能钢轨厂等。

B 美国惠灵匹兹堡钢铁公司万能钢轨厂

这是一座工艺设备齐全的轧钢厂，装备有现代化工艺的万能轧机，全部采用万能法生产钢轨，还可以生产宽边型钢、标准型钢、方钢等；可生产轧件的最大长度为 60 m；全部轧机采用滚柱轴承和高精度止推轴承，可以保证产品尺寸精度和形状精度。

该厂的工艺流程为：步进式加热炉→高压水除鳞→开坯机→粗轧机→高压水除鳞→万能粗轧机→轧边机→万能中轧机→轧边机→高压水除鳞→万能精轧机→热锯→冷床→辊式联合矫直机→液压矫直→加工线。工艺布置如图 3 - 18 所示。

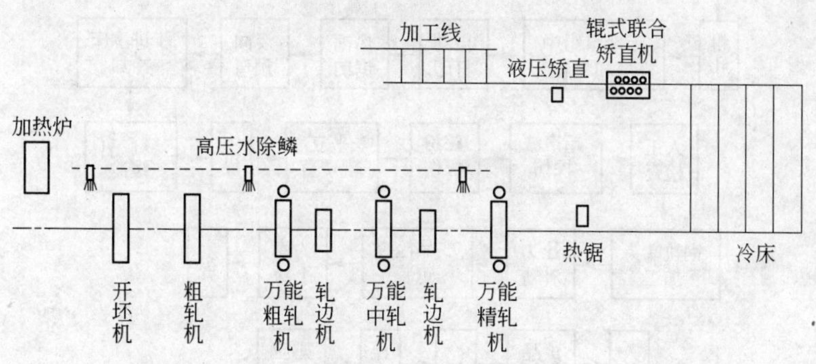

图 3 - 18 惠灵匹兹堡钢铁公司钢轨生产工艺布置图

步进式加热炉长 26.82 m，宽 8.44 m，加热能力 185 t/h，可加热的最大钢坯尺寸为 254 mm × 355 mm × 6179 mm。炉子全长分为 4 段，即预热段、加热段、均热段和保温段。在预热段的炉顶有 6 个轴流式烧嘴，还有 6 个在侧面，3 个在炉底部。加热段有 6 个轴流式烧嘴和 8 个侧烧嘴。均热段上有 18 个平焰烧嘴（每边 9 个），5 个轴流烧嘴安装在炉子出料端。炉子烧嘴分布在 8 个燃烧区内，其中 7 个是自动控制，1 个为人工控制。

开坯机为二辊可逆轧机，轧辊尺寸为 ϕ1000 mm × 2300 mm，电机功率 2940 kW，转速为 60/120 r/min。粗轧机为二辊可逆轧机，轧辊尺寸为 ϕ860 mm × 2030 mm，电机功率 4416 kW，转速为 80/160 r/min。

万能粗轧机：辊径 1150 mm，电机功率 1104 kW，转速为 110/275 r/min。二辊式粗轧边机 1 台，辊径为 ϕ860 mm × 1650 mm，主电机功率为 1104 kW，转速为 110/275 r/min。

万能中轧机：1 台，电机功率为 4416 kW，转速为 80/160 r/min。二辊式中轧边机 1 台，轧辊尺寸 ϕ860 mm × 1650 mm，电机功率 1104 kW。

万能精轧机：辊径为 1150 mm，电机功率 2208 kW，转速为 80/160 r/min。

C　加拿大悉尼钢厂

该厂是一个有近百年历史的钢轨生产厂，长期以来一直采用长流程加横列式轧机生产钢轨，即采用高炉、平炉、初轧和横列式轧机。1991 年改建完成后，该厂淘汰原有工艺，成为世界上第一座采用短流程工艺加万能法生产钢轨的企业。

该厂的生产工艺流程为：废钢（分选、配料）→废钢预热→电炉冶炼→炉外精炼→真空脱气→大方坯连铸→坑式缓冷→步进炉加热→高压水除鳞→开坯→粗轧→万能机组中轧和精轧→自动打印→热锯锯切→反向预弯→步进冷床冷却→缓冷坑缓冷→上垛→平立辊矫直→磁粉探伤→超声波探伤→人工检查→端头加工→压力补矫→成品检查包装→入库→发货。其生产工艺流程框图如图 3 – 19 所示。

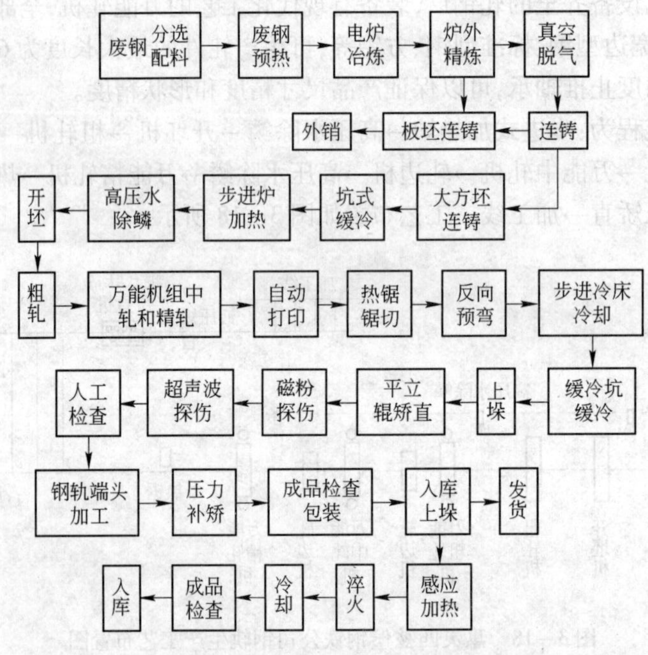

图 3 – 19　加拿大悉尼钢厂的工艺流程框图

步进式加热炉的加热能力为 165 t/h，炉内尺寸为 7650 mm × 28448 mm。

开坯机为二辊可逆轧机，轧辊尺寸为 ϕ1026 mm × 2032 mm，由两台电机带动，电机功率为 2572 kW。机前有推床和翻钢机，在其延伸辊道终点处有一台剪切力为 10MN 的剪切机。开坯机年产能力为 50 万 t，其主要任务是为钢轨开坯，也生产方坯、车轴坯等，而且开坯机是由人工操作的。

粗轧机为二辊可逆式轧机，轧辊尺寸为 ϕ1016 mm × 2794 mm，由两台功率为 3380 kW 的电机带动。该轧机是由计算机控制的。从加热炉出来的连铸坯，首先用高压水除去氧化铁皮，然后送往井坯机；在开坯机上经过5～7道次轧制后，送到粗轧机；从开坯机送来的矩形坯在粗轧机上经过3个开坯帽形孔加工出有轨底雏形的形状，然后翻转90°送到轨形孔，再轧制4道次，形成与成品断面相适应的轨形。一般从第四道开始不再翻钢，以防止因翻钢而造成钢轨表面刮伤。

万能轧机机组由3架轧机组成，即万能粗轧机、二辊轧边机、万能精轧机。万能粗轧机轧辊尺寸为ϕ1117 mm（水平辊）及ϕ787 mm（立辊），电机功率为4410 kW。轧边机为二辊水平轧机，轧辊尺寸为ϕ863 mm×1727 mm，电机功率为1100 kW。万能精轧机由ϕ1117 mm的水平辊和ϕ787 mm的立辊组成，电机功率为2200 kW。

从粗轧机送来的轨形轧件，再次经过高压水除去氧化铁皮，然后自动送入万能轧机机组，万能轧制全过程均由计算机进行压下量调整、移钢、咬入、加速等操纵控制。轧件经过3道次可逆粗轧、2道次轧边和1道次精轧而最终成形。为保证几何尺寸准确，万能机组各轧机间的连轧采用无张力轧制。据实测，轨头尺寸精度可达±0.03 mm，轨腰精度可达±0.20 mm，轨底精度可达±0.3 mm，轨高精度可达±0.20 mm，不对称精度可达±0.35 mm。整个万能轧机孔型尺寸调整是通过计算机在线实现的。

热锯共有两台，一台直径为1068 mm，另一台直径为1574 mm，分别由两台功率为110 kW的电机驱动。冷床为步进式，尺寸21590 mm×44450 mm，在冷床入口设有预弯推钢机。平立联合矫直机由7个水平辊和6个立辊组成，矫直速度1.13 m/s。

D　德国蒂森公司AG厂

德国蒂森工厂具有100多年生产钢轨的历史，是世界上主要的钢轨生产厂，年产30万t。该厂在钢轨生产方面以丰富的经验和技术诀窍闻名于世。在众多高速铁路钢轨生产厂中，多数采用万能法轧制钢轨，而蒂森公司是用孔型法生产高速铁路用钢轨。目前，约有80%～90%钢轨能达到高速铁路轨EN标准（主要受断面尺寸和平直度限制）。可生产125 m长定尺的高速铁路用钢轨。

其生产工艺流程为：高炉铁水→铁水预脱硫→氧气顶吹转炉冶炼→RH真空脱气→6流连铸→步进式加热炉→高压水除鳞→粗轧→精轧（总计11道次）→热锯→步进式冷床→平立复合矫直→检测中心→端头四面压力矫直→锯钻加工→轨端淬火（或全长淬火）矫直→入库→发货。

钢坯加热炉采用计算机进行在线控制，从钢坯装炉到出炉，将每支钢坯的成分、加热温度等全部数据直接在计算机屏幕上显示。出炉后的钢坯首先用高压水除去表面氧化铁皮，然后送到粗轧机轧制，再送到中轧机继续轧制。轧件在粗轧机上的轧制完全自动控制。

从粗轧送来的轧件，先在两个机架轧制11道次，最后在精轧机架上轧制1道。此套轧机可以生产长125 m的钢轨。钢轨经过热锯切头切尾后，其长度约120 m，送到步进式冷床上冷却。冷却后的钢轨被送到平立联合矫直机上进行矫直。该矫直机能矫直30～70 kg/m的钢轨。为了使残余应力最小，矫直压力、矫直速度和温度都要经过计算后确定。矫直后的钢轨在检测中心接受内部缺陷、外观尺寸和踏面平直度的检测。

3.3.1.2　我国钢轨轧制工艺及主要设备

2002年以前，我国4家钢轨生产厂家（包括鞍钢、攀钢、包钢、武钢）采用的均是横列式轧机孔型轧制法。为了生产出满足客运专线要求的具有高安全性、高平直度以及高尺寸精度的高速铁路用钢轨，国内生产厂家进行了“精炼”、“精轧”、“精整”以及长尺化生产的技术改造。2002 年鞍钢率先引进了万能机组，成为国内首家采用万能轧制法生产钢轨的厂家。之后攀钢、包钢和武钢也相继引进了万能机组。采用万能轧制法生产高速铁路钢轨无疑成为国内当前的主流方法。

A　鞍钢大型厂

鞍钢大型厂原有的主体轧钢设备是 3 架 ϕ800 mm 横列式轧机，原设计能力年产量 30 万 t。经过多次大修、改造，到 1993 年生产创全年产量达 105 万 t 的历史最高纪录。

在市场经济飞速发展和国内外市场激烈竞争的新形势下，曾经作为国内型钢市场龙头企业的鞍钢大型厂，面对国内外同行后来居上的挑战，终于踏上了鞍钢实现三步走战略的“十五”技改列车。通过充分的论证，制定了实施大规模技术改造的战略。为此，以“高起点、低投入、快产出、高效益”为技改方针的短流程钢轨、H 型钢万能生产线改造工程开始实施。

高速铁路是铁路运输发展的必然趋势，20 世纪 60 年代日本建成世界上第一条高速铁路，成为日本的交通大动脉。从 80 年代起，法国的 TGV、德国的 ICE 高速列车相继开行，推动了全欧洲主干线的高速化，致使全球范围内以高速为目标的铁路建设高潮正在兴起。

铁路运输的快速发展使钢轨生产厂面临新的机遇和挑战。当时国内钢轨生产基地主要有鞍钢、攀钢、包钢等，与攀钢和包钢相比，鞍钢大型厂原 ϕ800 mm 横列式轧机的总体装备水平较低，产品实物质量无法满足国内铁路快速发展的需求，鞍钢在国内钢轨市场的竞争力受到了严峻的挑战，因此，也使企业认识到钢轨生产线进行全面改造势在必行。

轧制技术是型钢生产的重要一环，直接影响产品的质量和综合力学性能，高精度的轧制技术是获得优质产品的保证。钢轨是断面形状较为复杂的产品，目前国外先进工业国家广泛采用万能轧制法来生产。

万能轧制法是利用万能轧机上下左右 4 个轧辊，在水平和垂直两个方向上对钢轨同时进行加工，改善了金属的变形状态。万能轧制的目的在于更好地压缩钢轨的踏面和底面，使钢坯中残余的树状组织尽可能细化，防止裂纹产生和扩展。其优点是轨头和轨底的压缩比大，轧制效果好，产品断面尺寸精度高，表面质量好，轧制过程中易于调整。

2001 年 2 月鞍钢大型厂钢轨生产线改造全面开工。该工程分两期进行，一期工程在原有厂房内改造精整加工线；二期工程新建万能轧制线及平立复合矫直机。该生产线于 2002 年 12 月 8 日全线试车成功，2003 年钢轨万能生产线投入使用，可以生产 50 m 长定尺的高速铁路钢轨。整个轧制线布置有 5 个机架，即开坯机 BD1 和 BD2、万能轧机及轧边机 UR/E/UF，是德国 SMS 公司研制的紧凑式 CCS 五机架万能机组。

a　钢轨生产工艺流程及工艺布置

连轧作业区由两跨组成。主轧跨跨度 27 m，长度 312 m，轨面标高 13 m，设有 75/20 t、50/10 t、16/5 t 桥式起重机各 1 台。副跨跨度 30 m，长度 312 m，轨面标高 13 m，设有 32/5 t 桥式起重机 2 台。此跨被主电室切断，前段为加热炉跨，后段为冷床跨。工艺布置见图 3 – 20。

连铸后的钢坯在 850℃左右装入步进式加热炉，加热到 1250℃左右。钢坯经高压水第一次除鳞后，由 ϕ1150 mm 轧机、ϕ1100 mm 轧机开坯轧制，经第二次除鳞后由万能机组轧制成成品，经热锯锯切成定尺或倍尺，热打印机打印标识后，上步进式冷床进行预弯、冷却。需要缓冷处理的钢轨，则不进行预弯，而是在冷床入口处翻转 90°，通过快速链式运输小车运送到收集台架，集中编组后再由吊车装入缓冷坑缓冷。冷却后的钢轨，经平立复合矫直机矫直后，通过检测中心对平直度、表面质量等进行检测，之后送入加工线加工，经检查合格后入库、发货。生产工艺流程见图 3－21。

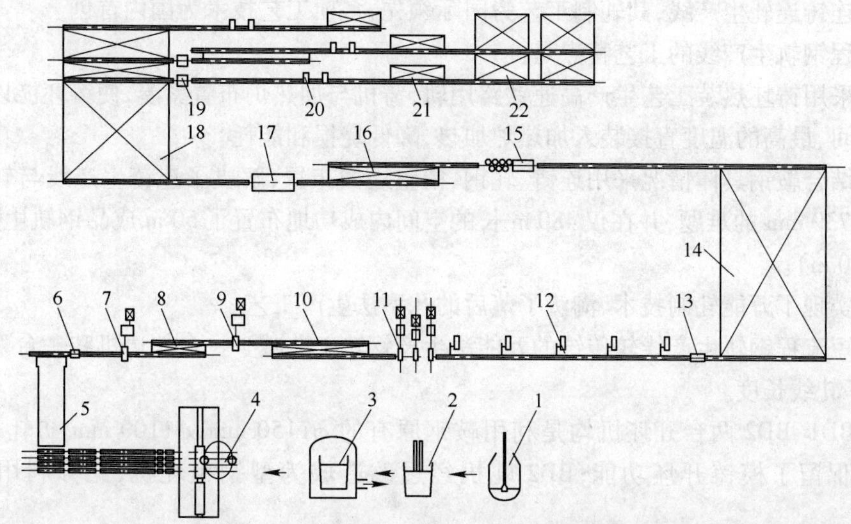

图 3－20 鞍钢大型厂万能轧机工艺布置示意图

1—转炉；2—LF 炉；3—VD 炉；4—方坯连铸机；5—步进式加热炉；6—高压水除鳞装置；7—BDI 轧机；8—1 号横移台架；9—BD2 轧机；10—2 号横移台架；11—万能轧机组；12—热锯(5 台)；13—打印机；14—冷床；15—平立复合矫直机；16—矫后横移台架；17—检测中心；18—过跨横移台架；19—压力矫直机；20—锯钻组合机床；21—成品收集台架；22—重轨检查台架

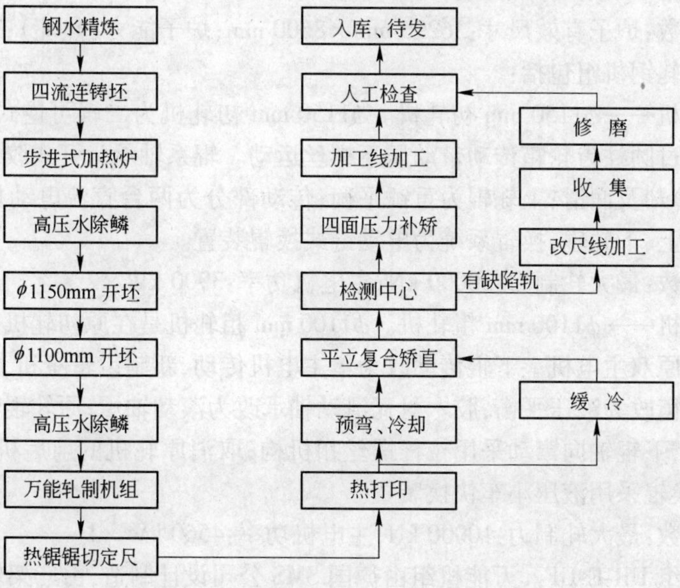

钢水精炼 → 四流连铸坯 → 步进式加热炉 → 高压水除鳞 → ϕ1150mm 开坯 → ϕ1100mm 开坯 → 高压水除鳞 → 万能轧制机组 → 热锯锯切定尺 → 热打印 → 预弯、冷却 → 平立复合矫直 → 检测中心 → 四面压力补矫 → 加工线加工 → 人工检查 → 入库、待发

缓冷 → 平立复合矫直

检测中心 → 有缺陷轨 → 改尺线加工 → 收集 → 修磨 → 人工检查

图 3－21 鞍钢大型厂钢轨工艺流程图

为适应高速铁路采用100 m长定尺钢轨的新需求，鞍钢于2007年1月对原有50 m万能钢轨生产线进行了技术改造，解决生产100 m长定尺钢轨横移能力问题。同年4月，100 m长定尺钢轨生产线改造工程全线热负荷试车成功。

b　短流程钢轨生产线的工艺特点

鞍钢短流程钢轨生产线是我国首次依靠国内的技术力量研制和集成的、国际首创的钢轨短流程连铸连轧生产线，其轧制工艺为国际领先，多项工艺技术为国内首创。

短流程钢轨生产线的工艺特点是：

(1) 采用铸坯热装工艺生产高速铁路用轨，铸机与加热炉布置紧凑，使铸坯能以最短的流程和时间、最高的温度直接装入加热炉加热，降低烧损和能耗。

(2) 结合鞍钢具体情况采用连铸、轧钢、精整迂回布置，解决了连铸生产线与轧钢生产线标高差730 mm的难题，并在仅480 m长的空间内成功地布置了50 m成品钢轨生产线（轧件长度110 m）。

(3) 实现了万能轧制技术，淘汰了落后的孔型法生产工艺。

(4) 短流程钢轨生产线较传统的万能法生产钢轨工艺减少一台轧边机和一台万能精轧机，缩短了轧线长度。

(5) BD1、BD2两台开坯机均是利用鞍钢原有的ϕ1150 mm、ϕ1100 mm初轧机，其中BD1轧机保留了模铸开坯功能；BD2轧机经过改造成为型钢粗轧机，充分利用了闲置设备。

(6) 设有大行程预弯机以及快速收集装配的冷床，满足了钢轨不同冷却工艺的要求。

c　主要生产设备及技术参数

加热炉　炉前装料机采用适合4流连铸坯直接热装需要的硬钩式吊车；加热炉为步进式加热炉，其步进机构采用双轮斜轨高刚度框架，配合预应力炉梁安装，冷态试车跑偏量不大于2 mm，加热过程采用计算机控制。

主要技术参数：炉子有效尺寸：36295 mm×8600 mm；炉子能力（热坯）：170 t/h。

轧钢机组　轧钢机组包括：

(1) BD1轧机——ϕ1150 mm初轧机。ϕ1150 mm初轧机为二辊可逆式。电动压下，两台立式电动机通过圆柱齿轮箱传动带动压下螺丝运动。辊系轴承为开式胶木衬瓦的滑动轴承；采用净环水冷却及润滑；上轧辊为重锤平衡；传动部分为两台直流电动机通过滑块式万向接轴分别驱动上、下轧辊；换辊系统为电动链式换辊装置。

主要技术参数：最大轧制力：20000 kN；主电机功率：3900 kW×2。

(2) BD2轧机——ϕ1100 mm粗轧机。ϕ1100 mm粗轧机是在原初轧机的基础上进行了全面改造。其中原双主电机上下辊传动改为单主电机传动，新制齿轮座和十字轴万向接轴；原重锤式接轴平衡改为液压平衡；胶木衬瓦滑动轴承改为滚动轴承；原轧辊轴向手动锁紧改为液压锁紧方式，下辊轴向窜动采用拉杆螺丝扣机构；取消原轧机的前后机架辊，增设横梁及导卫板装置；换辊采用液压小车快换装置。

主要技术参数：最大轧制力：10000 kN；主电机功率：4560 kW×1。

(3) 万能机组UR-E-UF。万能机组由德国SMS公司设计制造，由三架轧机即万能粗轧机UR、轧边机E、万能精轧机UF组成。其整机装备代表了当今世界型钢轧机的最高水平，具备多项先进功能,如全程自动轧钢;水平辊及立辊辊缝自动调整(AGC);液压辊系平衡以及压上、压下系统;轧边机整机架在线横移;下辊轴向液压自动调整;轧辊轴承油气润滑系统;全自动快速换辊系统等。

主要技术参数:最大轧制力:水平辊:5000 kN,2500 kN,5000 kN;立辊:3000 kN,3000 kN;主电机功率:3500 kW,1500 kW,2500 kW。

冷床 步进式冷床结构,冷床前设有链传动大行程预弯机。为满足钢轨缓冷工艺需要,在冷床前端设置一套快速运输装置(含翻钢装置),冷床中间设有收集台架,使该冷床具备多种功能,以满足钢轨生产的不同工艺需求。在冷床区域预留了钢轨余热淬火机组位置。

主要技术参数:台面尺寸:75 m×53 m;本体尺寸:45 m×52 m;步距:300 mm;步距周期:20 s。

平立复合矫直机和四面压力矫直机 平立复合矫直机采用水平辊在前的布置形式,入口设有翻钢机,出口设两台四面压力矫直机作为平立复合矫直机的补充矫直手段,解决了钢轨两端部的不平度问题。

主要技术参数:

水平辊矫直机:形式:8+1 辊旋臂式;驱动辊数量:8 个。

立辊矫直机:形式:7+1 辊立式;驱动辊数量:4 个。

四面压力矫直机:形式:液压式压力机;矫直力:垂直:2×350 kN,水平:2×2000 kN。

检测系统 检测系统由平直度仪、涡流探伤仪、超声波探伤仪三部分组成,钢轨通过检测系统在线自动检测,确保平直度、表面质量以及内部质量达到高速铁路用钢轨标准,减少人工检测产生的误差。

(1) 平直度仪引进加拿大 NDT 公司生产的激光平直度仪,共 14 个检测激光器,分别测量扭转、平度、直度,精度为 0.1 mm。

(2) 涡流表面质量探伤仪由加拿大 NDT 公司引进。该涡流探伤仪带有静态探头和动态高速旋转探头,其检测动作靠液压和气动组合实现。缺陷信号通过计算机系统自动识别并分类,有缺陷的钢轨由喷枪装置进行标识,同时与计算机连接并打印报告。静态探头 6 个,动态高速旋转探头 4 个,探测通道 12 个。

(3) 超声波探伤仪由 KD 公司引进,利用超声波反射原理对钢轨内部质量进行检测,可以发现和定位存在于钢轨内部的各种冶金缺陷,并利用标识枪对缺陷进行标记。

主要技术参数:探头耦合方式:水柱非接触;通道数量:12 个。

锯钻组合机床 改造后钢轨加工线共有 6 台锯钻组合机床,其中 4 台引自德国,2 台为新引进的美国 CMI 6 钻头锯钻组合机床,6 钻头组合机床可以进行钢轨切分操作,切分操作方便、高效。

主要技术参数:锯片直径:712 mm/660 mm;锯切速度:27 ~ 65 r/min;钻头速度:0 ~ 2200 r/min。

d 轧制自动化装备

轧制自动控制系统具有实用性、先进性和可靠性,并具有控制能力强、水平高、通讯速度快、系统组成灵活、维护方便等特点。

基础自动化系统由 7 台 PLC 控制器组成,划分为 4 个区域,各区域控制器主要完成本区域的逻辑控制、人机对话、数据传输及处理等功能。生产线各控制器通过以太网总线进行通讯,PLC与变频器直流柜、操作台OPU、编程器、远程I/O等均采用PROF-BUS-DP网通讯。

软件由基础软件与专业应用软件组成。

操作系统全部通过PLC控制,系统操作方式设有:自动、半自动、手动三种操作方式。

e 生产规模及产品

该生产线年设计生产规模75万t。其中轨类钢55万t,大型材10万t,H型钢10万t。原料是由4流连铸机直接供料热装,铸坯断面尺寸为280 mm×380 mm、320 mm×410 mm两种,长度为5~8 m。鞍钢生产的主要产品品种有以下几种。

(1) 轨类钢:国标43~75 kg/m钢轨UIC50、UIC60、BS90A、BS100A,QU80~100吊车轨,50AT、60AT道岔轨,DU48、DU52导电轨等;

(2) 大型材:25号~40号工字钢,25号~40号槽钢,14号~20号角钢以及球扁钢等;

(3) H型钢:H150×150~H400×200等。

B 攀钢轨梁厂

攀钢轨梁厂万能生产线于2003年9月正式开工,该生产线引进了先进的七机架万能轧机,其主要工艺设备步进式加热炉、开坯及万能轧机、长尺步进式冷床、热锯机等均代表了行业先进水平。2004年12月,该万能生产线试车成功。该生产线建成后,攀钢能够按照国际上最严格的EN标准组织生产高强度、高平直度、高表面质量的100 m长尺钢轨,能满足350 km/h高速铁路用钢轨的要求。

攀钢领衔承担了"十五"国家科技攻关计划的重点项目——"高速重载钢材新技术"项目,并与东北大学轧制技术及连轧自动化国家重点实验室一起合作承担了"十五"项目中"高精度钢轨轧制技术研究"的攻关项目,在现有设备和轧制工艺的基础上进行全万能孔型系统轧制高速铁路用钢轨的研究。

该钢轨生产线是我国第一条100 m长定尺钢轨生产线,由德国西马克(SMS-MEER)、西门子(SIMENS)和意大利达涅利(DANIELI)提供技术和主要设备。轧制生产线由7架轧机组成,按1-1-2-2-1形式布置,包括开坯机2架(BD1、BD2)、万能粗轧机组(U1、E1)、万能中轧机组(U2、E2)、万能精轧机(UF)。

a 钢轨轧线的工艺布置

攀钢轨梁厂钢轨生产工艺布置如图3-22所示。钢轨生产采用280 mm×380 mm连铸坯,其生产工艺流程为:连铸坯→步进梁式加热炉→高压水除鳞→BD1开坯→BD2开坯→U1、E1万能粗轧→U2、E2万能中轧→UF万能精轧→热锯切头尾→预弯→步进式冷床冷却→联合矫直机矫直→检测中心检测(断面尺寸检测、平直度检测、超声波探伤及涡流探伤)→双向液压补矫→锯钻定尺→入库。

b 工艺和技术特点

攀钢轨梁厂新建万能生产线吸取了世界上先进钢轨生产厂家的经验,具有以下生产工艺优点:

(1) 炼钢工序采用顶底复吹转炉、炉外精炼、真空处理以及连铸技术,将确保钢坯钢质成分的稳定性和纯净度。

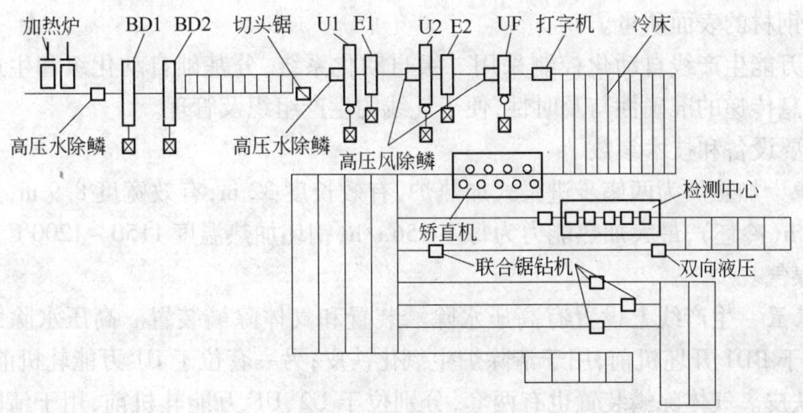

图 3－22 攀钢轨梁厂钢轨生产工艺布置图

(2) 全线采用了刚性连接,生产效率大幅提高,缩短了钢材的轧制、加工周期。

(3) 采用步进梁式加热炉对钢坯进行加热,钢坯加热温度均匀,氧化烧损少,脱碳少。

(4) 轧机采用先进成熟的七机架万能轧机的布置工艺,是目前世界上生产高精度、高质量高速轨的最典型和最成功的方式,产量一般可高达每年 100 万～120 万 t(根据目前的品种结构),最能适应以钢轨生产为主的产量高、品种多的产品大纲。因为轧机数目较多,而且相互独立,可灵活安排孔型及道次,有利于开发异形断面的型钢,具有较强的、较灵活的新产品开发能力,以及较强的市场适应能力。它从以下三方面确保钢轨轧制的质量:

1) 三组分开的串列万能轧机机组,不形成连轧关系,保证了轧制钢轨的质量稳定性。

2) 单独的万能中轧机组,即单独成品前孔,对于保证成品的尺寸精度和断面形状是非常必要的。因为相对于万能粗轧孔而言,要求成品前孔具有更高的孔型尺寸精度和更接近于成品孔的断面形状,因此将粗轧孔型和成品前孔型分开单独设计,有利于保证最终成品的质量。

3) 单独分开的万能精轧机,不与前面轧机形成连轧关系,不仅有利于保证轧制的精度和较低的表面粗糙度,而且有利于提高调整控制的灵活性和可靠性。

(5) 采用 SMS 的万能轧机和轧边机为 CCS 紧凑式结构全液压压下机架,采用 HPC(液压位置控制系统)及 AGC(自动辊缝控制系统)和下水平辊动态轴向调整,轧辊和导卫成组快速更换,轧机刚度好,调整精度高。

(6) 采用长尺冷却、长尺矫直、长尺探伤及长尺加工工艺,减少了矫直盲区,从而提高了产品的平直度和精整的生产能力,成为国内具备生产 100 m 钢轨的厂家。

(7) 采用高压水除鳞及气体除鳞,清除轧件表面的初生和次生氧化铁皮,利于提高产品表面质量,降低轧辊消耗。

(8) 采用带钢轨预弯装置的步进梁式冷床,可适应不同规格钢轨的均匀冷却,钢轨矫前弯曲度小,矫直质量高,残余应力小。

(9) 钢轨在线检测中心设置了钢轨表面清理、断面尺寸检测、激光全长平直度检测、表面缺陷涡流探伤、内部缺陷超声波探伤以及缺陷喷标装置等,确保产品质量等级。

(10) 全线采取了无横向滑动生产工艺,台架采用步进式或链式台架,减少了钢材表面划伤,确保钢材的表面质量。

(11) 万能生产线自动化控制采用二级自动化系统,分基础自动化级和生产过程控制级,确保信息传递的准确性与及时性,便于轧线的生产组织及管理。

c　主要设备和技术参数

加热炉　加热炉为两座步进梁式加热炉,有效长度 32 m,有效宽度 8.9 m,加热能力为每座 120 t/h(冷坯),最大加热能力为每座 156 t/h,钢坯加热温度 1150~1200℃,燃料为高、焦炉混合煤气。

除鳞装置　生产线上设置有高压水除鳞装置和气体除鳞装置。高压水除鳞装置有两套,一套位于 BD1 开坯机前,用于清除炉生氧化铁皮;另一套位于 U1 万能轧机前,用于清除二次氧化铁皮。气体除鳞装置也有两套,分别位于 U2、UF 万能轧机前,用于清除二次氧化铁皮。

轧机　开坯机为两台结构形式相同的二辊可逆式牌坊轧机,轧辊最大直径为 1100 mm,辊身长度为 2300 mm,辊颈直径为 600 mm,电机功率为 5000 kW,轧制速度为 0.5~5.0 m/s。其特点主要有:

(1) 上、下辊均设调节装备,下轧辊采用垫片调节,上轧辊设有电动压下装置,压下速度为 65 mm/s,正常轧制时下辊固定,上辊压下。换品种或使用较小直径的轧辊时,设置适当厚度的垫片调节轧辊位置,下辊调节范围为 0~175 mm(含垫片)。

(2) 上辊提升高度达 900 mm,具有采用 1000 mm×200 mm 板坯立轧生产 H 型钢的可能。

(3) 机前、机后均设有推床翻钢机,可以在任何道次移钢或翻钢。

万能轧机共有三架,万能粗轧机 U1 的电机功率为 5000 kW,万能中轧机 U2 的电机功率为 3500 kW,万能精轧机 UF 的电机功率为 2500 kW。万能轧机由两个水平辊和两个立辊组成,同时对轧件的水平方向和垂直方向进行轧制。水平辊最大直径为 1200 mm,辊身长度为 1500 mm,水平辊最大轧制力为 6000 kN。立辊最大直径为 800 mm,辊身长度为 340 mm,最大轧制力为 4000 kN。

万能轧机的机架由两部分组成,其传动侧为固定牌坊,操作侧为可移动牌坊。更换轧辊时,操作侧的牌坊移开,旧轧辊由换辊小车拖至横移台车上,然后将新轧辊推入机架,从而实现快速换辊,换辊时间仅为 20 min。

轧边机为可移动式二辊轧机,轧制钢轨时可以快速横移以更换孔型,牌坊横移行程最大为 850 mm,最大横移速度为 100 mm/s,横移定位精度为 ±2 mm。轧机由一台 1500 kW 同步可逆主电机通过齿轮箱传动,轧辊最大直径为 900 mm,辊身长度为 1200 mm,最大轧制力为 2500 kN。

热锯机　整个生产线设置三台 PS18 摆式热锯,其中一台位于 BD2 轧机后,用于切除轧件的头部;另两台位于冷床输入辊道前后两端,用于切除进入冷床钢轨的头尾。

冷床　冷床为液压驱动的步进梁式冷床,其长度为 4215 m,宽度为 104 m,最大承载能力为 900 t,分成两组控制,可整体控制,也可分开控制。该冷床有如下特点:

(1) 冷床入口设置有预弯小车,用于对钢轨预弯,以降低冷却后的弯曲度,不但可以提高钢轨矫直质量,而且也提高了冷床的冷却能力。

(2) 冷床步距可调。为了适应不同规格的钢轨及 H 型钢的冷却需要,提高冷却能力,步进梁的步进距离可根据生产的需要进行调整,最大步距为1200 mm。

(3) 为提高冷床的小时产量,在冷床出口侧设有风机,必要时对钢轨进行强制冷却。

矫直机 矫直机从意大利达涅利公司引进,由9辊悬臂水平辊式矫直机和7辊垂直辊式矫直机组成,从而实现对钢轨的复合矫直,可矫直钢轨的水平方向和垂直方向的弯曲度。9辊矫直机的矫直辊采用上4下5的方式布置,矫直辊节距为1600 mm,矫直辊最大直径为1200 mm,最大矫直力为3500 kN。

钢轨检测中心 钢轨检测中心从奥地利Knorr公司引进,主要设备包括钢轨表面清理装置、号印识别系统(预留)、钢轨断面尺寸检测系统、钢轨平直度检测系统、钢轨涡流检测系统、钢轨超声波检测系统、钢轨缺陷喷印装置、钢轨运输导向装置等,用于对钢轨的规格、平直度、表面质量及内部缺陷等项目进行检查及判定。

联合锯钻机床 联合锯钻机床共有5套,其中三套为单锯双钻机床,另两套为单锯单钻机床,采用激光测长的方式进行定尺。

该万能生产线设计年生产能力100万t,其中钢轨55万t,H型钢及其他型钢45万t。钢轨以50 kg/m、60 kg/m钢轨为主,兼能生产38 kg/m、43 kg/m、75 kg/m、S49、UIC54 kg/m、UIC60 kg/m和BS75R钢轨及配套道岔轨,以及离线在线热处理钢轨。钢轨的品种有U71Mn、PD2、PD3、900A。

C 包钢轨梁厂

包钢轨梁厂万能轧机改造工程开始于2003年4月份,经过两年半的技术准备,于2005年12月初进行热负荷试车,并轧出了断面尺寸合格的60 kg/m钢轨,最大轧制钢轨长度为105 m。2006年4月份开始批量生产,进行了工艺、设备验收。钢轨轧制生产线机架布置与鞍钢相同,都是采用德国SMS公司研制的紧凑式万能机组(CCS)。

包钢钢轨生产工艺流程为:钢坯上料→步进梁加热炉加热→第一次高压水除鳞→BD1开坯→BD2开坯→万能粗轧→第二次高压水除鳞→万能精轧→打印→切头、取样→步进式冷床冷却→平立复合矫直→检测中心检测→四面液压补矫→锯钻床加工长尺轨→四面翻钢检查→入库。

BD1和BD2开坯机在两个BD机架上最多可以轧制14个道次(钢轨轧9道次)。BD机架的辊子的辊身长度分别为2600 mm(BD1)和2300 mm(BD2)。

万能可逆轧机的布置形式为UR/E/UF,在采用UR进行可逆轧制的情况下,万能机架用于最后4个主要孔型的轧制。UF机架只用于最后孔型的轧制。可逆轧制时,轧边机移出,因为轧边需要两个不同的轧边道次。

检测中心配备了断面测量仪、涡流检测仪、超声波探伤仪、激光平直度检测仪,可以自动监测并记录钢轨的质量情况,并在缺陷部位喷上不同标记。

坯料采用280 mm×325 mm和280 mm×380 mm方坯。万能轧机高速钢轨生产线年生产能力为90万t,可生产43~75 kg/m系列钢轨,AT50、AT60道岔轨,以及QU70~QU120吊车轨、H150~H450 H型钢、L型钢、310乙字钢、角钢、工字钢和槽钢等型钢产品。

3.3.2 钢轨万能轧机轧制

目前,世界上普遍采用的钢轨孔型系统分为两类:一种为普通二辊孔型系统,另一种为万能孔型系统。

由于生产钢轨的坯料主要是采用连铸矩形坯或铸模矩形坯,矩形坯或方坯与成品钢轨在断面形状上没有几何相似性,加上在钢轨整个轧制过程中其腿部处于拉伸变形状态,因此为保证成品腿高,就要求采用异形孔,首先切出高而宽的腿部,这是钢轨孔型设计中的一个关键。为此,无论是传统孔型法还是万能法,都必须先将矩形坯或方坯轧成近似钢轨外形的帽形。一般在轧成帽形的过程中,变形是不均匀的,金属在轧辊的切楔作用下被强迫宽展,形成宽而厚的腿部。为尽量减小不均匀变形,通常采用 3 ~ 5 个帽形孔,帽形孔配置在二辊式可逆开坯机上。粗轧轨形孔也多配置在二辊式可逆轧机上,轧件在粗轧轨形孔中变形,并逐步接近成品钢轨断面尺寸。以上孔型与轧机配置,普通孔型系统与万能孔型系统基本是一样的。两者不同之处在于对具有初步轨形轧件的进一步加工和最终加工方法上。

3.3.2.1　万能孔型轧制钢轨的特点

普通二辊孔型轧制法是轧件继续在二辊轧机(或三辊轧机)上采用闭口式轨形孔型进行中轧和精轧,最后轧出成品。由于采用上下非对称孔型的轧辊进行轧制,轧件的对称性差,并且很难在轧制环节得到矫正。轨底宽度和轨头宽度随轧制道次的进行而减小,其尺寸精度的改善受到限制。并且,对于轨头顶部及轨底背部,轧件的高度方向没有直接压下力,间接压力只对轧制过程中产生的宽度延伸产生作用。因此,钢轨的整体收缩小,延伸变形即是整体的造型,较难保证轨头和轨底的形状精度,尤其是轨头形状难以保证;轧件合格率低,由轧机条件、来料尺寸、温度均匀程度和操作水平等决定;孔型调整比较困难,一旦调整压下量,轨高尺寸即会因自由宽展而变化,轨头形状则成为尖顶或者平顶。

在严格控制轧件温度差、控制轧制节奏和及时更换轧槽的前提下,轧后再进行挑选,使用二辊成品孔型,也可以轧制出符合 350 km/h 标准要求的高精度钢轨。但由于轧件尺寸精度、表面质量等方面的缺陷,产品合格率较低,效果并不理想。由此,采用万能轧制法才能从根本上提高钢轨质量。

我国某厂利用二辊轧机生产 60 kg/m 钢轨采用的普通孔型系统如图 3 - 23 所示,钢轨是在 ϕ950 mm/ϕ800 mm/ϕ850 mm 轨梁轧机上轧制的,以 300 mm × 350 mm 初轧坯为原料,压缩比为 13.5。ϕ950 mm 开坯机采用两个箱形孔、一个梯形孔和两个帽形孔,ϕ800 mm/ϕ850 mm 轧机上采用一个帽形孔和 6 个轨形孔。

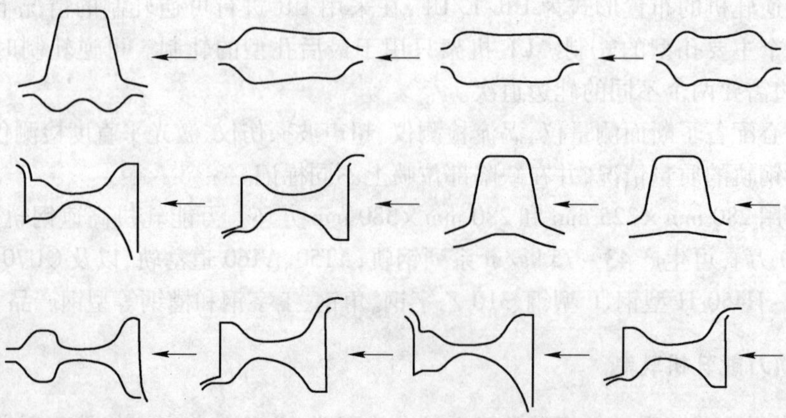

图 3 - 23　我国某厂 60 kg/m 钢轨普通孔型系统

万能孔型轧制法是把经过开坯机轧制的具有初步轨形的轧件在万能粗轧机和轧边机上进行中轧,最后通过成品万能精轧机轧出成品。

万能孔型由一对水平辊和一对立辊共同组成,并且4个轧辊的轴线位于同一平面上,形成万能孔型。在万能孔型中,轧件腰部承受万能轧机上下水平辊的轧制作用,其头部和腿部的外侧承受万能轧机立辊的垂直侧压作用。为确保钢轨头部和腿部的宽度以及侧面形状,还要在轧边孔型上对轨头和轨底侧面进行立轧加工。

与普通二辊孔型轧制法相比,万能孔型轧制法改善了钢轨的表面质量,孔型对称设计,变形均匀性好,产品尺寸精度高,尤其是轨头和轨底方向压下可灵活控制,轧件内部残余应力小,轨头、轨底加工良好,轧辊磨损、电能消耗均减小,孔型的调整能力强,且自动化水平较高。采用二辊孔型轧制法和万能轧制法轧后钢轨尺寸精度对比见表3-16,从表中可以看出,采用万能轧制法生产的钢轨尺寸精度,比使用二辊轧制法生产的钢轨尺寸精度有了明显的提高。

表3-16 不同轧制法钢轨尺寸精度对比(mm)

项　目	轨　高	底　宽	头　宽	腰　厚
二辊轧制法	±0.5	+1.0,-2.0	±0.5	+1.0,-0.5
万能轧制法	±0.35	±0.8	±0.4	+0.8,-0.4
300 km/h 标准	±0.6	±1.0	±0.5	+1.0,-0.5

图3-24是二辊轧制法与万能轧制法生产钢轨时轧件的受力情况。从图中可以看出,普通二辊孔型与万能孔型造型时两者受力是完全不同的。万能孔型在设计时上下对称,从上、下、左、右4个方向上对轧件进行轧制,对轧件断面的作用力均匀,同时轧件的轨腰、轨底和轨头厚度以及轨高尺寸得到了很好的控制。轨头在轨高方向上的绝对压下量很大,延伸系数也较大,每道次在1.25~1.40之间。

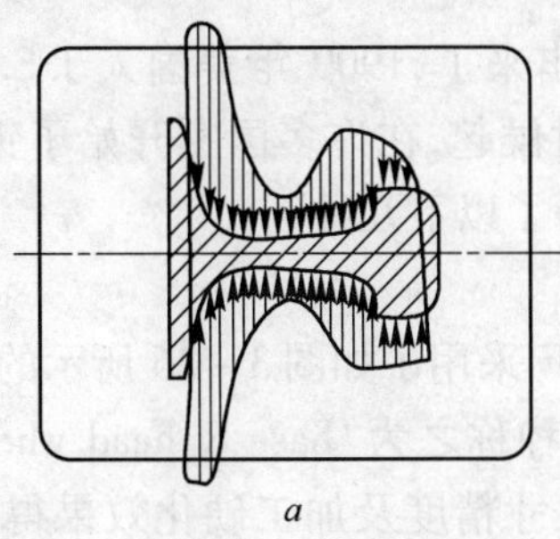

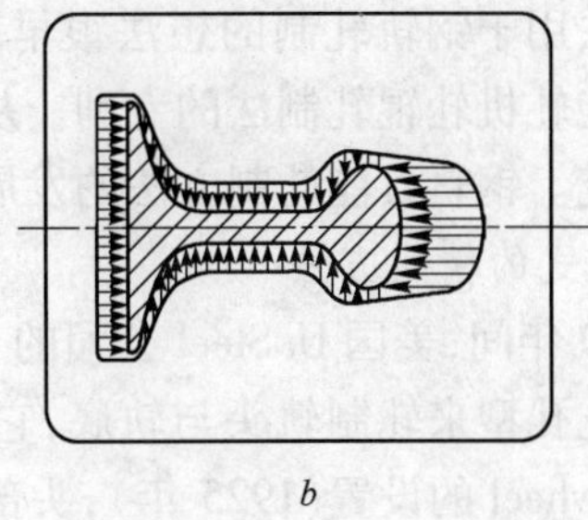

图3-24 轧制期间典型的压力方向

a—二辊孔型轧制法;*b*—万能轧制法

钢轨万能轧制法具有以下特点:

(1) 万能轧制法上下孔型对称轧制,头部存在闭口槽,对钢轨头部和底部进行直接压下,可得到良好的内部质量;

(2) 通过对轧件各个部分变形分配,可以施加比较均匀的压下力而得到均匀的变形,有效防止轧件的左右窜动,从而提高了钢轨质量;

(3) 钢轨的底部背部不发生导致缺陷的变形，可获得平坦度及垂直度良好的钢轨；

(4) 能够减轻轧辊局部的摩擦，使产品表面质量得到极大提高；

(5) 轧辊的孔型设计方法得到简化，新产品的开发周期得以缩短。

为满足高速铁路的建设需求，使用万能轧机来生产高精度钢轨已成为必然趋势。万能轧制法生产钢轨已被世界认同，是目前生产高精度钢轨最好的工艺。图 3－25 为国外某厂采用万能法轧制 60 kg/m 钢轨的孔型系统。

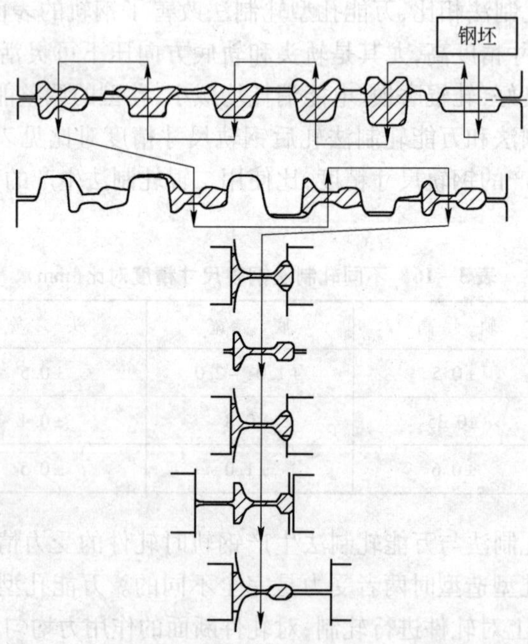

图 3－25　国外某厂 60 kg/m 钢轨万能孔型系统

3.3.2.2　钢轨万能轧制法的发展

万能轧制法用于钢轨轧制的想法很早就提出来了，1900 年美国人 J. S. Seaman 取得了精轧孔型的万能轧机轧辊轧制法的专利。从那时候起，在许多国家开始了钢轨万能轧制方法的开发与研究。钢轨万能轧制方法的发展经历了以下几种。

A　Gary 方式的精轧方法

1901 ~ 1930 年间，美国 U. Steel 公司的 Gary 厂采用了如图 3－26 所示的方法，即采用预精轧孔型和精轧孔型来轧制轨头与轨底，它是一种称之为"base & head wheel"的立辊轧制法。由于 head wheel 的设置(1925 年)，头部的尺寸精度及加工硬化效果得到改善，而 base wheel 的设置(1938 年)是为了提高轨底的加工硬化效果。当初的孔型形状是闭式孔型(closed pass)，1958 年 E. E. Brayshaw 在报告中提到，这些孔型后来都改成了开孔式孔型(open pass)。R. Stambach 在钢轨的万能轧制后，也采用了 base wheel 方式。

采用左右非对称万能轧制法轧制钢轨时，左右的轧制力不同而产生很大的轴向力。为提高钢轨轧制的尺寸精度，使用非常结实的带推力的轴承来对抗轴向力，或采用水平辊与立轧辊相接触的方式来支承这一轴向力。R. Stambach 在水平轧辊上准备两个孔型，使未进行轧制孔型侧的水平辊与纵轧辊相接触，以此来承受轴向力。

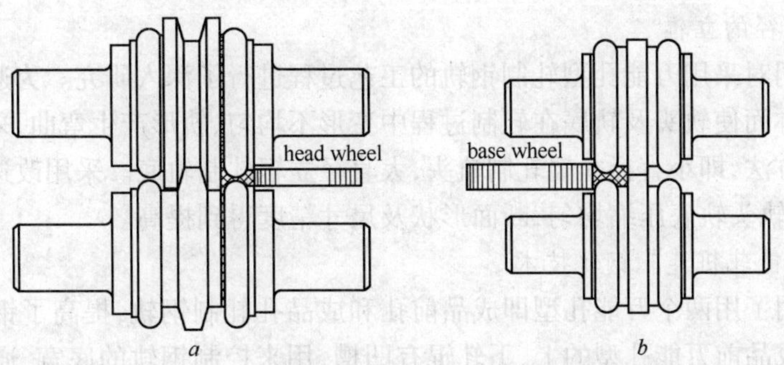

图 3-26 Gary 厂的“base & head wheel”方式的精轧法

a—预精轧孔型；*b*—精轧孔型

B H. Hahn 的钢轨万能轧制方法

1928 年，H. Hahn 对钢轨的万能轧制法进行了试验，如图 3-27 所示。在万能轧机的前后配置具有压边机功能的从动轮，其特征是使在万能轧机上受不到直接压下的钢轨头部及底部得到强化。采用这种万能轧制方法，克服了孔型轧制的缺点，使钢轨头部得到较充分的加工硬化效果。

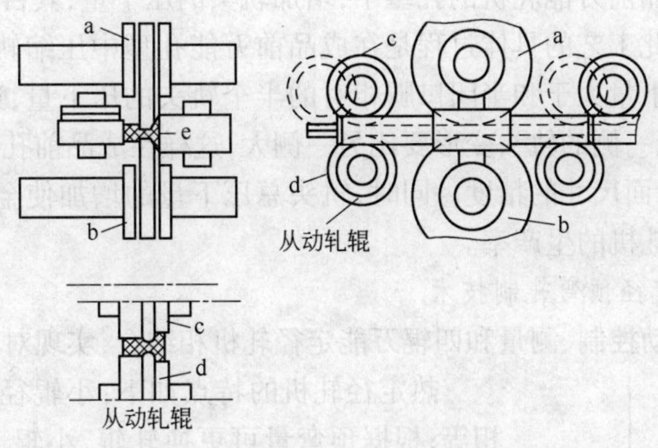

图 3-27 H. Hahn 提出的钢轨万能轧制方法

a—上轧辊；b—下轧辊；c—上从动辊；d—下从动辊；e—钢轨

C Wendel 的钢轨万能轧制方法

真正的钢轨万能轧制法是于 1967 年在法国 Wendel-Sidelor 公司哈亚士厂（Hayange）由 R. Stambach 开发而成并获得专利的。这种万能轧制法是用可逆式二辊轧机进行粗轧，然后进行万能轧制，最后进行成品万能精轧。这种万能轧制法的特点是，万能轧机的水平轧辊、立轧辊和压边轧辊在万能轧制中使用相同形状的孔型进行轧制，被设计成不产生挤出及皱皮现象的形式。特别是在轨头的角部，进行直接压下而成形，在万能轧制中发生的横向延伸由后续的压边轧辊进行轧制。因此，轨头角部总是在被万能轧机的立轧辊及轧边轧辊的孔型所约束的状态下被轧制；钢轨的底部被另一立轧辊轧制。R. Stambach 提出了连续轧制方式和可逆式轧制方式的两种万能轧机轧制法，这是目前国内外广泛使用的万能轧制方法。

3.3.2.3 提高钢轨轧制质量新方法

在采用万能轧制法生产钢轨后，很多学者仍在致力于研究新方案，以进一步提高钢轨轧制后的尺寸精度和形状精度，主要方法如下。

A　左右异径的立辊

新日铁公司对采用万能孔型轧制钢轨的工艺过程进行了深入研究。为避免由于轨形坯断面形状不对称而使轨头及轨底在轧制过程中变形不均匀、轨形产生弯曲，采用了轨头轨底立辊辊径不等方法，即小直径立辊轧制轨头，大直径立辊轧制轨底。采用改进后的万能孔型进行轧制，可使轨头轨底压缩均匀，断面形状及尺寸精度得到提高。

B　两架万能轧机连轧钢轨技术

前苏联发明了用两个万能孔型即成品前孔和成品孔轧制钢轨，提高了钢轨的平直度和表面质量。在成品前万能孔型的上、下轧辊有凹槽，用来控制钢轨的底宽，通过保持和垂直轴线对称的轨头的对称变形来提高钢轨的质量。具体是，水平辊在加工腰部的同时，加工轨头的一个侧面，在成品前孔中加工轨头上侧面表面，在成品孔中加工下侧面。与此同时，立辊加工轨底和轨头，而其中立辊在加工轨头轧制表面的同时控制轨头的侧表面，在成品前孔中加工下表面，在成品孔中加工上表面。这样轨头的两个侧面轮流在成品前机架和成品机架中与轨腰一起变形，轮流控制了轨头侧表面的尺寸，消除了轨头对于轨腰的不对称。在水平辊轧制的同时，立辊相应的从轨头另一侧面压下，从而提高了钢轨断面的尺寸精度。

C　轨头压下量不等的钢轨轧制技术

前苏联发明在成品前万能轧机的孔型中，增加轨头的压下量，其目的是提高钢轨的尺寸精度和轧制生产率。此工艺的具体过程是在成品前万能孔型中压缩轨头时，和轨底开口腿相对的半个轨头的压下量大于和半闭口腿相对的半个轨头的压下量，这就要求在二辊粗轧孔型中，轧件断面轴线一侧的轨头变形要比另一侧大，这样在成品前孔型中水平辊的轴向力得到平衡，并提高了断面尺寸的精度。同时，轨头总压下量的增加使金属的组织致密，消除了表面缺陷并提高了轧机的生产率。

D　万能孔型热定径预弯轧制技术

东北大学采用自动控制、测量和四辊万能定径轧机相结合，实现对钢轨的高精度轧制。

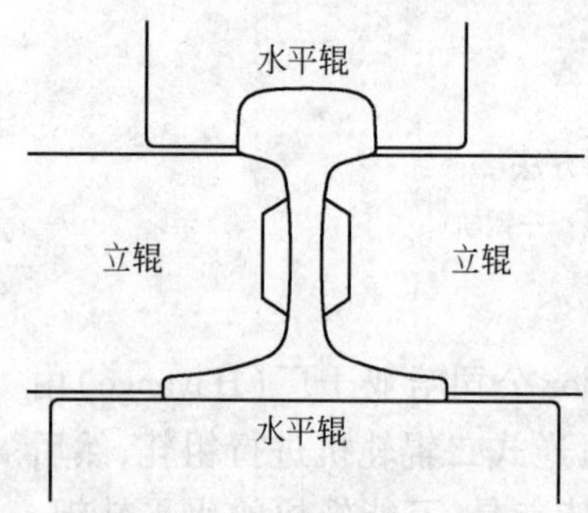

图 3－28　热定径孔型示意图

热定径轧机的特点如下：小辊径，上下工作辊辊径不相等；根据预弯量可更换轧辊，小辊工作直径为 300 mm；短辊身，高刚度机架，组合式轧辊，万能孔型；工艺措施是小压下量精轧，各部分变形接近均匀。精轧定径用孔型见图 3－28。

采用万能孔型热定径预弯轧制技术，可明显提高钢轨的尺寸精度，轨高尺寸偏差控制在我国现行标准的 40% 之内，精度明显高于 TGV60 标准，轨头和轨底宽度精度也高于 TGV60 标准，可以满足高速铁路对钢轨尺寸精度的要求。而且轧制之后，钢轨的弯曲很小，避免了对矫直辊的冲击，矫直咬入平稳。

3.3.2.4　万能轧制法轧机布置形式

万能轧制法发展到现在，其工艺布置形式按万能轧机数目区分主要可分为三种。这三种布置方式的共同点是开坯都采用两架二辊轧机，利用孔型轧制将矩形坯轧制成轨形坯。

A　两机架布置（两架粗轧机＋紧凑式万能连轧机组）

该布置形式是由德国 SMS 公司研制的紧凑式万能机组（CCS）组成，各机架形成连轧，将万能轧机数减到最少，连铸矩形坯经过 BD1 轧机、BD2 轧机开坯后，送到万能连轧机组往复3道次轧制成钢轨，见图3－29。万能机组控制系统采用计算机自动控制，实现自动轧钢。使用SMS公司开发的液压AGC(辊缝自动控制系统)与TCS张力控制系统，提高轧机控制精度；轧边机采用移动定位设计，一架轧边机相当于两架轧机使用，轧机布置极为紧凑。我国鞍钢大型厂、包钢轨梁厂和武钢大型厂钢轨万能生产线均采用这种布置形式。

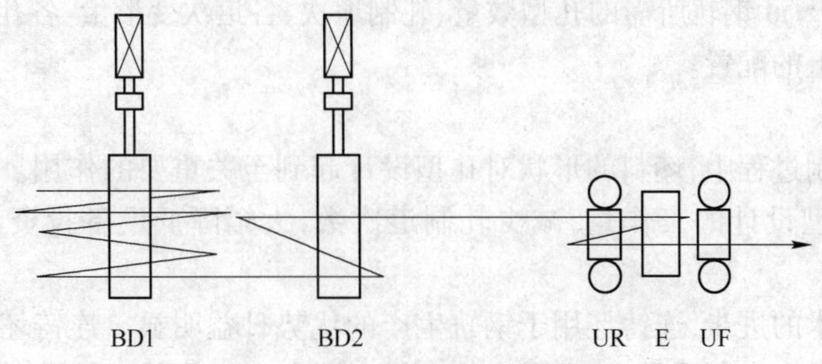

图3－29　万能轧制法两机架布置形式

B　三机架布置(两架粗轧机＋万能粗轧＋万能中、精轧)

该布置方式利用万能轧机进行往复轧制工艺设计和设备自动控制，是目前钢轨万能轧制法比较流行的一种布置方式，如图3－30所示，连铸矩形坯经过BD1轧机、BD2轧机开坯轧制后，送到万能粗轧机和轧边机往复轧制三道次，再送到万能中轧机和轧边机轧制一道次，然后送到万能精轧机轧制一道次。该布置方式各万能机组间不存在连轧关系，避免了由于机架间的张力作用而造成产品尺寸波动。攀钢轨梁厂采用的即为这种万能轧机布置形式。

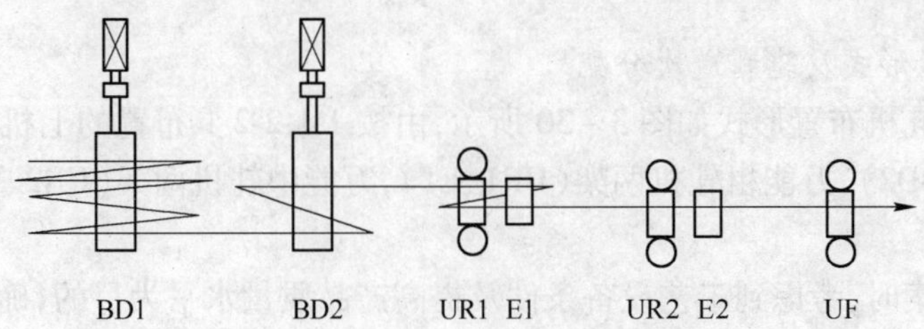

图3－30　万能轧制法三机架布置形式

C　四机架布置

法国钢铁集团哈亚士厂采用此布置方式，如图3－31所示，每一架万能轧机只轧制一道次，不形成往复轧制，轧机动作少，孔型变形组合比较稳定，万能机组之间不形成连轧，自动

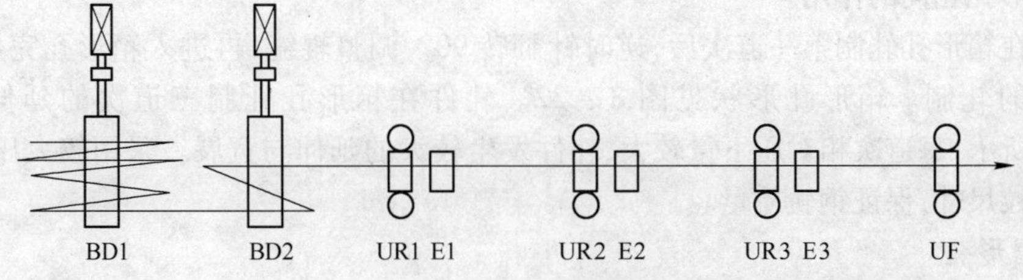

图3－31　万能轧制法四机架布置形式

控制难度小,轧件尺寸不受张力波动影响。但该轧制线的长度比较长,一般大于 580 m,占地投资较大,万能轧机数目多。

3.3.2.5　高速铁路用钢轨全万能孔型系统开发

根据某厂万能生产线轧机分布情况、坯料和成品的断面形状、尺寸及对产品性能的要求,确定生产 60 kg/m 钢轨所需的孔型数量、轧制道次、各道次变形量、各孔型形状和尺寸以及各孔型在轧辊上的配置。

A　坯料选择

在型钢的轧制过程中,坯料的形状对孔型设计起到至关重要的作用。选择合适的坯料形状可以减少孔型设计的工作量,减少轧制道次数,大幅降低设备投资和减少基础建设工作。

随着连铸技术的进步,连铸坯用于钢轨生产的优势日益明显。连铸坯与模铸坯相比具有更好的表面质量和内部质量,以及更高的金属利用率。更重要一点是,连铸坯的冷却速度快,铸坯内部晶粒细化,成分均匀,有利于改善钢轨的焊接性能。但从连铸坯到成品钢轨的变形量至少不小于 8∶1,这样才能保证钢轨的使用性能。20 世纪 80 年代中期,我国大多数钢厂开始采用连铸坯生产钢轨,连铸加万能轧制法生产钢轨的工艺是近几十年来冶金技术的重大进步。

虽然合适的异形坯料优点很多,但是异形连铸坯的生产却受到连铸机结晶器形状的影响,往往很多断面复杂的异形坯难以生产,导致大多数型钢,特别是异形断面型钢,不可避免地需要不同程度的开坯。

坯料在选择的时候,为与连铸工艺相结合,采用 280 mm × 380 mm 连铸矩形坯轧制 60 kg/m 钢轨。

B　轧机布置形式及轧制道次分配

万能生产线轧机布置形式如图 3 – 30 所示,由按 1-1-2-2-1 布置的七机架组成。其中开坯机两架(BD1、BD2),万能粗轧机两架(UR1、E1),万能中轧机两架(UR2、E2),万能精轧机一架(UF)。

确定轧制方案时,考虑到工艺设备条件及提高产品质量水平为目的,确定总轧制道次为 16 道次,道次分配为 6-5-1-1-1-1-1。

C　箱形孔

箱形孔配置在开坯机 BD1 机架上。箱形孔设计成左右不对称的形状,右侧具有与第一个帽形孔上部相同的斜度,以使之后的帽形孔上部有适当的侧压,轧件容易咬入。并且轧件经箱形孔轧制后,逆时针翻转 90°左侧金属位于帽形孔底部,因此箱形孔在一定程度上起到与立轧帽形孔相同的作用。

轧件在箱形孔轧制第一道次后,逆时针翻转 90°,调整辊缝,再进入箱形孔完成第二和第三道次的轧制。箱形孔形状见图 3 – 32。轧件在箱形孔轧制三道次的延伸系数如表 3 – 17 所示,每道次相对压下量较大,轧件发生较大的延伸与宽展。采用较大压下量,可以细化晶粒尺寸,保证钢轨质量。

D　帽形孔

钢轨开坯轧制过程中,一般配置三个帽形孔,以保证轧件底部宽度。本孔型系统中三个帽形孔型(K13、K12、K11)均配置在开坯机架 BD1 上,轧件在帽形孔中各轧一道次,以使轧件过渡到下一步的轨形孔中。帽形孔孔型图见图3-33~图3-35,轧件在帽形孔中各道次的延伸系数见表3-18。

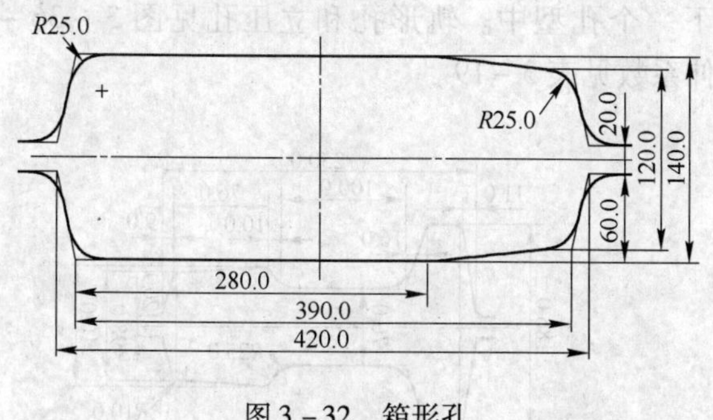

图3-32 箱形孔

表3-17 箱形孔各道次延伸系数

道次数	总面积/mm^2	延伸系数	压下量/mm	道次压下率/%
1	100450	1.059	30	8
2	77700	1.293	77	26.8
3	54699	1.423	70	33.3

第一个帽形孔采用切楔、大张角度以及小圆弧半径,对轧件底部进行切楔,形成钢轨底部,后面两个道次轧平钢轨底部。在帽形孔的轧制中,轧件底部先与轧辊接触,变形量最大,形成脚部幅宽,并且在轧件高度上有较大压下。同时,轧辊对轧件底部的切楔变形,有利于破碎轧件内部的柱状晶,保证钢轨质量。

表3-18 帽形孔的延伸系数

孔型号	辊缝值/mm	孔型面积/mm^2	延伸系数
K13	286	51073	1.07
K12	262	42828	1.19
K11	213	32517	1.32

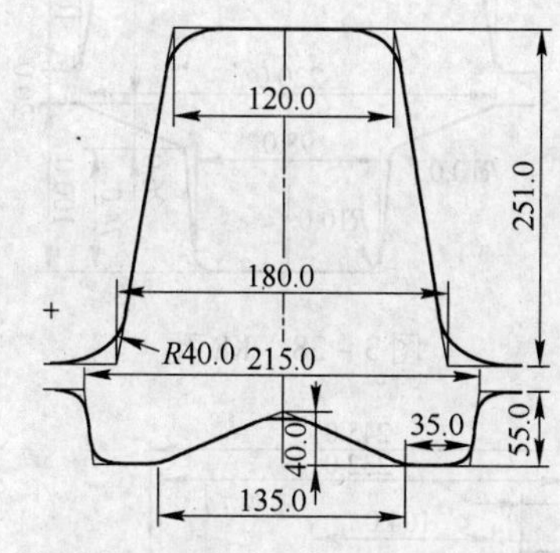

图3-33 K13孔

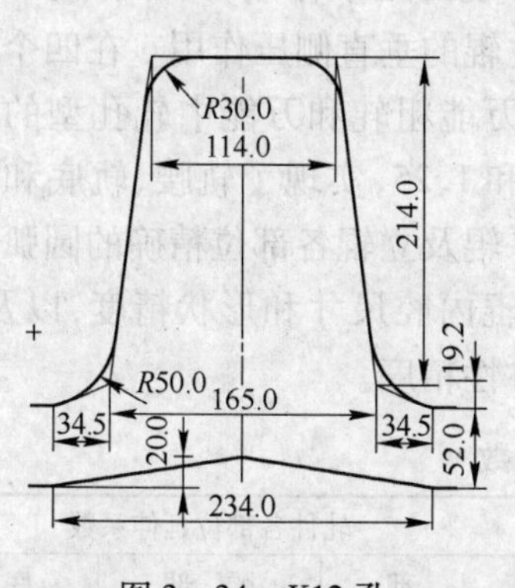

图3-34 K12孔

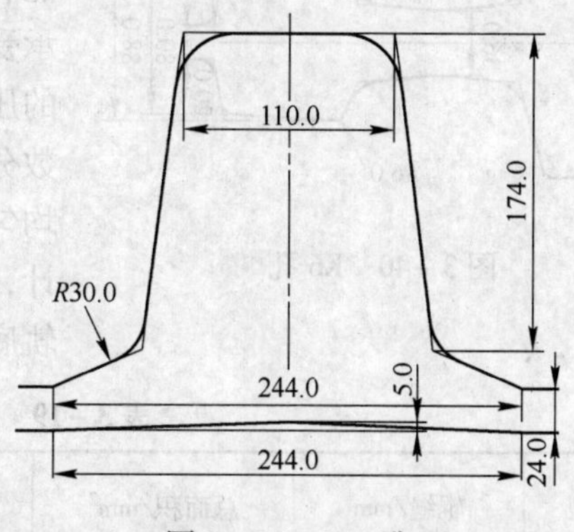

图3-35 K11孔

E 轨形孔和立压孔

轨形孔主要是把轧件轧成初具轨形的断面。立压孔对轨底和轨头部位进行加工,并在轨高方向上进行大的压下。四个轨形孔(K10、K9、K7、K6)和一个立压孔(K8)配置在开坯机架BD2上,轧件在各孔型中均轧一道次。

不同于轨形孔通常采用的开闭口孔型，此次设计时轨形孔都是采用上下对称设计，有利于轧件变形均匀。在设计中要注意轨头、轨底部孔型侧壁的斜度及腰部宽度的确定，以保证轧件从上一孔型轧出后能顺利地咬入到下一个孔型中。轨形孔和立压孔见图 3－36 ~ 图 3－40。轧件在各轨形孔中各道次的延伸系数见表 3－19。

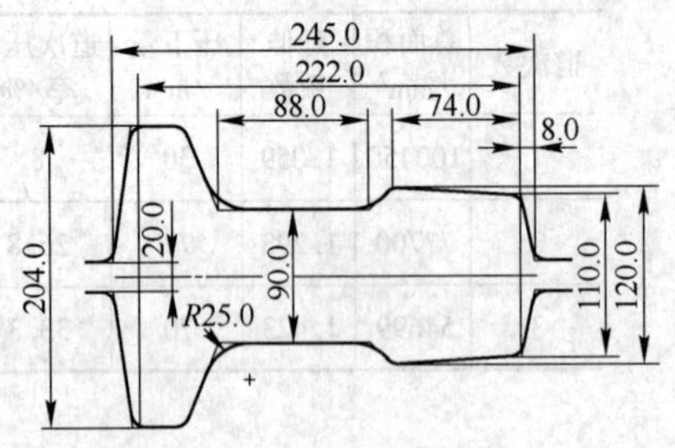

图 3－36　K10 孔

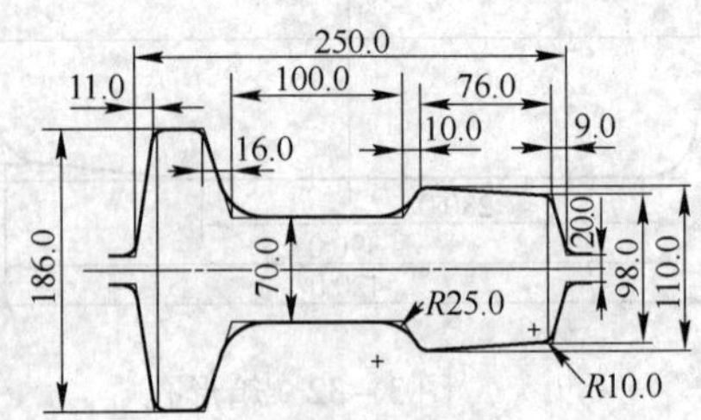

图 3－37　K9 孔

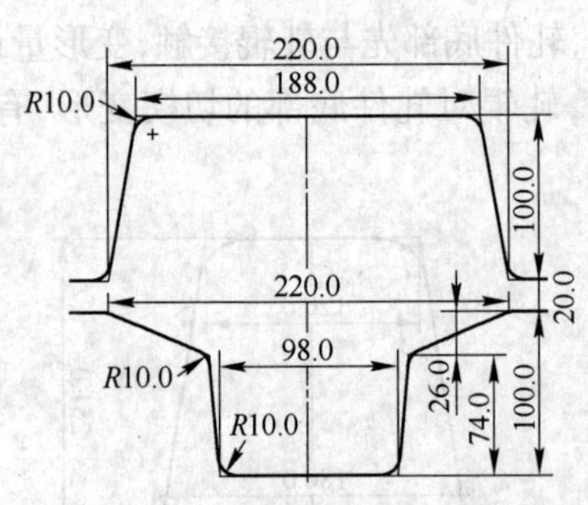

图 3－38　K8 孔

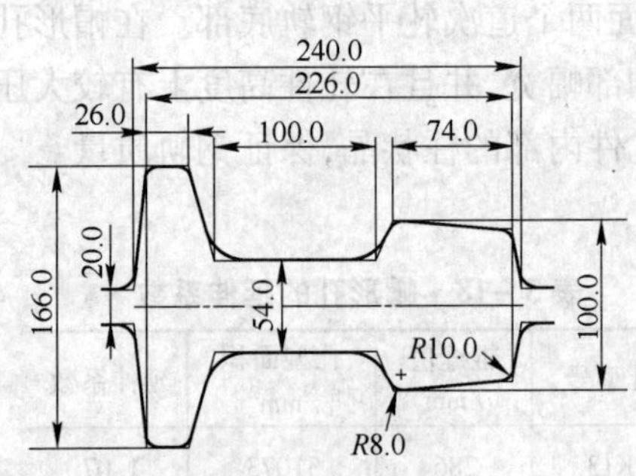

图 3－39　K7 孔

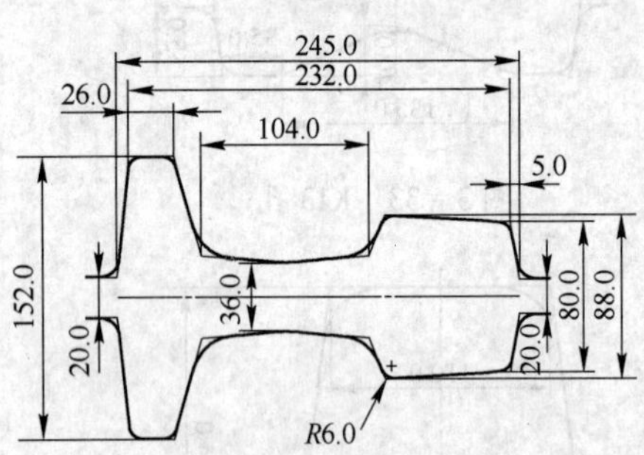

图 3－40　K6 孔

F　万能粗轧、中轧孔及轧边孔

万能粗轧和万能中轧孔型从上、下、左、右四个方向对轧件进行轧制，初具轨形的轧件，腰部承受万能轧机上下水平辊的压下作用，头部和腿部的外侧承受万能轧机立辊的垂直侧压作用。在四个方向上的压下量很大，万能粗轧和万能中轧孔型的延伸系数分别为 1.50 和 1.25，实现了轨腰、轨底和轨头的均匀延伸。水平辊及立辊各部位精确的圆弧尺寸设计，大大提高了辊内腔尺寸和形状精度，以及轨头、轨底形状和对称性精度。

表 3－19　各道次延伸系数

孔　型	辊缝/mm	总面积/mm^2	延伸系数	轧件各部位延伸系数		
				头　部	腰　部	底　部
K10	90	26249	1.24	1.13	1.23	1.13
K9	70	22653	1.16	1.13	1.28	1.11
K7	54	19346	1.13	1.12	1.14	1.10
K6	36	16937	1.14	1.10	1.17	1.15

为控制钢轨轨底边部和轨头侧面的尺寸与形状，在万能粗轧和万能中轧机后各配置了一架轧边机，万能轧机与轧边机采用连轧方式。轧边机对轨头侧面和轨底边部进行加工，保证轧件的尺寸和形状精度更精确。通过万能粗轧和万能中轧机组的轧制，轧件在进入成品孔前，具有更高的尺寸精度和更接近于成品孔的断面形状，保证了成品的精度。万能粗轧、中轧孔型以及轧边孔型见图 3－41～图 3－44。万能孔和轧边孔的延伸、压下系数见表 3－20。

表 3－20　万能孔和轧边孔的延伸、压下系数

孔　型	辊缝值/mm	延伸系数	轧件各部位压下系数		
			轨　头	轨　腰	轨　底
UR1	16.70	1.50	1.486	1.500	1.314
E1	21.00	1.02			
UR2	18.40	1.25	1.306	1.304	1.331
E2	28.00	1.02			

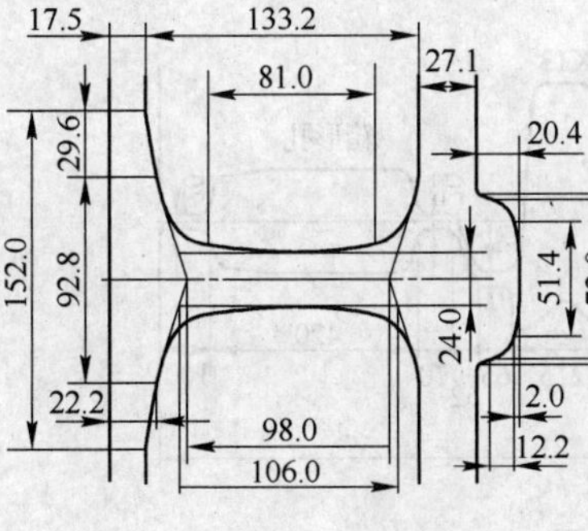

图 3－41　万能粗轧孔 K5

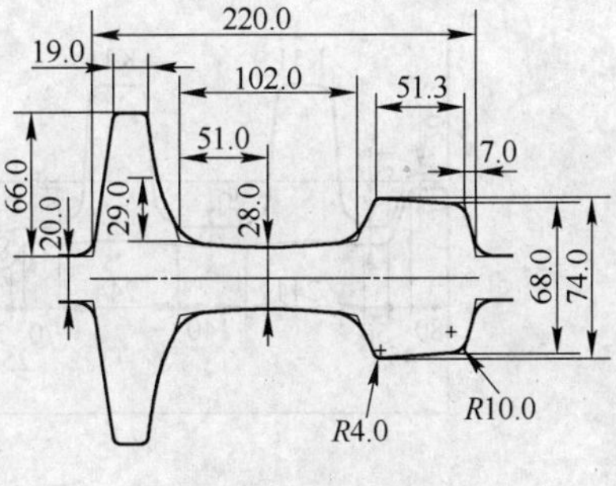

图 3－42　轧边孔 K4

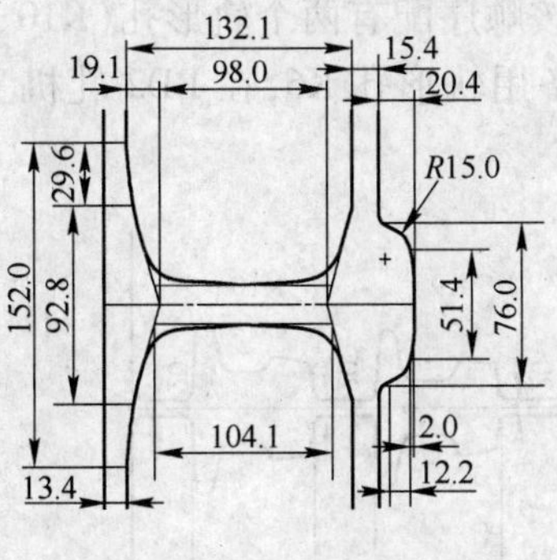

图 3－43　万能中轧孔 K3

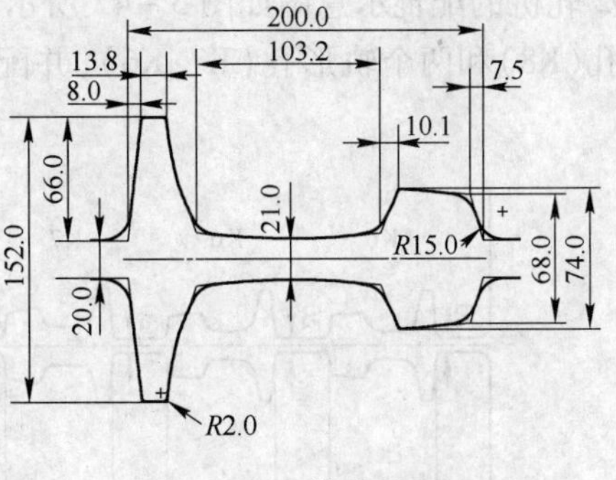

图 3－44　轧边孔 K2

G　全万能成品孔

攀钢的万能轧机具有 AGC 功能的有效下调整装置，所以在本次孔型设计中，改变了以往采用半万能成品孔的轧制方法，采用了全万能成品孔，真正意义上使用全万能精轧机轧制钢轨。全万能精轧机由上、下水平辊和左、右立辊组成，同时对轨腰、轨底和轨头踏面进行轧制成形。轨头处使用带轨头踏面曲线的浅槽立辊，槽深不大于 20 mm。

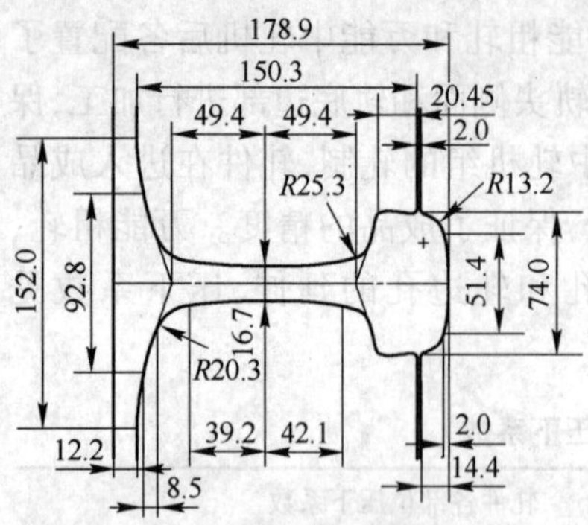

图 3 - 45 万能精轧孔 K1

成品孔设计的直接依据是钢轨断面尺寸及偏差。在确定成品孔各尺寸参数时，需考虑到各部分的断面面积及截面模数不一样，在确定头部尺寸时，按较大的热收缩系数，取 1.0136；其他部位取较小的热收缩系数，为 1.0125。轧件最终通过成品孔进一步定形，达到产品尺寸精度要求。万能成品孔型图见图 3 - 45。

3.3.2.6 轧机参数及其孔型配置

A 开坯轧机及配辊

BD1、BD2 开坯机均为二辊可逆式牌坊轧机，轧辊最大直径为 1100 mm，辊身长度为 2300 mm，辊颈直径为 600 mm，电机功率为 5000 kW，轧制速度为 0.5 ~ 5.0 m/s。轧机均为右侧驱动，轧件在需要翻钢时都按逆时针方向进行。

BD1 轧机上按顺序配有一箱形孔、三个帽形孔（K13、K12、K11），并且配有一个备用孔型 K11。在 BD1 轧机上轧制 6 道次，箱形孔轧制三道次，三个帽形孔各轧一道次。BD1 轧机的配辊示意图如图 3 - 46 所示。

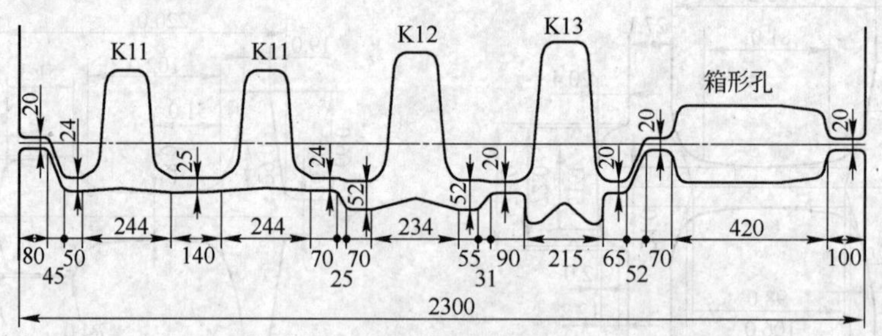

图 3 - 46 BD1 配辊图

BD2 轧机的配辊示意图如图 3 - 47 所示，轧机上按顺序配有两个轨形孔（K10、K9）、一个立压孔（K8）和两个轨形孔（K7、K6），并配置一个备用轨形孔 K6，在 BD2 轧机上轧制 5 道次。

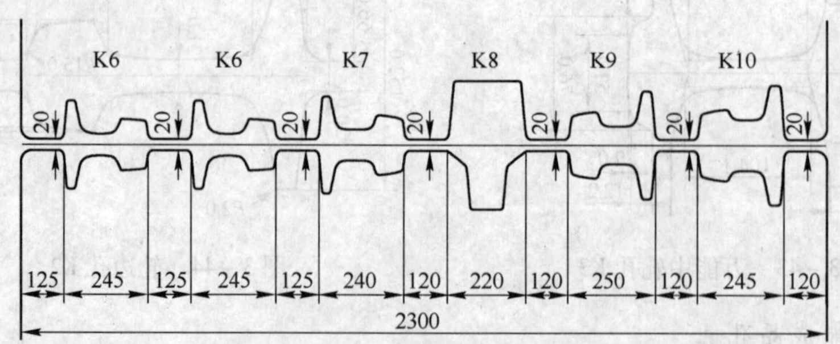

图 3 - 47 BD2 配辊图

B 轧边机及配辊

轧边机电机功率为 1500 kW，轧辊最大直径为 900 mm，辊身长度为 1200 mm，最大轧制力为 2500 kN。轧边机可快速横移，保证从万能孔型出来的轧件进入合适的轧边孔型。轧边机 E1、E2 上分别配轧边孔型 K4 和 K2。考虑到孔型长度和辊身长度，各刻有三个孔型。配辊图见图 3－48 和图 3－49。

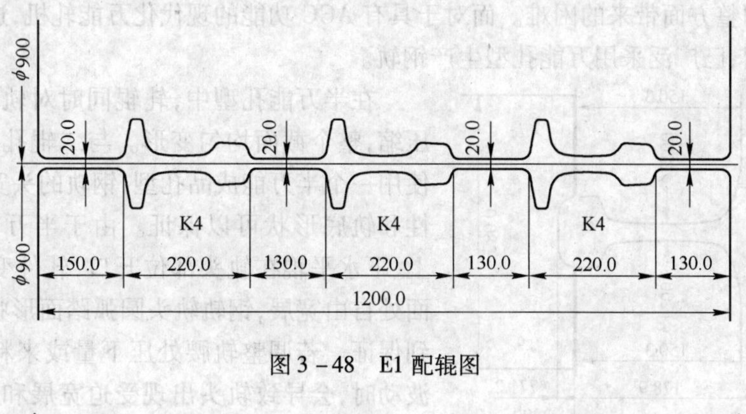

图 3－48 E1 配辊图

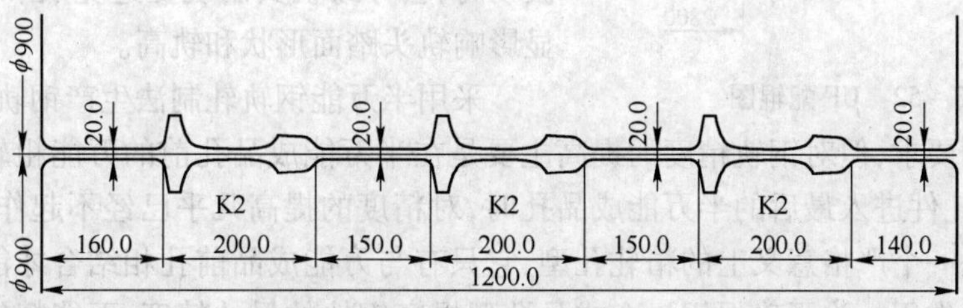

图 3－49 E2 配辊图

C 万能轧机及配辊

万能粗轧机电机功率为 5000 kW，万能中轧机电机功率为 3500 kW，万能精轧机电机功率为 2500 kW。万能轧机水平辊最大直径为 1200 mm，辊身长度为 1500 mm，最大轧制力为 6000 kN。立辊最大直径为 800 mm，辊身长度 280 mm，最大轧制力为 4000 kN。

万能粗轧机架上配有万能孔型（UR1），配辊图见图 3－50；万能中轧机架上配有万能孔型（UR2），万能孔型与轧边孔型采用连轧方式，见图 3－51；在最后的万能精轧机组上，配全万能成品孔型（UF），见图 3－52。

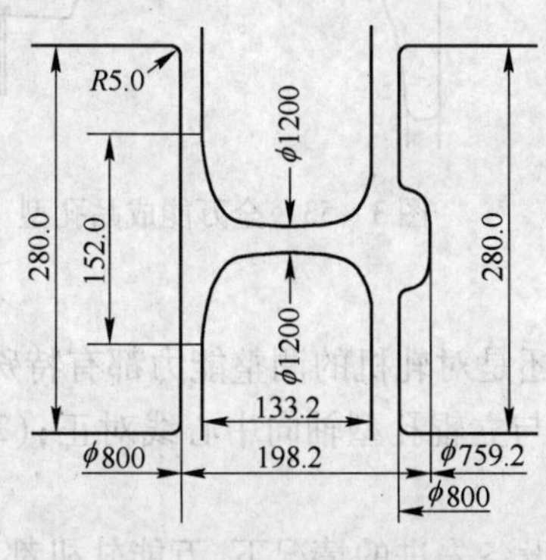

图 3－50 UR1 配辊图

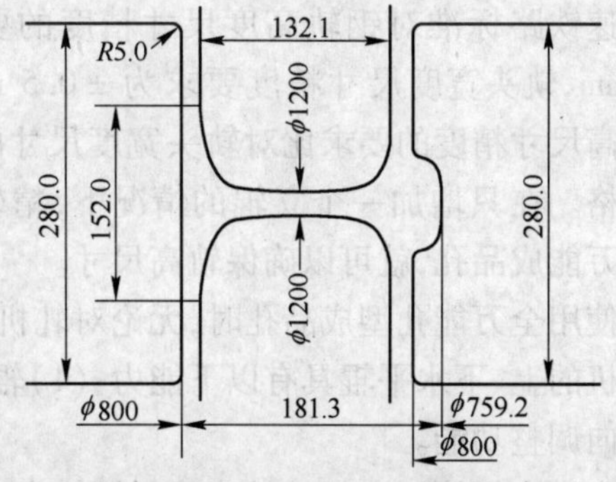

图 3－51 UR2 配辊图

3.3.2.7 全万能成品孔型

受传统思维的影响，当时的万能轧机是利用二辊轧机改造而来的，因为二辊轧机的压下调整非常困难，而且改造后的万能轧机水平轧制线与垂直轧制线很难调整到一个平面，所以只有采用半万能成品孔来生产钢轨，也就是说采用半万能成品孔的主要优点是可以避免轧机在有效下调整方面带来的困难。而对于具有 AGC 功能的现代化万能轧机，这一点已经不再是限制因素，已广泛采用万能孔型生产钢轨。

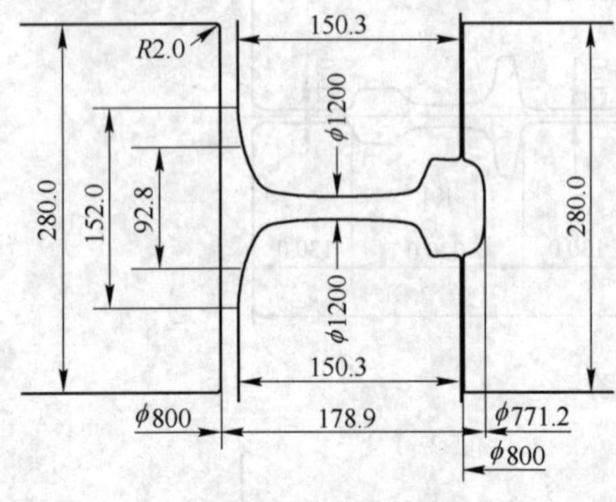

图 3－52　UF 配辊图

在半万能孔型中，轧辊同时对轨头、轨底进行压缩，整个截面均匀变形。与二辊孔型相比，单独使用一个半万能成品孔型，钢轨的头宽、内腔、对称性和轨底形状可以保证。由于半万能成品孔中，上、下水平辊在轨头部位开口，轧件变形时轨头踏面处自由宽展，钢轨轨头圆弧踏面形状精度无法得到保证。若调整轨腰处压下量或来料腰部厚度有波动时，会导致轨头出现受迫宽展和拉伸变形，明显影响轨头踏面形状和轨高。

采用半万能钢轨轧制法生产钢轨，质量可以满足高速铁路的要求，但对钢轨精度的提高主要是在半万能成品孔前的万能粗轧和中轧机组中完成，而当轧件进入最后的半万能成品孔时，对精度的提高几乎已经不起作用。因此，半万能孔型不是一个严格意义上的精轧孔型，它只有与万能成品前孔相结合才能起到提高钢轨尺寸精度的作用。为了确保用一个成品孔型提高钢轨的尺寸精度，万能精轧道次应使用全万能成品孔型。

全万能成品孔型示意如图 3－53 所示，由上、下两个水平辊和左、右两个立辊组成，水平辊轧制钢轨腰部方向，立辊对钢轨的轨底和轨头踏面同时进行轧制成形，轨头方向使用带轨头踏面曲线的浅槽立辊。

与普通二辊孔型和半万能成品孔型相比，全万能成品孔型在轨头踏面处没有辊缝开口，可充分对钢轨轨头踏面进行压缩，提高踏面圆弧尺寸精度，确保轨高，在保证轨高及轨头圆弧精度方面，全万能成品孔型有其特有的优势。

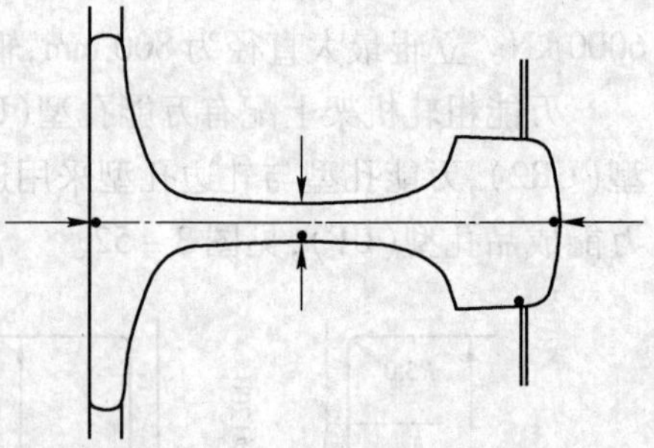

图 3－53　全万能成品孔型

高速铁路标准对钢轨高度尺寸精度的要求为 ±0.5 mm，轨头宽度尺寸精度要求为 ±0.5 mm，说明对轨高尺寸精度的要求比对轨头宽度尺寸的要求更为严格。在只增加一个立辊的情况下，精轧道次采用全万能成品孔，就可以确保轨高尺寸。

在使用全万能孔型成品孔时，无论对轧机的结构还是对轧机的调整能力都有特殊要求，要求轧机的上、下水平辊具有以下能力：(1)辊缝中心与立辊孔型轴向中心线对正；(2)具有动态轴向调整功能。

国内三家钢轨厂家都纷纷改造了钢轨生产线，在设备先进的情况下，万能轧机都已具备辊缝中心线与立辊孔型轴向中心线对正和动态轴向调整的功能，完全可以满足使用全万能孔型作为成品孔型时对轧机结构和调整能力的要求。因此，最后的成品孔应该采用全万能孔型。

相对于半万能成品孔型,采用全万能成品孔型对轧制的优化主要体现在三架万能轧机上。采用全万能轧制工艺时轧件各部位的压下系数分配如表3-21所示。从表中数据不难看出,在万能轧机上,轧件轨底和轨腰的压下系数相同,而轧件轨头与轨底及轨腰的压下系数相差很小,轧件断面变形均匀。

表3-21 全万能成品孔型中轧件各部位压下系数分配

孔 型	轨 底	轨 腰	轨 头
万能粗轧孔(UR1)	1.486	1.500	1.314
万能中轧孔(UR2)	1.306	1.304	1.331
全万能成品孔(UF)	1.102	1.102	1.044

而半万能轧制工艺中的三架万能轧机上,轧件各部位压下系数分配不合理,如表3-22所示,在万能粗轧机UR1上,轧件轧制三道次,轨底与轨腰和轨头的总压下系数分别相差0.464和0.744,轨腰与轨头的总压下系数相差0.280。在万能中轧机UR2上,轨头与轨腰和轨底的压下系数分别相差0.061和0.248,轨腰与轨头压下系数相差0.187,轧件容易出现不均匀变形,导致轧制缺陷。

表3-22 半万能成品孔型中轧件各部位压下系数分配

孔 型	轨 底	轨 腰	轨 头	备 注
万能粗轧孔(UR1)	2.626	2.162	1.882	轧制三道次
万能中轧孔(UR2)	1.026	1.213	1.274	
半万能成品孔(UF)	1.093	1.096	1.012	

由于在全万能成品孔型中,可对轧件的水平和垂直四个方向进行轧制,避免了半万能成品孔型轨头自由宽展的缺点,在UF轧机上可以有大的压下,保证了提高钢轨尺寸精度和形状精度。由表3-21可看出,全万能轧制工艺在三架万能轧机上都有压下,而且依次减小,从而减轻了万能粗轧和中轧的轧制任务,各机架间的压下系数分配更合理。

3.4 钢轨的轧后处理

3.4.1 钢轨的白点与缓冷处理

3.4.1.1 白点的形态与特征

白点是极其严重的钢轨内部缺陷,生产中发现具有白点的钢轨则予以报废。

白点缺陷破坏了钢轨的连续性,促使钢轨在使用过程中突然折断,导致列车颠覆,所以国家标准规定,生产钢轨时应采取足以保证钢轨内不产生白点的生产工艺。普遍采用的消除钢轨的白点的方法是缓冷处理,但钢轨在坑内的缓冷时间则因国家之不同而差别很大。

白点是钢轨内部沿纵轴方向排列的一些碟形裂口,其大小不一,并随轧件断面尺寸的增减而变化,无一定方向,厚度一般在1.0 mm以下,多集中出现在相当于钢轨的头部。

具有严重白点的钢轨折断后,在断口上可显示出碟形的两壁,有时也看到颜色较淡的呈椭圆形或圆形小点,但大多数情况下在钢轨的断口上不能看到白点。

将具有白点的钢轨，沿头部中心剖开磨光经热酸浸蚀后，可以看到碟形的截面，以细小裂纹出现，其长度为0.2～5 mm，且与轧制纵轴呈任意角度，见图3－54。

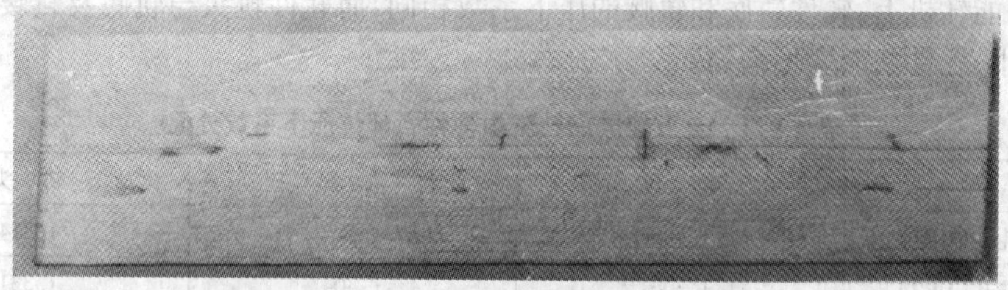

图3－54　沿轨头纵向剖开、腐蚀后白点的形状

检查白点的试样，常取在相当于钢锭的头部，有时也看到白点与滴状偏析或非金属夹杂物共存。在显微镜下白点通常出现在金属致密的部位，这表明白点的形成与钢内的夹杂、偏析等其他缺陷无关。白点裂纹有时穿过晶粒，也有时沿晶粒边界分布，白点部位的组织与其邻近的正常部分无任何差异，见图3－55和图3－56。

图3－55　白点附近的夹杂（×200）

图3－56　白点及其附近的组织（×120）

钢轨在使用期间，因列车往复运行，白点的头端产生应力集中，白点逐渐发展，直到断裂，在其断口上靠近中心部位，有呈椭圆形的较光滑的区域。钢轨因白点而折断是长期的发展过程，断口与空气接触而呈现黑色，所以铁路部门又称之为黑核，见图3－57。使用表明，在线路上因白点折断之钢轨，占全部折断钢轨的75%左右。

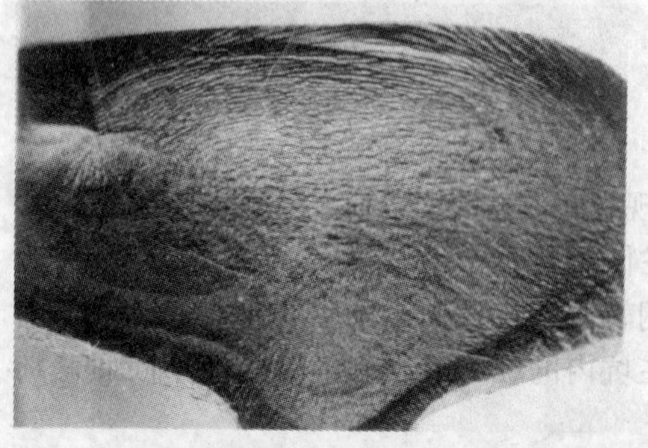

图3－57　白点发展后的折断

3.4.1.2　白点的产生原因

关于形成白点的机理有很多假说，但氢和内应力是促使白点形成的主要原因已被所有研究者所公认。没有氢就不会出现白点，只是有氢如果没有破裂性应力则白点也不会形成，钢中溶有较多的氢以及足够的破裂性应力则促使白点产生。大量的研究结果表明，白点是钢材在冷却到300～100℃范围内形成

的,白点是没有塑性变形痕迹的有晶粒面的脆性裂纹。白点有其形成过程,即萌芽和发展过程,也有人称为“白点孕育期”或“潜伏期”。

研究结果表明,氢在钢内的溶解度随温度的降低而减小,400℃时为1.0 mL/100 g,800℃时为4.0 mL/100 g,1200℃时为8.0 mL/100 g,熔化前为14.0 mL/100 g,熔化时为28 mL/100 g,1600℃时为30 mL/100 g。1956~1960年测定了钢轨钢液内的氢含量,由测定结果看出,一般钢轨钢液内的氢含量为4~6 mL/100 g,轧制钢轨后的氢含量为2~3 mL/100 g,经缓冷后的钢轨氢含量为0.2~0.4 mL/100 g,因此钢轨在冷却时就不断地析出氢气。氢的扩散速度又随温度的降低而减小,在冷却过程中因过饱和的氢不能及时排出,聚集在钢的微孔中,而引起很大压力。

在冷却过程中随着氢的逸出,钢的体积相应缩小,因为钢内各部分氢的浓度不一致,对比其周围氢含量较少的区域,则体积的缩小量较大,所以处于三向拉应力状态,使该区域的钢质变为容易脆裂的特征。

不能及时扩散而聚集在钢内的原子氢,在低温时有合成分子氢的趋向,$2[H]\approx H_2$。这一反应在$10^{-3}\sim10^{-4}$ s发生,由原子氢合成分子氢大约放出每克分子230 J的能量,因为结合能在极短时间内放出,所以会突然引起白点萌芽的出现。

钢在冷却时的相变,由γ相转变为α相,引起体积膨胀而产生的组织应力和冷却中产生的残余热应力,导致产生内部脆裂性裂口“白点”的萌芽和发展。

在300℃以下时,随着白点的形成,钢内氢的浓度差增大,周围浓度较高的氢,除了向外扩散外,还继续向白点部位扩散,更由于热应力的影响,促使白点萌芽的发展以至形成。

3.4.1.3 白点的预防

A 降低钢液内的氢含量

氢是在冶炼与浇铸过程中陆续进入钢液的,在冶炼和浇铸过程中钢液氢含量的变化趋势,主要取决于钢液的降碳速度、纯沸腾期的长短、脱氧操作、盛钢和流钢系统的干燥以及矿石和发热剂中水分的多少。

a 适当提高降碳速度

根据生产统计资料,随降碳速度的提高,钢轨的热锯白点率显著下降,见表3-23,表明钢液氢含量的变化与降碳速度有明显关系。降碳速度对钢液氢含量的影响是由两个相反方面组成的,一方面是提高了降碳速度则上升的气泡增多,排除氢气增多,同时对金属起到保护作用;另一方面因上升的气泡增多,则引起熔池内猛烈沸腾及大量金属飞溅,甚至钢液表面裸露直接与炉气接触,加速了炉气中氢对钢液的渗入。在冶炼过程中,一方面炉气中的氢气陆续通过炉渣或直接进入钢液,另一方面也随着钢液的沸腾现象被排出,而钢液沸腾现象的强弱又取决于降碳速度,所以降碳速度大于某一临界值时有去氢的效能。生产和试验结果表明,在精炼期中只要脱碳速度维持在0.3%/h以上,则精炼末期钢液氢含量一般不至于超过4.0 mL/100 g。

表3-23 降碳速度与钢轨热锯白点率

降碳速度/%·h^{-1}	<0.15	<0.20	0.21~0.30	0.31~0.40	>0.50	备 注
钢轨热锯白点率/%	60~100	12~60	11~55	10~45	7~35	450炉的分析结果

b　矿石的结晶水和适当缩短纯沸腾时间

据分析，钢轨热锯白点率的增减与矿石中结晶水的含量有关，鞍钢铁矿石的结晶水最低者约为0.25%，一般为0.6%左右，最高者约为1.86%。生产统计资料表明，使用含结晶水较多的矿石时，钢轨的热锯白点率升高，这是因为矿石中结晶水的分解，使钢液氢含量升高所致，也表明平炉冶炼钢轨钢时，不应添加含结晶水较多的铁矿石。

纯沸腾时间对钢液氢含量有显著影响，一般钢轨的热锯白点率为10%左右。1959～1961年期间由于纯沸腾时间普遍甚短，钢轨的热锯白点率降低到1.51%～2.37%。据测定，浇铸时钢液的氢含量为3.15～5.65 mL/100 g。

c　脱氧操作

脱氧剂的烘烤对钢液氢含量有影响。据测定，由于铁合金的烘烤不干，每加入1%的锰铁，钢液内氢含量可增加1.11～1.24 mL/100 g，一般烘烤好的硅锰合金中氢含量约为4 mL/100 g，锰铁为6 mL/100 g左右，硅铁约为4.5 mL/100 g。

试验结果表明，采用罐内脱氧可以显著减少钢液中的氢气，例如罐内与炉内脱氧相比较，甲罐氢含量减少1.1 mL/100 g，乙罐减少1.6 mL/100 g，丙罐减少0.75 mL/100 g，这是因为脱氧剂加入后引起钢液沸腾现象，消除了钢液平静时氢气的传入。

d　出钢过程中氢向大气的扩散

根据测定结果，脱氧后与甲罐浇铸中期的氢含量相比较，钢中的氢含量平均下降0.3～0.6 mL/100 g。出钢槽和盛钢桶必须彻底烘烤干燥，鞍钢第一炼钢厂在1956年由于修砌出钢槽不及时，常出现第一罐钢液氢含量较高的现象，显然是由于出钢槽不干所致。生产经验表明，新修砌的盛钢桶，由于湿度较大，第一次使用如果浇铸钢轨钢时，则钢轨上经常出现白点，新砌罐第一次使用时不应浇铸钢轨钢。

同一炉钢因其出钢次序的先后，第1、2、3罐中的氢含量逐渐上升，以最后一罐为最高，同时最后一罐钢轨成品的热锯白点率最高，约占出现白点钢轨总数的70%以上，这是因为最后一罐在炉内的静止时间较长，钢、渣相互搅拌，使渣中氢气进入钢液所致。为此在倾动式平炉出最后一罐时，应尽量做到一次倾动到底，减少钢、渣搅拌现象，严禁出钢带渣。

文献认为，出钢时钢液中氢的增加是由于氢从炉渣中传入钢液，并对容量为350 t的倾动式平炉进行了研究，将钢液倒入两个盛钢桶，其中一桶带渣而另一桶不带渣，进行氢气测定的结果表明，如果炉渣和钢液一起放入盛钢桶，则钢液的氢含量就上升，出钢不带渣者钢液氢含量较低。

e　浇铸过程中氢向大气的扩散

根据测定结果，在浇铸的开始、中期和末期，钢液中的氢呈下降趋势，但浇铸前期的下降幅度较小，浇铸后期的下降幅度大。

测定表明，在出钢和浇铸期间，由于温度的下降，钢液内的氢气含量约降低0.5 mL/100 g。

生产经验表明，如果保温帽潮湿，浇铸钢锭后帽部产生沸腾现象，也促使钢轨出现白点，例如1962年观察到的7罐具有白点的钢轨钢当中，其中有4罐系保温帽潮湿所引起，因此保温帽必须彻底烘烤干燥方能使用。在钢锭凝固过程中使帽部保持为液态金属，就可促使氢从钢中排出。

f 保温剂必须干燥

不同的保温剂对钢液氢含量有影响，为研究不同保温剂的使用效果，曾在同一罐中交替使用了三种保温剂，并在相当于钢锭头部的成品钢轨上进行氢含量的测定。据测定，新鲜的石灰焦炭混合保温剂中的化合水为 4.36%，现场中一般使用的则为 5.01%，成品钢轨中的氢含量为 3.5 mL/100 g 左右；炭黑中没有化合水，用炭黑作保温剂的，成品钢轨的氢含量约为 2.5 mL/100 g；硅铝粉的化合水为 2.12%，用硅铝粉作保温剂时，氢含量约为 2.0 mL/100 g。这表明由于保温剂的水分，保温效能及透气性不同，对钢液氢含量的影响是不一致的。用硅铝粉的钢中氢含量最少，炭黑次之，石灰焦炭混合剂最差。因此使用干燥的保温剂，高的保温效能，并具有一定的透气性，使钢液在保温帽部分最后保持在液体状态，对钢液在凝固过程中除氢有利。

使用焦炭石灰混合剂时，对焦炭的干燥和石灰的消化度均应注意，混合前及混合后的储备及运输时不应裸露放置，特别是下雨时的渗漏现象必须杜绝。

B 钢轨缓冷处理

用缓冷方法来预防白点的理论根据是氢的扩散，因为氢在钢中的溶解度随着温度的下降而减小，氢的析出速度又因温度不同而各异。在临界温度附近，是奥氏体最不稳定的温度，氢的析出速度也最大。这是因为组织转变过程中，过饱和的氢气从钢内大量析出所致，参见图 3－58。由于相变时间短暂，所排出氢气的总量不大，温度低于 600℃，排氢速度随温度的下降而减小。所以对缓冷操作的原则要求是钢轨在尽可能高的温度下装坑，坑的绝热情况良好，可防止白点出现。

为缩短钢轨的缓冷时间，某厂将 44 kg/m 钢轨的总缓冷时间由原规定的 8.5 h 缩短为 6 h 和 5 h 进行试验，为使试验在极易出现白点的条件下进行，该厂用增加钢内氢含量的办法，在炼钢厂浇铸钢轨钢锭时，采用边浇铸边向钢锭模内加入湿木屑，在湿木屑加入过程中，每次的加入量要少，但加入次数可以频繁，否则将引起较大的爆炸，使钢液溅出模外。测定结果表明，钢液内的氢含量一般为 4～6 mL/100 g，浇铸过程中向钢锭模内加入湿木屑，可使钢液内氢含量增高 1 mL/100 g 左右。试验结果表明，热锯试样出现白点的钢轨，经 4 h 的缓冷处理，揭盖后在坑内停留 2 h，在缓冷过程中，坑底最低空气温度的变化符合图 3－59 所示缓冷试验曲线的，可有效地预防白点缺陷。

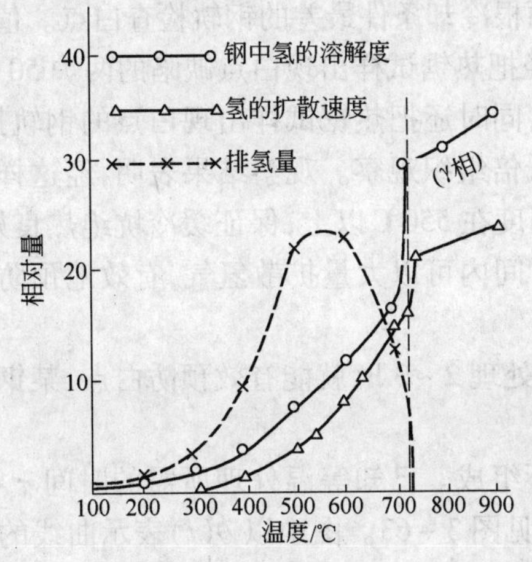

图 3－58 不同温度下钢中氢的溶解度、扩散速度

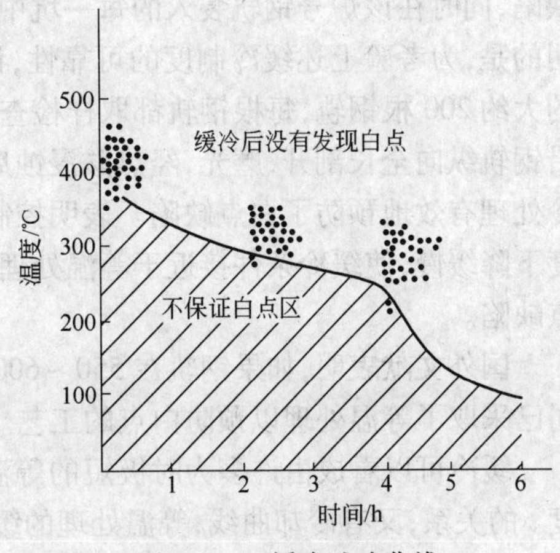

图 3－59 缓冷试验曲线

生产实践表明,规格为 44 kg/m 和 50 kg/m 的钢轨,热轧后经坑内分别盖盖缓冷 4.5 h 和 5.0 h,都能有效地预防白点缺陷,鞍钢自 1958 年以后,就是照此进行缓冷的,见图 3-60。经这样缓冷的钢轨有 200 多万吨,从未出现过白点缺陷。

为有效促使钢轨中氢气的扩散,预防白点出现,必须严密组织装坑操作,提高装坑温度,钢轨装坑温度控制在550℃以上,装坑操作要迅速,每坑装入 5~12 排,每排约 10~12 根,装满一坑的时间约为 20 min。特别是前三排钢轨要连续敏捷地装入,钢轨要尽量装满缓冷坑,并保证盖盖后缓冷坑的底部最低空气温度为 350℃以上。坑底空气温度用热电偶进行测量,热电偶的位置安放在由坑底边缘数起第一根和第二根钢轨的腰部之间,不得与钢轨接触,见图 3-61。根据测定结果,热电偶表示的温度与钢轨的摆放情况和距离有明显的关系,底排钢轨装坑不正常时,影响热电偶所显示之温度发生波动,见图 3-62。

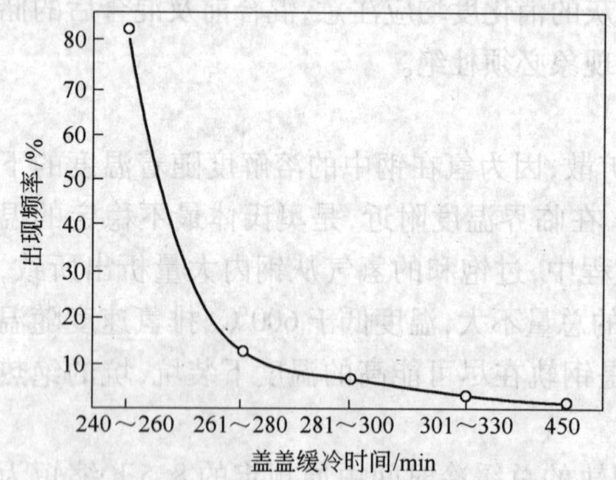

图 3-60　缓冷操作工艺制度

1960 年 11 月到 1961 年 5 月缓冷坑盖盖缓冷时间实际操作情况(共统计 2899 坑次)

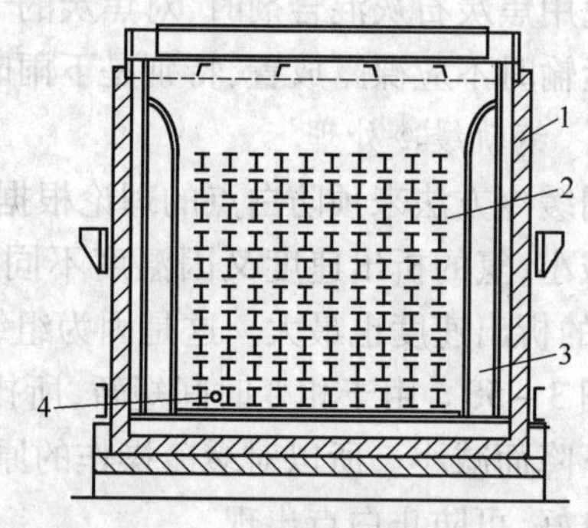

图 3-61　钢轨在缓冷坑的排放位置

1—缓冷坑;2—重轨;3—导棒;4—热电偶

缓冷坑的保温性能应良好,坑壁、坑盖要精心维护及时修补,缓冷坑盖盖后,最好能用石棉渣将缝隙封严,缓冷 4 h 后,热电偶的指示温度最好不低于 300℃。

为了校验缓冷质量,该厂曾改进了检查白点的方法,将热锯取白点试样的钢轨作出标记,热锯试样出现白点时,经缓冷后,把热锯取样的钢轨挑出,在其相邻部位取样再检查白点缺陷,同时在该炉号钢轨装入的每一坑中,挑选两根冷却条件最差的钢轨检查白点。值得说明的是,为考验上述缓冷制度的可靠性,该厂曾经把热锯试样出现白点缺陷的两炉 50 kg/m 的大约 200 根钢轨,每根钢轨都取样检查了白点,同时还把热锯试样出现白点的钢轨挑出,沿钢轨纵向全长剖开、磨光,经热酸浸蚀后进行低倍组织观察。观察结果表明,经这样的缓冷处理有效地预防了白点缺陷。表明控制装坑温度在 550℃以上,保证缓冷坑绝热良好,温度下降缓慢,使缓冷条件接近于等温处理,在短时间内可以大量扩散氢气,有效地预防了白点缺陷。

国外文献表明,如果钢轨在 550~600℃等温处理 2~3 h,就能有效预防白点,某钢铁公司已采取了等温处理以预防白点的工艺。

缓冷可以看成由许多为时极短的等温处理所组成。已知等温处理所需的时间 τ_t 与温度 t 的关系,又有冷却曲线,等温处理的缓冷曲线见图 3-63。图中以 $\theta(t)$ 表示曲线的横坐标,即在温度 t 条件下需要等温处理的时间,那么得:

$$\int_{\tau_0}^{\tau}\frac{\mathrm{d}\tau}{\theta}=+\int_{t_0}^{t}\left(\frac{\mathrm{d}\tau}{\mathrm{d}t}\right)\frac{\mathrm{d}t}{\theta}=-\int_{t}^{t_0}\frac{v\mathrm{d}t}{\theta}=1$$

式中 v——在温度 t 时的冷却速度。

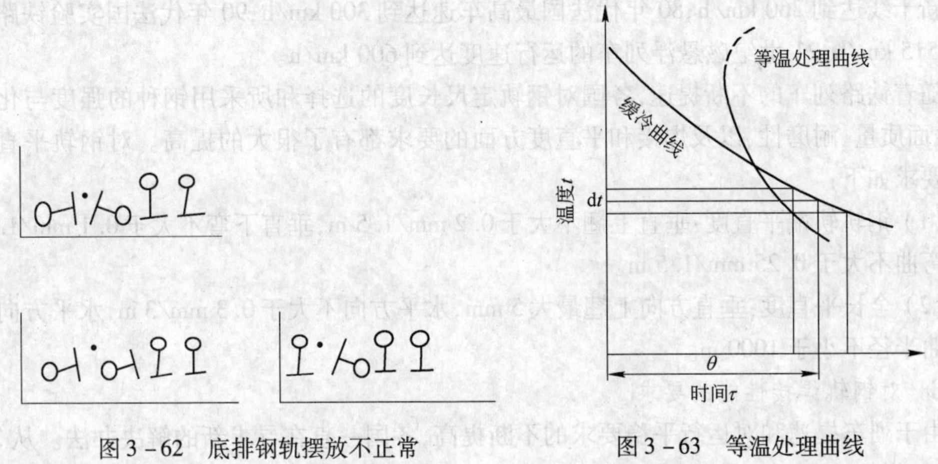

图 3-62 底排钢轨摆放不正常　　图 3-63 等温处理曲线

3.4.2 钢轨矫直

3.4.2.1 高速铁路对钢轨的要求

A 对钢轨单重的要求

随着铁路运输的快速发展，对重型钢轨单重的要求各国都有相应的规定。如法国铁路部门规定，当车速在 160 km/h 以上时，应采用 50 kg/m 或 60 kg/m 钢轨；德国铁路部门规定，当车速在 200 km/h 和 250 km/h 以上时，应分别采用 54 ~ 65 kg/m 钢轨和 70 kg/m 钢轨；日本铁路通过实测发现，60 kg/m 钢轨的使用寿命与 50 kg/m 钢轨的使用寿命相比可提高 2.1 ~ 6.5 倍；美国和加拿大自 20 世纪 70 年代开始大量铺设 61.5 kg/m 钢轨；俄罗斯铁路部门规定，当客车速度达到 140 km/h 时，在行车密度 100 对以上的区间内，应采用 65 kg/m 钢轨。我国铁路部门规定，在年载货量 5000 万 t · km 的地段，应铺设 60 kg/m 钢轨。

20 世纪 80 和 90 年代各国钢轨单重如下：中国 60 ~ 75 kg/m；日本 60 kg/m；法国 60 kg/m；英国 57 kg/m；美国 68 kg/m；意大利 64 kg/m；波兰 60 kg/m；前苏联 65 ~ 75 kg/m。

我国铁路 60 kg/m 钢轨的铺设量明显上升，已经成为我国铁路的主型钢轨，在铁路运输中，其优势越来越明显，这样对钢轨质量就提出了更高、更严的要求，前国家冶金局和铁道部专门出台了《铁路客运专线建设计划》和《时速 200 km 客运专线 60 kg/m 钢轨暂行技术条件》。

从以上发展可以看出，铁路用轨单重随着提速的要求越来越大，这就加大了钢轨矫直的难度，使各生产厂不得不投入力量对精整线进行改造。

B 对钢轨平直度的要求

铁路客运提速一直是各国铁路部门坚持不懈追求的目标。铁路运输的不断发展，特别是高速客运专线的发展，对钢轨内部质量、断面尺寸精度、平直度和表面质量等关键指标提出了十分严格的要求。如高速客运专线的“高速运行、安全可靠、乘坐舒适”是其最显著特点和基本要求，如果钢轨平顺性不良，将引起机车车辆剧烈振动，旅客乘坐舒适度严重下降，轮轨作用力成倍增大,严重危害轨道和机车车辆部件,影响列车速度的提高,甚至引起列车脱轨倾覆,危及行车安全。

世界铁路客运列车提速的标志年代为:20 世纪 60 年代达到最高车速 200 km/h;70 年代日本新干线达到 260 km/h;80 年代法国最高车速达到 300 km/h;90 年代法国实验铁路车速达到 515 km/h;21 世纪磁悬浮列车的运行速度达到 600 km/h。

随着铁路列车的不断提速,各国对钢轨定尺长度的选择和所采用钢种的强度与化学成分、表面质量、耐磨性,以及焊接和平直度方面的要求都有了很大的提高。对钢轨平直度方面的要求如下:

(1) 钢轨轨端平直度:垂直上翘不大于 0.2 mm/1.5 m,垂直下弯不大于 0.1 mm/1.5 m,水平弯曲不大于 0.25 mm/1.5 m。

(2) 全长平直度:垂直方向上翘最大 5 mm,水平方向不大于 0.3 mm/3 m,水平方向旁弯的弯曲半径不小于 1000 m。

C　对钢轨焊接性能的要求

由于列车提速和对运行平稳要求的不断提高,各国一直在寻求新的解决办法。从 20 世纪 60 年代起,铁路干线开始采用焊接长轨。其方法是先在焊轨厂将钢轨焊接成 250 m 以上的长轨,而后送到轨排厂预先装上轨枕,再用特制的轨排运输车上的专用设备进行行走铺设。采用这种无缝线路铺设方法,20 世纪 60 年代在全世界铺设铁路 4 km,70 年代铺设超过 20 万 km,到了 80 年代后各国的铁路干线基本上都采用了无缝线路铺设方法。铺设里程比例较高的国家有:德国 65%,瑞士 53%,意大利和丹麦 20% 以上,中国 30% 左右。

我国铁路部门对钢轨平直度和扭曲的要求见表 3-24。

表 3-24　钢轨平直度和扭曲

部　位	项　目	允许偏差
轨端 0~2 m 部位	垂直方向向上	0~1 m:≤0.3 mm/1 m
	垂直方向向下	0~2 m:≤0.4 mm/2 m,≤0.2 mm/2 m
	水平方向	0~1 m:≤0.4 mm/1 m;0~2 m:≤0.6 mm/2 m
距轨端 1~3 m 部位	垂直方向	≤0.3 mm/2 m
	水平方向	≤0.6 mm/2 m
轨　身	垂直方向	≤0.3 mm/3 m,≤0.2 mm/1 m
	水平方向	≤0.45 mm/1.5 m
钢轨全长	上弯曲和下弯曲	10 mm
	侧弯曲	弯曲半径 $R>1500$ m
	扭　曲	轨底与检查台面间隙不大于 2.5 mm;
		钢轨端部和距端部 1 m 横断面之间的相对扭曲不大于 0.45 mm

3.4.2.2　钢轨矫直技术的分类

钢轨平直度是决定钢轨使用寿命和影响机车运行速度的重要参数。各国先进的钢轨生产厂对钢轨矫直技术都十分重视。

各国钢轨生产厂家不断优化矫直工艺,形成了如下几种钢轨矫直技术:

(1) 辊式矫直及平立辊复合矫直技术。钢轨的辊式矫直工艺是以前钢轨生产普遍采用的矫直技术,它是利用矫直时钢轨受到反复弹塑性弯曲变形,纵向产生拉伸或压缩变形,高度方向产生压缩变形,从而使钢轨的原始弯曲逐渐减小,最终获得符合标准的平直度。

随着对钢轨平直度和尺寸精度要求的逐步提高,美国惠林－匹茨堡公司于1981年设计出了由计算机控制的双面矫直机。该矫直机在水平和垂直方向都有一孔型设备,在对钢轨水平方向用9辊矫直机矫直后,再在垂直面上用8辊矫直机进行补充矫直,即平立辊复合矫直技术。

(2) 拉伸矫直技术。钢轨拉伸矫直技术是在钢轨两端施加拉力,使钢轨的应力超过屈服点,将原始长度不同的纵向纤维拉到实际长度相等,其拉伸量由对平直度的要求和拉伸前钢轨平直度的情况来决定,只要钢轨的拉伸率超过0.25%～0.3%,那么无论残余拉伸量多大钢轨在水平和垂直两个方向都能达到合格的平直度。经测定,拉伸矫直还可使钢轨的残余应力降低到理想水平。但是该技术小时产量低,一直未能得到推广运用。

(3) 压力矫直技术。经辊式矫直机矫直后的钢轨在距轨端约三分之二辊距(1000 mm左右)或钢轨中间会存在局部硬弯(盲区),难以矫直,这是由辊式矫直机的间距决定的,通常还需采用四面压力矫直机进行端部矫直。

3.4.2.3 辊式矫直机

钢轨的平直度是由钢轨矫直机的结构参数和矫直工艺参数决定的,因此对钢轨矫直进行全面、综合的深入研究,对提高钢轨的质量、提高成材率(国产钢轨成材率只有85%)、延长使用寿命等具有重要意义。

辊式矫直机属于连续反复弯曲的矫直设备,它克服了压力矫直机断续工作的缺点,使矫直效率成倍提高。其理论就是利用金属材料在较大弹塑性弯曲条件下,不管其原始弯曲程度有多大区别,在弹复后所残留的弯曲程度差别会显著减小,甚至会趋于一致。随着压弯程度的减小,其弹复后的残留弯曲必然会一致趋于零值而达到矫直目的。因此辊式矫直机必须具备两个基本特征,一是具有相当数量交错配置的矫直辊以实现多次的反复弯曲;二是压弯量可以调整,能实现矫直所需要的压弯方案。

辊式矫直机的矫直过程有以下特点:

(1) 轧件的原始曲率通常是不均匀的(大小和方向均可能不一致)。辊式矫直机的作用是通过各辊的反复弯曲,逐步缩小轧件残余曲率的变化范围。

(2) 矫直机前几个辊子的主要作用是缩小残余曲率的差值,后面几个辊子的主要作用是减小趋于均匀的残余曲率。

(3) 增大最初几个矫直辊的压下量,可迅速缩小原始曲率的不均匀性,提高矫直效率。

钢轨常规矫直工艺主要采用辊式矫直工艺。实践证明,现在辊式矫直工艺存在两种弊病:一是造成钢轨残余应力过大,这将会威胁列车的行车安全,减少钢轨寿命;二是辊式矫直工艺无法矫直每支钢轨的两端,在距轨端大约矫直辊距三分之二的长度得不到矫直,为保证端头的平直度,还必须采用压力矫对端头进行补矫。

A 辊式矫直机的矫直原理

辊式矫直机完成钢轨的一次矫直过程,要经过多次反复弹塑性弯曲变形。冷却后钢轨的原始曲率通常是不均匀的(大小和方向均可能不一致),通过各辊的反复弯曲,逐步缩小钢轨残余曲率的变化范围。

钢轨在矫直过程中应用 3 点弯曲受力模型分析，每相邻 3 个辊子之间形成一个 3 点弯曲塑性变形区，水平矫直机经过 7 次反向弯曲塑性变形（7 个塑性变形区）上下弯获得矫直，垂直矫直机经过 5 次反向弯曲塑性变形（5 个塑性变形区）左右旁弯获得矫直。钢轨在辊式矫直机上通过交错排列矫直辊施加压力，当钢轨受到的实际应力大于其屈服强度时将产生塑性变形。矫直机前几个矫直辊的如第 1、2 次弯曲中采用较大的大压下量，形成很大的反弯曲率，可以迅速缩小原始曲率的不均匀性，将原始曲率大小、方向不同的弯曲变成曲率方向相同、大小大致相同的残余曲率，使钢轨的曲率趋于一致。后面几个矫直辊弯曲变形中逐渐减小压下量，其主要作用是减小趋于均匀的残余曲率，直至矫直。

在矫直过程中，压弯量增大时残留量的差值减小，当压弯次数增加时残留量的差值也减小，递减量合适时残留量才能趋近于零。这也说明矫直过程必须经过两个阶段，第一阶段是减少差值；第二阶段是消除残留弯曲，如图 3－64 所示。

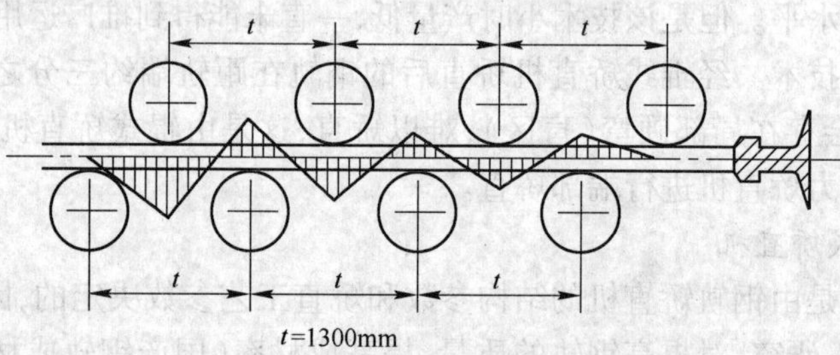

图 3－64　钢轨矫直过程压弯量的变化

钢轨的矫直过程是一个复杂的弹塑性变形过程。这一过程可看做两个阶段，即反向弯曲阶段和弹性恢复阶段。在反向弯曲阶段，钢轨受到外力和外力矩的作用，产生弹塑性变形；在弹性恢复阶段，钢轨在自身的弹性变形能作用下，力图恢复到原来的平衡状态。钢轨矫直就是要经过多次这样反向弯曲和弹性恢复的过程，克服其内部反弹力矩，最后通过屈服而使钢轨达到平直。在钢轨矫直过程中，钢轨断面各部分受力不同，产生不同程度的变形，以其中性轴为界，在靠近中性轴附近多产生弹性变形，在远离中性轴处则产生塑性变形，见图 3－65。具体塑性变形深透程度是受矫直压力决定的。钢轨矫直过程的变形条件为：

$$\frac{1}{\rho_{反}}=\frac{1}{\rho_{弹}}+\frac{1}{\rho_{残}}$$

式中　$\rho_{反}$——反弯曲率半径；

$\rho_{弹}$——弹性恢复曲率半径；

$\rho_{残}$——残余曲率半径。

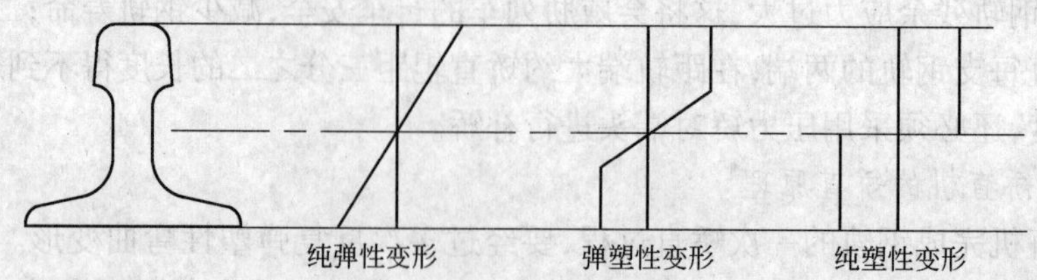

图 3－65　钢轨矫直过程的变形状态

只有在$\frac{1}{\rho_{残}}=0$时，才能实现$\frac{1}{\rho_{反}}=\frac{1}{\rho_{弹}}$，此时钢轨才能被矫直。

钢轨矫直应满足下式：

$$R_{eL} \leqslant \sigma_{矫} \leqslant R_m$$

即矫直应力最小要等于被矫直钢轨的屈服强度，否则不可能产生塑性变形；但矫直应力也不能过大，必须小于被矫钢轨钢的抗拉强度，否则钢轨可能被矫断。

B 矫直过程影响平直度的因素

钢轨矫直的最终目的是使钢轨的平直度达到使用要求，钢轨的轨底纵向残余应力达到最小（不超过 250 MPa）。影响钢轨矫后平直度和残余应力的因素有：

(1) 矫直机矫直辊施加压力；

(2) 钢轨的矫前（原始）弯曲度；

(3) 钢轨的强度、硬度；

(4) 钢轨的断面系数；

(5) 钢轨的矫直温度；

(6) 钢轨的矫直方式；

(7) 钢轨的矫直次数。

对复合矫直工艺来说，其矫直方式为平立复合矫直（先在轨高方向上进行一次矫直，再在水平方向对轨头进行一次矫直），矫直次数为一次，故影响钢轨矫直质量的因素为：矫直压力、矫前弯曲度、材质、断面、矫直温度等。在研究合理的矫直工艺时，必须要考虑这些影响因素，才能保证钢轨的矫直质量。

矫直工艺对钢轨尺寸精度有重要影响，包括如下几方面：

(1) 矫直工艺对钢轨断面尺寸的影响。钢轨矫直原理是使钢轨在矫直时发生反复的弹塑性弯曲变形，从而使钢轨的原始弯曲曲率逐渐减小，最终获得满足平直度要求的钢轨。因此，在钢轨矫直的同时也伴随着钢轨规格尺寸的变化，并且在矫直后保留下来，如头宽增加、轨高减小等。这就要求钢轨在轧制时必须考虑矫直后钢轨断面尺寸变化，否则，矫后钢轨断面尺寸就可能超出标准尺寸公差要求。

对 60 kg/m 的钢轨实验研究表明，钢轨经过矫直后，断面尺寸一般发生如下改变：轨高减小 0.4 ~ 0.6 mm；轨头踏面增宽 0.1 ~ 0.2 mm；轨头下颚变窄 0.1 ~ 0.2 mm；轨底底宽增大 0.1 ~ 0.3 mm；轨头与轨底间距变小 0.2 ~ 0.4 mm。

辊式矫直过程中轨高方向的压下与轧制时厚度方向的压下变形不同，也不同于纯三点弯曲的压下变形。轧制压下时的接触弧长主要考虑入口侧因厚度减小轧件与轧辊的接触部分，而辊式矫直过程中压下使轧件产生弯曲而包住轧辊。从其中某 3 个辊形成的三点弯曲状态看，轧件对轧辊的包角在入、出口侧相差不大，计算接触弧长时可设定其两侧包角近似相等。根据实测轨高减小的结果可以确定，高度方向的应力已达到或超过屈服强度（至少有一部分区域达到屈服状态），产生压缩塑性变形，从而使轨高尺寸发生变化。

(2) 钢轨矫直后长度缩短。钢轨矫直后均产生缩短现象，其缩短率波动在 0.05% ~ 0.15%之间，它随矫直变形量及原始曲率而变化。一般来说，钢轨缩短难以控制，并影响定尺率和长度公差。但国内目前都是采用长尺矫直、矫后锯切定尺的流程生产，避免了由于矫直后长度缩短造成的尺寸不合格，较好地解决了这一问题。

C 矫直后残余应力

钢轨在生产过程中,要经过轧制、冷却、矫直等工艺。热轧成形的钢轨在冷床上缓慢冷却时,由于钢轨外表面和内部的冷却速度不同所引起的温度梯度以及微观显微组织发生转变,产生很大的热应力和相变应力。在热应力和相变应力的作用下,钢轨产生不均匀的塑性变形,从而产生了残余应力。同时,由于钢轨断面为变截面,在冷却时,轨腰和轨底边缘具有较快的冷却速度,轨头的冷却速度最慢,这使钢轨产生了很大的残余应力和畸变。冷却后钢轨内部应力分布为,轨头中部为压应力,轨腰中部为拉应力,轨底中部为拉应力,但残余应力值较小。

钢轨冷却后一般会产生一个弯向头部的弯曲度,必须经过矫直后才能使用。辊式矫直是目前国内外广泛采用的矫直方法,这种矫直方法使钢轨沿纵向产生残余应力(距轨端0.5 m范围内除外)。矫直中钢轨产生残余应力的过程如下:钢轨在矫直辊巨大的弯曲应力、剪切应力和接触应力的作用下,产生非均匀的塑性变形,轨头和轨底横向伸长,纵向变短,而轨腰相对于矫直前变长,因此在轨头和轨底产生纵向拉伸应力,轨腰产生纵向压缩应力。

钢轨内残余应力的产生,应是钢轨冷却过程中产生的应力和矫直产生的应力相叠加的结果,但起主导作用的还是钢轨的矫直工艺。矫直后,钢轨纵向残余应力分布形态呈C形曲线,轨头和轨底为拉应力,轨腰为压应力。

一般来说,并不希望钢轨内有残余拉应力,因为它总是降低尺寸和外形的稳定性以及疲劳寿命。受生产工艺所限,在生产工艺中不可避免地要产生残余应力,钢轨矫直后残余应力受下列因素影响:原始曲率、压下量、屈服极限、热处理方法、矫直方式及矫直次数等。普遍认为合适的残余应力是在钢轨的轨头和轨底存在纵向压缩残余应力,轨腰存在纵向拉伸残余应力。但就目前国内外钢轨的生产工艺而言,所生产的钢轨内部残余应力正好与其相反,即:钢轨的轨头和轨底存在纵向拉伸残余应力,轨腰存在纵向压缩残余应力。这种残余应力分布特点对钢轨的使用很不利,因为工作应力和残余应力叠加,会引起裂纹的产生和增长。车轮经过时,轨头处受到压应力,在轨头表面处,残余应力可以与之相互抵消,残余应力对轨头的影响比对轨底的影响小得多。而轨底处受到拉应力的作用,与残余拉应力叠加,因此铁路标准规定轨底最大纵向残余应力不超过250 MPa。

3.4.2.4 平立辊复合矫直机

A 鞍钢矫直技术

鞍钢大型厂钢轨生产中经常出现的平直度缺陷有:钢轨全长沿X轴的均匀弯曲(旁弯)和沿Y轴的均匀弯曲(上弯),钢轨全长或局部上的水波状弯曲(全长上的弯曲为波浪弯,局部上在波峰和波长之比大于1时为死弯),钢轨全断面绕腰部中性轴的扭转以及钢轨端头的弯翘。鞍钢大型厂原有矫直设备为1250悬臂式矫直机,其矫直能力和矫直后的钢轨精度都无法满足铁路提速对钢轨平直度的要求。鉴于这种情况,该厂先后引进了德国西马克－梅尔公司的平立辊复合矫直机和波纳尔S350/200型四缸四面压力矫直机。

a 西马克－梅尔(SMS-MEER)公司的平立辊复合矫直机

该矫直机采取平辊在前、立辊在后的布置工艺,按照工艺流程顺序,其设备组成如下:

(1) 入口导辊。入口导辊的性能参数如下:

调整范围:100～800 mm;

调整臂长:1200 mm;

调整臂高:300 mm;

调整速度:每侧约 50 mm/s。

入口导辊由液压缸驱动,单侧入口导辊的零位调整定位可由人工操纵。

(2) 轨翻转机械手(翻钢机)。为了确保钢轨准确翻转定位对中,在入口导辊和矫直机之间,安装了一台双伺服控制液压翻钢机。翻钢机的性能参数如下:

翻钢头旋转角度: ±115°;

垂直夹紧辊开口度:1200 mm;

提升框架最大行程:1300 mm;

导辊直径:300 mm。

翻钢机采用液压伺服控制翻转,夹紧辊液压传动和定位系统,具有钢轨穿过、提升、翻转、夹紧、入口导向和导辊传动的功能。

(3) 平辊矫直机。平辊矫直机在 *X—X* 方向上对钢轨进行矫直。平辊矫直机的性能参数如下:

矫直范围:43 ~75 kg/m 的钢轨和导电轨以及 QU80 ~ QU120 的吊车轨;

矫直最大屈服极限:75 kg/m 钢轨为 1350 MPa,75 kg/m 导电轨为 980 MPa,QU120 吊车轨为 880 MPa;

矫直辊数量:8 个 +1 个;

主动辊数量:8 个;

水平辊间距:1600 mm;

单辊最大矫直力:3600 kN;

轴向调整范围: ±40 mm;

矫直辊直径:1100 ~ 1200 mm;

矫直速度:0 ~1.5(2.5) m/s。

矫直辊的更换及平衡采用高压液压装置完成。

(4) 立辊矫直机。立辊矫直机在 *Y—Y* 方向上对钢轨进行矫直。立辊矫直机的性能参数如下:

矫直范围:43 ~75 kg/m 的钢轨和导电轨以及 QU 80 ~ QU120 的吊车轨;

矫直最大屈服极限:75 kg/m 钢轨为 1350 MPa,75 kg/m 导电轨为 980 MPa,QU120 吊车轨为 880 MPa;

矫直辊数量:7 个 +1 个;

主动辊数量:4 个;

水平辊间距:650 ~850 mm;

单辊最大矫直力:1700 kN;

轴向调整范围: ±25 mm;

矫直辊直径:700 ~ 750 mm;

矫直速度:0 ~1.5(2.5) m/s(43 ~60 kg/m 钢轨为 0 ~2.15 m/s,其余轨类为 0 ~1.0 m/s)。

矫直辊的更换及平衡采用高压液压装置完成。不需要矫直的钢轨可以通过调整立辊矫直机的开口度,让钢轨通过。

(5) 辊圈材质。该厂钢轨矫直机投入使用已近 3 年。通过对不同的辊圈材质 9Cr、

9Cr2、Cr12MoV（等同于德国 1.2379）等的使用，积累了矫直不同钢种钢轨的生产经验，使钢轨矫直质量不断提高。

b　波纳尔 S350/200 型四缸四面压力矫直机

设立这条钢轨端部矫直线是为了对钢轨全长矫直后进行补充矫直。经辊矫后的钢轨在距轨端 1000 mm 左右有盲区，钢轨中间也会因存在局部硬弯（盲区）而难以矫直，通常还需采用四面液压矫直机进行补充矫直。该端部矫直设备的性能如下：

垂直矫直力：2 × 3500 kN；

水平矫直力：2 × 2000 kN；

矫直盲区：250 mm；

矫直模具速度：垂直向前行走：26 mm/s，垂直矫直：1 ~ 10 mm/s；

　　　　　　　水平向前行走：50 mm/s，水平矫直：1 ~ 15 mm/s；

矫直一次的总时间（含检测）：51 s。

c　钢轨的矫直效果

经过矫直线矫直的钢轨，其矫直效果如表 3 – 25 所示。这条精整线投产后，平立辊复合矫直机对钢轨进行矫直，显著避免了采用老工艺生产时出现的横向拉伤，从而使鞍钢的钢轨生产水平得到了极大的提高，钢轨表面质量和精度均达到国外先进标准。

表 3 – 25　改造后钢轨的矫直效果

部　位	矫 直 效 果
轨端 0 ~ 1.5 m	水平方向（H）向下：≤0.2 mm/1.5 m 垂直方向（V）向上：0.5 mm/1.5 m
轨端 1 ~ 1.5 m	垂直方向（V）：≤0.4 mm/1.5 m 水平方向（H）：≤0.6 mm/1.5 m
轨　身	垂直方向（V）：0.4 mm/3 m，0.3 mm/1 m 水平方向（H）：≤0.6 mm/1.5 m
钢轨全长	上弯曲：5 mm 下弯曲：弯曲半径 > 1500 m

B　包钢平立矫直技术

随着国内铁路的 4 次提速，以及今后铁路运输事业的发展，要求钢轨具有高纯净度、高平直度、高精度、高强度以及良好的焊接性能，因此，需要对国内生产钢轨设备进行改造。国内同类产品的生产企业，有的钢轨精整生产线改造已完成，轧机改造也正在进行，设备装备水平和产品质量都有了较大的提高，所占市场份额进一步扩大；其他企业的钢轨精整生产线改造也在进行中，国内钢轨市场竞争压力进一步加大。特别是加入 WTO 以后，还要直接面对国外产品的冲击。为保持包钢钢轨的市场，满足铁路用户对钢轨质量不断提高的要求，并在国际市场具有竞争力，包钢轨梁厂钢轨生产线改造势在必行。复合辊式矫直机结构如图 3 – 66 所示。

a　目前精整生产线存在的主要问题

（1）矫直精度低（目前的实际矫直精度为 0.5 mm/m），质量不稳定，现有矫直机满足不了今后钢轨产品标准对矫直精度的要求；

（2）钢轨矫直机矫直后的钢轨残余应力不能满足高速铁路用钢轨标准的要求（高速轨的轨底残余应力小于 250 MPa）；

图 3-66 包钢轨梁厂复合辊式矫直机

(3) 矫直机的能力不足,原设计钢轨矫直机所矫钢轨的强度小于 900 MPa,随着新产品的不断开发,增强产品的出口能力,从国际上钢轨发展趋势看,要求所矫的高强度余热淬火钢轨的强度将达到 1350 MPa;

(4) 检测精度不高、手段不完善,目前轨梁厂只有超声波探伤装置,难以满足钢轨平直度及内、外部缺陷的检查要求;

(5) 刮伤严重;

(6) 轨端淬火形状和硬度不稳定。

这次改造采用了具有世界先进水平的钢轨平立辊复合矫直机和检测中心等设备以及国内较先进的轨端欠速淬火工艺设备。

钢轨矫直机引进德国 SMS 公司平立辊复合矫直机,其主要特点如下:

(1) 变节距,可以适应不同断面产品的矫直要求;

(2) 大辊距,能够矫直大断面(75 kg/m)的高强度(1350 MPa)的钢轨;

(3) 可以有效控制矫直后的钢轨残余应力;

(4) 工艺操作参数模型化,实现自动设定;

(5) 离线调整工艺过程模型,对可调矫直辊的调整值进行高级计算,使钢轨达到最小的弯曲度和最小的内部残余应力。

精整生产线改造后的自动化水平:精整区全自动控制,精整区过程自动化采用高效能小型机,通过工业以太网与各部分基础自动化控制系统通讯;完成数据的收集和统计处理,物料跟踪,生产设备管理和质量管理,对过程控制参数进行计算机设定,以及各区之间的相互通讯。

b 平立辊复合矫直机技术性能参数

矫直机由水平辊式矫直机和垂直辊式矫直机组成。

(1) 水平辊式矫直机的性能参数如下:

矫直钢轨最大屈服强度:1350 MPa;

矫直辊数目:8 个 +1 个;

矫直辊节距:1600 mm;

7 辊与 9 辊节距:1600 ~ 2000 mm(可变);

矫直辊直径:1200 mm;

矫直速度:0.1 ~ 2.25 m/s;

单辊最大矫直力:3600 kN。

(2) 垂直辊式矫直机的性能参数如下:

矫直钢轨最大屈服强度:1350 MPa;

矫直辊数目:7 个 +1 个;

矫直辊节距:1300/1200/1100 mm;

矫直辊直径:750 mm;

矫直速度:011 ~2.25 m/s;

单辊最大矫直力:1700 kN。

3.4.2.5　拉伸矫直机

拉伸矫直的机理是在金属工件不直时,其纵向纤维必然长短不齐,而这些纤维受到塑性拉伸达到长短相等后卸掉外力时必然以基本相等的弹复量恢复到稳定状态,以达到矫直的目的。由于材料的强化特性不同,矫直质量有高有低。对于理想弹塑性材料或强化性很小的金属,一次拉伸后纤维长短便趋于一致,可以得到良好的矫直效果。对于强化性很大的材料,一次拉伸后,剩下的纤维长度差如果达不到所要求的长度差(反映为弯曲度超标),则需要再次进行拉伸矫直。由于实际材料的强化特性并非很大,一般经过两次拉伸都可达到矫直目的,在原始弯曲不太严重的情况下,一次拉伸也可能达到矫直要求,对于一些特别难矫的材料必须采取矫前退火处理。

普遍采用的拉伸矫直方法是利用楔形钳咬住金属工件的两端并施以足够的拉力,使其产生塑性拉伸变形而达到矫直目的。拉伸矫直使工件全断面产生塑性变形后,各条纵向纤维的受力会迅速达到均匀化,因此在卸掉外力之后各条纤维会进行同步弹回,形成平行收缩,内应力无从存在。即使强化性金属,在达到矫直质量要求时,其内部纵向纤维的长度差也已经很小,内应力可以忽略不计。因此拉伸矫直的残余应力最小,平直度的稳定性最好。但是,钳式拉伸矫直只适于单支工件的矫直,间歇工作,效率较低。另外,拉伸变形很容易向局部缺陷集中,形成边裂;向金属晶界的薄弱处集中形成滑移线,使工艺操作的难度增大。

拉伸矫直工艺是在钢轨两端施加大于被矫钢轨钢屈服强度的拉力。钢轨在拉力作用下,沿其长度方向伸长。伸长量取决于平直度要求:这里的平直是连续的平直,不能是断续或局部的。与辊矫工艺相比,拉伸矫直钢轨残余拉应力仅为辊式矫直的1/10。拉伸矫直机设备能力为10000 ~15000 kN,可以矫直各种断面的钢轨,这样的拉力采用液压很容易实现。

众所周知,钢轨在使用时要承受巨大的长度方向的拉力,这个拉力往往造成材料的早期疲劳和加速裂纹扩展。法国钢铁研究院的国家钢轨实验室专门对采用拉伸矫与辊矫工艺矫直的钢轨进行了疲劳检验对比。试验采用 UIC60 kg/m 钢轨,其抗拉强度为 900 MPa,以及 136R6 合金轨,其抗拉强度为 1100 MPa。对这两个钢种,拉伸矫直比辊式矫直钢轨的裂纹扩展时间要延长 40% ~60%,且具有低的疲劳扩展速度。总的使用寿命,拉伸矫直钢轨增加 30% ~50%,其疲劳表面积增加 50% 以上,这就使钢轨寿命延长 40%,使钢轨更安全。经过拉伸矫直,UIC 耐磨轨屈服强度提高 70 MPa,136RE 合金轨的屈服强度提高 90 MPa。对于辊式矫直工艺,欲提高钢轨屈服强度是根本不可能的,提高屈服强度对曲线上低轨抗压溃和高轨抗玻璃都有重要的作用。

采用拉伸矫直其设备投资与辊矫大体相当,而拉伸矫直一次完成,不需进行进一步补矫,也就不需要压力矫直设备。拉伸矫直成本比辊矫低得多,仅需要一个钳口工段,换钳口时间比辊矫调整时间少得多。各类钢轨通过拉伸矫直其屈服强度均得到提高，这等于减少了钢轨钢合金元素的用量。如对高强轨，每提高屈服强度 80 ~ 100 MPa，等于减少 0.7% 的铬或 1% 的锰或 0.25% 的钼或 0.12% 的钒，这对降低钢轨的生产成本具有重要意义。

3.4.3　钢轨轨头淬火

3.4.3.1　钢轨轨端轨头淬火

根据铁道部门的使用经验，钢轨在铺设过程中，端部的使用寿命最短，在一般情况下，轨端的寿命比其中部低 2 ~ 3 倍，甚至 5 倍。这是因为在线路上钢轨是靠鱼尾板连接在一起的，考虑到钢轨的胀缩，在轨端之间留有适当的空隙，当列车的车轮在鱼尾板连接区经过时，其中首先承受车轮重量之轨端的位置相应下沉，另一轨端的位置则相对的高起，因而受到车轮的猛烈冲击与摩擦。列车的往复运行，严重损害了轨端的使用寿命。据统计在铁路上因轨端报废的钢轨占报废总数的 50% 以上。因此强化钢轨端头，延长其使用寿命，具有重要的实际意义。为此，一般都采用轨端淬火的办法，利用轧制余热或高频加热使轨端获得索氏体组织，使钢轨端头的强度、硬度与冲击韧性大幅提高，以此来抵抗车轮的猛烈冲击与磨损。

20 世纪 50 年代初期，我国钢轨轨端的淬火工艺制度及检查标准都是沿用苏联的标准及规程，淬火后的轨头硬度按 HB302 ~ 401 控制。

使用结果表明，凡是按照前苏联标准及规程进行淬火的钢轨，经一段使用后，都会产生程度不同的鞍形磨耗，轨端不淬火的和利用轧制余热淬火的钢轨没有这种缺陷。据测定，采用余热淬火钢轨的硬度一般为 HB285 ~ 350，其过渡区的硬度是均匀递减的，表明高频淬火的硬度按 HB302 ~ 401 控制是不恰当的。

根据试验结果，P71、P74、P75 和 AP1 钢号的钢轨，经高频感应加热淬火后，过渡层普遍出现硬度升高的现象，过渡区的硬度比淬火区高。试验结果还表明，在高频感应加热条件下，轨端过渡层硬度升高现象很难克服，即便是只加热不喷水，过渡层仍出现硬度升高现象，其原因是冷钢轨导热快所致。据测定普碳钢的导热系数是空气导热系数的 2000 倍，因此在冷钢轨的影响下，淬火过渡层很快就冷下来，导致尾部硬度升高。确定淬火后钢轨硬度的最适宜范围，研究过渡区硬度的均匀递减分布，就要研究高频淬火工艺制度。

A　高频淬火设备

淬火机包括感应圈、喷水器、冷却水自动加热控制、变压器和操纵盘等部分，其中淬火的主要部件是感应圈和喷水器，生产过程中可以根据不同的情况采用自动操作、半自动操作或手动操作。

a　感应圈

感应圈是轨头淬火的最重要的部件，其构造与形状对淬火层的形状有决定性影响，对淬火层的质量也有重要影响。进行淬火操作时，感应圈自动下降落在轨端的上部，感应圈与轨头踏面的空隙为 1.5 ~ 2.0 mm。国内一般使用的感应圈的硅钢片及其主要尺寸如图 3 - 67 所示，其下有三个铜管，高频电流即由此铜管而通过感应圈进行感应加热。

当高频电流通过感应圈时，在轨头金属内部就产生涡流电流和磁滞损失，这种磁滞损失和涡流电流在轨头内部变化为热能，使钢轨头部得到加热，感应加热就是钢的电磁性能变化为热能的效果。

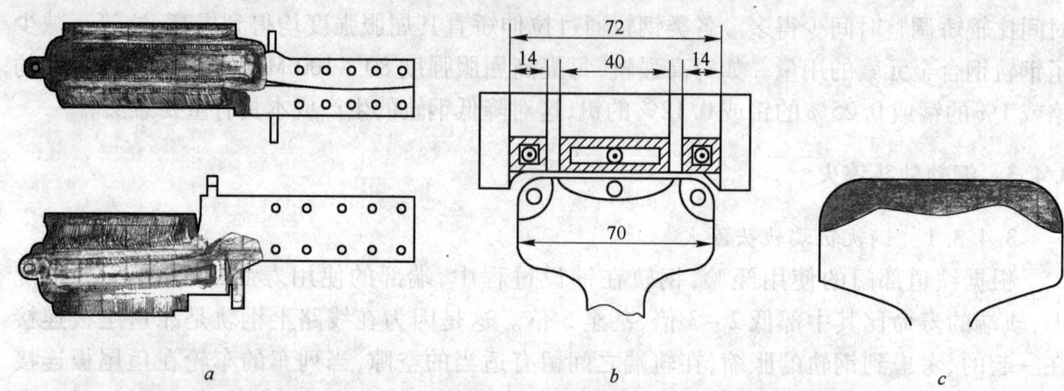

图 3－67　感应圈结构及尺寸

a—淬火感应圈的结构形状；*b*—感应圈的截面尺寸；*c*—淬火层的形状

由于感应电流(即涡流电流)沿轨头截面不是均匀分布的，在靠近轨头的表面层电流密度大，沿轨头表面层往下电流的密集逐渐减小，直至消失。这种电流密度分布不均的现象，与电流的频率有直接关系，频率愈高，涡流分布不均的现象愈显著，即涡流愈集中于表面层。

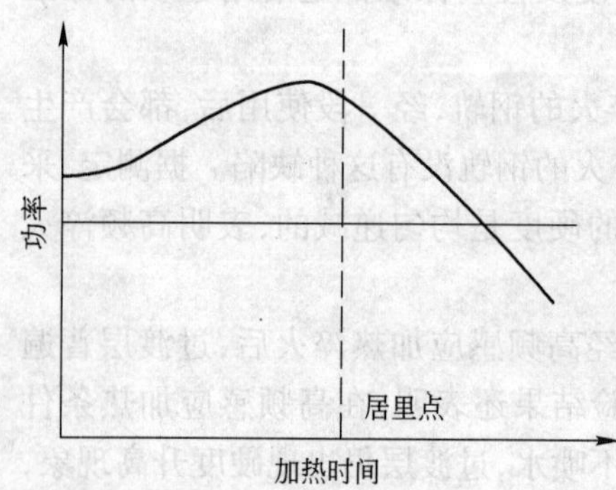

图 3－68　高频加热曲线示意图

因为高频加热是由轨头内部产生热能的，在加热过程中，当达到淬火温度时，钢的电阻率比原来增大 4～5 倍，但钢的磁导率却随着温度的继续升高而相应下降。加热温度达到居里点时，磁导率由 600～200 Gs/Oe，降到 1 Gs/Oe。在感应加热过程中，磁性的变化更为突出。所以当加热温度超过居里点以后，感应加热的功率就大为减少，在温度高于居里点的加热层中，温度的增高速度就显著减慢，如图 3－68 所示。而尚未达到居里点的相邻层，仍然可以很快地提高温度，这就能使加热层内的温度比较均匀，组织比较一致。

因为高频加热的速度极快，仅 35～40 s，所以珠光体转变成奥氏体的温度范围就大大加宽了，A_3 点一般比正常加热速度条件下高出 50～200℃，所以淬火温度也必须相应提高，一般 A_3 点为 743℃。考虑到加热速度所带来的这种影响，加热温度提高到 880～900℃，这是因为加热温度与淬火温度有直接关系，而淬火温度对钢轨的淬火质量有显著影响。如果淬火温度偏高而发生过热，淬火层组织将由粗针状马氏体和大量的残余奥氏体构成；反之如果淬火温度偏低，将在轨端淬火层内部保留铁素体，从而降低了淬火层的硬度。

b　喷水器

喷水器是轨头淬火比较重要的零件，一般喷水器是采用下部带有锯齿形的喷水板，喷水眼互相交错排列，喷水孔的方向与喷水板成 45°角，如图 3－69 所示。当进行淬火时，喷出的水都均匀地斜向一个方向，从钢轨端部流出，既保证了淬火质量的均匀一致，又可避免过渡区部分的硬度过高。

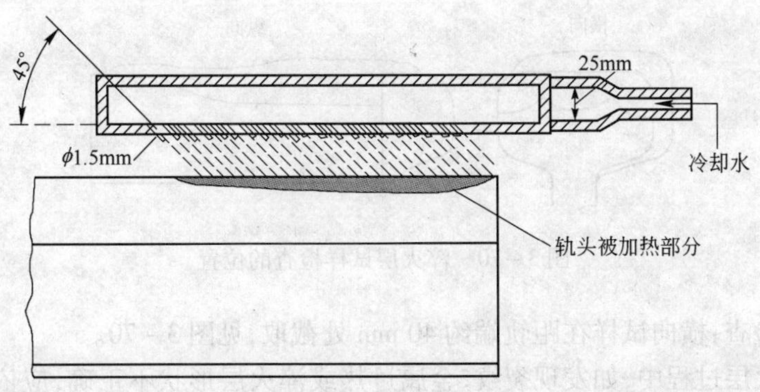

图 3－69　喷水器的结构原理

B　对轨端轨头淬火层的要求

轨端淬火的目的就是要获得索氏体组织，提高轨端的硬度，增强其耐磨性能，还要保持有足够的冲击韧性，以延长钢轨的使用寿命。钢轨的硬度、强度和耐磨性能与钢轨的使用寿命直接相关，但轨端硬度过高，其冲击韧性就会急剧降低，在铺设使用中普遍出现鞍形磨耗和淬火层及淬火过渡区金属剥落现象，危害行车安全。因此适宜的轨端淬火层硬度，以及淬火过渡层硬度均匀过渡问题至关重要。轨端淬火处理后，要求硬度适宜且均匀过渡，由淬火层到非淬火层的硬度值应是均匀的递减，不准有过高现象，不允许有淬火裂纹缺陷。淬火层的起点到轨端的距离不应大于 4 mm，否则在使用中起不到强化轨端的作用；还要求淬火层的形状正确，无论是淬火层的横截面还是纵剖面都要检查淬火层的形状，在横截面内的淬火层不允许延伸到轨头下圆角的起点之下。

a　淬火层硬度的检查

在正常生产时，淬火轨端硬度的检查是根据检查员的选择，由每个熔炼号每个淬火机中选取一根钢轨进行测定，每个熔炼号至少要测定 6 个轨端。在进行硬度测定之前，需将压钢球部位的氧化铁皮和金属脱层清除干净。

硬度测定是在硬度试验机上进行的，压钢球的部位应在距轨端不少于 20 mm 的轨头踏面中心线上。如果压痕不合格，允许再次测量硬度，但复验硬度的两个压痕应与第一次初验压痕形成边长约 20 mm 的等边三角形。每个复验压痕的硬度值应符合规定，1965 年以前规定为 HB302 ~ 401，由于按这样硬度生产的钢轨在使用中出现了大量的问题，1965 年以后经铁道部门与生产厂共同协议，规定 P75 轨端的淬火层硬度为 HB260 ~ 350；AP1 钢轨的淬火层硬度规定为 HB290 ~ 370。

如果轨端淬火层硬度检查结果不符合允许规定范围，生产厂有权按轨端硬度进行分类，重新按要求进行轨端淬火。如淬火轨端的硬度低于最小规定值，也可以按不淬火交货；但淬火轨端的硬度高于最大规定值时，则必须按规定重新淬火处理。

b　淬火层形状的检查

为检查淬火层的形状、组织和有无淬火裂纹，按照验收员的指定，每周每个淬火机取一个纵向头部试片和一个截面的横向试样，磨光后用 10% 硝酸水溶液浸蚀，进行低倍检查。

纵向试样检查：纵向头部试片是沿轨头踏面剖开，试面表面与钢轨对称面符合，即轨头的纵向中心面，见图 3－70。

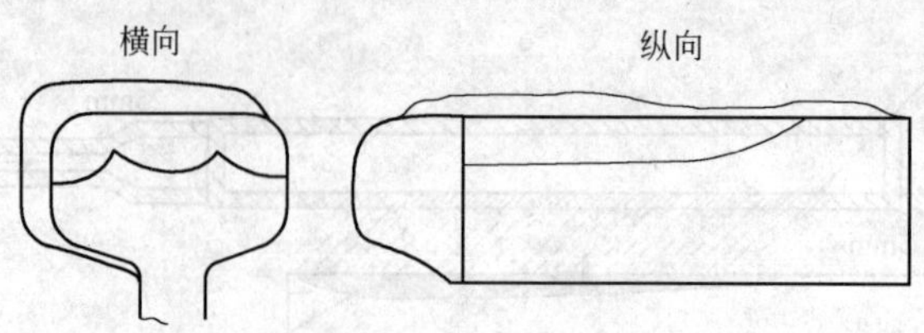

图 3－70　淬火层试样检查的位置

横向试样检查:横向试样在距轨端约 40 mm 处截取,见图 3－70。

在检查淬火层过程中,如发现裂纹、金属过热或淬火层形状不正确,应依次在相邻钢轨上连续检查直至合格为止。同时对该淬火机的下一个熔炼号仍继续检验淬火层的低倍组织,如果连续 5 个熔炼号没有发现淬火层的缺陷和不正确的淬火层形状,则认为该淬火机组已稳定。

发现淬火层裂纹或金属过热缺陷,应将其淬火端切除,重新铣头钻孔。经铣头钻孔后,允许第二次淬火,也可以按不淬火交货。

如果发现沿横截面淬火层严重的不对称,即淬火层已延伸到轨头下圆角起点以下,或淬火层距轨端 4 mm 以上,该钢轨必须将淬火层切除,重新铣头钻孔。

C　轨端轨头淬火层的组织与性能

a　组织与硬度

试验结果表明,感应圈的结构与形状对淬火层的形状有直接影响。沿淬火层的不同深度上,淬火层颜色的深浅明显不同,但在显微镜下各分层间并没有明显的界限,是缓慢转变的。从纵试样上看,淬火层有 4 个颜色深浅相隔的分层,沿轨头踏面最表层的低倍组织颜色深黑,稍下的第二层低倍组织颜色较淡,第三层颜色深黑,第四层颜色较淡。淬火过渡区的形状呈弧形,见图 3－71。

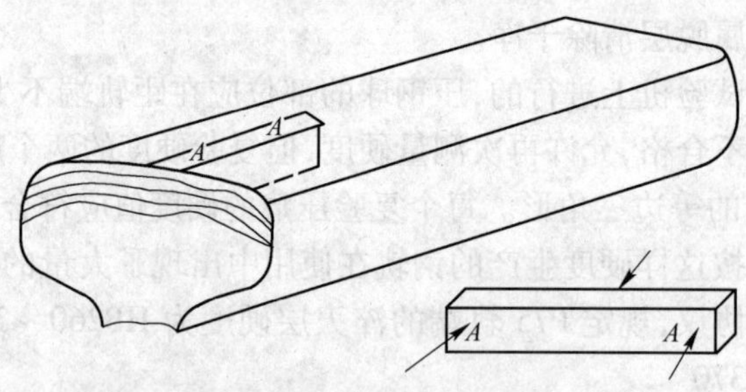

图 3－71　淬火过渡区的形状

从横向试样上看,第一层沿轨头的周边深度均匀约 1 ~ 1.5 mm,其硬度为 HB350 ~ 400。在显微镜下可以看出该层组织为回火索氏体,如图 3－72*a* 所示。由图看出,表层组织还保留着马氏体的相位,可以推断轨端淬火后,该层起初是由针状马氏体构成的,但随着轨头自身回火,而转变为回火索氏体。

第二层略呈波浪形,在波峰处颜色较深,波谷处较浅,深约 2.5 ~ 3.0 mm,其硬度为 HB329 ~ 350,在显微镜下可以看到该层为细密的索氏体,并含有极少量的针状组织(图 3－72*b*)。

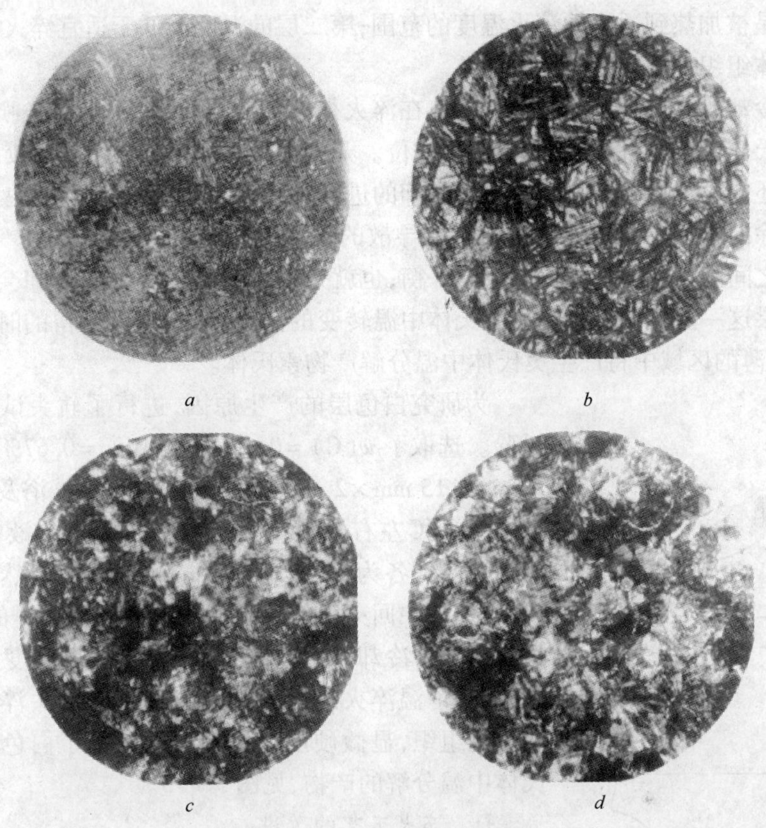

图 3-72 轨头淬火的组织

a—第一层的组织；*b*—第二层的组织；*c*—第三层的组织；*d*—第四层的组织

在第一层与第二层交界处仔细观察，可以看出有极薄的白色层，厚度约 0.1～0.2 mm；在显微镜下，白色层是由黑色的针状组织和白色块状组织所组成的，其硬度为 HB 350～400。表明白色层是奥氏体中温分解的产物，它的塑性和韧性与其上下层组织有一定的差别。

第三层呈波浪形，深度尚均匀，深约 2 mm，颜色深黑，其硬度为 HB340～360，是由细密的索氏体组织构成的（图 3-72*c*）。

第四层略呈波浪形，深约 2.5～3 mm，颜色较浅，其硬度由 HB300 逐渐降低至 HB220，即正常珠光体的硬度，是由致密的珠光体和细碎的铁素体网格构成（图 3-72*d*），晶粒约为 5～6 号。以后即钢轨的原组织，为珠光体及较大的铁素体网格，硬度为 HB180～220。

加热后在空气中冷却的试样，沿加热层深度显微组织的变化不大，均为细致的珠光体和细碎的铁素体网格，晶粒细小，与淬火第四层组织相似，其硬度为 HB220。在加热层与未加热层的金属间也有一过渡层，该处出现细碎的晶粒，原来钢的晶粒边界仍存在，表明加热温度不够，未能形成均匀的固溶体。

b 淬火层组织的研究

在轨端淬火层横截面低倍组织试样上可以看出，淬火层有颜色明显的四层，在第一分层和第二分层之间交界处为白色层，在显微镜下白色层由黑色针状组织和白色块状组织所组成，其硬度为 HB350～400。

第一层是被加热到适宜的淬火温度的范围；第二层的温度为低于适宜淬火温度的区域，但高于珠光体组织发生转变的临界点 A_1。

当喷水冷却时，第一层冷却速度最大，在淬火初期就有马氏体产生，停止喷水后经自身回火成为索氏体组织，但保持着马氏体的相位。开始淬火时因第一层的温度较高，其热量除向外流散外还向第二层传导。随着喷水冷却的进行，因第一层的热量流散较快，就发生了第二层的热量除向第三层传导外还向第一层导散的现象（自回火）。因此在某一时间内第一层和第二层之间的热量传递有可能成为平衡，也就是在第一层和第二层之间会出现暂时的等温区。如果这一温度恰恰相当于奥氏体中温转变的温度，在此温度停留的时间又足够长时，在这一极薄的区域中将产生奥氏体中温分解产物索氏体。

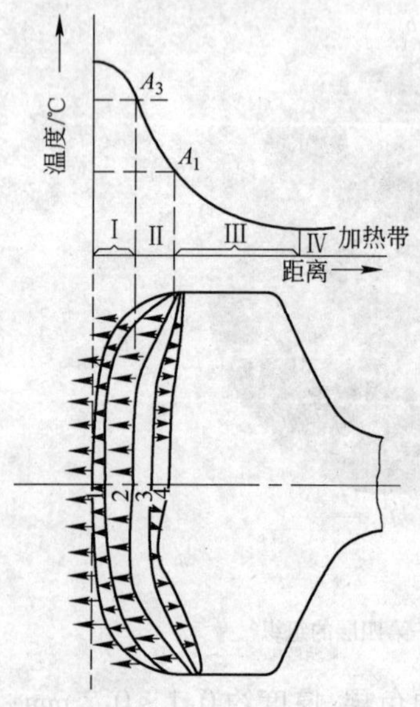

图 3－73　轨端加热层温度分布及淬火冷却热量扩散

为研究白色层的产生原因，进行了轨头试样等温淬火试验。选取了 $w(C)=0.66\%$、$w(Mn)=0.67\%$ 的钢轨作成 20 mm × 15 mm × 2 mm 的小试片，分别用盐浴及高频电流加热至 1000℃ 左右，然后淬入 330～470℃ 的铅液中，在铅液中的恒温时间各为 10 s、30 s、2 min 及 10 min，然后迅速移入 500℃ 铅液中回火 2 min，以模仿在钢轨淬火时的自回火，最后在空气中冷却。试验结果表明，在较低温度 330～390℃ 范围内，恒温淬火的试样中都出现有与轨头淬火后白色层相似的组织，显微硬度亦相近似。证明了白色层确实是奥氏体中温分解的产物，见图 3－73。

D　淬火工艺的改进

钢轨钢开始生产时是 M62，以后相继改为 M71、M74 和 M75，钢中的平均碳含量由 0.62% 相继提高到 0.71%、0.74% 和 0.75%。1965 年又进一步调整了钢轨的化学成分，采用 AP1 低合金高强度钢进行生产。钢轨钢碳锰含量的提高，经轨端淬火处理后，在过渡区出现了硬度陡然升高的现象，现场称之为“翘尾巴”，铁路部门则强烈反映淬火层和过渡区大量出现金属剥离和掉肉缺陷，严重的淬火层出现“揭盖”现象。从金相组织检验结果看出，过渡区产生金属掉肉缺陷的部位都有马氏体组织。试验结果表明，过渡区硬度突然升高的现象与淬火区的冷却条件无关，主要是淬火加热区后面的钢轨热量快速扩散造成的，因为冷钢轨导热很快，淬火过渡区的冷却速度很大，甚至达到了临界冷却速度，出现了马氏体组织。硬脆的马氏体组织，在车轮的冲击作用下，经过一段时间便产生微小裂纹，随着不同方向裂纹的扩大而导致出现过渡区金属掉肉现象。

轨端淬火层硬度过高，将损害钢的冲击韧性，当轨端淬火层的硬度大于 HRC36 时，冲击韧性就会显著下降。

1965 年以前淬火层的硬度一般为 HB350～400，生产检验表明，经常出现个别硬度过高的现象。铁道部门多年的使用经验显示，淬火层硬度过高的钢轨，在铺设使用过程中，随着车轮的冲击硬化，淬火层普遍出现金属剥离掉肉。

由于轨端淬火层的硬度过高，淬火层与未淬火部分的硬度相差悬殊，当车轮经过此软硬悬殊的钢轨时，硬的部分抗压性强，软的部位不抗压，经过一段时间的使用，在淬火区附近就逐渐出现一个凹下部分,这种凹下缺陷当时在线路上普遍存在,即产生了鞍形磨耗(或马鞍形压溃)。淬火部分与不淬火部位的硬度差值愈大,这种鞍形磨耗就愈严重。

因此铁道部门提出了改进淬火层的要求。降低淬火层的硬度,对 P75 普碳钢轨的硬度由原规定 HB302 ~ 401,降低为 HB260 ~ 320,最大不超过 HB350。对 AP1 钢轨淬火层的硬度规定为 HB290 ~ 370。缩短了淬火层的长度,由原规定 70 ~ 150 mm 缩短为 20 ~ 70 mm;增长了过渡区,由原规定 15 ~ 35 mm 改为大于 80 mm。还要求由淬火层到基体区的硬度要均匀过渡。

过渡区金属掉肉的主要原因是该区域被加热到 Ac_1 以上(即 850 ~ 950℃),随后急冷为马氏体组织所致。要解决过渡层硬度突然升高问题,必须严格控制过渡层的加热温度在 Ac_1 以下,最好在 500 ~ 600℃之间,使该区只加热而不发生组织转变,杜绝马氏体的产生。

a 淬火新工艺试验

为降低轨端淬火层的硬度,改进淬火质量,研究了新的淬火工艺制度。加热时间为 35 ~ 38 s,喷水时间由原规定 4.5 s 缩短为 1 ~ 3.5 s,水温由原规定(45 ± 5)℃提高到 50 ~ 60℃,其他工艺条件不变,淬火后的硬度为 HB 260 ~ 320,最高不超过 HB 350。从试验结果看到,淬火过渡区仍存在硬度突然升高现象,看不出依靠改变淬火工艺参数能解决尾部硬度升高的可能性。因此要使淬火过渡层的硬度达到均匀递减,必须使感应圈产生不同的加热温度,淬火层加热为 850 ~ 950℃,过渡层加热至 500 ~ 650℃。为了对比首先进行了简单试验,用氧气、乙炔火焰将距轨端 150 ~ 200 mm 处的一段钢轨加热到 500 ~ 650℃,而后进行加热淬火;先进行高频淬火,然后再用火焰加热上述部位,加热时间约为 1 min,共作 6 次试验。结果表明,过渡区的硬度升高现象有显著缓和,其中有的试样过渡层的硬度达到了均匀递减,进一步证实了要使过渡区的硬度能够均匀递减,控制感应圈产生不同的加热温度是有效的。

b 感应圈的改进

感应加热的基本原理是,电磁感应而产生的涡流电流和磁滞损失使轨端得到加热。因为硅钢是导磁体,磁感强度为 16000 ~ 17000 Gs,而铜是抗磁体,可明显看出,如果用一部分铜片代替感应圈内相当于淬火过渡区的一部分硅钢片,就会使轨端淬火过渡区的磁感强度大大减弱,这样就会降低过渡区的加热温度。因此为使淬火区和过渡区域得到不同的加热温度,应该改变感应圈尾部硅钢片的数量。经研究试验装成了新感应圈,其结构如图 3 - 74 所示。新感应圈改变了内部硅钢片的结构,前面淬火部分长 90 mm 一段的结构不变,全部用硅钢片装配,以保证加热温度达到 850 ~ 950℃;中间 20 mm 长一段的硅钢片大大减少,用铜片和硅钢片混合装配,铜片与硅钢片的配比是 1.5∶0.35,以保证淬火高温区的加热温度与过渡区严格区分;后面(过渡区)一段长 90 mm,硅钢片也减少很多,用铜片和硅钢片混合装配,配比是 1.51∶1.05,目的是控制过渡区的加热温度在 Ac_1 以下。

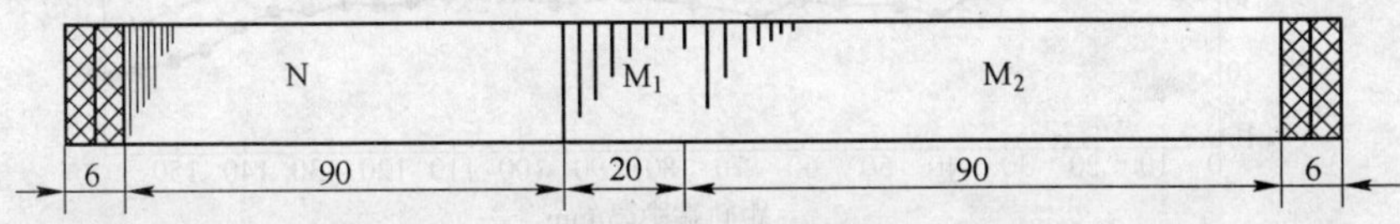

图 3 - 74 新感应圈结构示意图

N:淬火区全装硅钢片,长 90 mm;M_1:过渡区,铜片与硅钢片合装,铜片∶硅钢片 = 1.5∶0.35;

M_2:过渡区,铜片与硅钢片合装,铜片∶硅钢片 = 1.5∶1.05

因为硅钢片的厚度为 0. 35 mm，铜片的厚度是 1. 5 mm，根据生产经验，装配感应圈时，淬火区全部用硅钢片装配 95 mm 左右；中间层用铜和硅钢片各 10 片（共 20 片）间隔装配，实长约 18. 5 mm；最后面的过渡层用 30 个铜片和 90 片硅钢片，按 1∶3 的比例间隔装配。

新感应圈进行淬火试验时，电压 760 ~ 650 V，电流 110 A，水温 45℃，加热时间 35 s，喷水时间 3 s。试验结果表明，沿轨顶踏面纵向的硬度基本上已达到均匀递减，轨头表面硬度达到均匀递减的约占 94%；个别试样过渡层的硬度虽然没有达到均匀递减，但过渡层硬度明显升高的现象已消失，只是在保持较高的硬度而后下降。

距轨顶踏面 3 mm 处沿纵向剖面的硬度，用洛氏硬度计进行了测定。在试验条件下，淬火过渡区的硬度仍很高，甚至比原来的高 HRC1 ~ 3，但无突然升高的现象；淬火尾部的硬度一般为 HRC34 ~ 36，个别也有高于上限或低于下限的，如图 3 – 75 所示。根据大批量生产检验结果，一般的情况与图 3 – 75 中 2 和 3 的情况大致相同，图 3 – 75 中 1 和 4 的情况是比较少的。从图 3 – 75 看出，1 的过渡层硬度比较理想，而 4 的过渡层硬度出现高达 HRC41. 5 的情况，以后又均匀递减。为研究这种个别的过渡层硬度过高现象，进行了显微组织观察和硬度测定，结果表明，显微组织与硬度是一致的。例如淬火区中部在显微镜下看到的是较粗的回火索氏体组织，硬度为 HRC30 左右；过渡区前部看到的是索氏珠光体（此处热量较多），其硬度也比较低；过渡区后部为索氏体组织，比淬火部分的组织细些，这是由该部分加热层薄、温度低、热量少、冷却快而造成的，其硬度为 HRC32 ~ 35；过渡区末端是较细的索氏体组织，其硬度应该最高，但该处淬火层的深度最小。硬度的测量是在距轨顶踏面 3 mm

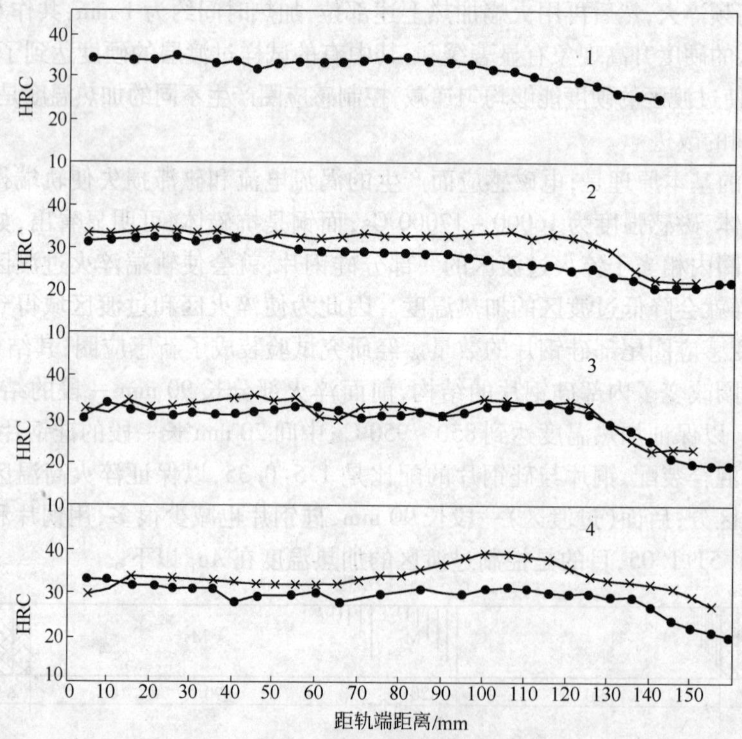

图 3 – 75　钢轨断面的硬度分布

1—655445 甲，$N = 52$，$M = 87$；2—652551 丙，$N = 45$，$M = 97$；
3—658622 甲，$N = 60$，$M = 90$；4—658623 甲，$N = 44$，$M = 116$

处进行的，所以该部分实际的洛氏硬度没有测量出来。为使得过渡层的硬度能均匀递减，在控制尾部加热区的温度为500～650℃条件下，还必须设法使这一低温带有足够的深度，以保证足够的热量。

在生产当中，新感应圈投产后发现其寿命比旧感应圈短一些，容易烧毁。这是因为铜是抗磁体，在感应圈的尾部用铜片与硅钢片组合起来装配，可使感应圈尾部的钢轨加热温度降低。但铜的导热系数很大，为1382 kJ/(m·h·℃)，在加热过程中，铜片受热后迅速把热量传导给邻近的硅钢片，致使硅钢片的绝缘漆被烧焦而失去绝缘作用，所以新感应圈在使用中容易烧毁。为提高新感应圈的使用寿命，曾试验用槽形的硅钢片代替铜片，其目的是利用硅钢片的磁感所产生的方向相反的磁力线互相抵消和减弱磁感强度，降低加热温度。试验结果表明，这种感应圈的淬火质量不太好，在淬火过渡层总有一段硬度较高，如图3－76所示。其硬度波动范围比用铜片的大，表明了这种感应圈是不理想的，还应进一步研究改进。

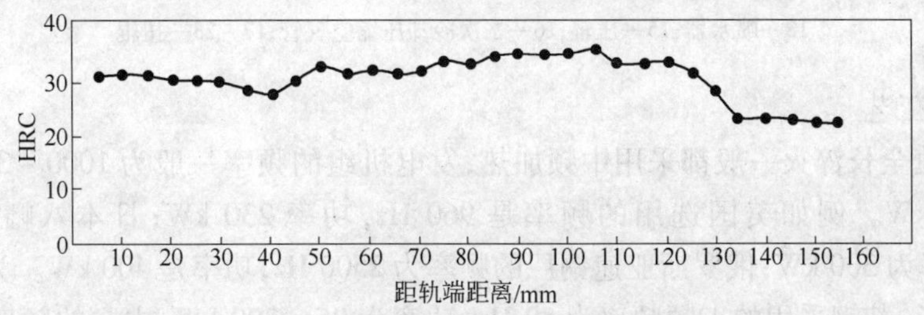

图3－76　新感应圈改进后钢轨的硬度分布

10多年来钢轨的铺设使用结果表明，自从改变了感应圈的结构，用铜片代替一部分硅钢片，轨端淬火层的硬度降低以后，铁路上基本上消灭了鞍形磨耗（马鞍形压溃）等病害。

3.4.3.2　钢轨全长轨头淬火

A　生产工艺

1970年鞍钢进行钢轨全长轨头淬火试验工艺，是采用电感应加热、喷水淬火、自身回火的方法。用工频电流使钢轨整体预热，中频电流将轨头加热到淬火温度，然后喷水冷却，并利用余热自回火，试验是在借鉴某钢厂的淬火设备和国外的经验进行的。

根据国外资料，钢轨在自由状态下淬火后，12.5 m长的钢轨弯曲变形可达600～800 mm，矫直后在钢轨中的残余应力约为588 MPa，轨头及轨腰产生某些缺陷使钢轨早期致废。用加热轨底的方法，通过调整轨底的温度能减少钢轨垂直方向的弯曲变形。

钢轨进行全长轨头淬火试验必须注意弯曲问题，在轨头加热的过程中同时调整轨底和轨腰的温度，能够显著减小钢轨淬火后的变形程度。鞍钢沿钢轨四周都设有感应加热器，采用工频电流对钢轨整体进行预热，同时用水冷却轨腰和轨底，控制轨底和轨腰温度在相变点以下，缩小淬火后的钢轨沿整体的温度差别，减轻淬火后的弯曲变形。

a　淬火机组及主要设备

淬火机组示意图见图3－77，主要包括送料辊道、咬入辊、工频感应圈、中频感应圈、喷水器、压辊、压缩空气喷嘴、一组托辊以及收料台架。

工频感应圈由6个线圈组成，每两个为一组，共分三组。工频电流由三台单相变压器供电，每台为300kV·A，共计900 kV·A。一次电压为3300 V，二次电压为100 V，二次电流为2500 A，分别供给三组工频感应圈，以完成钢轨整体的预热任务。中频电流是由两台容量为

110 kW 的中频发电机供给的 2650 Hz 的中频电流，分别供给两个中频感应圈以进行钢轨头部的加热。在中频电路中各并联一组电容器，以调节功率因数。中频感应器为 500 kV · A，一次电压为 750 V，一次电流为 148 A。钢轨淬火后，由托辊送出，并推至冷却台架。

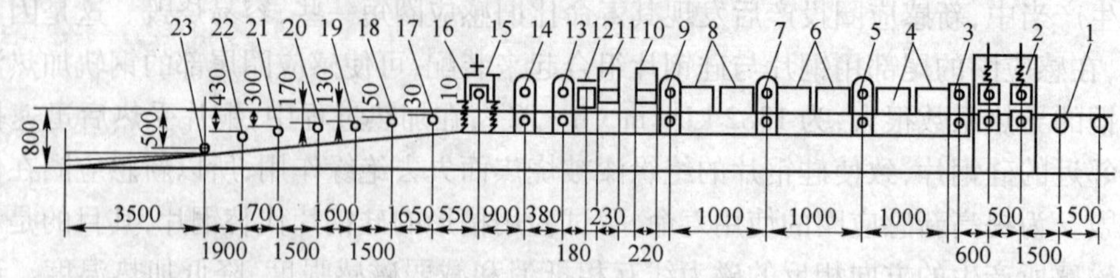

图 3 - 77　全长轨头淬火机组

1—送料辊道(30 m)；2—咬入辊；3、5、7、9、13、14—夹料辊；4—第一组工频感应器；6—第二组工频感应器；8—第三组工频感应器；10—第一组高频感应器；11—第二组高频感应器；12—喷水器；15—压辊；16—二次冷却压缩空气管；17 ~ 23—扭辊

b　淬火工艺

国外钢轨全长淬火一般都采用中频加热，发电机组的频率一般为 1000 ~ 3000 Hz，功率为 100 ~ 400 kW。例如美国选用的频率是 960 Hz，功率 230 kW；日本八幡厂的频率为 2000 Hz，功率为 300 kW；俄罗斯亚速钢厂的频率为 2500 Hz，功率是 400 kW。为了减少淬火后钢轨的变形，鞍钢采用的工频频率为 50 Hz，功率为 95 ~ 300 kW，中频的频率是 2500 Hz，功率是 40 ~ 70 kW，见表 3 - 26。

表 3 - 26　淬火工艺参数情况

国别	厂别	工频参数						中频参数				淬火情况			回火情况	
		电压/V		电流/A	频率/Hz	功率/kW	温度/℃	电压/V	电流/A	频率/Hz	功率/kW	淬火温度/℃	淬火介质	移动速度/mm · min^{-1}	回火温度/℃	冷却方法
中国	鞍钢	单相	85 ~ 88	1700 ~ 2300			400 ~ 500	500 ~ 700	80 ~ 130	2500	47 ~ 70	840 ~ 880	水	670	420 ~ 480	压缩空气
中国	重钢	单相	60 ~ 62	约 4200	50	95	510 ~ 540	480	140	2500	42 ~ 45	860 ~ 920	水雾	280 ~ 300	460 ~ 500	
中国	重钢	三相	55 ~ 57	约 5000	50	约 300	500 ~ 510	580	135	2500	72	约 880	水雾	750 ~ 800	460 ~ 500	
美国										960	230	1093	压缩空气	317	677	水冷至室温
日本	八幡									2000	300 和 600	850 ~ 870	水	540	再加热 540	
俄罗斯	亚速									2500	255 ~ 270	930 ~ 950	水雾	720 ~ 780	450 ~ 480	水冷至室温

进行全长淬火时，钢轨由轨道送至淬火机架的咬入辊，经工频感应圈进行整体预热，预热的温度为轨头 500 ~ 650℃，轨腰及轨底约为 400 ~ 500℃，再经中频感应圈加热后，轨头表面温度达到 840 ~ 880℃；随后喷水冷却，水温 20 ~ 40℃，喷水量为 330 mL/s，水压 1.5 ~ 1.8 MPa，经自身回火，回火温度为 420 ~ 480℃。距喷水器约 1.5 m 处安装一个压缩空气喷嘴和一个压辊，进行补充压弯和二次冷却，以减少淬火后钢轨弯曲变形。然后将钢轨送出并推至冷却台架，测其冷却前后淬火钢轨的变形；淬火时钢轨的移动速度为 670 mm/min，冷却

后淬火钢轨的变形一般为 +50 mm(全长 12.5 m 的钢轨)。

钢轨淬火后在立式矫直机上进行矫直的情况尚为顺利,矫直时可以明显看出淬火的钢轨较未淬火钢轨的弹性大。

c 钢轨的化学成分

试验用钢轨有两种,一种是 AP1 钢种 28 t(56 根),另一种是为攀钢试验的钒钛钢轨 115 t(230 根),钢轨单重为 43 kg/m,每根定尺长 12.5 m,共 143 t,化学成分如表 3-27 所示。

表 3-27 全长淬火用钢轨化学成分

钢 种	炉罐号	化学成分(质量分数)/%						
		C	Si	Mn	P	S	V	Ti
AP1	705828 乙	0.70	0.25	1.21	0.013	0.019		
钒钛钢轨	A4200	0.64	0.41	0.88	0.017	0.020	0.035	0.012
	A4358	0.62	0.45	0.83	0.019	0.011	0.036	0.010
	A4199	0.65	0.34	0.90	0.020	0.019	0.035	0.011
	A4330	0.57	0.43	0.85	0.017	0.031	0.034	0.010
	C4032	0.74	0.40	0.93	0.027	0.016	0.033	0.017
	A4331	0.68	0.44	0.83	0.017	0.024	0.034	0.010
	A4284	0.62	0.38	0.91	0.018	0.021	0.036	0.010
	A4285	0.61	0.43	0.81	0.029	0.019	0.038	0.010
	C3999	0.68	0.42	0.87	0.023	0.020	0.041	0.014
	A4242	0.66	0.35	0.84	0.023	0.017	0.033	0.010
	C3998	0.68	0.42	0.89	0.019	0.027	0.039	0.017
	C4068	0.73	0.40	0.91	0.024	0.019	0.030	0.012
	A4359	0.63	0.48	0.88	0.017	0.018	0.037	0.011

B 淬火层形状及各项性能

a 淬火层形状

沿钢轨的横断面切取试样,经磨光后用硝酸水溶液进行冷酸浸蚀,可以明显看出淬火层呈帽形包围着钢轨头部,淬火层的深度为 16 mm 和 21 mm,两侧面基本对称,见图 3-78。

沿钢轨纵向取样,看出淬火层沿长度方向无大变化,表明淬火层的形状基本良好。

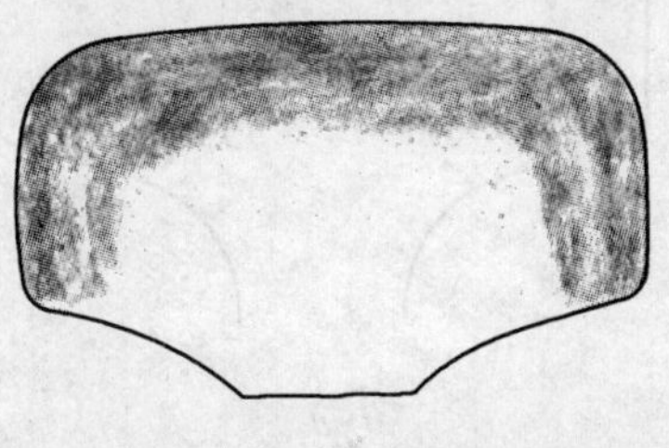

a

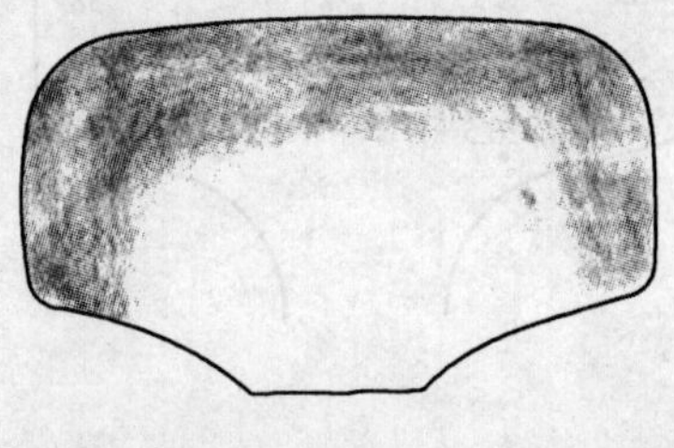

b

图 3-78 钢轨断面淬火层

a—AP1 钢轨横断面淬火层;*b*—钒钛钢轨横断面淬火层

国外有关资料指出，淬火层的形状应对称，其深度必须在 15 mm 以上，因为淬火层和基体之间的硬度差别悬殊，同时还存在很高的组织应力，如果淬火层的深度小于 10 mm，则该组织应力区恰好位于最大剪切应力的作用范围内，在铺设使用过程中易产生剥离缺陷而导致钢轨报废。

日本的经验表明，提高加热温度和减小淬火钢轨的移动速度可以增加淬火层的深度，50N 型钢轨加热温度和移动速度从原来的 860℃和 10.5 mm/s 改为 900℃和 7.2 mm/s，淬火层深度可达 35 mm。这样的淬火工艺已用于实际生产。

b　淬火层硬度

根据国外多年来的使用经验，全长轨头淬火钢轨的表面硬度在 HB360 为宜，过低和过高都将使钢轨过早产生缺陷而报废。因此一般对淬火层的要求是，轨头踏面为 HB330 ~ 380（平均 HB360），从淬火层到中心硬度值应均匀递减，同时要求轨头圆角处的硬度值不大于 HB390。

鞍钢试验钢轨淬火层的踏面硬度为 HB310 ~ 340，与国外硬度相比较是偏低的。钒钛钢轨踏面硬度为 HB320 ~ 340，轧制状态下 AP1 及钒钛轨的硬度基本相同，为 HB260 ~ 270。

淬火层横断面的洛氏硬度，AP1 钢轨横断面硬度分布见图 3 – 79*a*，靠近表面的硬度为 HRC34，往下逐渐过渡到基体硬度 HRC26 左右，沿轨头周边的硬度为 HRC34 ~ 41.5。钒钛轨淬火层横断面的硬度见图 3 – 79*b*，其深度方向的洛氏硬度由靠近表面的 HRC36，逐渐过渡到原始层的 HRC26，沿轨头周边的硬度为 HRC32 ~ 42.5。

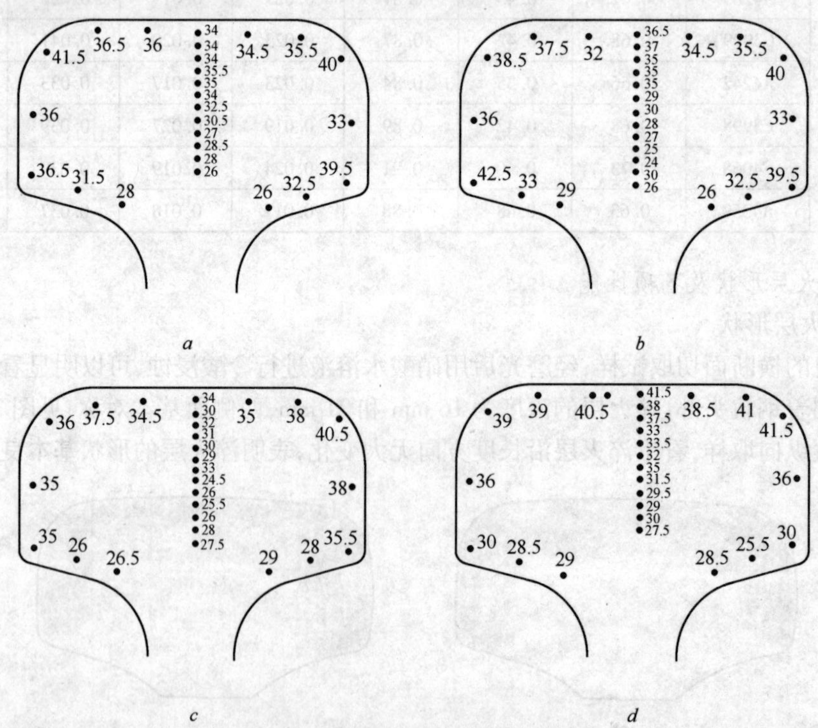

图 3 – 79　钢轨断面硬度分布

a—AP1 钢轨淬火层硬度分布；*b*—钒钛钢轨淬火层硬度；

c—AP1 钢轨断面硬度分布；*d*—钒钛钢轨断面硬度分布

钢轨淬火层沿深度方向基本上是均匀过渡的。另外还看出在轨头圆角部位硬度比其他部位一般高 HRC5 左右。

取样检验结果还表明，轨头塌面上的硬度情况与钢轨中部试样的硬度无明显差异，见图 3－79*c*、图 3－79*d*。

轨头中心纵剖面沿长度的硬度是比较稳定的，见图 3－80。AP1 钢轨的硬度为 HRC30～37，钒钛轨为 HRC31～38，基本上变化不大。

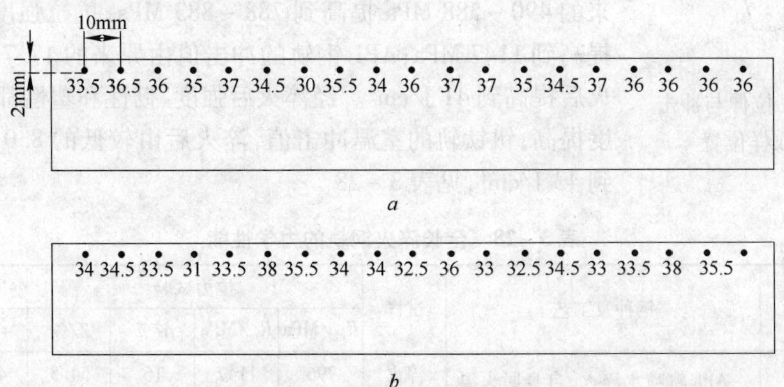

图 3－80　钢轨淬火层中心纵向剖面硬度

a—AP1 钢轨淬火层中心纵剖面硬度分布；*b*—钒钛钢轨淬火层中心纵剖面硬度分布

c　显微组织与淬火介质

在显微镜下看到，AP1 及钒钛钢轨淬火层的组织为均匀细致的索氏体组织，淬火层大致可分为 4 个分层，第一分层是由表面到 1.5～2.0 mm 处，为经过马氏体转变的回火索氏体组织，组织较其他分层细致，其显微硬度为 HB370～400；第二分层距表面 2～10 mm 处，是淬火索氏体组织，其显微硬度为 HB350～370；第三分层在距表面 13～26 mm 处，是淬火与未淬火之间的过渡层，为回火索氏体，显微硬度是 HB258～330；由第四分层逐渐过渡到原始的珠光体和极少量的铁素体组织，显微硬度为 HB220～258。这表明用水作冷却剂，淬火层中有明显层次和硬度差别。

根据重庆钢铁公司的试验结果看出，喷水淬火的淬火层特点是层次明显，沿轨头踏面往下 5 mm 左右内是经过马氏体转变的回火索氏体组织。在快速喷水淬火情况下，在这一层中间又普遍出现厚度为 1.0 mm 左右的“白带层”。采用喷雾作淬火介质，则基本上消除或减轻了这些缺陷，各层次间无显著差异，过渡均匀。

俄罗斯的多次试验结果表明，用水作淬火介质的全长淬火钢轨，在低倍试样上距踏面 2～5 mm 或 7～8 mm 处有一层很薄的“白带”状组织，在淬火层深度相应的地方出现硬度陡降区。从距轨表面不同深度的冷却曲线看出，在深度小于 5 mm 时，冷却曲线与马氏体转变线相交；在 5～10 mm 深度，则通过屈氏体—珠光体转变区。经自回火后，距表面深度小于 5 mm 区为回火索氏体，在 7～8 mm 处出现贝氏体，并在回火过程中增加了贝氏体组织的软化倾向而导致硬度值的陡降。由于钢轨在使用中最大剪应力在表面下 5～7 mm 处，所以“白带”区就成为剥离缺陷的“源”，剥离缺陷发展成为横向疲劳裂纹而使钢轨报废。因此俄罗斯唯一用水淬火的亚速钢厂也改为水雾淬火。

不同淬火介质对淬火层沿深度的硬度是否均匀递减有很大影响。在国外已愈益趋向于压缩空气和水雾淬火。例如美国都用压缩空气；俄罗斯、德国和罗马尼亚等国都采用水雾。

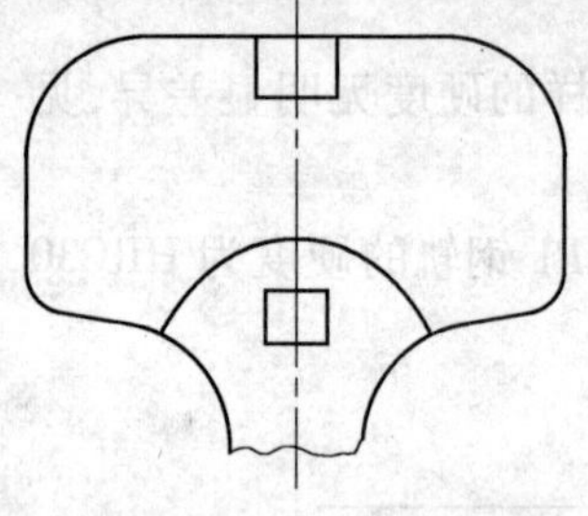

图 3－81　拉伸与冲击试样取样位置

d　力学性能

力学性能测试的取样部位见图 3－81。试验结果表明，经全长淬火的 AP1 及钒钛钢轨的强度都有很大提高，屈服强度由原来的 490～588 MPa 提高到 788～883 MPa；抗拉强度由 951 MPa 提高到 1147 MPa；AP1 钢轨的冲击值由原来的 17.7 J/cm^2，经淬火后提高到 41 J/cm^2。经淬火后强度、韧性和塑性都得到了大幅度提高；钒钛轨的室温冲击值，淬火后由较低的 8.0 J/cm^2，提高到 43 J/cm^2，见表 3－28。

表 3－28　全长淬火钢轨的力学性能

国别	厂别	钢种及工艺	试样	拉力试验				A_K/J·cm^{-2}	
				R_{eL}/MPa	R_m/MPa	A/%	Z/%	+20℃	-40℃
中国	鞍钢	AP1 轨喷水淬火，自身回火温度 420～480℃	淬火	796	1147	16	54.5	41.2	31.3
			未淬火	537	951	12.5	24.0	17.7	6.9
		钒钛轨喷水淬火，自身回火温度 420～480℃	淬火	883	1154	17.0	61.8	43.1	32.4
			未淬火	637	956	14.2	24.8	8.04	4.9
	重钢	P71 轨喷水淬火，自身回火温度 440～455℃	淬火	883	1209	12.1	45.5	42.2	
			未淬火	426	833	9.4	16.9	19.6	
		AP1 轨喷雾淬火，自身回火温度 460～470℃	淬火	849	1144	14.2	1	53	
			未淬火	517	897	13.0	21.2	28.4	
		AP1 轨喷雾淬火，自身回火温度 480～500℃	淬火	883	1136	14.5		53	
			未淬火	556	928	12.7	21.0	30.4	
俄罗斯		碳素轨喷雾淬火，自身回火温度 450～480℃	淬火	966	1248	7.1	11.0	39.2	20.6
			未淬火	543	899	12.7	20	18.6	9.8
			淬火	804～843	1128～1157	14～14.5	36	34.3～38.2	14.7～18.6
			未淬火						
美国	Bethlehemsteel	碳素轨压缩空气淬火，回火温度 667℃	淬火	824	1226	13.0	37.0		
			未淬火	500	927	12.5	24.0		
日本	八幡	碳素轨喷水淬火，回火温度 540℃	淬火		1147	19.7	51.3	47.1	
			未淬火		846	16.6	24.6	15.7	
	钢管		淬火	794	1145	18.4	45.3		
			未淬火	500	917	13.8	18.5		

从表 3－27 看出，重钢的 AP1 全长淬火钢轨的力学性能与鞍钢相似。俄罗斯淬火钢轨的抗拉强度为 1128～1245 MPa，冲击值为 34～39 J/cm^2；美国淬火钢轨的抗拉强度为 1226 MPa；日本全长淬火钢轨的抗拉强度为 1147 MPa 左右。对比表明，鞍钢淬火后钢轨的力学性能和

重钢水雾淬火后钢轨的力学性能与日本的情况大致相同，但比美国和俄罗斯的强度低一些，冲击韧性则稍高。

e　疲劳试验

钢轨的实物疲劳试验是在200 t万能疲劳试验机上进行的脉冲疲劳试验，脉冲振幅为5 mm，频率每分钟300次。钢轨实物试样的两支点距离为1.0 m，试样长度1.2 m，试样中部施加的正方向负荷可以调变，反方向的负荷为5 t。

结果表明，AP1钢轨全长淬火后疲劳极限为35 t，不淬火的钢轨为29 t。说明淬火钢轨的疲劳极限强度比不淬火钢轨提高20%以上。

f　磨耗试验

磨耗试验是在阿姆斯勒磨耗试验机上进行的，用测定重量法互相比较磨损情况。试验时上轴为轮箍试样，下轴为钢轨试样。轮箍试样对钢轨试样的压力为157 N；轮箍试样转速为180 r/min，钢轨试样转速为200 r/min。试样取自淬火与未淬火的两个部位，各取两个试样，轮箍试样取自轮箍实物，化学成分（质量分数）为C0.67%，Mn0.64%，Si0.27%。在试验过程中上下轴试样对磨10^5转时测量其磨耗量，从试验结果看出，在试验条件下，经全长淬火的钢轨磨耗量减少一半，表明其耐磨性能提高一倍，如图3-82所示。

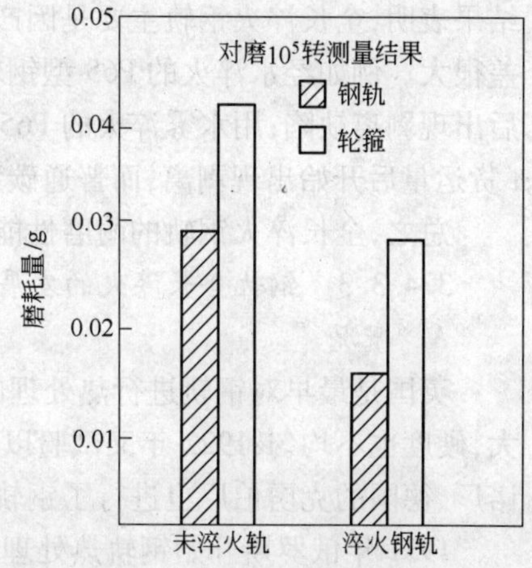

图3-82　钢轨的磨耗试验

资料表明，日本全长淬火钢轨的淬火层磨耗量为普通钢轨的三分之一。

g　落锤试验

AP1淬火钢轨第一锤打击后挠度为30 mm，不淬火的为38 mm，淬火钢轨经三次落锤打击后没发现任何缺陷，第四次落锤打击后断裂。

h　电能消耗

在试验条件下，43 kg/m钢轨消耗电量为330 kW·h·t^{-1}，其中工频预热部分约占三分之二。

C　全长淬火钢轨的铺设

1971年鞍钢试验的全长淬火钢轨铺设在广西柳州工务段的曲线半径为300 m的弯道上，多年的使用表明全长淬火钢轨具有良好的耐磨性能。1976年对这批试验钢轨进行了线路考察，据了解，在这区间铺设的普通碳素钢轨，一般铺设一年至一年半就因磨耗严重而拆换；全长淬火钢轨经5年左右的使用情况良好，还可以使用2~3年。在该区段的全长淬火钢轨的耐磨性能，大约相当于普通碳素钢轨的5倍。

1967年以后由重钢和包钢试制的全长淬火钢轨在北京、西安、成都、太原、广州、上海、沈阳等铁路局的小半径曲线上进行铺设，钢号主要是AP1钒钛、稀土和P75；包钢采用煤气加热全长淬火。根据5处曲线铁路的铺设使用结果表明，全长淬火钢轨的耐磨性能约为不淬火的普通碳素钢轨的3~4倍，有的更高一些。石太线K25~26上行线，半径为300 m曲线上铺设的重钢生产的AP1全长淬火钢轨，从1967年5月起经6年4个月的使用，曲线外轨侧磨一般为1.1~3.7 mm，最大为5.9 mm，垂直磨耗为0.1~2.0 mm；过去铺设的普通碳素钢轨使用 3 年后，即因外轨侧磨达 12 ~ 16 mm 而被拆换。

据观察，全长淬火钢轨在曲线外轨的内侧有不同程度的剥离缺陷，其中 AP1 和 P75 较轻，残余钒钛及稀土轨较重；电感应加热淬火的较轻，而煤气加热淬火的较重。

国外对全长淬火钢轨使用寿命的评价不一。日本经多年使用认为，全长淬火钢轨的耐磨性能比普通碳素钢轨提高两倍。美国在半径为 240 m、坡度为 3‰、下坡方向是重载的线路上使用结果表明，全长淬火钢轨寿命比普通碳素钢轨提高 2 ~4 倍。德国在半径为 175 m 的弯道上使用 12 个月的结果表明，全长淬火钢轨的使用寿命比普通碳素轨提高 2 ~3 倍。俄罗斯铺设了不同淬火介质、工艺和不同硬度的全长淬火钢轨，硬度为 HB 330 ~401，铺设结果表明，全长淬火钢轨主要是因产生剥离缺陷而拆换，出现剥离缺陷时所通过货运量也相差很大。例如经水淬火的 P65 型钢轨，铺设在半径为 900 m 的弯道上，经 25100 万 t 货运量后出现剥离缺陷；用水雾淬火的 P65 型钢轨，铺设在半径为 590 m 的弯道上通过了 42300 万 t 货运量后开始出现剥离，而普通碳素轨通过 22000 t 货运量后开始出现剥离。

总之，全长淬火钢轨的耐磨性能，比普通碳素钢轨可提高 2 ~4 倍。

3.4.3.3　钢轨全长淬火的发展

A　概况

英国是最早对钢轨进行热处理的国家。1903 年用水作冷却介质，经淬火后钢轨弯度很大，硬度也不均匀；1922 年又试验以蒸汽作冷却介质，改善了钢轨的质量。随后法国的萨西诺厂、德国的克虏伯厂也进行了钢轨整体加热用温水淬火的研究。

1931 年俄罗斯开始钢轨热处理试验，大约经历了 20 多年摸清了钢轨全长索氏体化的工艺参数和设备设计。20 世纪 50 年代钢轨全长淬火在全世界范围内得到了多种形式的迅速发展。

1957 年以后前苏联的 Г. 塔吉尔厂和捷尔任斯基厂，采用煤气炉加热，加热温度为 810 ~ 850℃。Г. 塔吉尔厂是在油内整体淬火；捷尔任斯基厂用热水沿钢轨头部淬火。淬火后钢轨的显微组织是回火索氏体，普通碳素钢钢轨经淬火后抗拉强度为 1150 MPa，屈服强度为 800 MPa。1964 年亚速钢厂采用双频感应加热，在淬火过程中强制弯向轨底，喷雾淬火自回火，钢轨不需二次矫直。普通碳素钢轨经淬火后，强抗拉度为 1250 MPa，屈服强度为 960 MPa，断面减缩率为 37%，室温冲击值为 44 J/cm^2；-40℃ 冲击值为 35 ~44 J/cm^2，硬度为 HB362，淬火层深度为 16 ~18 mm。到 1974 年前苏联的亚速钢厂、Г. 塔吉尔厂、库兹涅茨克厂和捷尔任斯基厂的全长淬火钢轨总的年产量约为 150 万 t。

美国生产钢轨的厂家有 5 个，包括美国钢铁公司的格里厂、伯利恒公司的斯蒂尔顿厂、惠林 - 匹兹堡钢铁公司的莫内森厂、芝加哥美国钢铁公司南厂和科罗拉多铁和燃料公司的普韦布洛厂。主要生产全长淬火钢轨的厂家是格里厂和斯蒂尔顿厂。格里厂采用电流感应加热，1963 年用长 11.9 m 的钢轨进行试验，加热到 1093℃ 强制弯向轨底，用压缩空气淬火自回火，再用水二次冷却；1976 年采用缓慢冷却工艺，用压缩空气进行钢轨全长淬火。斯蒂尔顿厂采用炉内加热，钢轨整体油内淬火，钢轨的极限强度为 1200 MPa，屈服强度为 800 MPa，断面收缩率为 45%。莫内森厂可以在线利用轧制余热生产全长淬火钢轨，整体系统全部自动化，采用水雾作冷却介质。

日本生产钢轨的主要厂家是新日铁的八幡厂和日本钢管的福山厂。1954 年日本开始生产全长淬火钢轨，起初用水淬火；福山厂用二级火焰加热、淬火。1964 年八幡厂开始用高频电流感应加热、喷雾淬火,1967 年将淬火介质改为压缩空气。20 世纪 80 年代日本又开发研制在线钢轨余热全长淬火技术,90 年代在线余热全长淬火技术投产并出口。

德国的蒂森公司生产长 30 m 的全长淬火钢轨,将轨头分步加热到奥氏体温度,均匀后用压缩空气冷却,得到均匀而深的淬火层,硬度为 HB351 ~ 405。淬火后的钢轨头部具有高耐磨性能,其耐磨性能比普通轨提高三倍,同时轨腰和轨底具有良好的韧性。克虏伯厂很早就进行钢轨整体加热用温水淬火试验,但未形成工业生产,20 世纪 80 年代又试验利用轧制余热用沸水淬火。

英国的沃金顿厂 1981 年研制成功钢轨整体加上用压缩空气淬火工艺,钢轨经热处理后,珠光体片层间距为 80 ~ 100 nm;含铬 1% 的合金钢轨珠光体片层间距为 110 nm;普通碳素钢轨珠光体片层间距为 140 nm。

法国的萨西诺厂是法国最大的钢轨生产厂,年产钢轨 38 万 t。该厂进行了钢轨整体加热并用温水淬火工艺试验,20 世纪 70 年代又试验了普通钢轨雾化冷却工艺。

加拿大悉尼厂有一条感应加热钢轨全长淬火生产线,年产 3.7 万 t。整个工艺流程由计算机控制,钢轨淬火后显微组织是细微珠光体,钢轨经淬火后平直,不需再矫直。

此外,意大利、西班牙、澳大利亚、卢森堡和波兰等国都能生产全长淬火钢轨。

在我国钢轨全长淬火起步较晚,1966 年重庆钢铁公司开始进行钢轨全长淬火研究。试验钢轨用 AP1 钢号,采用双频电流感应加热,预热温度 430 ~ 530℃,加热温度 910 ~ 940℃,用水雾淬火,460 ~ 490℃ 自回火。试验钢轨铺设在石太线 K25 ~ 26 上行线的曲线半径为 300 m 的弯道上,使用寿命是普通钢轨的两倍以上,后因重钢厂停止生产钢轨,钢轨全长淬火的生产也随即停止。

除上述鞍钢进行的全长淬火钢轨的研究外,包头钢铁公司 1971 年开始用 P74 钢轨在煤气炉内加热进行全长淬火试验,加热温度 830 ~ 860℃,轨头朝下用 32℃ 水淬火到 480℃ 自回火,钢轨进行热预弯。1980 年左右改为轨头朝上,轨头和轨底用雾进行淬火,轨腰进行常化。2000 年以后改为双频电流感应加热生产全长淬火钢轨,用压缩空气作淬火介质。钢轨的抗拉强度为 1156 MPa,屈服强度为 823 MPa,伸长率为 14%,断面收缩率为 51%,室温冲击值为 58 J/cm^2,-40℃ 冲击值为 29 J/cm^2,硬度为 HRC32 ~ 33,淬火层深度为 20 mm 以上。

攀枝花钢铁公司是国内目前生产全长淬火钢轨最多的厂家。1976 年研制成功双频加热用温水淬火工艺,1980 年开始用雾淬火试验,1982 年研制成功;1985 年开始用压缩空气淬火,结果表明采用压缩空气作淬火介质的钢轨,淬火层为帽形,形状对称,硬度分布均匀,显微组织为微细的索氏体,力学性能稳定。1998 年攀钢独立自主研制成功并建成我国第一条在线利用余热钢轨全长淬火生产线,达到了国际先进水平。

中国铁道部铁道科学研究院也开发研制了钢轨双频加热压缩空气淬火工艺。用铁道科学院的技术,在内蒙古呼和浩特铁路局的工务厂、上海铁路局工务厂、山海关桥梁厂、宝鸡桥梁厂以及其他铁路单位推广建设了很多小排量生产钢轨全长淬火工厂。

B 钢轨全长淬火工艺的发展

钢轨全长淬火一般都是以淬火自回火 QT 工艺开始,钢轨加热到 810 ~ 1020℃,用水急速冷却使钢轨踏面层变为马氏体组织,然后自回火获得索氏体组织,这种方法在 20 世纪 60 年代以前被各国普遍采用。

a 钢轨全长淬火 QT 工艺

因加热方法不同,钢轨全长淬火 QT 工艺可分为两类:第一类是钢轨在炉内加热全长淬火工艺,温度为 810 ~ 850℃,根据冷却介质不同可分为三种,即油内整体淬火、用热水沿轨头踏面淬火和用水雾沿轨头淬火并使轨底中部适度强化。俄罗斯的Г. 塔吉尔厂、库兹涅茨克厂和美国的斯蒂尔顿厂是采用油内整体淬火的,钢轨在油中以 100℃/min 的速度连续冷却,然后在 450℃的等温炉中保温 2 h 回火。俄罗斯的捷尔任斯基厂用热水沿钢轨头部淬火,钢轨快速通过淬火设备,淬火钢轨用热弯机弯向轨底,再自回火。我国包头钢铁公司轨梁厂,在 2000 年以前用水雾沿轨头进行全长淬火获得细珠光体组织,并使轨底中部适当快冷和强化。

第二类是感应加热全长淬火 QT 工艺,钢轨头部加热到 950 ~ 1020℃,用水急速冷却。美国的格里厂、新日铁的八幡厂、乌克兰的亚速钢厂和我国的攀枝花轨梁厂起初都采用这种方法。用这种方法淬火的钢轨,在钢轨淬火层出现贝氏体组织引起的硬度塌落。在铺设使用过程中钢轨头部出现剥离、掉块,最严重的病害是钢轨横向折断。由于淬火马氏体经回火产生的索氏体组织不理想,因而停止了 QT 工艺的试验研究。自 20 世纪 60 年代后期,对钢轨全长淬火 SQ 工艺进行了广泛开发。

b 钢轨全长淬火 SQ 工艺

钢轨全长淬火 SQ 工艺即缓慢冷却淬火,其特点是将钢轨加热到奥氏体温度,用压缩空气缓慢淬火,不经回火直接获得索氏体组织。1964 年新日铁的八幡厂用高频加热,喷雾冷却淬火;1967 年把淬火介质改为压缩空气。英国的沃金顿厂 1981 年研制成功钢轨整体加热,用压缩空气淬火工艺。我国攀枝花钢铁公司轨梁厂 1985 年研制成功,双频加热用压缩空气淬火 SQ 工艺;包头钢铁公司轨梁厂 2000 年以后采用双频加热压缩空气淬火 SQ 工艺。日本钢管的八幡厂采用火焰二次加热用压缩空气淬火。生产检测和铺设使用结果表明,用 SQ 法生产的全长淬火钢轨各项性能稳定,淬火层较深,硬度均匀,钢轨的使用效果显著优于采用 QT 工艺生产的钢轨。

c 利用轧制余热钢轨全长淬火 RQ 工艺

自 20 世纪 80 年代以来,随着吹氧转炉炼钢法的全面推广,低氢冶炼、真空脱气、形变热处理、电子计算机和自动检测控制等技术的发展,为研究利用轧制余热进行全长淬火开辟了可靠广阔的道路。利用轧制余热进行钢轨全长淬火,比重新加热法具有无可比拟的优越性,节约能源,成本低,没有因再加热产生的烧损和氧化脱碳。日本新日铁的八幡厂、攀枝花钢铁公司轨梁厂和卢森堡的罗丹厂于 20 世纪 90 年代前后,相继建成了在线钢轨全长 RQ 工艺生产线,是代表钢轨全长淬火技术的世界先进水平,应该大力推广。鞍钢大型厂 2002 年经二期技术改造,在原有的二跨管坯处理区预留了钢轨全长余热淬火在线生产线。

近来国内外钢轨的使用经验表明,在大运量、大轴重的专用线路,钢轨的主要病害是接触疲劳伤损,实际表现为鱼鳞状裂纹、剥离、掉块和波浪形磨耗。防止接触疲劳裂纹的途径是提高钢轨的屈服强度和硬度;解决波浪形磨耗的现行办法是用打磨车进行打磨。澳大利亚的矿石专用线,列车轴重高达 32.5 t,该线路钢轨的波浪磨耗突出,打磨车常年作业,每段钢轨平均每 5 个月打磨一次。我国是大陆、多山国家,铁路运输承担了全国货运周转量的 71%,客运周转量的 58%,列车不断提速,还增加列车密度,车辆轴重也相应加大,铁路负荷迅速增加,必将引起钢轨伤损的增多。从石家庄到太原铁路线的特点是多山、重载,曲线半径小,列车密度大,在类似这样的铁路线上,钢轨的主要病害也是接触疲劳伤损和波浪形磨耗,一般钢轨和全长淬火钢轨都出现这种病害,表明在这样的线路上全长淬火钢轨也不能满足使用需求。由于列车不断提高速度,波浪形磨耗深度达到 0.5 mm 时就会加大列车的振动,深度达到 1.5 ~2.0 mm 时列车与钢轨之间的冲击已无法满足要求,必须更换钢轨,这时钢轨头部的侧磨只有 5 ~6 mm,远未达到侧磨极限。因为用打磨车打磨钢轨时必须封路,而我国铁路上列车密度大,不允许封路用打磨车打磨,在这种情况下必须开发研制强度和硬度更高的钢轨,开发钢轨的形变热处理技术是研制更高强度钢轨的有效方法。

d 钢轨的形变热处理

钢轨的形变热处理即控制轧制和控制冷却,在我国不难实现,目前处于试验阶段。控制轧制应该在万能轧机上进行,它主要取决于轧机的能力、机架的刚度,特别是钢轨头部在成品孔或成品前孔的轧制温度和变形量,还要有高水平的计算机控制和先进的检测设备。在轧机能力、机架刚度、终轧温度和孔型系统确定的条件下,实际上形变热处理就是在线控制冷却问题。苏联在 20 世纪 60 年代首先在实验室内用含铬合金钢进行了实验,表明其潜力很大。20 世纪 70 年代苏联库兹涅茨克钢厂在轨梁轧机上用含铬钢轨进行了形变热处理实验,终轧温度 850℃,钢轨整体在油内淬火,钢轨的屈服强度为 1387 MPa,抗拉强度为 1573 MPa,伸长率为 7.5%,断面减缩率为 27%。据前苏联和日本八幡厂的试验结果,钢坯加热到 870 ~940℃,降到 780 ~840℃进行轧制,在万能轧机的成品孔或成品前孔中,钢轨头部的变形量约为 14% ~16%,轧后用雾快速冷却到 550 ~600℃,然后在空气中冷却。钢轨头部为细微的索氏体组织,其屈服强度为 940 MPa,抗拉强度为 1305 MPa,伸长率为 11%,断面减缩率达到 40%,表明钢轨的形变热处理是开发更高强度钢轨的有效途径。应该把现有的感应加热淬火 SQ 工艺及经验,钢轨整体油内淬火工艺经验,利用轧制余热在线全长淬火 RQ 工艺经验和等温处理盐浴技术等结合起来,找出实现钢轨形变热处理切实可行的最佳方案,实现钢轨的控制轧制和控制冷却。同时还应该研究解决钢轨强度和硬度大幅提高后,钢轨的精整加工问题,特别是钢轨的矫直、铣头钻孔等相关设备问题,为实现钢轨的形变热处理铺平道路。

3.5 钢轨的检测技术

3.5.1 钢轨无损检测技术

3.5.1.1 无损探伤的分类

无损检测技术是提高产品质量促进技术进步不可缺少的手段,特别是随着新材料、新技术的广泛应用,各种结构零件向高参量大容量方向发展,不仅要提高缺陷检测的准确率和可靠性,而且要把传统的无损检测技术和现代信息技术相结合,实现无损检测的数字化、图像化、实时化和智能化。无损检测技术在现代工业的各个方面都有着广泛的应用,体现在改进产品质量、产品设计、加工制造、成品检验以及设备服役的各个阶段;体现在新材料和新技术的研究中;也体现在保证机器零件最终产品的可靠性和安全性上。

目前工业生产中已广泛采用的无损探伤方法主要包括磁粉探伤、涡流探伤、射线探伤、超声波探伤。

磁粉探伤:探伤领域中应用较早的一项检验技术,是基于铁磁性材料在磁场中被磁化后而产生的漏磁现象来发现缺陷，漏磁越严重，越易于将缺陷暴露出来。主要用于检测存在于工件表面或近表面的缺陷，如裂纹、夹杂、白点、折叠、锻层、夹层、结疤等。探伤前需按指定的磁化方法对工件进行磁化，探伤完毕后还应对工件进行退磁及磁粉清理。目前国内外仍是通过检测人员采用目测的方法对磁痕进行判读和分析，容易造成误判。

涡流探伤：基于交变的磁场在金属材料内发生同频率的涡流现象所产生的涡流大小与金属材料的阻抗之间的关系对材料进行无损检测，主要用于材料的表面和近表面探伤，较适合于线材、管材内外壁、棒材、板材表面，以及焊缝、零件等探伤上。该方法的自动化技术发展较为成熟。

射线探伤：基于具有强大穿透能力的放射线（如 X 射线、γ 射线等）通过被检测工件后能使荧光材料激发出荧光或作用于感光底片使其发生不同的感光影响，由于工件材质厚薄差异，透过工件的射线其强度衰减亦不同，在荧光屏或底片上显现出明暗不同的区域，最后通过人工的目测对缺陷进行判别。

超声波探伤：通过电脉冲激发超声波传感器（探头）晶片使其发射超声波，定向发射的超声波束在被测工件中传播遇到缺陷时被反射和衰减，经过仪器对信号的处理和分析，给出定量的缺陷指标。

上述的几种无损探伤方法，虽然目前在工业生产中都得到广泛的应用，但其应用的范围不尽相同。磁粉及涡流探伤多用于对材料表面及近表面的各种缺陷进行检测。对于材料内部缺陷的检测则一般采用射线穿透或超声波探伤方法，前者由于设备复杂，且强射线对人体危害较大，目前仅在某些特殊场合下使用。就信号处理而言，射线探伤由于使用的是生成影像的方式判别工件内部的缺陷，大量图像数据的实时处理，是实现射线探伤自动化的最大障碍。相比较而言，超声波探伤作为一种重要的无损检测技术，不仅具有穿透能力强、设备简单、使用条件和安全性好、检验范围广等优点，而且其输出信号是以波形的方式体现，使得当前飞速发展的计算机信号处理、模式识别和人工智能等高新技术能被方便地应用于检测过程，实现自动在线检测，从而提高检测的精确度和可靠性。

随着高速铁路的发展，铁路部门对钢轨的质量要求越来越严格，过去传统的检查方法已不能满足铁路部门的要求。近几十年来，钢轨质量检测技术随着涡流、超声波和激光技术的出现以及计算机的快速推广应用而发生了巨大变化。钢轨生产的检测方法正在从传统的人工离线检测，转变成自动在线检测，并代表了今后钢轨检测技术的发展方向。

3.5.1.2　钢轨磁粉探伤

磁粉检测法始于 20 世纪 80 年代，其工作原理是首先通过磁极将钢轨磁化，然后用喷枪将荧光磁粉喷吹到整根钢轨表面，磁粉将吸附在表面缺陷处。在直流磁场的作用下，被检测重轨的表面磁化并接近饱和。此时在缺陷部位有几乎与缺陷体积成比例的磁力线外露，通过人工或计算机控制下的磁传感器识别，可以检测到泄漏的磁力线，根据标准要求与人工缺陷样轨进行比较后，从而推断出钢板表面上缺陷的大小。仅在那些超过标准的缺陷处留下标记，为检查员判级和修磨提供依据。

磁粉探伤的优点是简便，国外约有 30% 的钢轨生产厂采用这种方法。起初采用人工磁粉探伤，但速度慢、效率低，后来开发出在线磁粉探伤技术，其原理如图 3－83 所示。

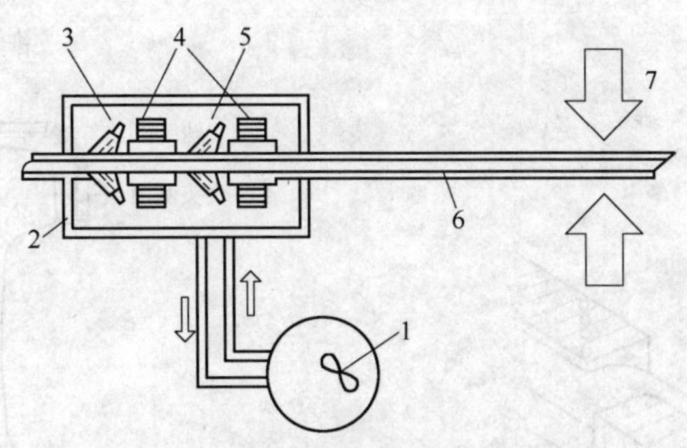

图 3 – 83 钢轨磁粉探伤原理

1—混合池;2—收集箱;3—液体喷吹;4—磁极;5—空气喷吹;6—钢轨;7—白光肉眼检查

在线磁粉探伤速度可达 0.75 ~ 1.0 m/s。这种磁粉探伤仪对深度超过 0.13 mm、0.25 mm、0.38 mm 的裂纹等缺陷能灵敏反应,其优点是设备投资少、可靠性高;缺点是操作成本较高,不能对缺陷进行准确分类。

3.5.1.3 钢轨涡流探伤

A 涡流探伤的原理

涡流探伤是基于电磁感应原理开发的。当用带有正弦波电流激励线圈的探头接近钢材表面时,线圈周围的交变磁场在金属表面产生感应电涡流。电涡流产生与线圈磁场同频且反向的反磁通。当探头在金属表面移动遇到缺陷时,引起线圈阻抗的变化,检测该变化量就能检测到钢材表面是否有缺陷及缺陷的种类、大小和尺寸。

B 涡流探伤的应用

从 1970 年开始人们已采用涡流技术检测钢轨表面缺陷,第一台在线涡流探伤装置出现在 20 世纪 80 年代初期,现在世界上已有 60% 的钢轨生产厂采用涡流探伤技术检验钢轨表面缺陷。与人工肉眼检查相比,涡流探伤更可靠,探伤速度可达 1 ~ 1.5 m/s,检测精度可达 ±0.1 mm,其所能检测缺陷的最小深度为 0.3 mm,其检测的准确率可达 99%。现在采用的涡流探伤装置主要有两种,一种是带有固定探头的涡流探伤仪,另一种是带有扫描装置的涡流探伤仪。

带有固定探头的涡流探伤仪主要用于检测钢轨头部表面缺陷,其装置如图 3 – 84 所示,其探头按不同方向排列,覆盖整个轨头表面,可以检测钢轨轨头纵向及横向上的表面缺陷,可检测出深度在 0.3 mm 以上、长度在 20 mm 以上的缺陷。1983 年又有一种可检测钢轨全断面的具有固定探头的涡流探伤仪投入使用。它总共采用 28 个固定探头,组成 14 个频道系统,其中轨头采用 6 个探头,轨腰采用 6 个探头,轨底采用 16 个探头,这样可覆盖整个钢轨断面。采用频率为 25 kHz,探头与钢轨之间的间距为 4 mm,探伤速度为 1.5 m/s,整个检测过程和数据处理全部采用微机进行自动控制。

近年又开发了一种带有固定探头和旋转探头的新型涡流探伤仪,其装置如图 3 – 85 所示。该涡流探伤仪是借助安装在其上的固定探头和旋转探头,对钢轨表面缺陷进行检测,其旋转探头的旋转速度为 2000 r/min,它可发现在钢轨表面深度为 0.4 ~ 1 mm 的缺陷,检测速度为 1 m/s;该装置的计算机系统可以自动识别缺陷信号,并分类这些信号;它的喷枪装置对有缺陷的钢轨进行标记和打印报告。

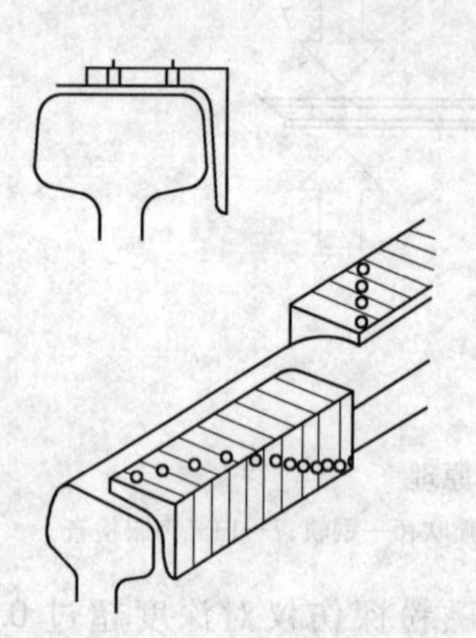

图 3 – 84　带有固定探头的涡流检测装置

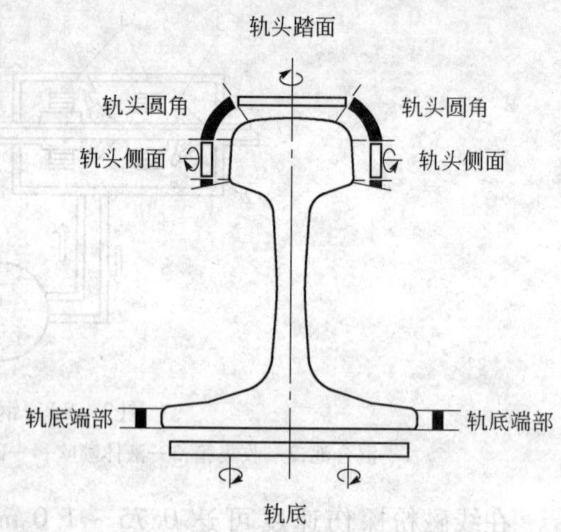

图 3 – 85　带有固定探头与旋转探头的涡流探伤仪
■—固定探头；□—旋转探头

3.5.1.4　钢轨超声波探伤

A　钢轨超声波探伤原理

超声波探伤原理是采用脉冲回声技术，由超声波检测仪的发射电路受激发产生高频窄脉冲，脉冲频率通常为 4 ~7 MHz。高脉冲作用于换能器(超声波探头)，激励探头内的压电晶片振动，发射超声波。超声波在工件中传播，遇到缺陷或底面发生反射，当反射波返回探头时，又被压电晶片转变为电信号，该电信号经探伤仪接收、电路放大和检波，通过一定方式将缺陷波和底波表示出来，从而可以根据缺陷波的位置确定工件缺陷的埋藏深度，根据缺陷波幅度估计缺陷当量的大小，即得到被测工件内部有无缺陷及缺陷的位置和大小等信息。探头与钢轨之间的耦合剂分别采用水或油。

利用超声波对重轨进行检测时，在探伤仪上安装有不同角度的探头，分别检查不同部位的损伤。如 50°探头用来发现轨头内的损伤或横裂，30°探头可探轨腰损伤，垂直探头发射纵波，可探轨头轨腰轨底的水平裂纹、纵裂纹。

超声波探头：超声波的产生和接收过程是一种能量转换过程，探头的作用就是将电能转换为声能，并将声能转换为电能。超声波检测中，根据被测材料的材质、形状不同，检测目的、条件的不同而使用不同类型的探头。

目前国内外使用的超声波探伤装置探头耦合方式主要有：接触耦合式、滚轮耦合式、喷水耦合式三种。国内各钢厂对钢轨进行探伤，普遍采用接触耦合式超声波探伤装置。接触耦合方式存在固有缺点，就是接触部件要磨损，另外存在探测盲区，但是也有其他耦合方式不具备的优点。在所有耦合方式中，只有接触式耦合使探头离钢轨最近，可以减少能量损耗，提高信噪比，有利于提高探测精度，特别是可以探测接近钢轨表面的缺陷。滚轮耦合式超声波探伤装置，是将探头和耦合剂装在胶轮里，让胶轮在被测件表面上滚动进行耦合。因橡胶轮很容易被划伤，滚轮耦合式超声波探伤装置大多用于钢管探伤，对形状比较复杂的钢轨探伤，很少采用这种探伤装置，这种探伤装置也存在检测盲区。喷水耦合式超声波探伤装置是探头不与钢轨接触，利用探头与钢轨表面之间喷射的水柱实现耦合。对于这种探伤装置，要保证喷射的水内没有空气，喷头与钢轨之间的距离波动不大，才能够得到稳定可靠的检测质量。这种方式的主要优点是没有检测盲区;缺点是探头离钢轨较远,超声波能量损耗大,需要用很高信噪比的探头才能满足检测要求。

试块:按一定用途设计制作的具有简单形状人工反射体的试件,用于测试和校验检测仪及探头的性能,确定和校验检测灵敏度,评价缺陷大小以及调节检测范围等。为确保检测精度和可靠性,每次检测前都要用标准人工试样校对仪器灵敏度。

B 超声波探伤的应用

超声波探伤是近30年来发展起来的一种高效无损探伤法。它既可检测钢轨局部内部质量情况,也可检测钢轨全断面和全长内部质量情况。它能发现和定位存在于钢轨内部的各种冶金缺陷,如白点、夹杂、气孔等。

在工业发达国家中,德国 K. K. 公司的钢轨超声波探伤技术比较先进,具有代表性。该公司的钢轨探伤方法采用脉冲反射法,探头采用直接接触式和水浸法的喷水方式。其钢轨探伤装置共采用了20个探头进行检测,检测过程实现数字化、自动化、智能化。

美国 DAPCO 公司采用水浸法的滚轮式超声波探伤,采用滚轮换能器(包括一个用加压耦合流体添满的塑料滚圈、滚动轴、压电晶片)。超声波检测时,滚圈在钢轨上滚动并且保持钢轨与换能器之间的连续耦合。该装置稳定可靠,对环境条件无特殊要求;缺点是检测钢轨盲区较大,钢轨表面质量影响检测精度。

英国 UNICORN 公司研制的超声波探伤系统,采用多通道运行优化设计,系统支持多于128个通道,所有通道都能以最大重复频率30 kHz运行而不相互干扰。该系统主要部分超声波电路板上的处理器是一个有208个插针的 FPGA(现场可编程门阵列电路)芯片,包含10万个门电路,所有的脉冲发生放大器增益、门位、门限等都由芯片直接控制。通过 VHDL 语言编程,能够在线再编程,实现在互联网上修改。线路板上的主放大器能够满足高分辨率 TVG(时间变化增益)的响应要求。在 FPGA 的控制下,放大器根据指定的特征曲线,在时间间隔小于50 ns的范围内,能够在80 dB的全范围内进行调节,这就允许在一个宽的不同的应用范围内进行精度控制,包括用于消除重轨厚度不同产生回波衰减差异的距离波幅补偿。

我国自动化在线超声波检测技术研究由于起步较晚,检测设备的总体水平较为落后。20世纪70年代前,钢轨出厂前的内部质量是通过抽取试样做金相酸洗低倍组织的分析,评定缺陷的级别,达到控制钢轨出厂质量的目的。这种方法易造成漏判和误判,且效率低,难以保证钢轨的内部质量。20世纪80年代初针对当时国内普通钢轨设计制造了一套半自动探伤机械。探头布置为轨头侧、轨腰、轨底各一个,通过人工观察和简单的声音报警对钢轨检测结果进行判断。探头起落架控制采用较为简单的继电器与接近开关组成,造成钢轨端头无法探伤盲区达500 mm以上。

现在使用的在线超声波探伤装置,检测速度可达0.7~1.5 m/s,其准确率至少可达95%以上。现在世界上钢轨生产企业已全部采用超声波探伤技术检测钢轨内部质量,所使用探伤仪均为多探头型,主要有6个探头、12个探头和24个探头几种。这几种探伤仪的主要区别是探伤盲区大小不同,探头越多其盲区越小,采用激波探头也能减少盲区。这种探伤装置如图3-86、图3-87所示。20世纪80年代末又开发成功一种多探头齐线探伤装置,其轨头、轨腰采用一组探头,轨底采用一种带转轮的探头,整个系统采用计算机进行过程管理和数据处理。

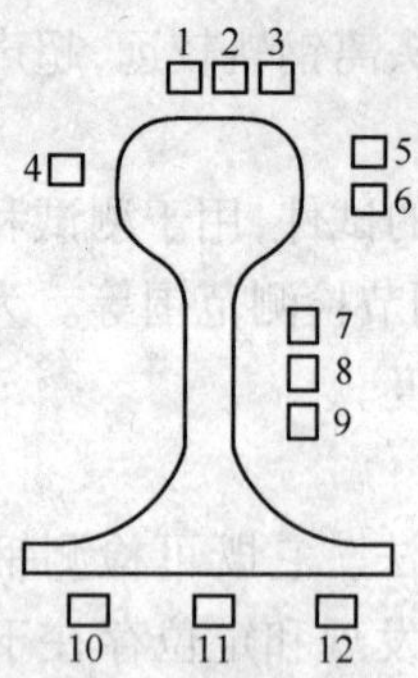

图 3－86　12 个探头的探伤仪

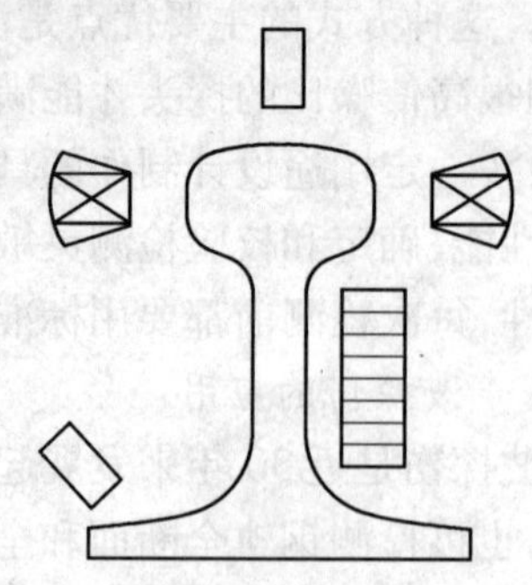

图 3－87　24 个探头的探伤仪

3.5.2　钢轨的平直度检测

平直度是衡量高速铁路（不小于 200 km/h）钢轨实物质量的核心指标之一，它直接影响列车运行速度、安全性及旅客乘坐时的舒适性。因此，世界各国对高速铁路钢轨的平直度要求特别严格。对于钢轨平直度的测量方面，国外著名钢轨生产厂德国蒂森（Thysen）、法国萨西诺（Sogerail）、波兰卡特维兹（Kasowice）等均采用激光平直度仪进行测量；而国内各钢轨生产厂多年来一直采用人工靠尺法测量，其测量长度（测量长度不大于 1.5 m）和测量精度已经无法满足高速铁路对钢轨 3 m 平直度的测量要求。

为了满足高速铁路建设对高平直度钢轨的需求，我国也在积极引进这些先进的测试技术和设备。如攀钢于 2001 年率先从法国引进了一套 GEISMAR 激光平直度仪用于高速铁路钢轨生产，为大批量生产高速铁路钢轨提供了良好的条件。

3.5.2.1　激光平直度仪测量原理

激光平直度仪的测量原理属于激光测距法，如图 3－88 所示。测量开始时，钢轨静止不动，激光发生器发出激光束射向钢轨轨头上表面，当激光束遇到钢轨表面时产生反射，反射光经透镜聚焦后照射到探测器上，然后根据反射光在探测器上的位置计算出激光头与钢轨表面之间的距离。

当激光头沿导向机构从左向右运动时，便可以测量出钢轨若干个不同位置激光头与钢轨表面之间的距离，然后对测量数据进行处理，从而获得与钢轨表面形状相一致的曲线并显示在操作屏幕上，供操作人员使用，如图 3－89 所示。

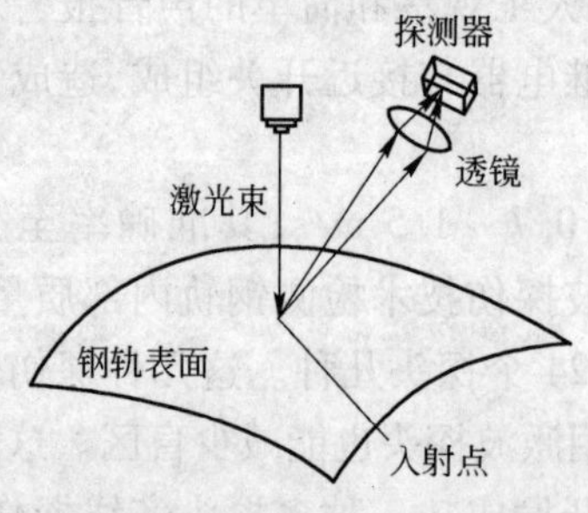

图 3－88　激光测距原理示意图

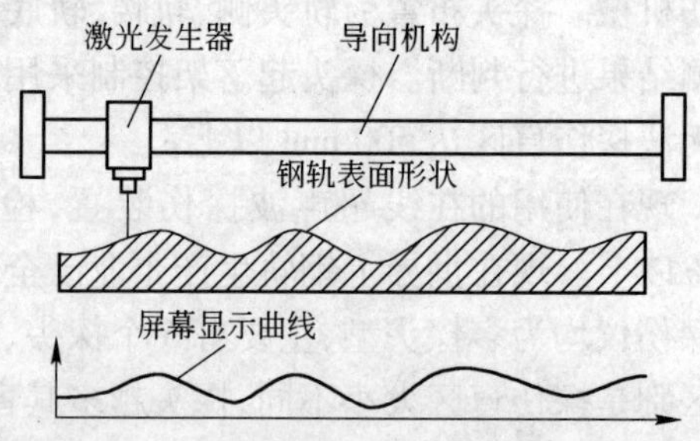

图 3－89　激光平直度仪实际测量过程

3.5.2.2 激光平直度仪在钢轨生产中的应用

A 测量钢轨端部平直度

激光平直度仪用于钢轨端部平直度的测量,完全实现了钢轨测量位置的自动定位,不需人工干预。当完成钢轨自动定位后,操作人员便可以启动测量程序对钢轨端部平直度进行测量。测量完毕后,钢轨实际平直度状况以曲线形式显示在操作屏幕上。操作人员根据测量曲线人工判断钢轨平直度是否满足高速铁路钢轨标准。若平直度超出标准要求,便可以立即利用与激光平直度仪配套的双向液压矫直机对不合格的部位进行补充矫直,从而达到提高钢轨平直度的目的。

B 检查钢轨中央平直度

高速铁路钢轨的中央平直度需要按照不大于0.4 mm/3 m的标准来检查和验收,而一般的测量方法根本无法满足它对测量精度的要求。因此,完全依靠此激光平直度仪对钢轨中央平直度进行检查和验收。

C 指导调整矫直工艺参数

提高钢轨平直度的关键工艺环节是钢轨的矫直过程,而矫直工艺参数设定是否合理直接影响到矫直后钢轨的平直度。在以往的钢轨生产中,操作人员完全依靠肉眼观察矫直后的钢轨平直度状况,然后根据观察结果调整矫直工艺参数,因此,矫直后钢轨平直度容易受到操作人员人为因素的影响,波动较大。而引进该激光平直度仪后,矫直后的钢轨平直度立即可以显示出来,操作人员便可以根据测量结果合理调整矫直工艺参数,从而提高了矫直后的钢轨平直度。

3.5.3 钢轨残余应力检测

随着铁路运输业向重载、高速方向发展,铁路部门对钢轨质量的要求越来越高,尤其是安全性能方面更为突出。列车在运行过程中作用于钢轨的外力相当复杂,致使钢轨的内应力也变得十分复杂,钢轨的失效分析中常常会出现其化学成分、力学性能、金相组织、低倍组织等指标都符合钢轨供货技术条件,使用条件也无异常,却发生钢轨异常断裂的情况,这使得世界各国铁路研究人员越来越关注这种断裂现象。

近年来的研究表明,钢轨的残余应力已经成为影响钢轨断裂力学性能指标的重要因素。不论是使用中产生的残余应力还是在轧制、冷却和矫直过程中产生的残余应力都可能导致钢轨进入失效状态。钢轨中的残余应力对疲劳强度有重要的影响,钢轨在列车载荷的反复作用下出现交变应力,这种交变应力与原始残余应力叠加,加之路基条件的不同,环境气候、温度湿度的变化,钢轨内部微观存在的微小裂纹在这种交变应力的存在下形成疲劳源,并逐渐发展成为核伤,最终导致断裂。

钢轨轨底不合理的残余应力可导致早期破坏,直接影响行车安全。在2000年以前国内外主要钢轨标准中对此均无明确要求。随着高速铁路的发展,为了确保铁路运输的安全、可靠,对钢轨轨底残余应力已有明确的规定。EN铁路用钢轨标准要求轨底残余应力不大于250 MPa。而铁科院提出的时速200 km/h客运专线用60 kg/m钢轨技术条件中,明确提出钢轨轨底最大残余应力不大于198 MPa。因此了解钢轨残余应力的产生和其对钢轨性能的影响是非常必要的。

目前关于钢轨残余应力的研究有三个组成部分。一是对轨头残余应力的研究,通过实测或数模计算分析在线钢轨在轮轨接触应力作用下,钢轨轨头应力分布状态以及最大应力值和其出现的位置,分析钢轨轨头核伤或剥离掉块等伤损形成的条件,特别是当钢轨的强度增加、磨耗寿命增加以后,对这种伤损形式的研究更为重要。二是对轨腰残余应力的研究,由于在线路上出现的钢轨突然性沿轨腰长度方向碎裂,这个应力场来源可能是钢轨在碎裂前的瞬时,其内部裂纹尖端应力场受外加应力与残余应力的综合作用,致使钢轨突然断裂。三是对轨底残余应力的研究,由于轧态钢轨的典型应力分布是轨头、轨底为残余拉应力,轨腰为残余压应力,而钢轨在工作位置时是轨底承受最大拉应力,当拉应力超过某一极限值时将引起钢轨断裂。因此,不少标准中将某一数值的轨底残余应力规定为产品的验收依据。分析钢轨中残余应力的成因,研究和测定残余应力,确定钢轨残余应力的影响因素就显得至关重要。

3.5.3.1　钢轨中残余应力的形成

钢轨中的残余应力是弹性应力,它可以达到的最大值是材料的弹性极限。钢轨中残余应力来源于两个方面:一方面是在钢轨的生产过程中形成的;另一方面是在钢轨的使用过程中形成的。

钢轨在生产过程中,要经过轧制、冷却、矫直等工艺。热轧钢轨在冷床上缓慢冷却时,由于钢轨外表面和内部的冷却速度不同所引起的温度梯度以及微观组织发生转变,产生很大的热应力和相变应力。同时,由于钢轨断面形状复杂,在冷却时轨腰和轨底边缘具有最快的冷却速度,轨头的冷却速度最慢,会使钢轨产生更大的残余应力和更大的畸变。图 3 – 90*a* 为 U74 钢轨缓冷后残余应力的分布状态,其轨头中部为压应力,轨腰中部为拉应力,轨底中部为拉应力。

钢轨在轧制冷却后的矫直有三种方法:(1)压力矫直;(2)拉伸矫直;(3)辊式矫直。压力矫直是对钢轨局部矫直,很难达到钢轨平直度的要求,但可以在辊式矫直后对轨端矫直。拉伸矫直可使钢轨沿纵向产生均匀的残余应力,而且所产生的残余应力很小。但由于设备问题及矫直操作难度大,这种方法仍处于试验阶段。辊式矫直是目前国内外广泛采用的矫直方法,这种矫直方法使钢轨沿纵向产生均匀的残余应力分布(距轨端 0.5 m 范围内除外),即将钢轨不同断面内的纵向残余应力分布看作是相同的。辊式矫直机一般为 6 ~ 9 辊。这种矫直方法使钢轨产生残余应力的过程是:钢轨在矫直辊巨大的弯曲应力、剪切应力和接触应力的作用下产生非均匀的塑性变形,轨头和轨底横向伸长,纵向变短,而轨腰相对于矫直前变长,因此在轨头和轨底产生纵向拉伸应力,轨腰产生纵向压缩应力,其残余应力状态如图 3 – 90*b* 所示。

钢轨内部残余应力是在生产过程中,钢轨冷却、相变产生的应力和钢轨矫直产生的应力相叠加的结果。但是钢轨残余应力的大小除受钢轨冷却和矫直工艺影响外,还受钢轨材质、轨型的影响。据文献[95]报道,在不同材质的钢轨中,钢轨矫直后轨底中心的残余应力的大小随着钢轨强度的增加而增加;同材质不同轨型的钢轨矫直后轨底中心的残余应力的大小随着钢轨截面尺寸的增加而增加。同为 60 kg/m 钢轨,材质为 BNbRe 的钢轨矫直后残余应力较 U71Mn 钢轨高 36.6 MPa。材质均为 BNbRe,75 kg/m 钢轨矫直后轨底中心的残余应力较 60 kg/m 钢轨高 29.8 MPa。

3.5.3.2　残余应力的检测方法

钢轨残余应力的测量从采用的方法与设备上主要分为两类:一是破坏性测量法,包括锯切法、钻孔法、开槽法；二是非破坏性测量法（无损检测），包括 X 射线性、超声波法、磁弹性法、中子衍射法等。前一种方法通常用于残余应力特征的研究、残余应力图的测定以及新轨的残余应力分析；后一种方法除了可进行上述研究以外，还可进行钢轨在线应力的测量。

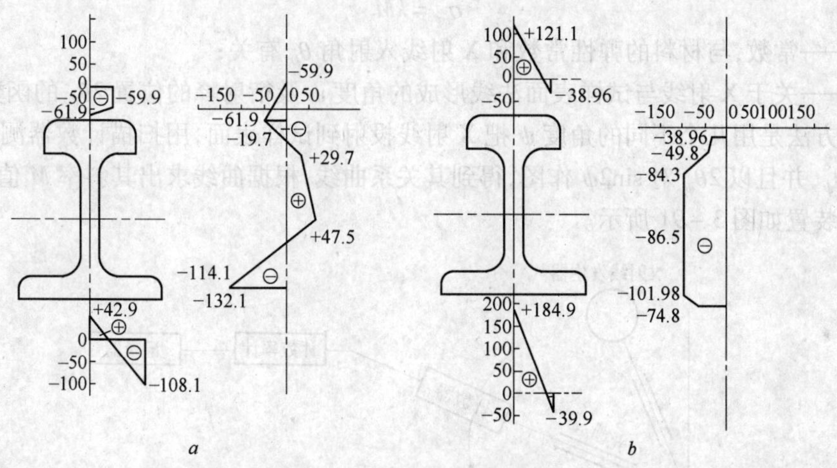

图 3-90　U74 60 kg/m 钢轨的残余应力分布

a—矫直前；*b*—矫直后

A　破坏性应力测量法

破坏性应力测量法是采用机械方法把含有残余应力的工件一部分分离掉，残余应力将被释放掉一部分，零件内的应力就发生重新分布并引起了变形。若将这种变形测量出来，再利用弹性理论进行处理，即可推算出残余应力值，一般常用应变片采集分离前后的应变变化。

a　锯切法

用砂轮将钢轨待测表面所测点处打磨出一平整区域（可容纳所贴应变片），然后再用细砂纸将此区域打磨光滑，并用酒精擦拭干净。在应变片的片基上涂胶贴于待测点处，并用导线与应变仪信号线连接，所有连接点均保持牢靠之后，即可打开应变仪进行初次原始值的测量。初次测量之后，将试样按标准要求宽度进行切割，切割过程不得损害应变片，切割完后，再将应变片与应变仪信号线连接好，打开应变仪测量应变量，最后根据弹性理论计算残余应力值。

b　钻孔法、开槽法

钻孔法、开槽法与锯切法测量原理一样，也是采用电阻应变片测量工件应力释放前后的应变。采用这种方法是由于被测物体整体不允许被破坏或不易搬动，只是采用局部破坏——钻孔、开槽（不会大大地损害工件的使用寿命）的方法进行测量。

B　非破坏性应力测量法

残余应力影响到材料的物理性质，测量这些物理性质的变化同样能反馈应力的分布和大小。这些物理参数包括晶面间距、热容、磁性等。具体测定方法包括 X 射线法、超声波法、磁弹性法、中子衍射法等。

a　X 射线法

X 射线法测量原理是利用晶体受弹性应变时，晶面间距发生改变，造成衍射线条发生位移,根据位移的大小来计算应变的数值。含有宏观残余应力的物体,在较小的体积范围内(例如厘米级)的弹性应变大体上是均匀的。同时,物体的表面没有三轴应力,最多是平面应力状态,通过几何关系,运用虎克定律和布拉格方程得出:

$$\sigma_x = kM$$

式中　k——常数,与材料的弹性常数和 X 射线入射角 θ_0 有关;

M——关于 X 射线与试样表面法线形成的角度 ψ 及衍射峰的位置 $2\theta_\psi$ 的函数。

测量方法是用几个不同的角度 ψ 把 X 射线投射到试样表面,用扫描计数器测出衍射峰的位置 $2\theta_\psi$,并且以 $2\theta_\psi$ 对 $\sin 2\psi$ 作图,得到其关系曲线,根据曲线求出其斜率 M 值。X 射线应力测定装置如图 3－91 所示。

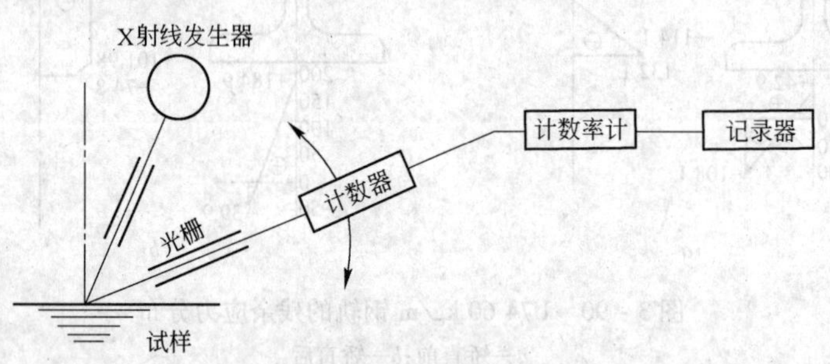

图 3－91　X 射线应力测定装置

随着拉应力的增加,在拉应力方向声波的传播速度减小,声波的传播时间增加;随着压应力的增加,声波的传播速度增加,传播时间减少。

X 射线法测量残余应力的最大好处是"无损",不必破坏被测工件,目前已经生产出可以在现场快速检测仪器。其次,它是一种微区域的应力测量方法,X 射线只能穿透物体表面很薄的一层,测量的面积也只有几平方毫米,适用于有应力梯度的物体表面,严格来讲这种方法测出的是表面层的应力。再者,X 射线测量的是弹性应变,它是根据晶面间距的变化来测定的,假若发生了塑性变形,晶面间距不会发生变化,就不会引起衍射线条的位移,这种方法就无法测出。而其他应变测量方法得到的结果是弹性应变和塑性应变之和。

b　超声波应力测量法

超声波测量残余应力的原理是根据 Hughes 与 Kelly 的研究结果,利用声的传播速度与应力之间存在线性关系,如下式:

$$\frac{v - v_0}{v_0} = \frac{t - t_0}{t_0}\beta\sigma$$

式中　v_0、v——在无残余应力与有残余应力条件下波在材料中的传播速度;

t_0、t——相应的波的传播时间;

β——材料的声弹常数,由传播方向、极化方向和应力决定;

σ——单向应力。

研究表明,随着拉应力的增加,在拉应力方向声波的传播速度减小,声波的传播时间增加;随着压应力的增加,声波的传播速度增加,传播时间减少。

超声波测量法有以下特点:

(1) 钢轨表面需进行处理,比如除锈,以保证探头与被测表面有良好的耦合度,以便得到精确的测量结果。

(2) 试验前的设备标定受试样本身影响,因为工件应力释放的不完全,可能会出现钢的结构与弹性特征的改变。

(3) 在线测量时,钢轨运行表面产生的一个塑性变形层,会影响超声波的传播,因此被测应力也会发生变化,此时应用探头测量轨头两侧与轨腰或轨底应力变化。

(4) 它和 X 射线法不同,测量出的是物体内的平均应力。

c 磁弹性测量方法

磁弹性应力测定是建立在巴克豪森噪信(Barkhausen Noise,简记 BN)强度测量基础上的一种无损检测方法。就铁磁材料而言,它是由许多不同取向的小磁畴组成的,在无外界因素作用时每个磁畴沿其易极化的晶体方向取向,其总体磁化效果为零。

各磁畴之间由一个被称为畴壁的边界分开,按磁畴壁两侧(磁畴)磁矩方向所成的角度分为 180°畴壁和 90°畴壁。实际上由于材料内部存在空隙、位错、非金属夹杂等因素,常使磁畴结构复杂化,并且阻碍磁畴壁运动。在外加交变磁场的作用下,这种阻碍在磁化的初期表现为可逆的,随着磁场的增加,磁畴壁的进一步运动就要越过缺陷等引起的势垒,这将会由一系列突变的、阶跃式的不可逆运动组成,即巴克豪森跳跃。每一巴氏跳跃在铁磁材料表面的探测线圈内感应一个电压脉冲和噪声,一个周期内磁化过程中所有的电脉冲聚集到一起就形成了巴氏噪信。巴氏噪信的强度可由整个周期内噪声电压的均方值表示,记为 MP。

巴氏噪信来自于 180°磁畴的不可逆运动、90°磁畴的不可逆运动和磁化矢量的不可逆运动。试验发现,巴氏噪信强度除与接收线圈的匝数及不可磁化过程中每一台阶的磁变化量有关以外,还强烈地依赖于铁磁材料的显微组织、晶粒度、热处理状态、相含量和内应力状态等,当其他因素相对固定而且外加交变磁场与应力方向一致时,试样上的拉应力越大,则巴氏噪信的信号强度越高;若压应力越大,巴氏噪信的强度越低。利用铁磁材料的这个特性,通过测量巴氏噪信的信号强度,就可以推算试样中应力的大小。图 3-92 表示了不同应力状态下的磁滞回线与巴氏噪信的关系。

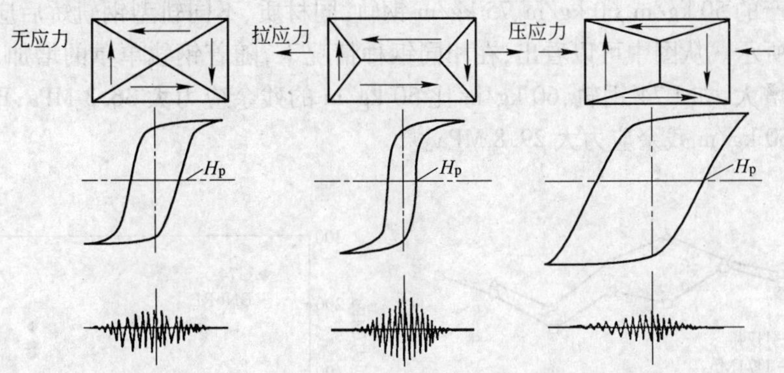

图 3-92 不同应力状态下的磁滞回线与巴氏噪信的关系

磁弹性测量方法快速、方便,但该技术只能测试物体的表面应力状态,且深度较浅,对金属材料微观组织中的磁畴及物体的表面处理状态比较敏感;其次,需利用与被测物体组织结构相同或近似相同的试样进行标定;再者,它只用于铁磁体。就测量应力结果来说,同超声波法一样,测量出的也是物体内的平均应力。

d　中子衍射法

中子衍射法是通过测量中子束的衰减而进行的无损测量方法，其原理如图 3 - 93 所示。

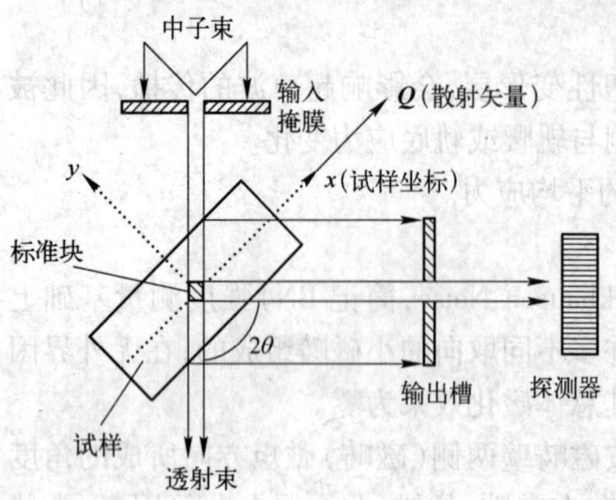

图 3 - 93　中子衍射法无损测量原理图

理论上讲，中子衍射法测量可以在任意点与任意方向被重复，实际应用限制在薄薄的样品截面，如用来解决钢轨长度方向的在线应力测定问题。测量结果可以是三维的，可以是轨头轮廓的，也可以是截面中心线的。测量数据能够描述钢轨中残余应力的细微分布，这些都是其他方法无法获取的。

3.5.3.3　轨底残余应力的影响因素

钢轨经过轧制、缓冷、矫直等生产工序，在其交付使用的成品钢轨中会存在残余应力。随着铁路的迅速发展，尤其是高速铁路线的发展，钢轨内部残余应力的分布状态已引起科研人员的高度重视，只有仔细研究影响残余应力的各种因素，才能更有效地控制成品钢轨的残余应力值，以满足铁路部门的要求。

A　钢种对矫后轨底中心残余应力的影响

U74、U71Mn 及 BNbRE3 个钢号的抗拉强度分别为 960 MPa、978 MPa 和 1032 MPa。矫直后轨底中心残留应力变化见图 3 - 94。

化学成分的差别使热轧态钢轨的力学性能分别达到 800 MPa、900 MPa、1000 MPa 级，从图中可知，在钢轨轨型（60 kg/m）与矫直工艺相同情况下，所测的钢轨轨底残余应力平均值分别为 172 MPa（U74）、184.9 MPa（U71Mn）、221.5 MPa（BNbRE），而这三个钢种的平均抗拉强度（屈服强度）分别为 960（510）MPa、978（519.5）MPa 和 1032（539）MPa，说明在相同轨型及矫直工艺下，轨底中心残余应力随着钢轨强度级别的增加而增大。

B　轨型对钢轨矫后轨底中心残余应力的影响

目前生产的 50 kg/m、60 kg/m、75 kg/m 钢轨，同材质、不同轨型钢轨矫后应力变化情况如图 3 - 95 所示。从图中可以看出，在相同钢种情况下，随着钢轨单重的增加，矫后轨底中心残余应力增大，如 U74 钢轨，60 kg/m 比 50 kg/m 的残余应力大 36.3 MPa；BNbRE 钢轨，75 kg/m 比 60 kg/m 残余应力大 29.8 MPa。

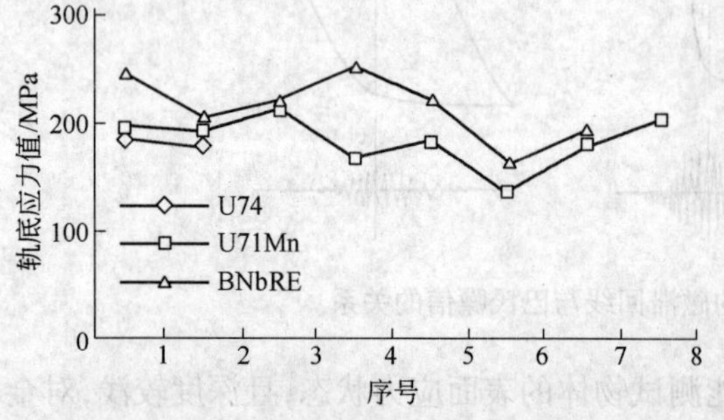

图 3 - 94　不同材质 60 kg/m 钢轨矫后轨底中心残余应力变化

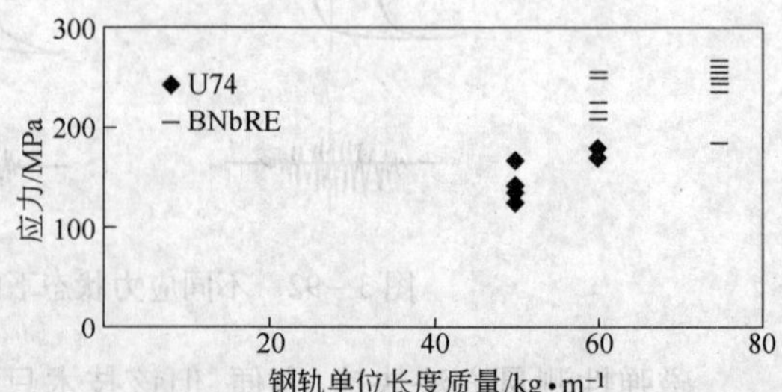

图 3 - 95　同材质、不同轨型钢轨矫后轨底中心残余应力变化

C 冷却条件对钢轨残余应力的影响

钢轨在轧后冷却过程中,由于不均匀冷却,会连续4次反复产生弯曲,最后弯向轨头。经过缓冷和未经缓冷的钢轨具有典型的热应力特征,这种应力分布决定于两个冷却过程的综合作用。一是钢轨各部分的冷却速度差,它又决定于各部分面积与周长的比值;二是各部分中心与表面的冷却速差。

现以轨底为例,开始时,腿尖部位冷却较快,它的收缩受轨底中央约束,但此时金属温度较高而可以产生塑性变形。但当腿尖温度降至室温而坚硬时,它却强烈地妨碍轨底中央金属的收缩,致使轨底中央产生拉应力,而自身产生压应力以保持应力的平衡。

实验测定表明,对60 kg/m钢轨不论经过缓冷与否,矫前残余应力都不大,轨头应力最小且均匀,踏面为压应力,其值在20 MPa以内,轨底中央最大拉应力为61 MPa,腿尖产生最大压应力为93 MPa。应该指出,钢轨经过缓冷后,其总残余应力水平较未经缓冷的低39%,而且分布较均匀。

D 矫直工艺对钢轨矫后轨底中心残余应力的影响

钢轨的矫直采用6辊水平矫直加7辊立矫直的复合矫直工艺,实验测试表明,仅改变6辊水平矫直机的上1号辊的压下量,在矫直过程中,随1号辊压下量的增加,轨底中心残余应力也增大,且幅度较大。如压下量为16 mm、17 mm和18 mm时,残余应力值分别为173 MPa、205 MPa和234 MPa,如图3-96所示。

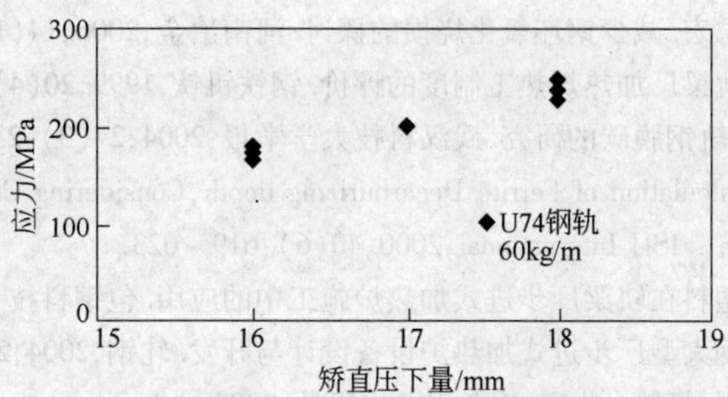

图3-96 不同矫直工艺下残余应力变化

参考文献

[1] 余志祥.大型转炉炼钢新技术系统开发、创新与应用.中国冶金,2003,64(3):6.

[2] 董志洪.21世纪钢轨钢的展望.钢铁,1999,34(8):73.

[3] 王承宽,王勇,李中金.我国转炉炼钢技术的发展.炼钢,2002,18(5):56.

[4] 戴云阁,李文秀.现代转炉炼钢.沈阳:东北大学出版社,1998.

[5] 张永智,郑颖.转炉冶炼钢轨钢技术操作控制及效果.宝钢科技,2004,30(4):24

[6] 赵沛.炉外精炼及铁水预处理实用技术手册.北京:冶金工业出版社,2004

[7] 王仪康,李培基.钢轨钢除氢工艺探讨.1993,28(1):57.

[8] 刘川汉.钢轨钢炉外精炼.炼钢,2000,16(3):56.

[9] 周壹平,严学模,战东平,张慧书,戴云阁,等.我国钢轨钢冶炼技术的发展.材料与冶金学报,2004,13(12):83~89.

[10] 陈永,李桂军,荀淑云.提高钢轨钢连铸大方坯质量的技术.钢铁钒钛,2002,23(4):41~45.

[11] 李永宽,黄进春,张文玲等.鞍钢一炼钢大方坯连铸机.重型机械,2000,(6);4~6.

[12] 吴铿,梁志刚. VD 脱氢前钢轨钢液中氢含量变化. 2000,35(11):19 ~ 22.
[13] 白月琴,智建国,刘平. 优化转炉冶炼工艺研究. 包钢科技,2006,32:21 ~ 24.
[14] 徐曾啓. 炉外精炼. 北京:冶金工业出版社,2003.
[15] 刘炳宇,刘昆华. 转炉—连铸工艺生产钢轨钢的实践. 武钢技术,2002,40(1):9 ~ 13.
[16] 周清跃. 法国高速铁路用钢轨的生产技术及国内存在的差距. 钢铁,2002,37(8):74.
[17] Chang Hee-yin, et al. The Control of Internal Quality by the Reduction of Bloom with Liquid Cord. Steelmaking Conference Proceedings,1998:309 ~ 313.
[18] 卢盛意. 连铸坯质量. 北京:冶金工业出版社,2000:122 ~ 152.
[19] 魏军,等. 炼钢—精炼—连铸工序生产高碳钢的质量控制. 炼钢,2000,(3):46 ~ 51.
[20] 毛敬华. 连铸钢轨钢的质量控制. 钢铁技术,2001,(5):5 ~ 8.
[21] 吴铿,梁志刚. 包钢 VD 真空脱氢的工艺参数. 化工冶金,2000,21(4):426.
[22] 李永宽,黄进春,等. 鞍钢一炼钢大方坯连铸机. 重型机械,2000,(6):4.
[23] 刘彩玲,于广民,等. 鞍钢 1 号、2 号大方坯连铸机的特点及新钢种的生产开发. 重型机械,2002,(4):8.
[24] 张亚东,毛敬华. 攀钢大方坯连铸机设计特点与装备水平. 河南冶金,2006,14(增刊):176.
[25] 吉玉,袁伟履,等. 连铸钢轨钢的生产工艺及产品性能. 炼钢,2003,19(5):18.
[26] 陈永,孙浩,等. 钢轨钢坯加热工艺优化研究. 钢铁,2002,37(9):54.
[27] 董志洪. 世界 H 型钢与钢轨生产技术. 北京:冶金工业出版社,1999:233 ~ 268.
[28] 邓伟,张宇. 钢坯氧化烧损影响因素试验研究. 冶金能源,2006,25(6):39.
[29] 高建舟,徐玉军,冀志宏. 减少钢坯氧化烧损的探讨. 河南冶金,2006,14(1):25.
[30] 陈永,裴有才. 攀钢轨梁厂加热炉热工制度的评价. 钢铁钒钛,1999,20(4):59.
[31] 黄灿,杭乃勤,等. 钢轨钢脱碳的研究. 武汉科技大学学报,2004,27(3):234.
[32] Masahiro Nomura. Calculation of Ferrite Decarburizing depth, Considering Chemical Composition of Steel and Heating Condition . ISIJ International,2000,40(6):619 ~ 623.
[33] 王晓刚,任雪山. 可塑料在轨梁厂步进式加热炉施工中的应用. 包钢科技,2006,32(1):79.
[34] 张莉芬,任树忠. 鞍钢大型厂步进式加热炉设备设计与开发. 轧钢,2004,21(4):29.
[35] 董志洪. 高技术铁路与钢轨. 北京:冶金工业出版社,2003.
[36] 周建华. 高速铁路钢轨尺寸精度、平直度及残余应力控制的研究[学位论文]. 沈阳:东北大学,2008.
[37] 杜斌,贾照威. 短流程钢轨生产工艺在鞍钢大型厂的应用. 中国冶金,2004,(7):11.
[38] 张旭,贾启超,闫政泰. 鞍钢大型钢坯连轧作业线的设计特点. 轧钢,2001,18(4):47.
[39] 张龙华,毕恩复,宋文宇. 钢轨矫直技术的发展及其在鞍钢钢轨生产中的应用. 鞍钢技术,2004,(2):36.
[40] 孙浩. 攀钢万能轧机生产钢轨工艺装备及技术优势. 四川冶金,2005,27(3):25 ~ 27.
[41] 马换珍,杨波,葛鲁静. 包钢钢联轨梁厂钢轨精整生产线改造简介. 包钢科技,2003,29(2):20.
[42] 中岛浩卫. 型钢轧制技术. 北京:冶金工业出版社,2004.
[43] 周剑华,吴迪,赵宪明,林刚. 全万能成品孔型轧制高精度钢轨生产工艺研究. 钢铁研究,2007,35(3):31.
[44] 李佳. 万能法轧制钢轨及其在马钢的应用. 轧钢,1999.(6):38.
[45] 京井勳. 关于大型型钢的轧制. 水曜会志,1977,(9):490 ~ 496.
[46] 孙惠民译. 钢轨的生产方法. 包钢译丛,1993,(2):50 ~ 54.
[47] 吴迪,赵宪明,王永明,等. 用热定径—定向预弯法轧制高精度高平直度钢轨. 钢铁,2000,35(10):37 ~ 39.
[48] 陈亚平,陶功明,张昆吾. 高速铁路用钢轨轧制工艺开发. 四川冶金,2005(5):18.

[49] 李叙生,陶功明,尹银兵. AREA115 钢轨轧制工艺设计. 四川冶金,2000(5):31.
[50] 杨彦宏,张松. 钢轨水平模拟矫直后平直度的分析. 节能技术,2006,24(140):522~523,561.
[51] 张学斌. 客运专线钢轨矫直工艺研究. 四川冶金,2008,30(2):23.
[52] 于凤琴,于辉,杜凤山. 复合钢轨矫直机的矫直力计算. 燕山大学学报,2005,29(5):447.
[53] 周剑华,吴迪,赵宪明. 辊式水平矫直引起的钢轨尺寸变化. 轧钢,2008,25(4):18.
[54] 覃源,田作印,等. 辊式矫直轨高变化及其研究. 轧钢,2000,17(1):26.
[55] 陈岳源,马立忠,易大斌. 钢轨残余应力试验分析. 铁道学报,1982,(4):72~86.
[56] Schleinzer G,Fischer F D. Residual Stresses in New Rails,Mater. Sci. Eng. A ,2000,(288):280~283.
[57] Kelleher J,Prime M B,Buttle D,et al. The Measurement of Residual Stress in Railway Rails by Diffraction and Other Methods. J. Neutron Res. ,2003,11(4):187~193.
[58] Igwemezie J O. Residual Stress and Catastrophic Rail Failure. The fifth international heavy haul railway conference. China. Beijing,1993:256~263.
[59] 张东涛,安天生. 钢轨中的残余应力. 材料工程,2001,19(4):21~23.
[60] 周清跃,詹新伟. 包钢连铸钢轨落锤断裂分析. 中国铁道科学,2003,24(2):101~102.
[61] 李熏. 冶炼过程中钢液含氢量的变化. 东北科学研究学报,1954,4(4).
[62] 伊万钦柯 B A. 钢中白点. 钢的低倍高倍组织检验文集交流会资料,1958.
[63] Лошкарев В Ф. Механизм образования флокенов. Сталь,1952,(2).
[64] Wishart H B,Swanson A N. Methocls of Preverting Statter Craoks or flakes in C-steels. Trans ASM,1939.
[65] Дубовой В Я. Флокены встали Металлургиздат. Москва,1960.
[66] 姚衛熏,等. P43 型重轨轨端高频电流淬火研究. 金属学报,1957,2(1).
[67] Казарновский Д С, Проф Тиховский В А, Кологривов И П. Высокочастотная электрозакалка концов рельсов. Термическая обработкарельсов,1950:150~172.
[68] 国外钢轨资料. 铁道部铁道科学研究院,1971.
[69] Signal Und Schiene,1969,(3):99~102.
[70] 特许公报,昭 32-4702.
[71] 日本八幡制铁株式会社. 产品说明书,1967.
[72] 日本钢管株式会社. 产品说明书,1970.
[73] 日本八幡制铁所. 高周波热处理钢轨. 黑色金属设计总院,1966.
[74] 铁道部铁道科学研究院. 感应加热全长淬火钢轨. 国外钢轨资料,1971.
[75] 王凌,黄红辉. 重轨表面缺陷机器视觉检测的关键技术. 重庆大学学报(自然科学版),2007,30(9):27.
[76] 邹有斌译. 钢轨自动超声波探伤装置的开发. 鞍钢技术,1986,(9):67.
[77] 邹有斌译. 钢轨自动涡流探伤装置的开发. 鞍钢技术,1989,(6):60.
[78] 胡金萍,任建平. 超声波在钢轨探伤中的应用. 山西电子技术,2006,(3):52.
[79] 唐雷. 高质量重轨超声波探伤装置的研制. 云南:昆明理工大学,2006.
[80] 张国勋. 钢轨超声探伤技术的现状与发展趋势. 邢台职业技术学院学报,2000,21(5):48.
[81] 雷大明. 包钢 60 公斤米重轨超声波在线探伤试验、试生产总结. 包钢科技:56.
[82] 王铁楠,刘杰. 超声波探伤仪在高速钢轨检测中的应用. 现代机械,2007,(4):11.
[83] 于石生,梁慧斌,赵阳. 钢轨探伤用超声轮式探头. 哈尔滨工业大学学报,1993,25(6):102.
[84] 雷大朋. 包钢 60 kg/m 重轨在线超声波探伤. 包钢科技,1995,(1):58.
[85] 杨彦宏,张松. 重轨水平模拟矫直后平直度的分析. 节能技术,2006,24(6):522.
[86] 郭华. 激光平直度仪在攀钢钢轨生产中的应用. 冶金设备,2003,(1):62.
[87] 胡晴莽,杜军生,洪晓东. 钢轨平直度测量原理及技术应用探讨. 攀钢技术,2000,(3):67.

[88] Q/BG507—1995(包钢企业标准),铁路用每米60公斤热轧钢轨技术条件.

[89] QB/PH011038—1991、QJ/PG0211038—1991(攀钢企业标准),铁路用每米60公斤热轧钢轨技术条件.

[90] UIC860—1986,国际铁路联盟标准—钢轨供货技术条件.

[91] EN 铁路用钢轨标准.欧洲铁路联盟.包钢轨梁厂译,1997.

[92] 王权,付学义,李智丽.钢轨内残余应力的产生及其危害.金属热处理,2004,29(6):29.

[93] 王权,李春龙,等.钢种、轨型及生产工艺对钢轨矫后残余应力的影响.金属热处理,2002,27,(9):35.

[94] 梁正伟,王权.论钢轨残余应力的测定方法.包钢科技,2002,28(5):8.

[95] 何肇基.金属力学性能试验.北京:冶金工业出版社,1998.

[96] 侯炳麟,周建平,程育仁.用磁声发射原理测量钢轨残余应力.北方交通大学学报,1996,20(5):591.

[97] 张东涛,安天生.钢轨中的残余应力.铁道物资科学管理,2001,19(4):21.

[98] 潘建华.钢轨内残余应力的危害及评价方法.铁道物资科学管理,1997,15(5):33.

[99] 张祖光.钢轨残余应力研究.钢铁,1982,17(6):49.

[100] 陈勇.钢轨三维残余应力测试分析.森林工程,1999,15(6):40.

[101] 陈岳源,马立忠,易大斌.钢轨残余应力试验分析.铁道学报,1982,4(2):72.

[102] 穆恩生,冯玉孚,王吉,宋子濂.AP1 钢轨三维残余应力测量及分析.中国铁道科学,1991,12(1):60.

4 钢轨新钢种开发

4.1 概述

钢轨的生产和使用是一个问题的两个方面，所以人们对钢轨的生产和使用持有两种不同的看法，一种是从生产的角度看；另一种是从使用的角度看，这是互相对立、互相联系的，贯穿于钢轨生产和使用的全部发展过程之中，促使钢轨质量不断提高。

1953 年我国开始大批量生产钢轨，对钢轨的生产和使用都缺乏经验，因而常常相信和生搬了一些外国人的东西，譬如：钢轨的标准、技术条件、化学成分、检查验收制度和使用规范等，很多都是从前苏联搬来的，在生产和使用过程中，逐渐地感到存在很多问题。按照这一套办法生产和使用钢轨，阻碍了我国钢轨质量的提高，对生产和使用都不利。

过去生产钢轨就只管生产，只管按标准把钢轨交给用户，似乎生产钢轨的前提不是使用，而是标准。至于按这样的标准所生产钢轨的使用情况，今后应该怎样不断地改进钢轨质量以适应使用方面不断发展的要求，总觉得是另外一个问题，这当然不利于钢轨的发展和提高。

因此生产厂和用户之间的矛盾往往很尖锐，特别表现在讨论钢轨的标准、技术条件和检查验收等问题的时候，经常发生一些人笼统地提出使用方面的要求，另一些人则强调生产上有困难，互相争执，缺乏共同语言，不容易找到正确的解决办法。在对待钢轨的生产和使用问题上，因为受这一套国外规范的束缚，双方就难以采取实事求是的科学态度，阻碍了对出现的问题应该首先调查研究，进行全面分析，突出重点抓紧解决。忽视了生产是为了使用，生产必须为使用服务的道理，并不断地满足使用方面日益发展的要求。使用上对钢轨的要求就是标准，标准也要随着钢轨生产和使用水平的不断提高而发展，而使用条件的发展又促进钢轨质量不断的提高，这是标准发展的先决条件。

根据多年来各铁路局的反映，碳素钢轨在使用中出现的问题很多，如表面缺陷、裂纹、结疤、分层、螺栓孔裂纹、不耐磨、不耐压、鞍形压溃、掉块剥离等，为了弄清钢轨在使用中的主要问题，曾进行了系统的调查，铁道部和原冶金部各有关单位共同组成了调查小组，选择了钢轨在使用中问题较多的北京、上海、广州、郑州、锦州和沈阳等 6 个铁路局的 23 个地段进行了现场考察，对石太线、京广线、京包线、丰沙线和宝成线进行了钢轨磨耗量的测定。

调查和测定结果表明，钢轨最普遍和严重的问题是不耐磨、不耐压，一般都发生在曲线上，外侧钢轨的侧面磨耗严重，内侧钢轨则普遍压宽，弄清了钢轨在使用中的主要问题，这样就便于集中力量进行解决。经研究后一致认为，钢轨不耐磨、不耐压的主要原因是钢轨强度低，不能满足使用需要。

铁路运输的特点是利用带轮缘的车轮在钢轨上行驶，并引导列车前进。列车作用在车轮上的力有二，一是垂直方向的压力，即列车重量，二是机车牵引作用的水平方向的力。因车轮的踏面带有锥度，列车行驶时，每台车在钢轨上还作往复的蛇行运动，所以钢轨与车轮之间有往复晃动的滑动摩擦，特别是车轮在曲线上行驶时，更因离心力的作用，车轮踏面及轮缘和外轨之间发生较强烈的滑动摩擦，因此钢轨每年都因严重磨耗而大量致废。

钢轨是铁路建筑上的主要材料之一，在铁路上钢轨消耗的金属量最大，同时因轮轨磨损所损失的金属也最多。所以提高钢轨的强度减少其磨损，是铁路上的一个关键问题，对铁路的运用效率及成本影响很大。一般说来，钢轨的耐磨性能与钢轨的强度、硬度直接有关，而钢轨强度、硬度又取决于钢轨的化学成分。碳是增加钢轨强度和硬度最活跃最便宜的元素之一，为此对钢轨的化学成分曾进行了几次调整，自 1954 年以来，钢轨钢的平均碳含量由 0.62% 逐步增加到 0.70%、0.71%、0.74% 和 0.75%，与此同时，钢中的锰含量也略有增加，由 0.60% ~0.90% 增加到 0.70% ~1.0%。世界各国钢轨的生产资料都表明，逐步提高钢轨的强度、硬度和耐磨性能，是钢轨生产发展的趋势。

根据成分分析结果和国外有关标准的规定，英国 1908 年制造的钢轨，碳含量为 0.3%、0.4%，1942 年生产的为 0.66%，以后又改为 0.55% ~0.68%；美国 1913 年制造的钢轨，碳含量为 0.4%，1929 年和 1947 年生产的为 0.77% 和 0.70%，以后又发展为 0.60% ~0.80%；日本 1903 年制造的钢轨，碳含量为 0.39%，1943 年为 0.65%，以后为 0.67% ~0.75%；法国和西欧铁联所制造的钢轨碳含量为 0.45% ~0.55%，锰含量为 0.8% ~1.2%。这表明钢轨的发展趋势是，逐步提高其碳含量，并相应增加锰含量，以提高其强度、硬度和耐磨性能。

我国制造的普通碳素钢轨碳含量为 0.67% ~0.80%，锰含量为 0.70% ~1.0%，硅含量为 0.13% ~0.28%，磷硫含量不超过 0.04%。使用结果说明，这样的钢轨在那些货运强度大的主要干线，或其他线路曲率半径较小的弯道上，不能满足使用需要。例如石太线和矿山专用线，货运强度大曲率半径较小的弯道上的钢轨，寿命最短只有 2 年左右，就因严重磨耗而致废，轨头侧面的最大磨耗为每年 24 mm。随着我国建设事业的日益发展，铁路运输效率增加，货运强度增大，行车速度加快和机车轴重的增加，以及内燃机车和电力机车的出现，对钢轨的使用性能提出了更高的要求。

由钢轨的使用条件所决定，在研究提高钢轨耐磨性能的同时，还必须保持钢轨具有足够的冲击韧性和疲劳性能，在室温下，钢轨的冲击韧性不应低于 9.8 J/cm^2。由于钢轨是在野外大气下使用的，钢轨的冷脆温度应慎重考虑。

因此，不能继续依靠提高碳含量来改善钢轨的使用性能，因为绝大部分钢轨是在轧制状态下使用的，钢内的碳含量不应超过共析浓度 0.83%，钢内碳、锰、硅等合金元素的综合作用，不应超过钢的共析浓度，否则在钢的晶粒边界将析出碳化物，促使钢轨变脆，损害其冲击韧性和疲劳性能，降低其使用价值。

合金钢轨的强度和硬度高，疲劳性能好，冲击韧性也令人满意。例如，碳素钢轨的断裂强度在 785 MPa 以上，屈服强度为 441 MPa 左右，硬度为 HB220 ~260，伸长率为 10% 以上，在室温下，冲击韧性为 9.8 ~19.6 J/cm^2；合金钢轨的断裂强度一般都大于 902 MPa，屈服强度为 539 MPa 以上，硬度约为 HB270，伸长率为 9.5% ~22.0%，冲击韧性为 9.8 ~19.6 J/cm^2。这表明合金钢轨的耐磨性好，铺设在弯道地区具有显著的优越性，所以合金钢轨在世界各国都普遍得到了发展。

前苏联研究了合金钢轨及其热处理，美国于 1964 年透露声称高硅钢轨为专利，这表明美、前苏联对合金钢轨进行了积极的研究。因此为满足我国交通运输业日益发展的需要，必须组织生产和使用部门的技术力量，积极地研究和制造适合于我们具体情况的合金钢轨。

各国发展合金钢轨的依据，主要是结合本国富有资源情况进行研究和制造。硅、锰是我国的富有矿藏资源，所以研究制造以硅、锰为基础的合金钢轨系统，制造和广泛使用中锰和高硅钢轨，是我们自力更生走自己道路的方向。

碳素钢轨通常锰含量为0.70%～1.0%，硅含量为0.13%～0.28%，硅、锰作为合金元素加入钢内时，可以剧烈地使其强化。硅、锰都固溶于铁素体而引起晶格畸变，由于加入硅、锰等合金元素的作用，钢的各项性能则相应发生了变化，强化钢的结构，增加其强度、硬度，同时钢轨的热处理参数也有所变更。

加入锰的作用是，一部分锰与碳生成Mn_3C，碳化锰比碳化铁更稳定和坚固。在钢中碳化锰不单独存在，一般呈$(FeMn)_3C$型的复合碳化物，在这种碳化物中，锰的原子和铁原子可以互相代替，其余的大部分锰则固溶于铁素体之中，并促其强化。钢中加入锰可使珠光体中碳的浓度降低，使共析点S向左移，共析浓度的碳降低。研究结果表明，钢中加入1%的锰，可使珠光体中碳的浓度降低0.05%～0.06%，碳含量相同的条件下，钢轨钢中加入锰可促使珠光体所占的比例增加，增强了钢的强度和硬度。钢中加入锰还促使铁的γ固溶区扩大，使A_3点下降，A_4点升高。

由于锰的影响，珠光体钢的转变温度Ac_1和Ar_1之间的滞后现象将显著增加。锰能增加奥氏体的稳定性和过冷程度，显著降低临界淬火速度，临界淬火速度的变小，增加了钢的淬透性能。

锰具有增大奥氏体晶粒长大的倾向，因此在加热过程中，含锰的钢质变形阻力较大，在加热操作方面，应选择适当低的加热温度和适宜的保温时间。

钢轨钢中加入硅的作用是，硅固溶于铁素体之中，并剧烈地使其强化，硅在钢轨钢中不形成碳化物。硅降低珠光体中碳的浓度和奥氏体中碳的极限溶解度，促使S点和E点向左移，在碳含量相同时，钢轨钢内加入硅，则珠光体所占之比例增加，强化钢的结构。钢中加入硅，可使A_4点降低，A_3点升高，铁的γ固溶区缩小，这与锰的作用恰恰相反。

加入硅可提高钢轨的临界点，并增大其滞后。研究结果表明，在碳含量为0.4%的碳素钢中，加入硅1.0%可使A_3点升高40～50℃，A_1点升高15～20℃。硅是钢中最强烈的石墨化促成元素之一，它降低钢中碳化物的稳定性，特别是降低Fe_3C的稳定性。硅促使珠光体的孕育期增长，使奥氏体的过冷能力加大，并促使C曲线最小稳定区向上移动。硅含量在1.5%以下时，提高钢中的硅含量，能降低钢轨的临界淬火速度。如果硅含量超过1.5%，则临界淬火速度重新升高。这必将影响钢轨热处理参数的变动。

硅含量在1.0%以下时，对晶粒的长大不发生影响，硅含量超过1.5%时，便要增加晶粒长大的速度。

根据硅、锰等合金元素在钢中的作用，我国从1958年开始进行了高硅、中锰钢轨的研究，并研究了加入少量钒、钛、稀土等我国富有元素，进行试制。中锰和高硅钢轨在全国主要干线和其他线路的弯道地区，已铺设使用了较长的时间，其中铺设在石太线上的高硅钢轨，已使用了约7年之久。铺设在京包、京广、宝成等线的中锰和高硅钢轨都使用了3年以上。使用经验证明，中锰和高硅钢轨的耐磨性能比碳素钢轨提高2倍以上，未发现疲劳折断现象，使用效果良好，适于大规模的生产和使用。

以硅、锰为基础的合金钢轨的发展较快。我国从1958年开始试验研究合金钢轨系统，试验钢的炼制是在容量为200～300 t的碱性平炉中进行的。从1958～1962年主要是研究高硅钢轨，中锰钢轨也进行了一部分试制，在碳素钢轨的基础上加入少量的钛，在高硅钢轨中加入了微量钒进行比较，还炼制了一部分含铜中锰钢轨、含铜高硅钢轨和含铜碳素钢轨。在这一时期内，试验是由生产厂和用户的研究部门协作进行的，每年约进行 2 ~4 种合金钢轨的试制和试铺，研究工作是逐步摸索进行的。到 1963 年高硅钢轨的试制阶段已基本结束，在铺设使用方面初步显示出具有良好的使用价值，其耐磨性能比碳素钢轨提高 2 倍以上，但因浇铸时焊模无法解决不能大批量生产。1963 年开始研究稀土元素在钢轨中的应用，研究了在高硅钢轨的基础上加入少量稀土元素，试验是探索性的，在容量为 200 t 的平炉中进行，效果也不显著。到了 1965 年大规模地组织技术力量，由生产厂、用户和科学研究部门三结合共同组成研究队伍，用技术工作队的形式进行试验，试验的特点是采取集思广益的方法进行，制订试验方案时充分发扬技术民主，征求操作工人的意见，并把试验的目的、意义和具体要求进行传达，最大限度地调动研究人员和工人对试验的积极性。这样一来合金钢轨的研究工作得到了空前的发展，规模大、进度快，试验的质量也比较好，进行了系统的中锰钢轨试制、试验和试铺，并对钢轨在使用中的情况进行了考察，对中锰和高硅钢轨在使用中的情况进行了系统的测定，生产厂和用户共同进行了鉴定，中锰钢轨已确定立即大批投入生产，高硅钢轨也积极准备鉴定并大批投产。同时对稀土元素在钢轨中的应用也展开了广泛的研究，研究了稀土元素在碳素钢轨、中锰钢轨和高硅钢轨中的应用。并积极准备研究在中锰、高硅钢轨的基础上加入钒、钛、铌等我国富有元素，制造新品种合金钢轨。

这表明采取生产厂、用户和研究部门三结合共同组成技术研究队伍，进行科学试验，比只依靠研究部门搞试验具有巨大的优越性，采取这种办法，试验规模大，试验质量好，进度快，可以迅速取得效果和推广，对取得和推广研究成果效果有利。

美国和前苏联铬矿资源丰富，据文献报道，美、前苏联对含铬钢轨进行了广泛研究。

美国在 1958 年以前，就比较重视对合金钢轨的研究，分析了含铬、铬钒、铬锰钒、锰钼、高硅和中锰等合金钢轨。在弯道上也使用了一些合金钢轨，尤其对含铬钢轨进行了比较多的研究。铬合金钢轨性能比较好，含铬 3% 的钢轨被认为综合性能最好，强度也比较高。1964 年美国专利介绍了在北太平洋地区，铁路弯道上铺设的高硅钢轨，使用寿命比碳素钢轨高 2 倍，硅含量为 0. 5% ~1. 0%，含硅钢轨在美国得到了较广泛的发展，在使用当中收到了一定的效果。

前苏联 1958 年以前就进行了合金钢轨的研究，1940 年曾试制了一批中锰钢轨，试验了含铬钢轨、铬钒钢轨等，但基本上是处于研究阶段，唯有中锰钢轨进行了较多的试制，莫斯科地下铁道主要是采用含碳甚低，而含锰 1. 2% ~1. 4% 的中锰钢轨。1960 年以后，钢轨制造工厂大都与科学研究部门合作，先后广泛地进行了合金钢轨的研究。

自 1960 年以后，前苏联各钢轨生产厂积极开展了合金钢轨的研究工作，一般都在容量较小的平炉中进行炼制，其研究合金钢轨的主要方向是铬镍和中锰钢轨。含铬为 3% 左右的钢轨，力学性能比较令人满意，这与美国的研究结果一致。但生产工艺方面遇到了一系列困难，钢轨的精整要求有特殊设备，装坑很困难，在装坑之前钢轨普遍出现水平弯曲，很难予以矫直。钢轨的结疤缺陷很多，一级品只有 22% 。含铬 3. 38% 的钢轨塑性显著变差，并不适于大规模生产。

含镍、铬各为 0. 6% ~1. 0% 的钢轨，具有较高的冲击韧性，钢轨的一级品率较低，约为 80% 左右。

英国在曲线上采用含铬合金钢轨。

德国在1930年就研究了中锰钢轨,但一直未进行大量生产。日本也试验了中锰钢轨。前捷克斯洛伐克试验了一种含硅0.61%、含锰1.82%的合金钢轨。

以上情况表明,各国主要是根据自己的资源情况积极地进行合金钢轨研究。合金钢轨在使用方面具有显著的优越性,早已为实践所证实。大量采用廉价的低合金高强度钢轨,稍许增加些原材料消耗,可以成倍提高钢轨的使用寿命,在生产工艺方面也没有困难,可以大规模进行生产和使用,这对冶金和铁路交通运输业引起深远的影响。所以轧制状态的碳素钢轨被廉价的低合金高强度钢轨所代替,成为钢轨的发展趋势之一。

国外合金钢轨还是处于少量生产和试验状态,虽然早在1930年就开始了合金钢轨的研究工作,但进度非常缓慢。只有弯道地区才使用合金钢轨。

在我国发展合金钢轨的经历比较短,1958年以前只能生产碳素钢轨,1958年以后才积极地展开了合金钢轨的试验研究,中锰、高硅钢轨相继试制成功,室内试验和使用结果都表明,中锰、高硅钢轨的耐磨、抗压和疲劳性能都比较好,具有优良的使用价值,现在已相继大批投入生产,轧制状态的碳素钢轨,已逐渐被大量的中锰和高硅钢轨所代替。

从1965年5月末开始进行系统的中锰钢轨试验,到6月中旬,集中进行了约2000 t试验,试验进行得很顺利。8月份全部做完了室内试验,并进行了总结,10月份由国家科委、冶金部和铁道部的有关单位在鞍钢进行了鉴定,并确定立即大批投入生产。这表明同样是进行合金钢轨的研究,由于组织形式和工作方法的改变,只用了半年的时间,就从试验、成功、鉴定到大批投入生产。

研究结果表明,鞍钢的中锰钢轨,比前苏联所推荐的中锰钢轨具有优越性,中锰钢轨的各项力学性能都较好,同时原材料消耗显著较少,成本较低。根据计算结果,鞍钢中锰钢轨的原材料消耗比碳素钢轨增加4.58%,而前苏联推荐的中锰钢轨的原材料消耗比碳素钢轨增加8.99%。这是因为鞍钢中锰钢轨的碳含量较高而锰含量较低,其碳含量为0.65% ~ 0.77%,锰含量为1.1% ~1.4%;前苏联的中锰钢轨的碳含量甚低,为0.50% ~0.65%;而锰含量较高,达到1.8% ~2.1%。

对增加钢轨的强度和硬度来说,碳是最活跃最便宜的元素,而碳是来源于铁水的,其含量的高低与成本无关,钢中的锰则必须依靠加入锰铁或硅锰合金进行补充,而锰铁的价格较高,约5倍于钢水。所以为提高钢轨的耐磨和疲劳性能,显著降低其碳含量,大幅度增加锰含量是不经济的。

中锰和高硅钢轨在鞍钢的试制成功并相继大批投入生产,标志着我国在钢轨生产上大幅度向前跨进了一步。采用大量的廉价低合金钢轨铺设主要干线,用以代替碳素钢轨,这标志着已突破了绝大部分钢轨都用碳素钢轨轧制的思维,是钢轨生产和使用的创新,也标志着为今后研制更多适合我国具体情况的高强度合金钢轨,开辟了广阔的道路。

1989年我国又研制成功了SiMnV耐磨钢轨,并进行了鉴定转产。

4.2　中锰钢轨的开发

4.2.1　研制过程

4.2.1.1　开发前后概况

U71Mn和U75V是鞍钢现在大批量生产的钢轨钢种。20世纪80年代U71Mn在全国推广使用，攀钢曾采用该钢种，包钢用 U71Mn 钢种生产 60 kg/m 钢轨。该钢种自 1966 年在鞍钢全面投产历经 40 多年，至今依然是生产 50 kg/m 钢轨的主要钢种。

1958 年以前世界主要生产钢轨的国家，如前苏联、美国、英国、德国等，研制中锰钢轨的基本方法是降低钢中的碳含量、提高锰含量，但都没有推广应用，不成功的主要原因是碳含量太低，一般都低于 0.65%，锰含量偏高，一般为 1.2% ~2.1%，钢轨的强度、硬度和耐磨性能提高不多，且造价高。鞍钢的科研人员在 1960 年全面分析了以前世界各国钢轨钢种的资料，按照钢中碳、锰、硅含量由高到低排列钢轨的各项性能指标，掌握了钢轨的碳、锰、硅含量与钢轨的强度、硬度和耐磨性成正比的关系。

1964 年 3 ~5 月，根据国家科委的指示，由铁道部和冶金部共同组成调查组，与铁道部科学研究院的有关科研人员一起共同到宝成线的秦岭地段的山区和隧道、石太线重载小半径弯道地区以及京包线等地区进行系统考察，看到按照前苏联标准成分生产的普通碳素钢在上述线路上普遍不能满足适应要求，一致认为碳素钢轨最普遍和严重的问题是材质不耐磨、不耐压。问题一般都发生在曲线上，在半径为 300 ~600 m 的曲线地段，钢轨的使用寿命为 2.5 ~3.5 年，由于钢轨头部侧面磨损及轨顶踏面压宽，轨距常出现超差现象，采用调换钢轨的方法工作量较大，而且备用轨数量远远不够。这不仅增加了线路维修工作量，还影响行车安全。为扭转这种局面，冶金部和铁道部在这次联合调查后，根据考察分析和过去的试验结果，立即指派专业人员成立试验工作组，结合我国资源特点和钢轨使用条件，在鞍钢进行新成分钢种试验。为了进行对比研究，最终确定了三个方案，第一个方案是作者提出的高碳中锰方案，认为提高鞍钢钢轨强度和耐磨性能可行的唯一途径是，在普碳轨的基础上，保持碳含量基本不变，再适当提高锰含量，这样不仅提高了钢轨的使用性能而且成本较低。具体方案是：$w(\mathrm{C})=0.70\%\sim0.78\%$，$w(\mathrm{Mn})=1.1\%\sim1.6\%$，$w(\mathrm{Si})=0.13\%\sim0.28\%$，$w(\mathrm{P})\leqslant0.04\%$、$w(\mathrm{S})\leqslant0.05\%$，该方案获得一致同意并得到领导的支持。第二个方案是铁道部科学研究院的有关人员参加“社会主义国家铁路合作第九专门委员会”带回来的当时最新的国外中锰钢轨方案。第三个方案是同时增加锰和硅。试验工作组立即按上述三个方案，炼制了 17 炉约 2000 多吨试验钢轨，铺设在铁路干线上。根据初步试制和试铺结果，看出试验钢轨比普碳钢轨具有显著的优越性。立即决定自 1966 年开始鞍钢全面按第一方案生产中锰钢轨，定名为 AP1 即鞍钢平炉 1 号。1980 年 4 月由冶金部、铁道部有关标准研究所和铁道部有关铁路局以及鞍钢钢铁研究所和铁道部科学研究院的有关科技人员，共同鉴定转产并纳入标准，年产 40 ~50 万 t。AP1 钢轨强度级别为 883 MPa 以上，普碳轨为 784 MPa 以上。这是鞍钢钢轨全面采用低合金钢生产的开始，显著提高钢轨的强度和耐磨性能，并保持良好的塑性、韧性，其使用寿命比普碳轨提高一倍。

在研制 AP1 中锰钢轨的同时，我国还没有国家发明、专利制度。1982 年我国开始对发明、专利做了明确规定。在这种情况下，冶金部提出 AP1 钢轨钢种应当属于国家发明，要求鞍钢撰写发明申请报告书。作者认为 AP1 钢种的关键技术是碳和锰的合理配比。AP1 中锰钢的碳含量为 0.65% ~0.77%，锰含量为 1.1% ~1.5%，硅含量为 0.15% ~0.35%，磷含量不大于 0.04%，硫含量不大于 0.04%，其余为铁；而国外试验的中锰钢轨碳含量为 0.45% ~0.65%。碳的主要作用是与铁化合成脆硬的渗碳体 Fe_3C，渗碳体和铁素体的共析组织构成珠光体，是热轧钢轨的理想组织；但过多的碳导致过共析，沿珠光体晶粒边界析出自由渗碳体，严重破坏了钢的塑性、韧性，对使用性能不利。而锰是作为合金元素加入的，其主要作用是固溶强化,并降低碳在铁水中的共析浓度;硅固溶于铁素体;少量的磷、硫为钢中的有害杂质,应限制其含量。

AP1 钢种既达到了钢的基体组织为珠光体,又保证不出现过共析,在晶粒边界没有自由渗碳体,获得了合理的碳、锰配比。

对于这项技术创新国内有着不同意见,据原冶金部的日本顾问提供的一份影印资料认为,AP1 钢种与日本 1963 年试验的中锰钢轨基本是一样的。因此认为 AP1 作为发明权项是不合适的,还要求把缓冷工艺作为发明内容。众所周知,缓冷工艺与提高钢轨的强度和耐磨性没有关系。鞍钢科研人员认为,鞍钢 1962 年试制的高碳中锰钢轨与日本 1963 年试验的高碳中锰钢轨相比较,鞍钢的高碳中锰钢轨在技术上明显比日本的方案先进;时间比日本早一年多,见表 4-1。而日本的高碳中锰钢轨,仅仅在 1963 年进行了一次试验,以后就再无进展。当时我国在技术上除与前苏联有些关系外,与日本等西方国家没有联系。我国的中锰钢轨,从 1958 年进行扩大试制,1966 年全面投产,完全是依靠自己的力量。铁道部开始取名 AP1,是鞍钢平炉首次研制生产的,而不是仿制。1980 年经冶金部、铁道部联合鉴定转产,1983 年被评为国家优质产品,并获得金质奖章,在国民经济中产生巨大经济效益。1984 年经国家科学技术委员会组织的答辩评审获国家发明三等奖。

表 4-1 鞍钢研制的中锰钢轨与日本钢轨的比较

国家或厂别	钢　种	w(C)/%		w(Mn)/%		w(Si)/%	w(P)/%	w(S)/%
		范围	平均	范围	平均			
中　国	中锰钢轨	0.65~0.77	0.71	1.1~.15	1.3	0.15~0.35	≤0.04	≤0.04
1962 年中国鞍钢	试制计划	0.68~0.78	0.73	1.3~1.6	1.45	0.25~0.35	≤0.04	≤0.05
1963 年日本 A 类	试验计划	0.60~0.75	0.675	1.0~1.3	1.15	0.15~0.35	≤0.04	≤0.04
日本 B 类	试验计划	0.60~0.75	0.675	1.3~1.6	1.45	0.15~0.35	≤0.04	≤0.04

4.2.1.2 开发试验研究

中锰钢轨的研制是根据国家科委的指示,为改进钢轨的生产工艺,总结生产经验,提高钢轨质量,于 1964 年 3~4 月由铁道部与冶金部共同组成调查小组,选择了钢轨在使用中问题较多的北京、上海、广州、郑州、锦州、沈阳等 6 个铁路局的 23 个地段进行了系统的考察。表明钢轨最普遍和严重的问题之一是不耐磨、不耐压,一般都发生在曲线上,外侧钢轨的侧面磨耗严重,内侧钢轨则普遍压宽。自 1958 年以来,我国曾经进行了合金钢轨的研究,其中高硅钢轨已研制成功,在铺设使用中收到了显著效果,可以提高耐磨性能 2 倍以上,但高硅钢轨的成本较高,比碳素钢轨约提高 10%,生产有困难。根据国外资料,前苏联试验了碳含量为 0.52%~0.60%、锰含量为 1.34%~1.62% 的中锰钢轨;德国生产了碳含量为 0.55%~0.72%、锰含量为 1.62%~1.89% 的珠光体钢轨;美国生产了硅含量为 0.6%~0.8% 的高硅钢轨;英国钢轨的锰含量为 0.95%~1.25%;前捷克斯洛伐克也生产了锰含量为 0.95%~1.15% 的钢轨。因此为进一步改进钢轨材质,根据我国的生产与使用经验,鞍钢研制符合我国具体情况的新牌号钢轨,适当地提高钢轨的锰、硅含量,进行新品种钢轨的试制试验工作和系统的室内和铺设试验,选择并确定高强度低成本的钢轨新品种,进行大批生产,提高钢轨的耐磨、耐压性能,延长其使用寿命,满足铁路运输事业日益发展的需要。

A　试验方法

为研究制造新钢种钢轨，首先采取了选配化学成分的方法，进行碳、锰、硅等元素含量的调配。在选择试验方法的过程中，主要有三个方案，第一个方案是在控制较高碳含量的前提下，即控制碳含量为0.70%～0.78%，希望能控制在0.75%左右，再适当提高其锰含量，由原规定的0.7%～1.0%提高到1.0%～1.6%。按照计算，采用这样的方案，既可改善性能，而成本又低。第二个方案是在降低碳含量的前提下，即由原规定的0.69%～0.80%降低为0.65%～0.75%，再适当提高锰和硅的含量，锰含量由0.7%～1.0%提高到1.1%～1.5%，硅含量由0.13%～0.28%提高到0.4%～0.6%，由此而获得更为理想的力学性能，提高其使用寿命，但成本较高。第三个方案是根据"社会主义国家铁路合作第九专门委员会"所推荐的中锰钢轨的化学成分，$w(C)=0.50\%\sim0.65\%$，$w(Mn)=1.8\%\sim2.1\%$，$w(Si)=0.13\%\sim0.35\%$，$w(P)\leqslant0.04\%$，$w(S)\leqslant0.05\%$，炼制了一炉进行试验，试验在容量为200 t和300 t的倾动式碱性平炉中炼钢，并按一般碳素钢轨的生产工艺进行熔炼、浇铸和加热、轧制。试验钢轨经缓冷、矫直后，选取了12个有代表性的罐号，在相当于钢锭头部所轧制的钢轨上切取试样进行系统的室内拉力试验，见图4－1。

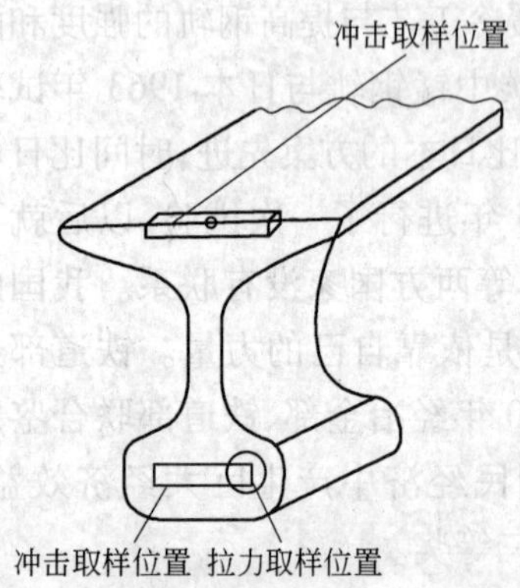

图4－1　试验钢轨的取样

每个熔炼号切取4个试样在万能试验机上进行试验，结果取其平均值，试样的规格为1∶10，因为钢轨的塑性较低，屈服强度凭肉眼很难判断，因此在试验机上加以光学延伸计，测定其屈服强度。

冲击试验选用了梅氏缺口试样，试样沿轨底横向切取，见图4－1，试样有一个面保持为原轧制面和试样开槽口的面（即轨底的轧制面）。试验是在苏制试验机上进行的，试验机的能力是30 kg · m。每个熔炼号切取10个试样，在室温和低温（－60℃）条件下各作5个试样，试验结果取其平均值。

落锤试验取样是热锯锯断时，每个炉号在相当于钢锭头部所轧制的钢轨上切取长约1.3 m的试样，进行落锤试验，试样放置在支点间距为1.05 m的试验机上，锤重为1000 kg，从高度6.1 m处自由落下，打击试样中部，每次落锤打击后，测量其挠度，并观察其表面情况，有的试样只打击一次，有的一直打断为止。

此外还进行了低倍、白点检验及显微组织观察，测定热处理参数，挑选了3个典型的罐号进行高频淬火试验，以及磨耗和疲劳试验。所有钢轨由铁道部负责指定运往沈阳铁路局德惠及广州铁路局白石渡等地铺设使用，进一步观察使用效果。

轨端高频淬火时，感应加热时间为35 s，加热区长度150 mm，喷水时间2～3 s，淬火层长度约50 mm。由于新成分钢轨的硬度较高，对锰含量较高的二罐，加热区长度缩短至70 mm，加热后任其空冷，结果加热区的硬度达到HB320左右，这表明新成分钢轨的淬火工艺应进行调整。

为了制订合理的淬火制度，必须系统地进行热处理参数的测定。

B　热处理参数测定、轨端淬火试验和显微组织。

a　奥氏体等温转变C曲线的测定

奥氏体等温转变曲线是采用阿库洛夫磁饱和仪进行测定的。测定的方法是，把试样加热到820℃、830℃和880℃,选择不同的恒温条件以测定奥氏体的转变过程。以样品在某一恒温下转变过程中的铁磁含量为依据,试样因受磁场作用而发生偏转,通过一系列的弹簧和光学系统来测定奥氏体的开始转变时间、孕育期以及终了时间。然后以等温转变的温度为纵坐标,以转变时间的对数为横坐标,绘出恒温转变的C曲线。

在试验条件下,根据磁饱和仪的测定,硅、锰等合金元素加入后,中锰钢轨奥氏体等温转变C曲线都向右移动,普碳钢轨钢等温转变时,奥氏体的最小孕育期一般都小于1 s。中锰钢轨的最小孕育期为2~3 s,炉号为653360含锰1.86%的中锰钢轨,最小孕育期为5 s左右。中锰含铜钢轨的最小孕育期都在5 s以上,这表明锰、硅、铜等元素增加了奥氏体的稳定性。这是因为锰元素含量的增加,使临界点A_1显著降低,使临界点A_1与最大转变速度的温度差变小,则发生珠光体转变的时间延长,使奥氏体过冷值变小,故推迟珠光体转变的发生。而硅元素含量的增加,阻碍奥氏体中碳原子的扩散,还因为其本身在奥氏体中的扩散速度缓慢,也影响着铁原子的扩散,因而延缓并推迟了奥氏体的分解,使C曲线右移,增加其稳定性。

在试验条件下还看出,在中锰含铜钢轨中,随着铜含量的增加,奥氏体最不稳定的温度范围下移为450~500℃,普碳轨奥氏体最不稳定的温度范围是500~550℃,因为奥氏体最不稳定的温度有利于氢的逸出,所以中锰含铜钢轨的缓冷制度,应该与普碳钢轨有所区别,如图4-2、图4-3所示。由于奥氏体稳定性的增加,奥氏体转变为马氏体的临界速度v_k相应变小,这就改善了钢的淬透性,也使临界点产生位移。

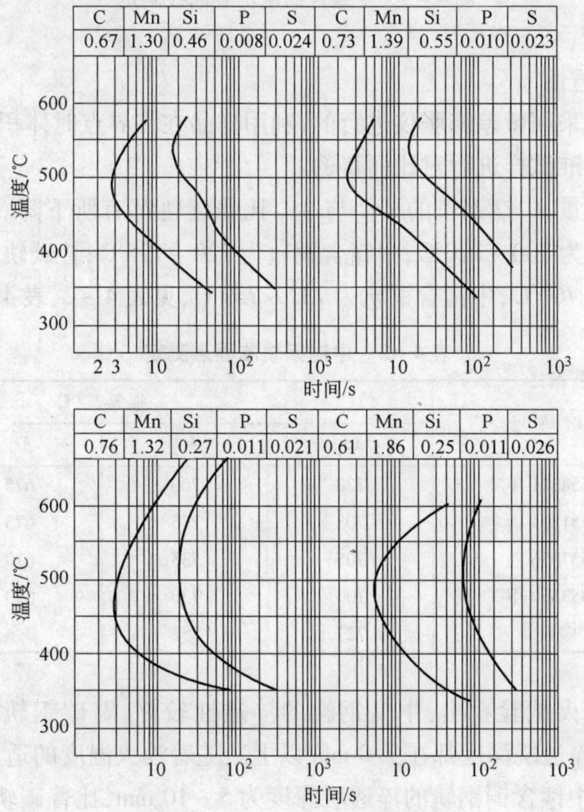

图4-2 中锰钢轨C曲线测定

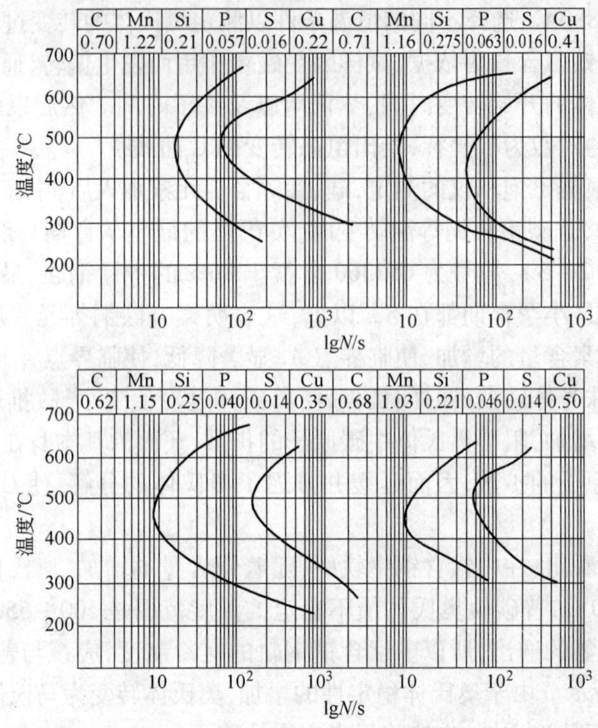

图 4－3　中锰含铜钢轨 C 曲线测定

b　临界点和淬透性

临界点的测定是采用微差膨胀仪进行的，利用样品在临界点时体积的变化，与一随温度上升而均匀膨胀的标准试样进行对比而得的。

根据膨胀仪的测量，中锰钢轨的 Ac_1 与 Ac_3 比普碳轨都有所下降。普碳轨的 Ac_1 点为727℃左右，中锰钢轨为 700～720℃，中锰含铜轨为 720～725℃；普碳轨的 Ac_3 点为752℃左右，中锰钢轨为 730～760℃，中锰含铜轨为 732～739℃，见表 4－2、表 4－3。

表 4－2　中锰钢轨临界点测定

编　号	熔 炼 号	临界点/℃			
		Ac_1	Ac_3	Ar_1	Ar_3
	658321 甲	720	760	675	705
2	651324 丙	705	735	675	705
7	657356 乙	705	735	670	705
9	653360 甲	700	730	650	695
11	碳素轨	727	752		

淬透性由末端淬火试验看出，中锰钢轨的淬透性较好，普碳钢轨的淬透层深度约为3.5 mm，中锰钢轨的淬透层深度都在 7.0 mm 以上。随着淬火温度的适当提高，钢轨的淬透层加深，见表 4－4。中锰含铜钢轨的淬透层深度为 5～10 mm，比普碳轨有显著提高。由于中锰钢轨淬透性能的提高，钢轨端部的淬火工艺操作，应与普碳轨有所区别。

表 4-3 中锰含铜钢轨临界点测定

熔炼号	临界点/℃			
	Ac_1	Ac_3	Ar_1	Ar_3
161127	725	737	650	660
361153	720	732	637	650
161220	725	734	650	660
161227	720	739	637	644

表 4-4 中锰含铜钢轨的淬透性

炉号	161127	161220	361153	161227
淬火温度/℃	按50%马氏体计算的淬硬层深度/mm			
880	7.5	7.5	5.0	10.0
830	10.0	7.5	7.5	10.0

c 轨端淬火试验

轨端淬火的目的是获得索氏体组织，以防止在线路上长期使用受车轮的往复冲击而产生低接头。根据鞍钢与铁道部1965年4月份的协议，淬火层的长度为20~70 mm，普碳钢轨淬火后的硬度为HB280~320，还要求淬火层形状正确，由淬火层到非淬火层过渡均匀。由于中锰钢轨的热处理参数有变化，因此改变了轨端淬火制度，进行了系统的淬火试验。

为了研究中锰钢轨的淬火工艺制度，从化学成分相差较大的，炉罐号为651324丙、657356乙和653360甲三个罐号中各取一根钢轨并切成长约500mm的试样，进行高频淬火试验，所选择的淬火工艺制度如表4-5所示。

表 4-5 中锰钢轨淬火试验制度

编号	加热时间/s	水温/℃	喷水2.5 s		喷水2.5 s		喷水3.0 s		喷水3.0 s	
			试样号	表面硬度HB	试样号	表面硬度HB	试样号	表面硬度HB	试样号	表面硬度HB
7	37	50~55	1~5	333~380	6~10	321~388	11~15	321~368	16~20	315~388
9	37	50~55	26~30	339~393	31~35	331~388	36~40	329~388	41~45	321~385
11	37	50~55	46~50	325~370	51~55	326~375	56~60	307~361	61~65	321~359

钢轨试样经淬火后，将轨顶踏面磨光进行布氏硬度测定。每种淬火方法各取一个横截面试样测定洛氏硬度。由试验结果看出，这三种不同成分的钢轨，用同样的淬火工艺淬火后，前两罐的硬度比后者高。用不同的喷水时间2~3.5 s淬火后表面硬度变化不大，一般都在HB350~380之间，最高为HB393。由此看出，中锰钢轨的淬透性比普碳轨高，用同样的工艺淬火后，其硬度比普碳轨高HB20~30，而且过渡区硬度升高现象也较普碳轨显著，见表4-6。

用10%的硝酸水溶液浸蚀后检查淬火层长度及深度的形状时发现，中锰钢轨的喷水区颜色发白，与普碳钢轨有显著区别，同时其淬透层与过渡区没有明显的界限。

淬火层的组织均为索氏体，与普碳钢轨相比较，中锰钢轨的索氏体组织中有部分呈白色的块状，索氏体组织不够均匀细致，如图4-4所示。

表 4-6　中锰钢轨淬火试验结果

编号	试样号	喷水时间/s	淬火层+过渡层深度/mm	距轨端距离/mm 硬度升高 HB									
				2	4	6	8	10	12	14	16	18	20
7	4	2.0	13	34.0	36.0	35.0	34.5	33.5	27.5	25.0	26.0		
7	9	2.5	15	33.0	35.0	33.5	34.0	32.0	26.0	24.5	24.0		
7	11	3.0	15	33.5	34.5	33.5	34.5	33.5	30.0	26.0	25.5	23.5	
9	29	2.0	15	32.5	35.0	34.5	35.0	34.5	31.5	29.5	27.5		
9	36	3.0	14	34.0	35.5	35.0	33.0	28.5	27.0	27.5			
9	50	2.0	14	33.0	34.5	33.0	32.0	30.0	27.0	23.5	26.0	26.0	24.5
11	51	2.5	15	32.5	33.5	33.5	32.5	31.0	28.0	23.5	24.0		
11	56	3.0	15	30.0	33.0	34.0	31.5	33.0	30.5	26.0	24.0		
11	61	3.5	14	29.0	34.0	34.5	33.0	30.0	27.5	25.0	25.5	25.0	

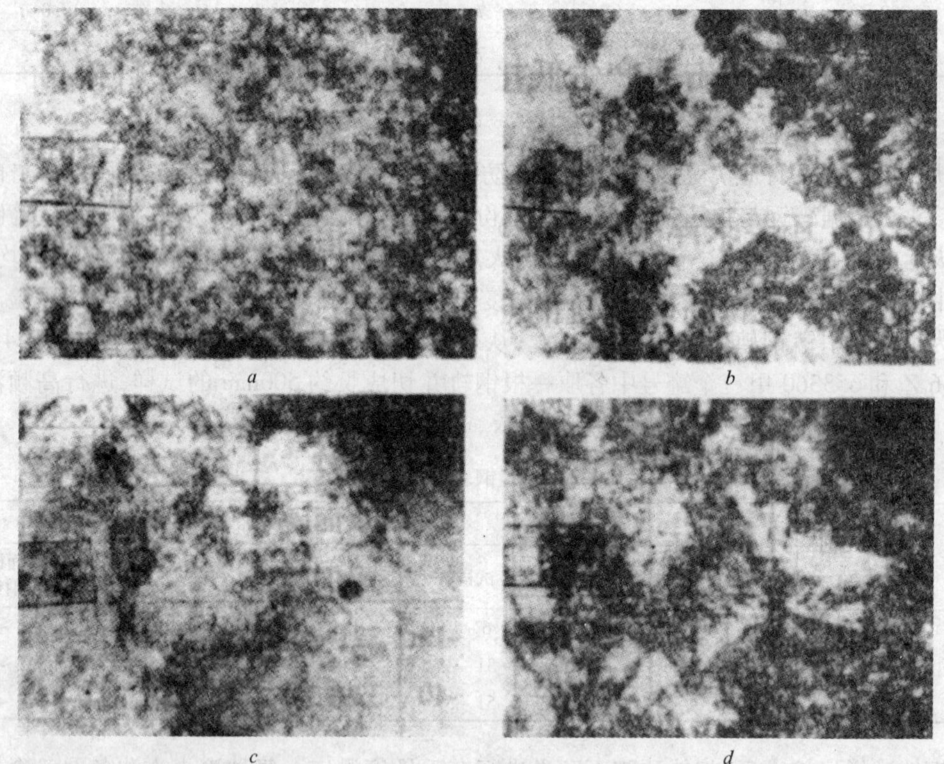

图 4-4　不同钢种的淬火组织（×200）
a—普碳钢轨；*b*—中锰 7 号钢轨；*c*—中锰 9 号钢轨；*d*—中锰 11 号钢轨

中锰钢轨大批投入生产后，中锰钢轨淬火层的硬度应为 HB280～370。为了避免淬火层硬度过高，开始生产时，曾固定了感应加热时间为 35～38 s（普碳轨为 32 s 左右），喷水时间为 1～2 s（普碳轨为 2～3 s），在此条件下进行硬度试验。测定结果表明，中锰钢轨如按照该制度进行淬火，则淬火层常出现硬度偏低现象。为此及时调整了淬火制度，可以看出，中锰钢轨的淬火工艺制度与普碳钢轨差别不大，高频感应加热时间为 35 s 左右，喷水时间 2～3 s。经验还表明，由于每台淬火机各有其特点，效率各不相同，电气参数和冷却水的温度以及钢的化学成分也经常发生变化，因此具体的淬火工艺操作，还必须根据每台淬火机的特点、操作经验分别控制，并及时调整。

中锰含铜钢轨进行淬火时，将感应圈加热的时间缩短为27 s ±2 s，水温为40℃ ±5℃，还要求淬火时感应圈突出15 ~20 mm，喷水器与轨头平面保持2.5 ~3.0 mm的间距。

生产经验表明，锰含量为1.52%、碳含量为0.72%、铜含量为0.4%、硅含量为0.36%的钢轨，采取这样的淬火制度，钢轨过渡区的硬度达到HB461，在显微镜下可以看到硬度过高的部位有马氏体组织，如图4 –5所示。

图4 –5　淬火区出现马氏体

为消除过渡区的马氏体组织，将淬火层重新加热到850℃左右，使原加热区全部重新加热至相变点以上，然后空冷，结果过渡区的硬度仍高于HB401。最后把该罐号中每根钢轨的两端各切掉半米，铣头钻孔后按不淬火钢轨交付使用。看来，上述成分中锰含铜钢轨由于其淬透性高，在高频感应加热后，金属本身的导热作用就足以使其过分淬硬，因此这种成分的中锰含铜钢轨是不适于进行轨端高频淬火处理的。

d　显微组织

在放大200 ~300倍的显微镜下进行观察，普碳钢轨的显微组织为珠光体与半网格状铁素体，如图4 –6*a*所示。

中锰钢轨的基体组织几乎都是珠光体，见图4 –6*b*、*c*、*d*、*e*、*f*，相应编号为2、7、8、9和11。在放大200 ~300倍的视场下进行观察时可以看出，白色区是由弥散程度较高的极薄珠光体片组成的。编号2和9号试样在显微镜下还可以看到有极少量的铁素体出现，呈不规则状，所占的比例很少。编号7、8、9和11号试样的白色组织较多。表明中锰钢轨中珠光体组织的含量有显著增多，其组织比普碳钢轨有所增强，但在放大200 ~300倍的视场下不能分辨出组织的粗细情况。

在放大600倍的视场下进行观察时可以看出，普碳钢轨中珠光体层片间的排列次序比较有条理，但在珠光体中有较大的块状铁素体片出现；同时也看出中锰钢轨的珠光体层片间的弥散程度较高，铁素体和渗碳体片层的排列比较乱。这是因为锰含量的增加，使奥氏体过冷度变小，C曲线右移，推迟了珠光体转变的发生所引起的。

观察结果表明，硅含量为0.75%、碳含量为0.78%、锰含量为0.85%、磷含量为0.023%、硫含量为0.032%的钢轨，其显微组织为薄片状细珠光体，如图4 –6*g*所示。

中锰含铜钢轨也获得了弥散程度较高的珠光体组织，如图4 –6*h*所示。

钢内加入少量的钒、钛也获得了细小的珠光体，比一般碳素钢轨的组织有所改善。

在显微镜下看出，中锰钢轨的基体几乎全部都是珠光体，珠光体的含量比普碳轨有显著增多，这是因为锰元素含量的增加，促使平衡图中碳的共析浓度*S*点向左移，降低了碳的溶解度，促使钢中珠光体含量增多。锰元素固溶于铁素体，并剧烈使其强化，因为对珠光体类型的钢来说，强化铁素体具有决定性作用。另外锰元素的增加，使奥氏体等温转变的C曲线右移，使奥氏体的过冷值变小，因而获得弥散程度较高的珠光体组织，强化了钢的结构，这必将增强钢的力学性能。

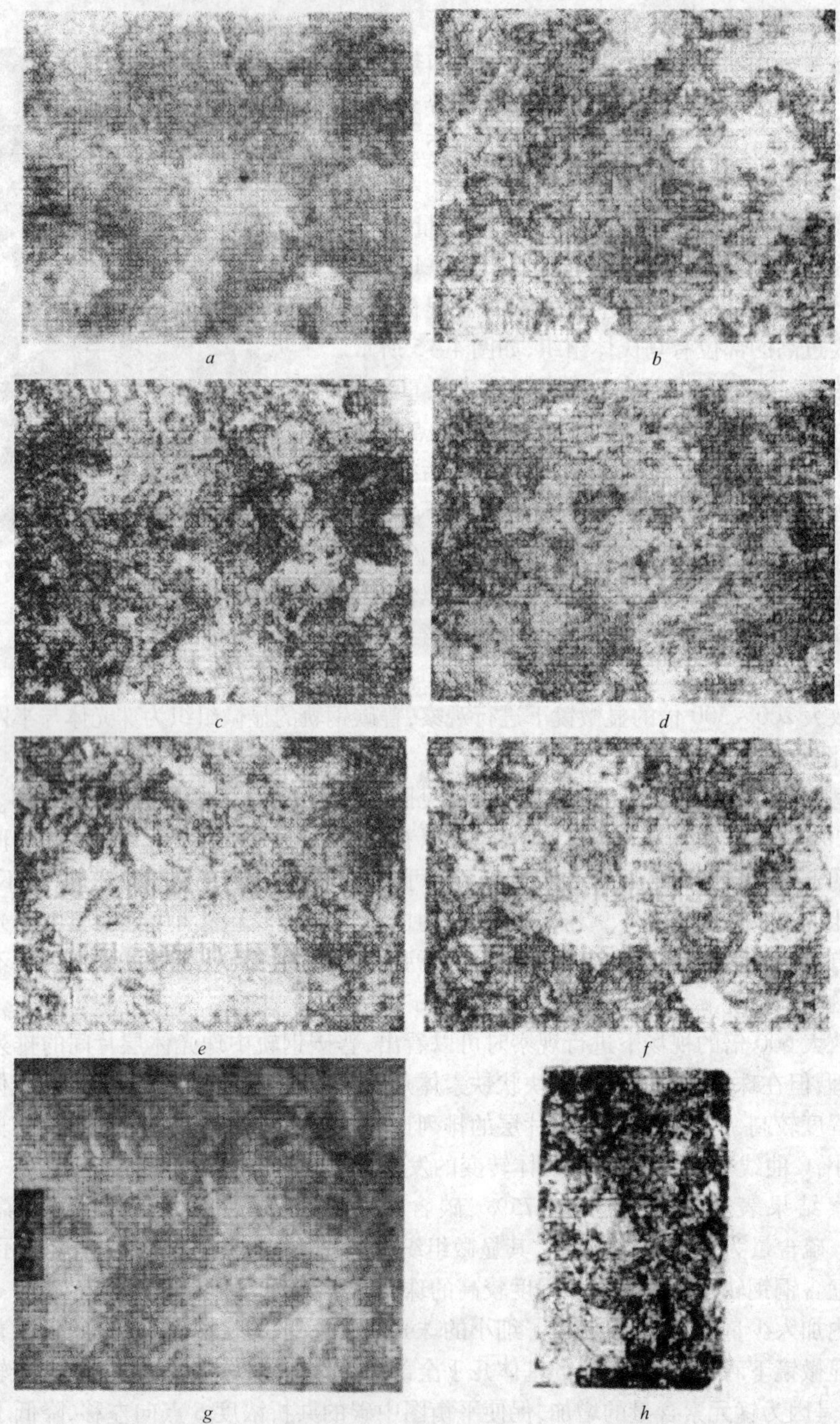

图 4 - 6　钢轨轧制状态的纤维组织（×200）

a—普碳轨；*b*—中锰 3 号轨；*c*—中锰 7 号轨；*d*—中锰 8 号轨；*e*—中锰 9 号轨；
f—中锰 11 号轨；*g*—高硅 626094 甲；*h*—中锰含铜钢轨

C 钢轨的力学性能、综合力学性能和成本分析

a 拉力试验、硬度测定、冲击和落锤试验

试验结果表明,目前生产的普碳轨的屈服强度为441 MPa左右,极限强度约为834 MPa,伸长率约10%,断面减缩率约21%。

中锰钢轨的屈服强度为525~603 MPa,极限强度为927~1005 MPa,伸长率为9.5%~12%,断面减缩率为18.0%~39.3%。中锰钢轨的屈服强度和极限强度比普碳轨高,伸长率和断面减缩率与普碳轨相似,如表4-7所示。

表4-7 中锰钢轨的化学成分和力学性能

编号	炉罐号	化学成分(质量分数)/%					力学性能				冲击值 a_K/J·cm^{-2}					硬度 HB
		C	Mn	Si	P	S	R_{eL} /MPa	R_m /MPa	A/%	Z/%	+20℃	0℃	-20℃	-40℃	-60℃	
0	87493甲	0.57	1.36	0.20	0.009	0.035	457	913	15.7	39.3	18	15	15	10.8	7.5	
1	62601甲	0.73	1.30	0.28	0.011	0.026	550	957	11.0	19.6	13	8.9	10	7.5		
2	658321甲	0.67	1.30	0.46	0.008	0.024	525	937	11.5	26.0	17.3				7.6	273
3	658321乙	0.67	1.31	0.46	0.009	0.022										
4	658321丙	0.67	1.36	0.46	0.010	0.022										
5	651324甲	0.73	1.30	0.52	0.010	0.025										
6	651324乙	0.73	1.34	0.55	0.010	0.024										
7	651324丙	0.73	1.39	0.55	0.010	0.023	603	1005	9.5	19.5	11.8				5.3	289
8	657356甲	0.75	1.49	0.33	0.010	0.021	603	1005	9.5	18.0	12.6				5.1	282
9	657356乙	0.76	1.32	0.27	0.011	0.021	579	976	10.5	19.5	12.1				5.3	282
10	657356丙	0.74	1.05	0.18	0.012	0.020	549	927	10.0	19.5	12.7				5.7	262
11	653360甲	0.61	1.86	0.25	0.011	0.026	564	941	12.0	33.0	14.9				4.9	
12	653360乙	0.60	1.83	0.27	0.012	0.025										
13	654180甲	0.77	1.55	0.27	0.013	0.027	60.0	102.0	9.5	18.5	12				5.3	288
14	654180乙	0.74	1.38	0.34	0.013	0.027	57.0	100.5	10.5	18.0	12.9				4.7	283
15	654180丙	0.74	1.28	0.21	0.013	0.025	56.5	96.5	10.0	19.0	11.6				5.1	267
16	654182甲	0.72	1.53	0.28	0.010	0.024	59.5	99.5	10.5	22.0	13.5				5.3	272
17	654182乙	0.70	1.33	0.29	0.010	0.023	55.5	97.0	11.5	22.5	13.7				4.9	270
18	654182丙	0.69	1.18	0.27	0.011	0.022	54.5	94.5	11.5	23.0	15.3				5.1	266
19	653925乙	0.74	0.79	0.21	0.009	0.038	54.1	88.3	11.2	18.5	14.7				3.3	
20	247552乙	0.72	1.54	0.28	0.021	0.007	66.8	103.0	11.0	20.0	11.8			4.9		加Re 0.15%
21	24759甲	0.79	1.56	0.33	0.019	0.014	60.8	103.0	9.5	15.5	8.1			2.3		加Re 0.3%

中锰含铜钢轨的屈服强度为 481 ~ 516 MPa，极限强度为 932 ~ 982 MPa，伸长率为 10.5% ~13.7%，断面减缩率为 17.5% ~31.8%，见表 4 - 8。

表 4 - 8　中锰含铜钢轨的化学成分与力学性能

炉罐号	化学成分(质量分数)/%						力学性能				硬度 HB	冲击值 a_K/J · cm^{-2}				
	C	Mn	Si	P	S	Cu	R_{eL} /MPa	R_m /MPa	A/%	Z/%		室温	0℃	-20℃	-40℃	-60℃
161127	0.70	1.22	0.311	0.057	0.016	0.22	514	937	10.5			4.6	5.2	3.4	3.9	
1296	0.66	1.16	0.28	0.077	0.034	0.33	516	962	11.7	31.4	272					
161220	0.62	1.15	0.257	0.04	0.014	0.35	481	974	12.5	21.0		9.7	5.9	3.7	4.1	
361153 乙	0.71	1.16	0.275	0.063	0.016	0.41	503	981	11.3	17.5		10	6.1	5.2	4.0	
161227	0.68	1.03	0.221	0.048	0.014	0.50	503	956	13.7	23.0		8.2	5.3	4.3	3.9	
1218	0.66	1.02	0.25	0.024	0.034	0.64	505	941	12.3	31.8	260					

为了进行研究比较，把苏联 1965 年 4 月份生产的钢轨作了较多的拉力试验。结果表明前苏联钢轨的屈服强度为 407 ~ 451 MPa，极限强度为 799 ~ 883 MPa，伸长率为 10.5% ~ 13.5%，断面收缩率为 14.0% ~21.5%，表明中锰钢轨的屈服强度和极限强度比前苏联同期生产的钢轨显著提高。

为了收集各国钢轨的力学性能情况，从全国各干线上选取了具有代表性的国内外钢轨。其中有日本、美国、英国、伪满和汉阳国产的钢轨以及前苏联、捷克和德国的钢轨进行了化学成分分析和力学性能试验。由化学分析结果看出，国外钢轨有一些可能是半镇静钢用上小下大的沸腾锭模制造的。

日本钢轨的屈服强度为 451 ~490 MPa，极限强度为 662 ~853 MPa；美国钢轨的屈服强度为 373 ~544 MPa，极限强度为 686 ~961 MPa，一般为 785 MPa 左右；英国钢轨的屈服强度为 422 ~495 MPa，极限强度为 696 ~848 MPa。伪满钢轨的屈服强度为 412 ~628 MPa，极限强度为 667 ~785 MPa。汉阳钢轨的屈服强度为 333 ~441 MPa，极限强度为 608 ~863 MPa。

由试验结果看出，20 世纪 40 年代以前，各国钢轨的强度较低，但波动范围很大。40 年代以后各国钢轨的极限强度，一般都提高到 785 ~833 MPa。

根据文献介绍，前苏联中锰钢轨的极限强度为 902 ~985 MPa，其成本较高。我国的中锰钢轨，极限强度为 902 ~1049 MPa，且成本较低。表明国产中锰钢轨的强度比前苏联的中锰钢轨以及线路目前铺设的各国钢轨都显著较高，具有更优越的使用性能。

硬度测定结果表明，普碳轨轧制状态的硬度为 HB220 ~ 260；中锰钢轨的硬度为 HB260 ~292，比普碳轨显著较高，这与力学性能结果相一致；中锰含铜钢轨的硬度一般都大于 HB260。

冲击试验的试样沿轨底横向切取，试样有一面保持原轧制面，试样开槽口的面即轨底原轧制面。每个炉号切取 10 ~30 个试样，在室温和低温 0℃、-20℃、-40℃及 -60℃条件下各作 5 ~6 个试样，试验结果取其平均值。

根据试验结果，中锰钢轨的冲击韧性，在室温时为 11.8 ~ 18 J/cm^2，-60℃时为 4.7 ~ 7.6 J/cm^2。与同期普碳钢轨相比，中锰钢轨的室温冲击韧性较低，-60℃的冲击韧性较高，见表 4 - 7，中锰含铜钢轨的冲击韧性比普碳轨显著降低，在室温下为 4.6 ~10.0 J/cm^2，

-40℃为3.9~4.1 J/cm²,见表4-8和图4-7。

落锤试验对规格为50 kg/m和43 kg/m的钢轨,分别从高度为6.1 m和5.5 m处自由落下打击试样中部,每次落锤打击后测量其挠度。

试验结果表明,规格为50 kg/m的普通碳素钢轨,经落锤第一次冲击后,钢轨的挠度为35 mm左右。规格为43 kg/m的,经第一次落锤冲击后,钢轨的挠度为45 mm左右。

规格为50 kg/m的中锰钢轨,经第一次落锤冲击后的挠度为26~32 mm,表明了中锰钢轨的强度高,这与力学性能结果相一致。中锰钢轨一般都能承受四次落锤打击,普碳轨一般只能承受三次打击。炉号为654180甲罐(编号为13)的中锰钢轨,经第一次落锤冲击时,试样从支点处发生折断。这个试样在断口处曾进行低倍组织检验和化学分析,结果低倍正常,亦无成分偏析现象。断口处在钢轨底部有类似拉裂的缺陷,所以这个试样第一锤打断的原因是由表面缺陷所引起的,见表4-9。

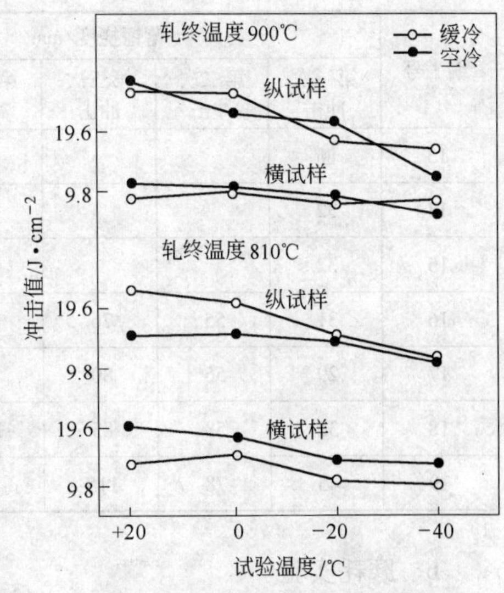

图4-7 中锰钢轨的冲击韧性

表4-9 中锰钢轨落锤试验结果

编号	落锤挠度/mm					备注
	第一次冲击	第二次冲击	第三次冲击	第四次冲击	第五次冲击	
0	43 42	76 75	113 111	扭 扭	扭 扭	第四次落锤后钢轨严重弯扭(43 kg/m)
1						
2	32	57	82	110		第三次落锤后钢轨弯扭 第四次落锤后钢轨严重弯扭(50 kg/m)
3	30	58	82	85		第三次落锤后钢轨弯扭 第四次落锤后钢轨严重弯扭(50 kg/m)
4						
5	32	50	75	75		第三次落锤后钢轨弯扭 第四次落锤后钢轨严重弯扭(50 kg/m)
6	31	50	75	92		第四次落锤后钢轨严重弯扭(50 kg/m)
7	26	51	70	70		第三次落锤后钢轨弯扭 第四次没有直接受到冲击(50 kg/m)
8	29	50	71	83		第三次落锤后钢轨弯扭 第四次严重弯扭、腰裂(50 kg/m)
9	29	52	75	88		第三次落锤后钢轨弯扭 第四次严重弯扭、腰裂(50 kg/m)
10	33	58	84	100		第三次落锤后钢轨弯扭 第四次头部断裂(50 kg/m)
11	30					50 kg/m
12	32					50 kg/m

续表 4 - 9

编　号	落锤挠度/mm					备　　注
	第一次冲击	第二次冲击	第三次冲击	第四次冲击	第五次冲击	
13	断					50 kg/m
14	32					50 kg/m
15	32					50 kg/m
16	31	55	76	100		第四次严重弯扭、腰裂(50 kg/m)
17	29	56	80	断		50 kg/m
18	32	58	85	102		第四次严重弯扭、腰裂(50 kg/m)
19	45	78	115			第四次严重弯扭、腰裂(43 kg/m)

b　磨耗实验

磨耗实验是在 Amsler 和 MM 型磨耗实验机上用测定重量法进行的,如图 4 - 8、图 4 - 9 所示。上轴试样为车轮,下轴为钢轨试样。试验时车轮对钢轨试样的压力(即垂直方向的力)为 160 N,车轮试样的转速为 180 r/min,钢轨试样的转速为 200 r/min,两者的切线速度不同,所以车轮与钢轨试样之间有滑动摩擦及切向力;车轮试样除沿轴向转动外,还做往复摆动,这与钢轨在铁路直线的作用磨损条件极为相似。每种成分的钢轨各作 2 ~ 3 个试样,在实验过程中上、下轴试样对磨 10 万转和 20 万转时各测定一次磨耗量。

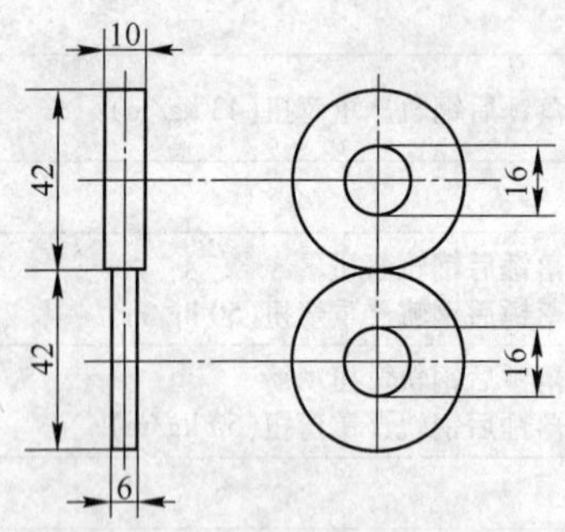

图 4 - 8　磨耗试样的安放位置

图 4 - 9　磨耗试验机

从磨耗实验结果可看出,在实验条件下中锰钢轨第 3 号(图 4 - 10)中的磨耗量最少,同时对车轮的磨耗量也最少。表明 3 号中锰钢轨的抗磨性能最好,同时车轮的磨损并不增加。第 4 号中锰钢轨(即九技推荐的)和车轮的磨耗量最多,表明其耐磨性能较差。从实验结果中还可以看出,1 号和 2 号中锰钢轨的磨耗量相近,同时对车轮的磨耗量也大致相同,这表明其使用性能相类似。

与普碳钢轨相比较,炉号为 87493 甲的中锰钢轨,当实验 10 万转时,其耐磨性能约提高一倍,同时车轮的磨耗量也有所减少。实验 20 万转的结果与前者大致相同。表明了中锰钢轨的耐磨性能比普碳轨约提高一倍,同时还减少了对车轮的磨损,具有优良的使用价值。磨耗实验结果见图 4 - 11。

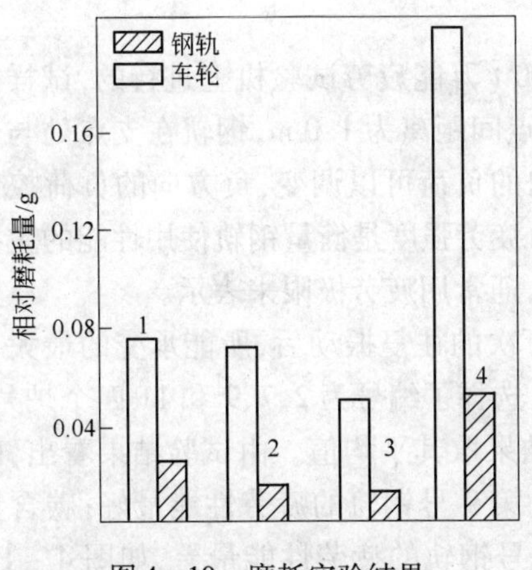

图 4-10 磨耗实验结果

1—中锰轨 658321 甲；2—中锰高硅 651324 丙；
3—中锰轨 657356 乙；4—中锰轨 653360 甲

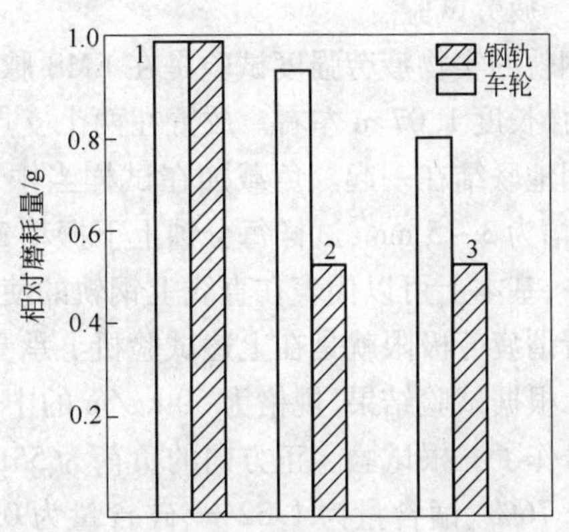

图 4-11 中锰钢轨磨耗实验

1—普碳钢轨 83481 甲；2—中锰钢轨 87493 甲，10 万转；
3—中锰钢轨 87493 甲，20 万转

中锰含铜钢轨的耐磨性能比普碳轨高 50% ~96%。但车轮的磨耗量约增加 23%，见图 4-12。

中锰高硅含钒钢轨，实验 10 万转时，钢轨的耐磨性能比普碳轨提高 0.4 ~1.32 倍，车轮的磨耗量增加 36% ~131%。试验 20 万转时，钢轨的耐磨性能比普碳轨提高 0.47 ~2.56 倍，车轮的最大磨耗量比普碳轨增加 63%。表现出在硅、锰都比较高的钢内再加入少量的钒，则钢轨的耐磨性能高，但对车轮的磨耗量显著增多，在使用当中将对车轮不利，如图 4-13、图 4-14 所示。

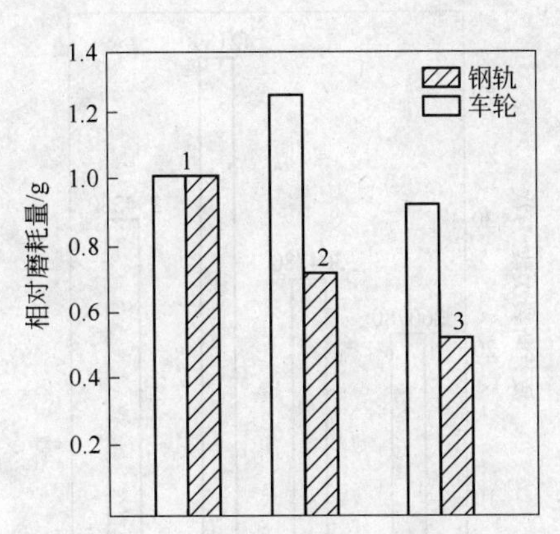

图 4-12 中锰含铜钢轨磨耗实验

1—普碳钢轨 83481 甲；2—中锰含铜钢轨 1296，10 万转；
3—中锰含铜钢轨 1296，20 万转

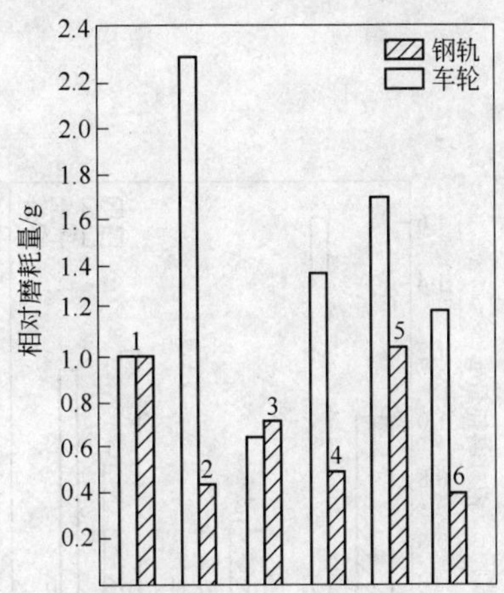

图 4-13 转速对钢轨磨耗影响（10 万转）

1—普碳钢轨 83481 甲；2—高硅含钒 92181 丁；
3—高硅含钒 98415 乙；4—中锰高硅含钒 92181 丙；
5—普碳含钛 97215 丙；6—中锰含钛 20702

中锰含钛钢轨，在试验 10 万转时，其耐磨性能比普碳钢轨提高 1.56 倍，车轮的磨耗量增加 19%。试验 20 万转时，其耐磨性能比普碳轨高 1.3 倍，车轮的磨耗量增加 16%。表明了中锰含钛钢轨的耐磨性能比普碳轨有明显提高，而车轮的磨耗量也稍有增加。

c　疲劳试验

钢轨的实物疲劳强度试验是在 EMS 脉冲和 200 t 万能疲劳试验机上进行的，试样是整体钢轨，长度 1.07 m 左右。放置在两个支点上，支点间距离为 1.0 m，钢轨在支点处与试验机紧固地联结在一起。负载加在试样当中，正方向的负荷可以调变，负方向的负荷控制为 5 t，振幅为 3 ~ 5 mm，试样每分钟上下振动 300 次。疲劳强度是衡量钢轨使用性能的主要指标之一，基本上可以代表在直线上钢轨的使用寿命，通常用疲劳极限来表示。

所谓疲劳极限就是在上述试验机上承受 200 万次的往复振动后，所能承受的最大正向负荷。根据试验结果，规格为 50 kg/m 的中锰钢轨，选择了编号为 2、7、9 和 11 四个炉号，每个炉号作了三根试验。正方向的负荷为 55t，试验结果取其平均值。由试验结果看出，碳含量为 0.76%、锰含量为 1.32%、硅含量为 0.27% 的第 9 号钢轨的疲劳性能最好；碳含量为 0.67%、锰含量为 1.30%、硅含量为 0.46% 的第 2 号钢轨的疲劳性能最差，如图 4 - 15 所示。钢轨的疲劳极限与强度有一定关系，在试验过程中曾发现在相当于钢轨的同一部位所取的试样，钢轨的疲劳强度相差一倍的现象。如 9 号钢轨的三根试验结果分别为 52.1 万次、51.0 万次、49.0 万次、58.0 万次、24.8 万次和 58.0 万次，后者的疲劳强度比前者低一倍多。据观察其表面尚属良好，断面无任何异常现象，低倍组织无不良缺陷。在断点处取了试样进行显微组织检查，结果显示断点处的显微组织及夹杂物均属正常。应当说明，该根试样的端部是冷状态下折断的断口，看来冷状态下折断的钢轨试样对疲劳性能有影响。在冷状态下折断钢轨时，钢轨因受强力压断，与辊道猛烈碰撞振动，则内部有应力产生，损害了钢轨的疲劳性能。钢轨端部折断口附近可能受损害较大，在进行疲劳试验过程中，因负荷加在试样中部，轨底呈向下之弓形并往复振动，轨底是拉应力状态，头部受压应力，轨底中心位置所受之拉应力最大，在试验过程中的发展结果，使钢轨试样沿中部疲劳折断。

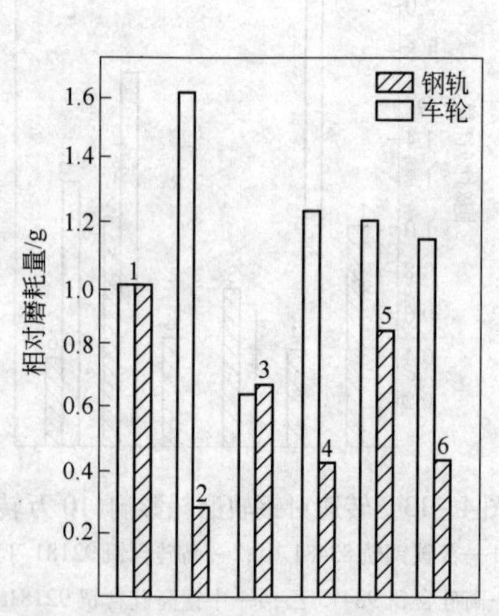

图 4 - 14　转速对钢轨磨耗影响（20 万转）

1—普碳钢轨 83481 甲；2—高硅含钒 92181 丁；
3—高硅含钒 98415 乙；4—中锰高硅含钒 92181 丙；
5—普碳含钛 97215 丙；6—中锰含钛 20702 乙

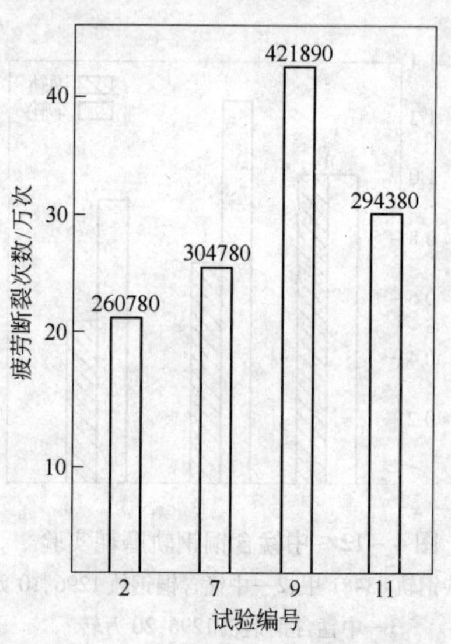

图 4 - 15　中锰钢轨的疲劳性能

2—658321 甲；7—651324 丙；
9—657356 乙；11—653360 甲

试验结果表明,中锰钢轨的疲劳强度为 314 MPa,普碳轨为 235 MPa,见表 4-10。

表 4-10 钢轨疲劳强度

钢 质	炉罐号	疲劳强度/MPa	备 注
中 锰	87493 甲	314	碳含量为 0.57%
中锰含铜	1296 甲	314	铜含量为 0.3%
中锰含钛	20702	304~343	钛含量为 0.176%
普碳轨	614325 乙	235	

在试验条件下还可以看出,在化学成分相近的条件下,中锰钢轨的疲劳极限波动范围很大。铜、钒和钛对钢轨的疲劳极限有明显影响。钢轨的内部缺陷(夹杂、气泡等)表面情况以及组织的致密程度等,也会影响钢轨的疲劳性能。

所有中锰钢轨的疲劳极限较之普碳轨提高 20%~50%,具有良好的使用性能,见表 4-11。

表 4-11 钢轨疲劳极限

钢 质	炉罐号	主要成分(质量分数)/%			疲劳极限/MPa	备 注
		C	Mn	Si		
中锰钢轨	87493 甲	0.57	1.36	0.20	280	
	626101 甲	0.73	1.30	0.28	235	
	97215 丙	0.67	1.02	0.35	320	钛含量为 0.078
	20702	0.73	1.18	0.28	270	钛含量为 0.176
	161127	0.70	1.22	0.21	290	铜含量为 0.22
	161220	0.62	1.15	0.26	350	铜含量为 0.35
	361153	0.71	1.16	0.28	310	铜含量为 0.41
	161227	0.68	1.03	0.20	350	铜含量为 0.50
中锰高硅	92181 丙	0.67	1.69	0.60	320	钒含量为 0.047

钢轨的缺口敏感研究是因为钢轨的表面常带有缺陷,如结疤、裂纹、碰伤等,内部材质也常存有疵病,所以在分析钢轨疲劳性能的同时,还应根据钢轨实际情况和使用特点,研究钢轨对缺口敏感的程度,研究钢轨表面缺陷和内部缺陷在使用过程中的发展速度,这是衡量钢轨使用价值的重要指标。

钢轨对缺口敏感的程度,通常是用缺口敏感系数 n_k 来代表的,即

$$n_k=\frac{B_k-1}{a_k-1}$$

式中 B_k——疲劳缺口应力集中系数,它是从钢轨头部切取的光滑试样和带有缺口试样的疲劳极限的比值;

a_k——缺口理论应力集中系数,其大小依试样缺口的形状而定,根据缺口静拉伸试样的理论计算,一般钢轨取 $a_k\approx3$。

缺口敏感系数 n_k 一般在 1.0 以下,n_k 值愈大,则意味着钢轨对缺口愈敏感,对应力愈敏感,钢轨的缺陷在使用过程中的发展迅速,因此总是希望 n_k 值尽量小。

中锰钢轨的缺口敏感系数均低于或接近普碳钢轨，个别炉号的中锰钢轨缺口敏感系数最低。中锰加钛和含磷较高（磷含量大于0.05%）的中锰含铜钢轨的缺口敏感系数较高，表明其对缺口较敏感，见表4－12。

表4－12　低合金钢轨的疲劳极限及其缺口敏感系数

钢　质	炉 罐 号	光滑试样疲劳极限/MPa	缺口试样疲劳极限/MPa	疲劳缺口应力集中系数 B_k	缺口敏感系数 n_k
高硅钢	1286 甲	392	167	2.35	0.67
	627178 丙	382	177	2.17	0.58
	626096 甲	402	177	2.28	0.64
	626094 甲	411	186	2.21	0.60
中锰钢	626101 甲	402	186	2.16	0.58
中锰含铜钢	1296	431	147	2.95	0.97
	361153 乙	373	147	2.53	0.76
	163272 甲	441	186	2.32	0.66
高硅含铜钢	163258 甲	451	206	2.19	0.60
含钛钢	20702	392	137	2.86	0.93
普碳轨	碳含量为0.74%	373	147	2.53 2	0.76
	碳含量为0.66% 71552 乙	324	147	2.20	0.60

d　综合力学性能和成本分析

根据铁路使用条件，衡量钢轨最主要的指标是耐磨和疲劳性能，钢轨的硬度和极限强度是衡量其耐磨性能的重要指标，钢轨的极限强度、冲击韧性和缺口敏感性对其疲劳性能有直接影响。

在试验条件下看出编号为7号和8号的中锰钢轨强度最高，其屈服强度同为603 MPa，极限强度同为1005 MPa，伸长率同为9.5%，断面收缩率分别为19.5%和18.0%；在室温条件下，冲击值分别为11.8 J/cm^2 和12.6 J/cm^2，－60℃时分别为5.3 J/cm^2 和5.1 J/cm^2，表明编号7和8号钢轨的力学性能和冲击韧性几乎完全相同。由试验结果还看出，编号7、8、9和13号钢轨都具有较高的强度，显微组织结构也大体一致，但根据计算结果显示，7号钢轨的原材料消耗比普碳钢轨约提高8%，8号钢轨的原材料消耗比普碳轨约提高4.5%，9号和13号分别提高4.1%和6.3%，说明7号的成本高，这主要是由于7号钢轨硅含量较高所致，因为当时硅铁的价格高，且收得率低。从7号和8号的试验结果看出，在力学性能相同的条件下，提高硅含量是不经济的。11号钢轨是按“九技”推荐的成分炼制的，其锰含量最高为1.68%，碳含量最低为0.61%，硅含量为0.25%，但力学性能的改善并不显著，除断面收缩率达到33%以外，其他都一般，但成本较高，每吨将增加原材料消耗9.14%，所以过多地降低碳含量提高锰含量也是不适宜的。

由疲劳试验结果看出，7号钢轨的断裂次数为304860次，11号钢轨的断裂次数为294380次，9号钢轨的断裂次数为421890次。磨耗试验表明，9号钢轨的耐磨性能最好，不仅钢轨的磨耗量最少，同时对车轮的磨耗量也最少，11号钢轨的磨耗性能最差。2号和7号钢轨的疲劳和耐磨性能一般且相近，说明 7 号和 11 号钢轨，即中锰试验第 II、III 方案，不仅成本高，同时综合使用性能也比较差。由此可以看出，为提高钢轨的耐磨抗压性能和提高其疲劳强度，最合理的办法是控制碳含量为 0.68% ~0.78%，再适当提高其锰含量到 1.2% ~1.5%，硅含量为 0.2% ~0.33%，其余的成分与普碳钢轨大致相同，是比较有效和经济的，其原材料消耗比普碳钢轨约提高 4.0%，强度极限可保持为 981 MPa 左右，轧制状态的硬度为 HB280 左右，其耐磨性能比普碳钢轨增强一倍以上。在主要干线的直线上推广使用这种钢轨，必将使钢轨的性能有大幅度提高，并收到显著的实际效果。

如果使钢轨的碳含量降至 0.65% ~0.75%，再适当提高硅、锰含量，即硅含量提高到 0.40% ~0.60%，锰含量提高到 1.3% ~1.60%；或碳含量降低到 0.50% ~0.65%，锰含量提高到 1.8% ~2.1%，结果钢轨的力学性能改善并不显著，但成本却显著提高。这是因为碳对强化钢的结构是最有力的，钢液中碳含量的增减与成本无关。提高钢液中的锰、硅含量，则必须依靠加入铁合金进行补充，因为铁合金的价格高，所以降低钢液内的碳含量，提高硅、锰含量对经济指标不利。

中锰含铜钢轨的强度、硬度高，耐磨性能比普碳轨约提高一倍，疲劳性能比较好，冲击韧性比较低，而抗腐蚀能力强，最适于铺设在隧道、盐碱、沿海和潮湿地区的铁路直线和弯道上，可充分发挥其优越性。

在试验条件下看到，中锰含铜钢轨的力学性能与铜含量直接有关。根据试验结果，中锰含铜钢轨的铜含量在 0.4% 以下时，随铜含量的增加钢轨的极限强度有提高趋势，冲击韧性也较好。铜含量达到 0.4% 以上时，随铜含量的增加则钢轨的极限强度和冲击韧性有所下降，见图 4-16，这是碳、锰、硅、铜等元素以及其他因素综合影响的结果。但铜在 α 铁中的溶解度随温度降低而减小，在室温下，铜的溶解度只有 0.35%，钢内含铜过多，则呈过饱和状态存在，影响钢的性能。

中锰含铜钢轨试样，在 300 ~450℃ 进行回火处理，结果发现其冲击值有下降趋势，在 500℃ 以上进行回火时，冲击值又随温度的升高而提高。试验结果还看出，在 400 ~500℃ 进行回火时，含铜钢轨的硬度值逐渐上升，如图 4-17 所示。

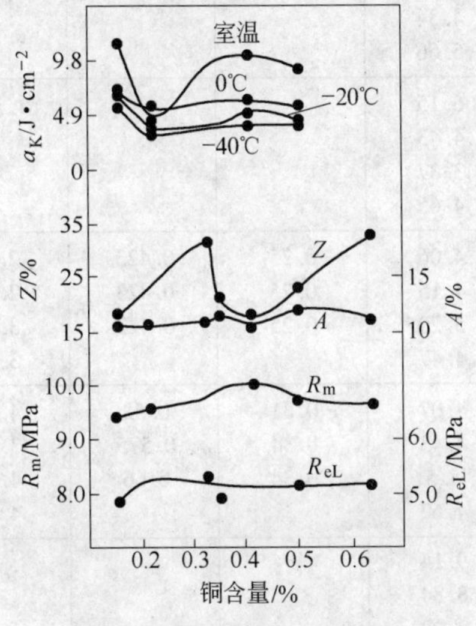

图 4-16 铜对钢轨性能的影响

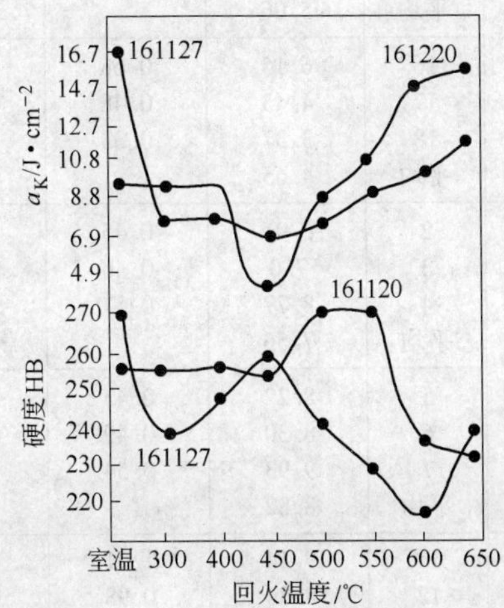

图 4-17 回火温度对冲击值和硬度的影响

由试验还可以看出,含硅锰较高的钢内,加入钒0.047%或0.053%,屈服强度可提高到621 MPa,极限强度达到1049 MPa,钢轨的耐磨性能可提高4%~37%(相比于中锰钢轨),车轮的磨耗量增加36%~100%。这表明加入微量钒可使钢轨的性能发生较大的变化,这与钒的脱氧能力强、弥散强化作用有关,把钒的含量增加到0.187%,结果没有带来有利的作用。

在中锰钢轨中加入钛0.078%或0.176%,钢轨的硬度由HB260提高到HB289~302。钢轨的耐磨性能最多可提高一倍半左右,车轮的磨耗量增加16%~70%,断面减缩率由17.3%提高到29.5%和32.1%,屈服强度由478 MPa提高到481 MPa和551 MPa,但钢轨的冲击韧性显著降低。

对成本进行分析,首先假设冶炼新成分钢轨时,所消耗的原材料与普通钢轨完全相同,普通钢轨中的平均锰含量为0.85%,平均硅含量为0.21%,新成分钢轨中的锰、硅含量超出普通钢轨的含量时,用硅铁和锰铁在罐内进行补充,硅铁中的硅含量按74%考虑,锰铁中的锰含量按67.5%考虑,硅铁和锰铁加入钢液中的效率根据经验计算,铁合金加入后锰比硅的效率高,在炉内加入的,锰的效率甲罐为85%左右,乙罐为80%左右,丙罐约为75%;硅的效率甲罐为73%左右,乙罐为68%,丙罐约为50%。在罐内加入的,锰的效率甲罐约为90%,乙罐约为90%,丙罐约为80%;硅的效率甲罐和乙罐约为80%,丙罐约为70%(见表4-13)。

表4-13　成本增加计算

方案编号	试验编号	成本总增加/%	增加锰铁消耗			增加硅铁消耗		
			增加锰含量/%	锰铁消耗/%	成本增加/%	增加硅含量/%	硅铁消耗/%	成本增加/%
Ⅰ	8	5.78	0.64	1.05	5.78			
	9	4.25	0.47	0.773	4.25			
	10	2.04	0.20	0.37	2.04			
	平均	4.02			4.02			
	13	6.31	0.70	1.15	6.31			
	14	4.53	0.5	0.823	4.53			
	15	4.34	0.43	0.795	4.34			
	平均	5.06			5.06			
	16	6.15	0.68	1.12	6.15			
	17	4.43	0.48	0.79	4.43			
	18	3.37	0.33	0.61	3.37			
	平均	4.65			4.65			
Ⅱ	2	6.91	0.45	0.74	4.06	0.25	0.423	2.85
	3	7.0	0.46	0.757	4.15	0.25	0.423	2.85
	4	8.77	0.51	0.89	5.20	0.25	0.423	3.57
	平均	7.56			4.47			3.09
	5	8.22	0.45	0.74	4.07	0.31	0.52	4.15
	6	8.30	0.49	0.805	4.43	0.34	0.575	3.87
	7	9.93	0.54	1.0	5.5	0.34	0.66	4.43
	平均	8.82			4.67			4.15
Ⅲ	11	9.14	1.01	1.67	9.14			
	12	8.84	0.98	1.61	8.84			
	平均	8.99			8.99			

按第Ⅱ方案和第Ⅲ方案所冶炼的新成分钢轨的成本较高,其原材料消耗比普通钢轨约提高7.5% ~9.0%,按第Ⅰ方案所冶炼的新成分钢轨的原材料消耗比普通钢轨提高4.5% ~5.5%,第Ⅰ方案中的炉号657356成本较低,全炉三罐的综合原材料消耗比普通钢轨增加4.0%。

D 生产工艺和生产中的问题

新钢种钢轨的熔炼与一般碳素钢轨完全相同,在冶炼过程中初期降碳速度为0.23 ~0.39%/h,末期降碳速度为0.19 ~0.29%/h,炉渣碱度为2.3 ~2.5,这表明钢的冶炼情况基本正常,炉渣中氧化铁(FeO)含量为12.1% ~17.2%。在炉内用硅锰合金进行脱氧,不足的硅、锰在盛钢桶内用铁合金(即硅铁和锰铁)进行补充,盛钢桶的水口直径为55 mm。为准确控制钢液温度,采用了铂金丝进行测温。据测量,在炉内脱氧时钢液温度为1575 ~1603℃,脱氧时间为10 ~31 min,出钢温度为1570 ~1603℃,这表明基本上稳定地控制了出钢温度。但含锰较高的炉号653360出现测温偏高,浇铸偏低的现象。在浇铸时钢液发黏,末期感到浇铸困难。钢液注满盛钢桶后静置8 ~10 min,采用上注法浇铸成单重为5.7 t的钢锭,钢锭浇铸后静置50 min,然后运往脱模厂,进行钢锭脱帽松动并热送初轧厂。

熔炼结果显示,新钢种钢轨的熔炼操作可以全部采用目前普通碳素钢轨的工艺规程。

钢锭热送初轧厂后,在500 ~750℃时装入蓄热式均热炉,装炉后的炉温为850 ~1050℃,均热时最高炉温为1300 ~1310℃,加热时间为125 ~195 min,均热时间为30 min,出炉温度为1260 ~1270℃。

均热好的钢锭由1100 mm初轧机轧成断面尺寸为240 mm×240 mm的钢坯,经连轧机轧制成断面尺寸为210 mm×210 mm的钢坯,钢锭的压下制度与碳素轨钢锭完全相同,初轧机轧制时负荷情况正常。新成分钢轨可以按现行工艺进行生产,个别炉号初轧机如感到较硬,需适当增加道次。

为观察钢锭及钢坯的表面质量,在钢锭装炉时进行了四面观察,按锭记录表面缺陷,并采取按锭号出炉、初轧机轧制时按面记录缺陷等办法,同时与当天轧制的碳素轨钢锭、坯进行"热挑料"(因表面缺陷挑出清理者)比较。生产统计资料表明,新成分钢轨坯的热送率为85%,一般碳素钢轨坯的热送率为79%,新成分钢轨坯的表面质量较好。

钢坯冷状态或热状态送往轨梁厂,在连续式加热炉内加热至1100℃左右,在轨梁轧机经11道次轧成50 kg/m钢轨,终轧温度为900 ~950℃,经热锯切断成定尺为12.5 m的钢轨。所有每罐钢轨都在热锯上切取白点和低倍组织试样,白点试样取在相当于钢锭的头部。由白点检查结果可知,新成分钢轨的白点敏感性高,几乎所有热锯试样上都有白点缺陷。钢轨在冷却台架上冷至550 ~580℃装入缓冷坑,缓冷坑盖盖后坑底最低空气温度为370 ~490℃,经盖盖缓冷5 h,揭盖后停留1.5 h后,有效地预防了白点缺陷。

低倍组织试样在相当于钢锭头部和尾部所轧制的钢轨上切取,检查表明,新成分钢轨的低倍组织与一般碳素钢轨大致相同,相当于钢锭头部所轧制的钢轨上常出现皮下夹杂,相当于钢锭尾部所轧制的钢轨上,常出现皮下气泡及夹杂,新成分钢轨因低倍组织不合格改为次品者约26t,占全部钢轨的2.2%左右,其一级品率为93.42%,新成分钢轨的表面质量基本良好。

新钢种钢轨经缓冷出坑后进行矫直、铣头和钻孔,操作人员反映这些钢轨因硬度较高,估计影响铣头钻孔效率15%左右。

AP1 钢轨投产 10 多年来，根据 400 多万吨的生产经验，这种钢轨白点敏感性高，化学成分容易超标，1969 年以后出现钢轨底裂缺陷。

针对白点与缓冷问题，据统计 1966 年开始投产时，钢轨的热锯白点率为 52%，同期碳素钢轨的热锯白点率为 15% 左右，AP1 钢轨的热锯白点率显著较高，1973 ~ 1976 年的统计，AP1 钢轨热锯白点率一般为 45%，见表 4 – 14。

表 4 – 14　热锯白点情况

项目＼时间	1966 年	1973 年	1974 年	1975 年	1976 年上半年
检验罐数	2118		1479	4792	2594
白点率/%	52	47.6	64.7	42.3	41.94

AP1 钢轨对白点敏感是由于钢中锰含量较高所引起的。钢中锰含量的增加提高了白点的敏感性，主要是因为锰含量的提高会降低氢在钢中的溶解度，使白点容易出现。另外还因为锰含量的提高，锰铁加入量增多，而锰铁的氢含量较高，氢气随锰铁而进入钢内，增加了钢液内的氢含量。

由于 AP1 钢轨对白点敏感，就应当要求钢轨的缓冷操作比碳素轨更为严格，尽量抓紧装坑操作，提高钢轨的装坑温度，加强坑壁、坑盖的维修，钢轨装坑盖盖后用水渣封严，保证坑内温度下降缓慢，使坑内的缓冷条件近似于等温处理，有效地扩散氢气，才能保证消除白点缺陷。生产经验表明，43 kg/m 的 AP1 钢轨装坑盖盖后缓冷 4.5 h；50 kg/m 的钢轨盖盖缓冷 5 h，还要求盖盖后坑底热电偶指示的空气温度为 350℃ 以上。在这种条件下经缓冷处理的 AP1 钢轨，其热锯白点缺陷已全部消除；经这样缓冷处理的 300 多万吨普通碳素钢轨，从未出现过白点缺陷。

“文革”期间，经缓冷后的钢轨连续出现白点达 59 坑次，通过对缓冷坑的操作情况进行调查和标定，表明钢轨缓冷后出现白点缺陷的主要原因是管理、操作混乱和设备不能满足使用要求，譬如缓冷坑坑盖的结构不合理，盖盖后坑盖的两头普遍翘起，严重者翘起高度距地面达 200 mm，而且坑壁普遍失修，坑内的热量迅速外逸，钢轨达不到切实缓冷的目的。据测定某厂生产的电磁盘，按规定操作进行装坑时，大约运转 10 h 就不能使用了，按规定要求，钢轨前三排的装坑温度不准低于 550℃，四排以后的钢轨装坑温度不准低于 500℃，而该厂电磁盘的设计规定是，不准许在 450℃ 以上使用。因此从统计资料看出前三排钢轨的装坑温度低于规定要求的占 44%，四排后占 20%。由于钢轨的装坑温度低，盖盖后坑底的最高空气温度只能达到 210 ~ 295℃，远远低于规定允许的下限 350℃，更由于缓冷坑的保温效果不好，经缓冷后的钢轨不能充分的扩散氢气，经常引起白点缺陷的出现。

为解决 AP1 钢轨缓冷后的白点问题，首先是加强管理，装坑用的电磁盘性能必须符合要求，改进坑盖的结构，加强坑壁维修，装坑操作和钢轨在坑内的缓冷情况必须符合规定的要求，缓冷后钢轨的白点缺陷就会消除。

而对于化学成分问题，AP1 钢轨的生产情况表明，炼钢厂在控制化学成分方面超出规格较多，大都是锰含量超出上、下限，而改为轻轨，造成不合理的使用，给国家造成浪费。这主要是因为 AP1 钢轨的化学成分范围比较窄引起的。炼钢人员反映 AP1 的硅、锰比不易控制，如碳素轨 P75 的锰、硅比是 4:1，而 AP1 为 6:1，在生产 AP1 时要在炉前加高碳锰铁，锰的效率波动较大。炼钢厂在操作方面控制不够严格是成分超差的又一原因,如表 4－15 所示,AP1 开始生产时,成分超差比较少,1969 年以后改钢的数量显著增多,这显然与管理和操作有关。

表 4－15 化学成分出格情况

钢种 \ 改钢罐数 \ 时间	1966 年	1967 年	1969 年	1971 年	1976 年
AP1	38	54	133	241	564
P75	10	5	2		

为解决成分超差问题,一方面应该与铁道部门商讨适当放宽化学成分范围,在修订标准时,应全面考虑到钢种的系列化问题,使超差的钢可利用;另一方面,还应加强操作和管理。

严重的轨底裂纹即是底裂缺陷,1968 年以前生产的 AP1 和碳素钢轨没有底裂缺陷。AP1 钢轨是 1966 年大批投产的,同时也允许生产碳素钢轨 P75,根据统计资料,AP1 钢轨的一级品率比同期生产的碳素钢轨稍高,钢质不良稍有降低,特别是裂纹缺陷比同期的碳素钢轨也稍有减少,见表 4－16。看不出 AP1 钢轨因锰含量提高对钢轨的表面质量的影响。1967 年以后全部冶炼的 AP1 钢轨,由于碳素轨的数量很少(一般是过去生产的落地冷锭),质量检查部门无法分开统计质量,后来生产管理和操作出现了混乱现象,自 1969 年以后,生产中出现了钢轨底裂缺陷,显然主要与管理和操作混乱直接有关。

表 4－16 钢轨质量情况

钢种	规格/kg · m^{-1}	检查量/t	一级品率/%	钢质不良/%	主要缺陷/%		
					结疤	裂纹	轧废
AP1	50	2534.1	96.26	3.21	1.77	1.23	0.09
	44	149420.9	97.42	1.82	1.21	0.46	0.06
P75	44	121982.8	97.18	2.04	1.19	0.51	0.07
	50	129760.5	95.67	3.33	1.87	1.01	0.07

试验结果表明,钢轨的底裂缺陷在显微镜下进行观察时,可以看到大块及圆点状氧化铁夹杂,经腐蚀后裂缝的两壁呈严重脱碳现象,证明底裂缺陷与原钢坯裂纹直接有关。根据钢锭与钢坯的缺陷对照试验,进一步证实底裂缺陷确实与钢坯的表面裂纹转变有关;而钢坯的表面裂纹又与钢锭的表面裂纹有直接关系。

因此消除底裂缺陷的主要办法应该是减少钢锭表面的裂纹缺陷,严格控制出钢温度在 1565 ~ 1575℃,杜绝出高温钢,加强整模操作,列型要齐,坐帽要正,接口不准漏钢,避免钢锭悬挂,不合格的钢锭模应按标准作废,铸锭时铸流要对正底塞,就会大大减少钢锭表面的裂纹。

4.2.2 线路局部考察和全面使用

4.2.2.1 线路局部考察

根据生产和试验室的资料,热处理参数的测定和轨端淬火、显微组织与钢轨各项性能的研究，已初步看出中锰钢轨具有优良的使用性能。为进一步研究其在线路上的使用价值，先后在全国各铁路干线上选择了十几个试验区段，试验区段大都是曲率半径较小的弯道，也有一些终年潮湿的隧道。在这些弯道上，普碳钢轨的磨耗是非常严重的，而铺设在隧道内的普碳钢轨的锈蚀问题又最为突出。

对中锰钢轨在各试验区段的使用情况进行了测定和考察，钢轨头部的磨耗是用铁研 63 型测磨仪进行测定的，磨损值以 mm 计算，其测量情况如图 4－18 所示，图中 8 和 6 分别代表钢轨的侧面磨耗和垂直磨耗。

根据京广线的测定结果，中锰钢轨的耐磨性能相当于普碳钢轨的 1～2 倍，同时其他使用情况都比普碳钢轨好。而对比的普碳钢轨的轨头踏面则出现了严重的压溃现象，见图 4－19；轨端淬火过渡区出现较严重的剥落掉块缺陷，如图 4－20 所示；含钛钢轨出现沿全长掉块现象，见图 4－21。铺设在该区段的前苏联钢轨的压溃现象也是普遍出现，但淬火过渡区的剥落掉块现象几乎没有，硬度测定结果表明，掉块部位的硬度最高达 HB500 左右，一般都出现在距轨端 110～130 mm 处。

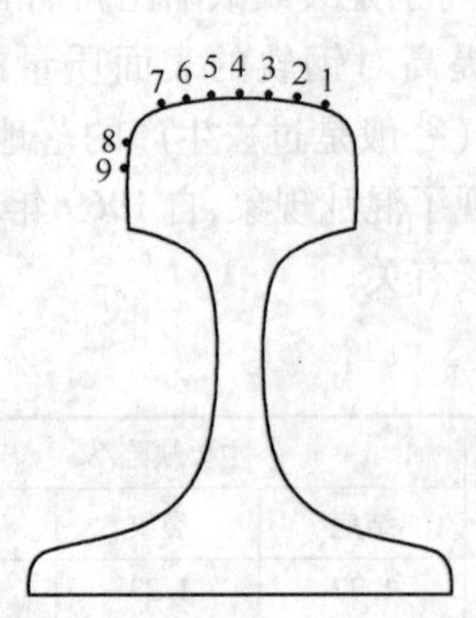

图 4－18 测量磨耗位置

图 4－19 普碳轨压溃缺陷

图 4－20 淬火过渡区掉块

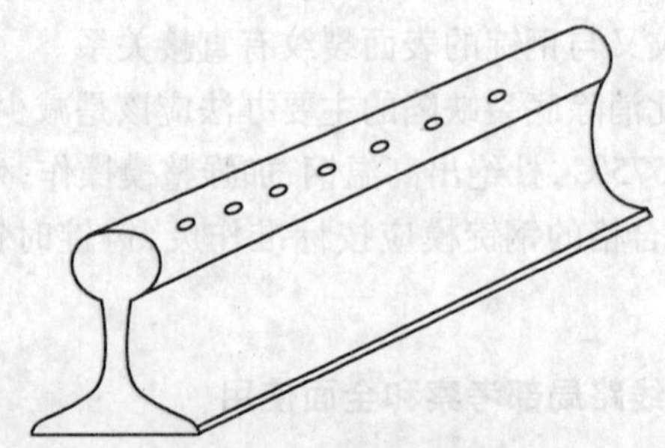

图 4－21 钢轨全长掉块

在使用条件下还看出，在弯道半径相近的条件下，炉号为627178丙的高硅钢轨使用性能比较好，在弯道上内股钢轨的压溃现象较轻，外股钢轨的磨耗比较少。其主要化学成分是：碳含量0.68%、锰含量0.9%、硅含量0.80%。炉号为626101甲的中锰钢轨，使用性能也令人满意，与高硅钢轨相比较，在使用条件几乎相同时，外轨的磨耗量也是比较少的，其主要成分是碳含量0.73%、锰含量1.30%、硅含量0.28%。炉号为626096甲的高硅钢轨耐磨性能最不好，其主要成分是：碳含量0.56%、锰含量1.14%、硅含量1.22%，该炉号的特点是，碳含量甚低，硅、锰含量都较高，成本高，使用性能都比较差，这与试验结果相一致，表明了降低钢的碳含量，显著提高硅、锰含量，不仅增加原材料消耗，提高成本，同时钢轨的使用价值也不大。低合金轨与普通轨磨耗量对比见图4-22。

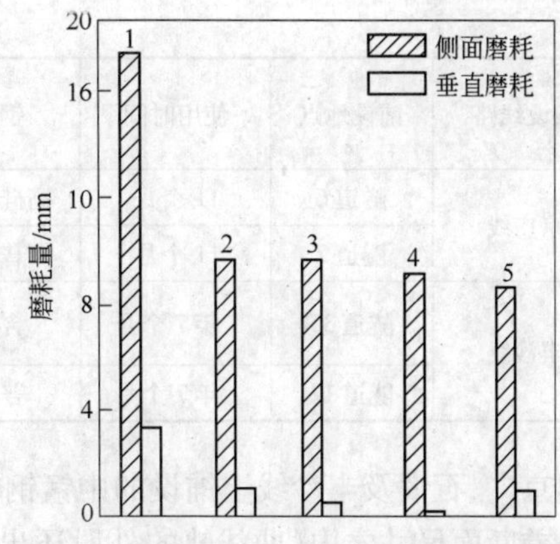

图4-22 低合金轨与普通轨磨耗量对比
1—普碳轨；2—高硅轨97125乙；3—高硅轨92181丙；4—高硅轨92181丁；5—钛轨97215丙

中锰钢轨在选择其化学成分的时候，碳的含量要特别慎重，否则对钢轨的成本及使用价值都会带来比较大的影响。

京包线的测定结果表明，经7年的使用，在直线地段最大磨耗为1.1 mm；在曲线半径为309 m的弯道上，炉号为83481乙的高硅钢轨侧面磨耗为4.8 mm，垂直磨耗为0.55 mm。炉号为87493甲的中锰钢轨侧面磨耗为4.2 mm，垂直磨耗为0.84 mm。曲线地段钢轨的磨耗量普遍较大，在缓和曲线个别处的磨耗也较大，可达2.76 mm。

根据测定结果，铺设在成渝线、石太线、京广线、宝成线、丰沙线和宝兰线隧道或弯道上的中锰和高硅含铜钢轨，都具有比较高的耐磨性能。

含铜钢轨具有抗锈蚀的优良性能，为了观察含铜中锰、高硅钢轨的抗锈蚀能，曾把这些钢轨铺设在湿度较大的隧道内，因为隧道内的湿度大，墙壁上有的经常流水，尤其是雨季，隧道内更潮湿，在这种隧道内钢轨的防蚀问题极为重要，严重时普碳轨每年沿腰部或底部被锈蚀的厚度约为1.5 mm。

根据初步测定结果，含铜中锰和高硅钢轨的抗锈蚀能力比普碳轨高一倍左右，在使用期限相同的条件下，含铜钢轨的锈蚀层厚度一般只有普碳轨的一半左右，见表4-17。

表4-17 隧道内高硅、中锰含铜轨与普碳轨腐蚀

铺设线路	铺设地点	使用时间	钢 质	炉罐号	轨腰锈蚀层厚度/mm			备 注
					最小	最大	平均	
京广线	隧道1	1年9个月	高硅含铜轨	163258甲	0.50	1.45	1.07	湿度93
	隧道2	1年6个月	中锰含铜轨	163272甲	0.80	1.60	1.20	湿度80
	隧道3	1年6个月	普碳轨		1.65	2.25	2.00	湿度87
	隧道4	1年6个月			2.00	4.15	2.73	
	隧道5	1年6个月	高硅含铜轨 中锰含铜轨	163258甲 163272甲	0.50	1.70	1.10	

续表 4－17

铺设线路	铺设地点	使用时间	钢　质	炉罐号	轨腰锈蚀层厚度/mm			备　注
					最小	最大	平均	
京广线	隧道 6	11 个月	高硅含铜轨	163258 甲	1.00	1.55	1.00	
	隧道 7	11 个月	普碳轨		1.25	1.80	1.43	湿度 76
丰沙线	隧道 35	1 年 7 个月	含铜轨	163250 及 163272 甲	0.10	0.55	0.45	湿度 43
	隧道 12	1 年 7 个月	普碳轨		0.10	2.55	2.30	湿度 58

京广、石太及丰沙线上铺设的中锰钢轨，经一年多的使用磨耗量很少，大部分钢轨仍在原公差断面尺寸之内（曲线轨的外股还出现负值），而同时期铺设的普碳轨，侧面磨耗却达 2.9 mm。

铺设在 744 km 附近处第Ⅰ方案试验轨，经 12 年的使用，上股钢轨的侧面最大磨耗量为 6.7 ~ 9.1 mm，垂直磨耗量为 1.7 ~ 2.8 mm；第Ⅲ方案的钢轨，上股侧面磨耗为 9.8 ~ 11.3 mm，垂直磨耗为 1.4 ~ 1.9 mm，见表 4－18。沿钢轨的全长仔细观察，发现试验钢轨踏面已出现轻微的波浪，这种情况钢轨最少可再使用 2 ~ 3 年以上。

表 4－18　试验钢轨磨耗

试验方案	钢种	炉罐号	化学成分（质量分数）/%					磨耗量/mm	
			C	Mn	Si	P	S	上股侧面	上股垂直
Ⅰ	AP1	654180 乙	0.74	1.38	0.34	0.013	0.027	6.7 ~ 9.1	2.0 ~ 2.3
		654180 丙	0.74	1.28	0.21	0.013	0.025	8.2 ~ 9.1	1.7 ~ 2.8
Ⅲ	中锰	653360 甲	0.61	1.86	0.25	0.011	0.026	9.8	1.4
		653360 乙	0.60	1.83	0.27	0.012	0.025	9.5 ~ 11.3	1.4 ~ 1.9

注：线路曲线半径 377 m，坡度 7.60%，超高 90 mm。

AP1 钢轨大量投产后，在半径不很小的曲线上有良好的耐磨性能。1969 年铺设在浙赣线 45 km 附近半径为 470 m 曲线上的 AP1 钢轨，经 5 年使用，上股钢轨的磨耗只有 2.0 mm 左右。由于 AP1 钢轨的硬度有明显提高，接头处的鞍形缺陷明显减少；例如浙赣线 185 ~ 192 km 处铺设的碳素钢轨使用 2 ~ 3 年就因鞍形缺陷严重而进行打磨，AP1 钢轨铺用 6 年后，鞍形磨耗一般为 1 mm，最大 3 mm。根据衡阳工务段的 16 处半径为 300 m 左右，小半径弯道的铺设情况看出，AP1 钢轨的耐磨性能不能满足使用要求。

4.2.2.2　全面使用

A　耐磨性能

AP1 中锰钢轨由于提高了强度和硬度，增加了钢轨的耐磨性能，改变了普碳轨不耐磨的情况。根据广州局郴州工务段测定，在京广线南段曲线半径为 *R*327 m、*R*392 m 的弯道上，AP1 钢轨经 8 年 5 个月的使用，轨头侧磨为 7.31 mm，平均每年磨耗 0.8 mm。而 P74 普碳轨经 2 年 3 个月的使用，轨头侧面磨耗为 5.6 mm，年平均磨耗量为 2.5 mm。在京广线南段 K590 + 130 曲线半径为 *R*367 m 的弯道上，AP1 钢轨铺设 2 年 4 个月运量仅 5000 万 t，轨头侧面磨耗为 12.49 mm。铺设在湘桂线曲线半径为 *R*300 m 的 16 个弯道上，其中 6 个弯道经两年半的使用，轨头侧磨达 13 ~ 16 mm（应当更换）。其余不到 3 年全部因磨耗超限而拆换。

表明在小半径弯道上AP1钢轨的耐磨性能仍不能满足使用要求。大量生产后的AP1钢轨在直线或大半径弯道上使用,耐磨性能比普碳轨好。浙赣线K45 km曲线半径为*R*470 m的弯道上,经四年使用轨头侧磨为2.0 mm,铺设在K185~K192 km的直线及曲线半径大于700 m的弯道上的钢轨,经6年多使用,平均磨耗量为1.5 mm。

B 抗压性能及轨缝接头

经多年铺设使用,AP1钢轨表现出较好的抗压性能,克服了过去普碳轨出现的严重压溃现象。同时轨端淬火工艺的改进,使马鞍形磨耗出现的时间推迟,程度减轻。铺设在浙赣线K185~K192 km处的AP1钢轨经使用6年后马鞍形磨耗一般为1.0 mm。过去普碳轨经使用2~3年马鞍形磨耗就很严重,需要进行打磨。郴州工务段的AP1钢轨使用3年后出现约1mm的马鞍形磨耗。

C 焊接性能

经过多年各焊轨厂实践证明,AP1钢轨的焊接性能良好,工艺比较容易掌握,焊接质量稳定,能适应接触焊、气压焊和铝热焊等工艺,可适应铁路无缝线路的发展。

D 核伤、剥离情况

AP1钢轨在线路上核伤出现较早,特别是弯道上股更为突出,据统计一般使用2年半左右就发现有核伤。在津浦路下行K417 km,半径为*R*640 m的弯道上,1969年铺设的AP1钢轨,1972年7月经探伤检查就发现了核伤而更换。京广线信阳工务段铺设的AP1钢轨,使用2~4年就发现核伤轨4根。石太线K52~K62 km,1973年1月铺设同年8月检查10 km,发现不同程度的核伤轨7根。核伤的早期出现反映了AP1钢质内不清洁,存在一定的有害夹杂物。AP1钢轨在曲线内侧提高了耐磨性能,同时也出现剥离现象,但出现剥离的时间较晚,剥离的程度较其他合金钢轨轻。

E 钢轨底部裂纹

AP1钢轨在使用中发现大量轨底裂纹,1979年齐齐哈尔铁路局,在平齐线上行117 km内有99根伤损轨,其中有92根轨底裂纹,在平齐线128 km内有74根伤损轨,其中有73根为轨底裂纹。在滨州线265 km内,发现55根伤损轨,其中轨底裂纹31根。其他局也情况类似。沈阳铁路局在长大线23 km内伤损轨有137处,其中94处是轨底裂纹,轨底裂纹的情况不但在线路上发现,而且在焊轨厂里的新钢轨也发现轨底裂纹,表明线路上的轨底裂纹是钢轨出厂时就存在的(漏检钢轨),由于在线路上受力或腐蚀而扩大。

以上情况表明,AP1钢轨具有较好的耐磨、耐压性能,它适于在大半径弯道及直线上使用,较普碳轨使用寿命提高一倍以上,减轻了马鞍形磨耗,减少线路养护工作量,具有良好的焊接性能,适应无缝线路的发展。

4.2.3 鉴定转产

由原冶金部、铁道部共同组织有关单位进行鉴定,形成统一的意见。

中锰轨钢号是立足于我国资源,以锰为强化元素,其冶炼、开坯、轧制工艺要求符合鞍钢生产条件,已经投入大批量生产,经多年的线路行车考核证明,中锰轨具有较好的耐磨、耐压性能,在大半径弯道及直线上使用,较碳素钢轨耐磨性能提高一倍以上,同时也减轻了马鞍形磨耗,减少线路养护工作量,具有良好的焊接性能,适应铁路无缝线路的发展,是性能优良的钢号之一,因此一致同意进行鉴定转产。

为解决钢轨生产中存在的缺陷,进一步提高中锰轨质量,在今后生产中,应尽量按上限控制化学成分,逐步采用吹氩净化钢质,提高钢的纯净度,采用超声波探伤检验,以确保钢轨内部质量。

铁路用中锰钢轨 AP1 钢号转产化学成分见表 4-19。

表 4-19　钢号化学成分

元　素	C	Si	Mn	P	S
含量/%	0.65~0.77	0.15~0.35	1.1~1.5	≤0.04	≤0.04

力学性能为:极限强度不小于 883 MPa;伸长率热轧状态取样暂定 7%(由生产厂积累资料,在另订正式技术标准时,另订交货状态的标准)。

白点检验,保证交货状态无白点。1981 年纳入国家标准 GB2585—81,钢号由 AP1 改为 U71Mn。伸长率由 7% 改为 8%。

4.3　高硅钢轨的开发

4.3.1　研制过程

4.3.1.1　概况

我国山区较多,铁路弯道约占铁路总长的四分之一,普碳碳素轨在曲线半径为 600 mm 弯道上的使用寿命一般为 2~4 年。在货运强度大、弯曲半径小的主要干线,碳素轨的寿命只有一年左右,就因磨耗严重而拆换,不但消耗大量钢轨,给线路维修养护也带来很多困难。随着铁路运量的不断增加,行车速度的不断加快,以及新建铁路的逐年增加,钢轨强度不相适应的问题愈来愈严重。开发高硅钢轨的目的,就是为提高钢轨的强度和耐磨性能,解决弯道用钢轨的磨耗与压溃问题。

我国研制高硅钢轨是从 1958 年开始的,而国外对此种钢轨早已进行了研制。美国的普韦布罗厂生产硅含量为 0.6%~0.8% 的高硅钢轨,与碳素钢轨相比,高硅钢轨的强度极限可提高 40~50 MPa;日本生产了硅含量为 0.5%~0.8% 的高硅钢轨;前苏联研制过碳含量为 0.68%~0.75%、锰含量为 0.81%~0.85%、硅含量为 0.49%~0.64% 的高硅钢轨。我国的设想是在国外研究的基础上,进一步研制 C、Si、Mn 的合理配比,进一步提高其综合使用性能。硅的贮量丰富,适应我国的资源。据 GB2585—81 规定,高硅钢轨 U70MnSi 的强度极限为 883MPa,与中锰钢轨 U71Mn 是同一级别。

研究结果表明,把高硅钢轨的化学成分按碳含量为 0.66%~0.76%、硅含量为 0.77%~1.15%、锰含量为 0.88%~1.19%、磷含量不大于 0.04%、硫含量不大于 0.04% 控制,进行批量生产,与鉴定转产后的中锰钢轨相同,按正常生产的规定进行检验。力学性能、冲击等试样在缓冷之前切取进行初检,初检发现不合格的经缓冷后再进行复检,复检合格可交货,复检不合格则改为降级使用。生产实践证明,在大规模生产、按常规进行检验的条件下,高硅钢轨的强度极限都达到 980 MPa,伸长率不小于 7.0%。与中锰钢轨 U71Mn 相比较,高硅钢轨具有明显的技术优势。

焊接试验表明,高硅钢轨可焊性好,能适应无缝线路的发展。

根据试制和铺设使用结果,高硅钢轨的耐磨性能、抗压性能和抗剥离性能较好。但是在冶炼浇铸过程中,因出现焊模问题无法解决,致使钢锭模周转困难影响生产。虽然早已纳入国家标准,但由于生产存在困难,只能少量接收订货。现在炼钢已取消了模铸工艺,改为连铸生产,焊模问题随之解决。连铸经验表明,可顺利生产硅含量为1.5%的钢轨。

高硅钢轨与现行的U75V钢号相比较,它们的强度极限是同一级别,因为钒铁的国际价格较高,经估算每吨高硅钢轨原材料消耗比U75V可减少6%左右。这表明生产高硅钢轨具有经济优势。在市场经济的条件下,高硅钢轨具有较强的竞争力,因此应当采用高硅钢轨代替U75V钢轨。

4.3.1.2 高硅钢轨的试验研究

经过多年的试制和铺设使用,高硅钢轨在小半径弯道地段耐磨性能是碳素钢轨的3~4倍,抗压性能好,剥离较轻微。我国研制的高硅钢轨与碳素钢轨相比较,抗拉强度约提高150MPa,明显高于美国的同类钢轨。但是由于硅、锰含量范围窄,化学成分容易超出规定范围,生产工艺和管理有困难;还因为在研制初期该钢种缺少系统的试验数据,从没进行过焊接试验,因此确定在原U-Si钢号的基础上提锰降硅,并适当放宽范围,由生产厂和铁道部双方合作进行高硅钢轨焊接试验。在高硅钢轨完善化试验中,对钢轨化学成分的上、中、下限进行各项性能研究,摸清钢轨的各项性能波动范围。

A 生产工艺和钢轨质量

高硅钢轨采用容积为300 t倾动式平炉进行炼钢。在炉内用硅锰合金和锰铁脱氧,所加入的铁合金预先要进行烘烤,罐内加入硅铁,在出钢前和出钢过程中放入盛钢桶。盛钢桶的水口直径为60 mm,采用上铸或下铸法铸成单重为5.7 t和6.34 t钢锭,钢锭经脱帽、松动后热送初轧厂。根据生产统计资料历年来共生产高硅轨钢锭约100万t,良锭率为98.4%,与同期生产的中锰轨钢锭基本相同。高硅轨钢锭送到初轧厂后,必须在热状态下装入均热炉,装炉时炉温为1300~1340℃,均热好的钢锭由1100 mm初轧机开坯,经610 mm连轧机轧成断面尺寸为180 mm×227 mm或198 mm×225 mm的钢坯,其定尺长度分别为7.5 m和7.82 m。钢坯的成材率为82.4%,与同期的中锰轨钢坯也大致相同。

钢坯在二段或三段连续式加热炉内加热至1100℃左右进行钢轨轧制,终轧温度为900~950℃,轧后的钢轨在热锯锯成25 m的定尺,并根据规定和协议要求切取落锤、低倍、力学性能和白点试样进行生产检验。所有钢轨经中央冷却台冷却到550~580℃,用电磁吊车装入缓冷坑以消除白点。钢轨经6~6.5 h缓冷后,进行矫直及轨端加工。必须说明的是,高硅钢轨由于硬度较高,一般为HB280~302,不进行轨端中频加热淬火处理。

根据生产统计资料,与中锰轨相比较,高硅钢轨的一级品率降低3.43%,主要原因是钢质不良和操作不良有所增加,探伤不合格的增多,如表4-20所示。

表4-20 1985年高硅钢轨产品质量分析表

钢号	检查量/t	各产品等级比例/%			各次品原因比例/%			各主要缺陷比例/%	
		一级	工业	废品	钢质	操作	精整	探伤不合格	结疤
高硅	5100.8	91.3	8.42	0.235	2.62	1.03		6.61	2.29
中锰U71Mn	111624.0	94.74	5.15	0.089	1.15	0.25		3.8	0.83

根据 GB 2585—81 规定，U70MnSi 钢号的硅、锰含量都是 0.85% ~1.15%，允许波动范围0.30%。生产检验表明，化学成分不合格的占生产总量19.4%，其中硅不合格的为8.3%左右，锰不合格的为11.1%。表明在当时操作条件下，现有的炼钢水平不能保证硅、锰含量波动在0.30%以内。钢中硅含量较多时，硅的化验结果不易准确，波动范围大，生产检验时硅含量很容易超出标准范围，因此高硅钢轨的硅含量波动范围不能少于0.40%。

生产检验结果表明，高硅钢轨的强度极限一般为 980 ~1030 MPa，中锰轨的强度极限一般为920 ~1030 MPa，比中锰轨约提高55 MPa。伸长率为8.0% ~14.0%。钢轨的表面硬度一般为 HB280 ~302，中锰轨一般为 HB260 ~280。钢轨的低倍组织合格，经缓冷后的钢轨保证没有白点缺陷。高硅轨生产检验结果见表 4 -21。

B　热处理参数、片间距与显微组织

a　奥氏体等温转变曲线

由测定结果看出，碳素钢轨等温转变时，珠光体的最小孕育期一般都小于1s。高硅钢轨的最小孕育期约为2.5 s，表明硅、锰等元素增加了奥氏体的稳定性，这是因为在钢的奥氏体等温转变过程中硅、锰等元素阻碍了钢中铁原子和碳原子的扩散，使相变过程延缓，推迟了奥氏体的分解时间，使 C 曲线右移，如图 4 -23 所示。

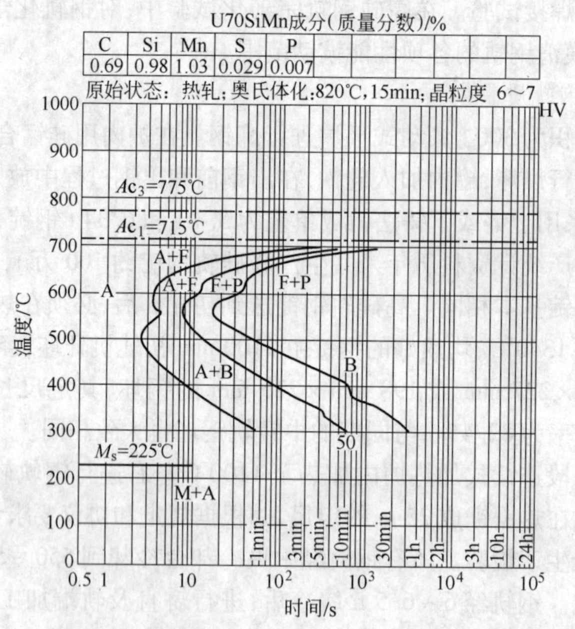

图4 -23　高硅钢轨的奥氏体等温转变曲线

b　相变点

根据全自动膨胀仪的测定，高硅钢轨的珠光体转变为奥氏体的 Ac_{1b} 点为 709℃，铁素体开始溶解于奥氏体的 Ac_{1e} 为 726℃，Ac_3 点为 772℃，见图4 -24、表4 -22。

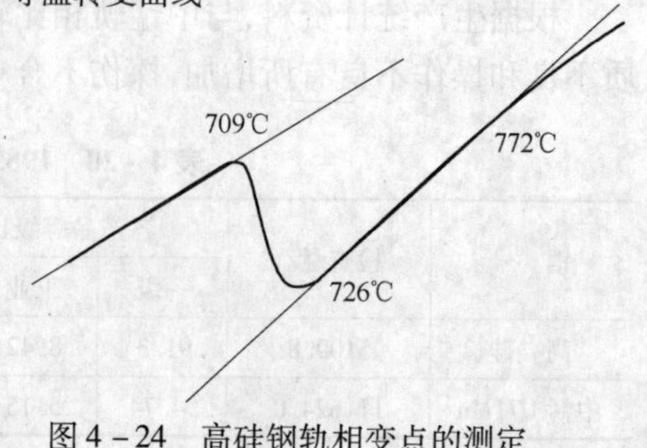

图4 -24　高硅钢轨相变点的测定

表 4－21 1985 年 50 kg/m 高硅轨生产检验结果

炉罐号		化学成分(质量分数)/%						力学性能			
								初检		复检	
		C	Si	Mn	P	S	碳当量	R_m/MPa	A/%	R_m/MPa	A/%
852127	甲	0.70	1.0	1.06	0.014	0.032	1.215	1000	9.0		
	乙	0.71	0.96	1.04	0.016	0.031	1.21	1020	7.5		
	丙	0.70	1.04	1.07	0.017	0.030	1.228	1020	7.5		
856133	甲	0.67	1.03	1.09	0.01	0.033	1.20	1000	9.0		
	乙	0.67	1.01	1.08	0.01	0.033	1.193	980	9.0		
	丙	0.68	1.01	1.16	0.011	0.032	1.223	980	9.0		
857127	甲	0.68	0.93	1.04	0.012	0.034	1.173	1000	9.0		
	乙	0.68	0.93	1.04	0.012	0.034	1.173	1060	8.0		
	丙	0.70	0.93	1.01	0.012	0.034	1.185	990	8.0		
857128	甲	0.67	0.95	1.05	0.01	0.029	1.170	990	9.5		
	乙	0.66	0.92	1.04	0.01	0.029	1.150	970	10.0		
	丙	0.66	0.97	1.05	0.01	0.028	1.165	1000	9.5		
859278	甲	0.71	0.95	1.12	0.015	0.024	1.228	1020	9.0		
	乙	0.70	0.96	1.05	0.015	0.024	1.203	980	8.0		
	丙	0.71	1.01	1.07	0.015	0.023	1.23	1020	8.0		
852405	甲	0.68	0.90	1.01	0.01	0.03	1.158	1020	6.0	1010	11.0
	乙	0.69	0.93	1.00	0.01	0.03	1.173	890	2.5	990	14.0
	丙	0.70	0.94	1.08	0.01	0.029	1.205	1010	7.0		
854593	甲	0.70	0.95	1.10	0.014	0.024	1.213	断		1060	10.0
	乙	0.70	0.94	1.14	0.016	0.023	1.22	825	1.0	1080	10.0
	丙	0.70	0.90	1.12	0.02	0.022	1.205	745	2.0	1060	10.0
854603	甲	0.70	0.98	1.11	0.021	0.028	1.223	1000	6.6	1040	11.0
	乙	0.66	0.92	1.11	0.027	0.027	1.168	795	1.0	1030	11.0
	丙	0.70	0.93	1.15	0.026	0.026	1.22	1040	5.6	1050	9.0

续表 4－21

炉罐号		化学成分(质量分数)/%						力学性能			
		C	Si	Mn	P	S	碳当量	初检		复检	
								R_m/MPa	A/%	R_m/MPa	A/%
654614	甲	0.72	0.94	1.06	0.025	0.025	1.22	1010	7.0		
	乙	0.71	0.94	1.06	0.02	0.02	1.21	1000	7.0		
	丙	0.72	1.02	1.12	0.025	0.025	1.255	745	2.0	1040	11.0
857433	甲	0.68	0.80	0.91	0.032	0.032	1.108	950	6.9	980	11.0
	乙	0.71	0.81	0.90	0.031	0.031	1.138	940	7.0		
	丙	0.71	0.92	0.93	0.031	0.031	1.173	920	2.5	1000	10
859103	甲	0.69	0.99	1.10	0.034	0.034	1.213	1010	8.0		
	乙	0.69	1.06	1.10	0.034	0.034	1.233	980	7.0		
	丙	0.69	1.01	1.09	0.034	0.034	1.215	890	7.0		
857463	甲	0.70	0.77	0.88	0.026	0.026	1.113	960	9.0		
	乙	0.68	0.80	0.88	0.025	0.025	1.1	970	8.0		
	丙	0.69	0.85	0.95	0.025	0.025	1.141	950	8.0		
855487	乙	0.70	0.88	1.04	0.029	0.029	1.18	1000	8.0		
853583	甲	0.67	0.99	1.02	0.022	0.022	1.173	990	7.0		
	乙	0.68	0.99	1.05	0.022	0.022	1.191	1030	9.0		
	丙	0.69	1.03	1.19	0.021	0.021	1.246	930	3.0	1070	11
856490	甲	0.70	1.03	1.02	0.025	0.025	1.213	1030	10.0		
	乙	0.70	0.98	0.97	0.024	0.024	1.188	1010	9.0		
	丙	0.69	0.95	1.05	0.023	0.023	1.191	980	9.0		
856492	甲	0.70	1.08	1.10	0.031	0.031	1.245	1010	8.0		
	乙	0.69	1.04	1.04	0.030	0.030	1.21	1010	9.0		
	丙	0.69	1.15	1.19	0.029	0.029	1.276	1020	10.0		

表 4-22 相变点测定结果

项 目	Ac_{1b}	Ac_{1e}	Ac_3	Ar_1	Ar_3	备 注
温度/℃	715	730	775	645	670	

为证明上述拐点的准确性，进行特点程序试验，把试样加热到735℃，吹气快冷。图4-25表明钢的基体组织为珠光体；图4-26为急冷后得到的马氏体组织，在其右下部可以看到呈圆形或椭圆形的白色组织，经鉴别为铁素体组织。

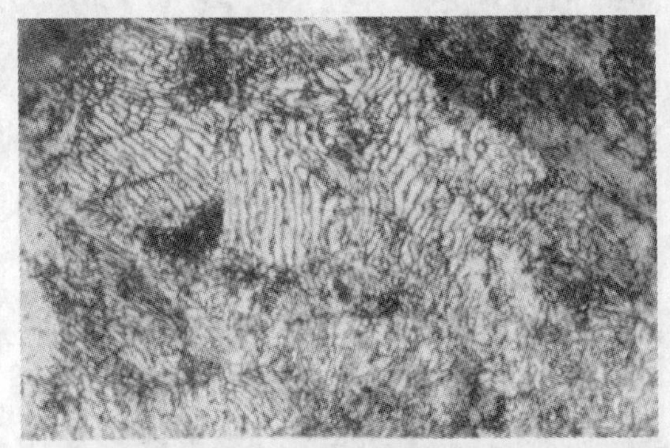

图 4-25 高硅钢轨中的珠光体组织（×600）

图 4-26 马氏体+少量铁素体（×800）

c 淬透性能

采用末端淬火法进行淬透性能试验，测定结果表明，高硅钢轨随碳、硅、锰含量的提高钢的淬硬层加深，随淬火温度的升高钢的淬硬层加深。如化学成分碳当量分别为上、中、下限者，淬火温度为830℃时，其淬硬层深度分别为11.5 mm、5.7 mm、5.0 mm；淬火温度为890℃时，淬硬层深度分别为13.5 mm、6.7 mm 和5.7 mm，见表4-23。

表 4-23 高硅钢轨的淬透性能

炉 罐 号	化学成分（质量分数）/%					淬透深度/mm	
	C	Si	Mn	P	S	830℃	890℃
823672 甲	0.73	1.11	1.28	0.01	0.029	11.5	13.5
821685 甲	0.69	0.98	1.03	0.007	0.029	5.7	6.75
829697 乙	0.67	0.83	0.85	0.007	0.032	5.0	5.75

d 显微组织与片间距

在显微镜下放大100倍观察时看出，高硅钢轨的化学成分含量与显微组织有明显关系。碳、硅、锰含量均为上限时，钢轨的显微组织几乎都是层片状珠光体，见图4-27。碳、硅、锰为中限时呈现断续分布的铁素体，如图4-28、图4-29所示。碳、硅、锰均为下限时，其显微组织中有明显的网格状铁素体，如图4-30所示。由图4-27~图4-30可以明显看出，化学成分碳、硅、锰含量由下限到上限，显微组织有细化趋势，既上限的组织细小，中限的次之，下限的较粗。

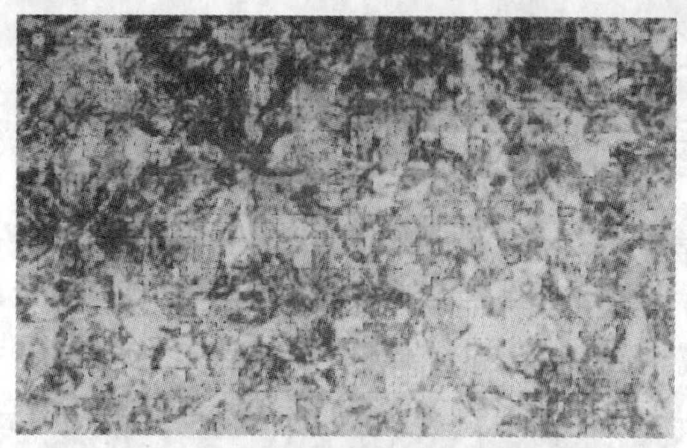

图 4 – 27　片状珠光体组织

图 4 – 28　成分为中限时的铁素体组织

图 4 – 29　断续的铁素体组织

图 4 – 30　网状铁素体组织

珠光体片间距的测定分析，用扫描电镜在放大 3500 倍的视场下进行观察、统计和计算后可以看出，高硅钢轨随化学成分碳、硅、锰的上、中、下限的不同，珠光体的平均片间距有些差异，上限成分的一般平均片间距为 0.2618 μm，中限的为 0.2978 μm，下限的为0.3054 μm；而中锰钢轨珠光体的一般平均片间距为 0.4 μm，见图 4 – 31 ~ 图 4 – 34。表明高硅钢轨随碳、硅、锰含量的升高，钢轨珠光体一般的平均片间距有缩小趋势，且高硅钢轨的平均片间距一般较中锰轨细小。

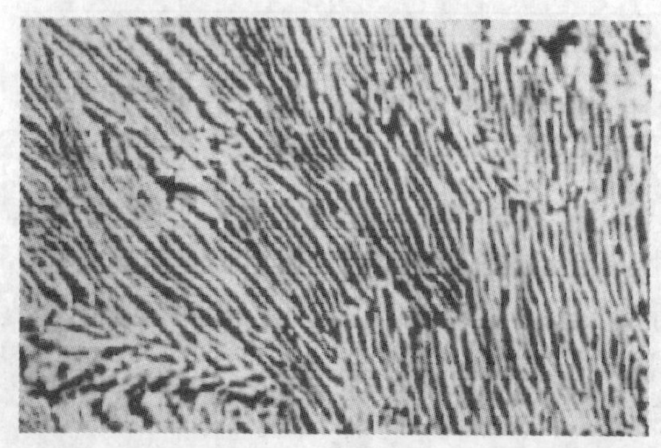

图 4 – 31　U-Si 成分上限时片状珠光体组织

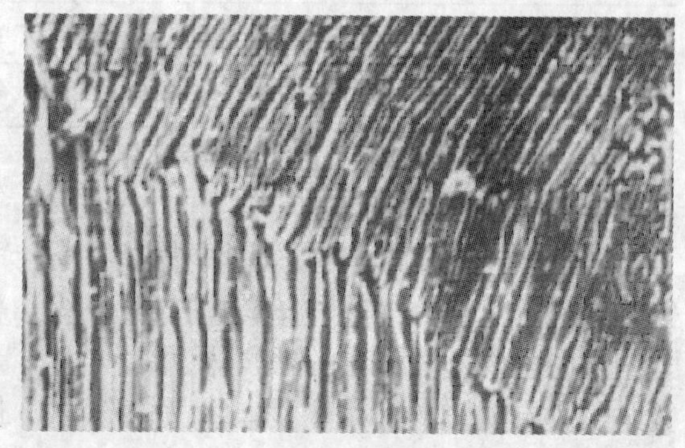

图 4 – 32　U-Si 成分中限时片状珠光体组织

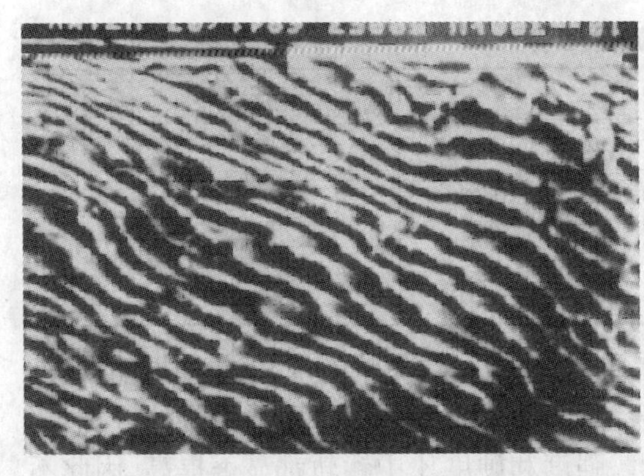

图 4－33 U-Si 成分下限时片状珠光体组织

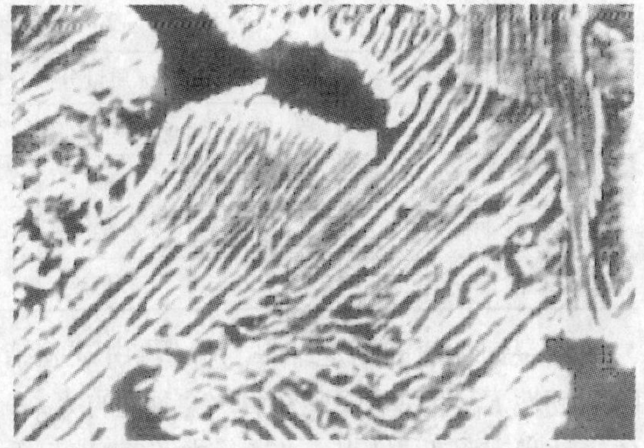

图 4－34 U71Mn 的片状珠光体组织

C 力学性能、导热系数和收缩系数的测定

a 力学性能和硬度

高硅钢轨的屈服强度为 580～665 MPa，强度极限为 930～1060 MPa，伸长率为 10.8%～13.3%，断面收缩率为 15.5%～22.8%。随着碳、硅、锰含量的增加强度升高，塑性降低，如图 4－35 所示。熔炼号为 823672 甲的碳、硅含量为上限，锰含量为 1.28%，其强度极限的平均值为 1070MPa，钢轨的一般表面硬度为 HB285～302。

b 冲击韧性

钢轨的平均室温冲击值一般为 11.3～15.7 J/cm^2。由试验结果看出，冲击值随钢中碳、硅、锰含量的提高呈下降趋势，随试验温度的上升而提高，如图 4－36 所示。

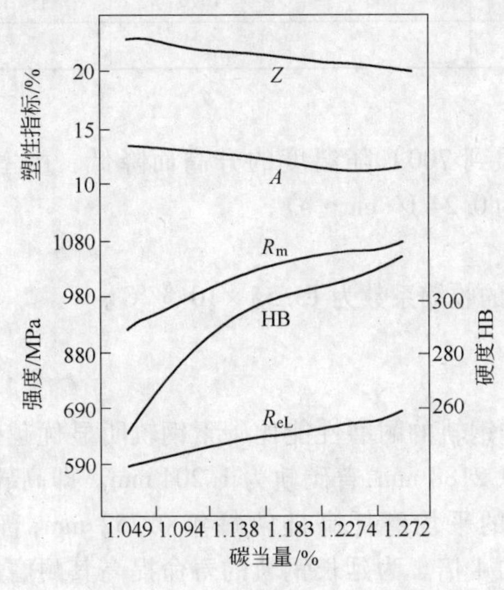

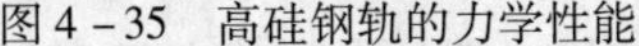

图 4－35 高硅钢轨的力学性能

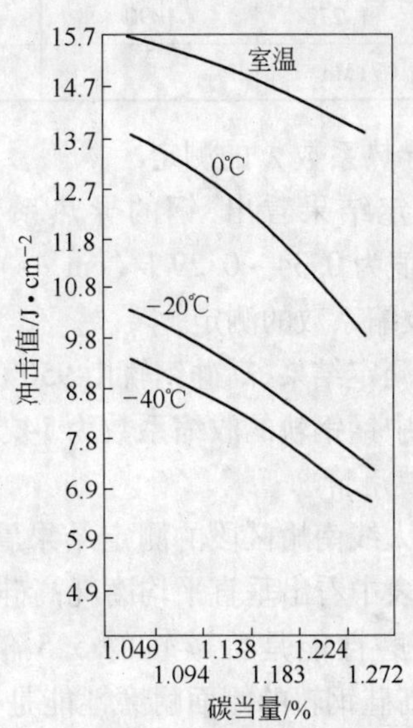

图 4－36 高硅钢轨的冲击韧性

c 疲劳性能

在试验条件下高硅钢轨的疲劳极限强度为 340～360 MPa，随钢中碳、硅、锰含量的提高而升高，见表 4－24。中锰钢轨的疲劳极限强度为 280～310 MPa，表明高硅钢轨的疲劳强度比中锰钢轨提高 15% 左右。

表 4 – 24　高硅钢轨的疲劳性能

炉罐号	化学成分(质量分数)/%					钢轨疲劳极限强度(200 万次)/t	备　注(碳当量)
	C	Si	Mn	P	S		
829697 甲	0.67	0.83	0.85	0.007	0.032	34	下限
821685 甲	0.69	0.98	1.03	0.007	0.029	34	中限
828673 甲	0.74	1.12	1.15	0.009	0.025	36	上限

断裂韧性值的测定结果与分析，由试验结果看出，高硅钢轨随碳当量、极限强度的提高，断裂韧性 K_{IC} 呈现下降趋势，中锰钢轨的 K_{IC} 一般都大于 1370 N/mm$^{3/2}$，高硅钢轨的 K_{IC} 值比中锰轨稍有降低，见表 4 – 25。由于其疲劳、耐磨、强度和硬度比中锰轨都显著提高，因此不影响其使用价值。需要注意的是，在铺设使用中当检查出现重伤时，要及时拆换。文献指出，钢轨钢中的合金含量愈高，它的缺口敏感性愈高，但不影响其使用价值。

表 4 – 25　断裂韧性试验结果分析表

钢种	碳当量/%	断裂韧性		极限强度		碳当量范围
		K_{Q3}/N · mm$^{-3/2}$	K_{IC}/N · mm$^{-3/2}$	R_{eL}/MPa	R_m/MPa	
高硅钢轨	1.049	1690		580	930	下　限
	1.136	1580		600	980	中　限
	1.144	1680		630	1020	中　限
	1.27	1210	1530	660	1050	上　限
	1.252	1250	1320	660	1060	上　限
	1.272	1090	1305	680	1070	上　限
中锰轨 U71Mn			1370			

d　导热系数 λ 的测定

由测定结果看出，钢的导热系数自室温到 700℃ 随温度的升高而降低。由室温到 700℃，λ 值为 0.34 ~ 0.29 J/(cm · s)，900℃ 为 0.24 J/(cm · s)。

e　收缩系数的测定

根据测定结果，高硅钢轨由 950℃ 到 90℃ 的收缩系数为 15.55×10^{-6}/℃。

计算中锰钢轨的收缩系数为 14.21×10^{-6}/℃。

D　使用情况

由石太线南峪区段的测定结果看出，高硅钢轨的耐磨性能比碳素钢轨明显优越，见表 4 – 26，由表中看出垂直平均磨耗高硅轨每年 0.2188 mm，普碳轨为 1.204 mm。即高硅钢轨的垂直耐磨性能是普碳轨的 5.5 倍。侧面的平均磨耗高硅轨每年 0.752 mm，普碳轨 3.0 mm，高硅钢轨的侧面耐磨性能是普碳轨的 4 倍。为延长钢轨的寿命提高其耐磨性能，在曲线地段使用高硅钢轨是极其有益的。

根据京广线的测定结果，高硅轨的耐磨性能比较好。例如在曲线上经 2 年多的使用高硅轨没有任何缺陷，而对比的普碳轨的头部表面出现了严重的压溃现象。

京包线的测定结果表明，高硅钢轨经 6 年多的使用直线上最大磨耗量 1.1 mm，在曲率半径为 309 ~ 398 m 的弯道上，钢轨最大磨耗量为 1.75 ~ 2.26 mm，平均每年侧磨量为 0.2917 ~ 0.3767 mm。宝成线的运量较小，高硅钢轨和普碳钢轨的磨耗量都比较小。

表 4-26 高硅钢轨铺设试验测定结果

线别	铺设地点	曲率半径/m	钢轨股别	钢种	垂直磨耗/mm							侧面磨耗/mm		铺设与测量时间
					1	2	3	4	5	6	7	8	9	
石太线	南峪	400	外	高硅钢轨	-0.38	0.58	0.62	0.73	1.26	2.28		3.76	-0.16	1959 年铺 1964 年 5 月测
				碳素钢轨	-0.46	0.83	1.20	1.50	2.0	3.5		6.80	2.20	1962 年末铺 1964 年 5 月测
京广线	584 km	328	外 内	高硅钢轨	0.84 3.32	1.00 1.21	1.37 1.58	1.87 1.96	2.38 2.74	3.74 3.02	8.85 1.58	4.89 -2.86	1.02 -2.93	1962 年 8 月铺 1965 年 10 月测
	585 km	331	外 内		0.33 2.90	1.55 1.10	1.77 1.47	2.2 1.73	2.60 2.36	4.00 2.50	9.0 1.1	5.50 -2.00	1.52 -1.8	1962 年 8 月铺 1965 年 10 月测
	584 km	477	外 内		-0.25 1.75	0.78 2.04	1.20 2.18	1.78 2.16	2.22 2.46	3.61 2.41	7.97 0.95	4.95 -2.05	1.07 -2.0	1962 年 8 月铺 1965 年 10 月测
	589 km	602.4	外 内		0.05	0.60	0.78	1.05	1.25	1.70	4.0	2.08	-0.40	
	590 km	641.02	外 内		0.36 -0.25	0.86 1.45	1.04 1.52	1.30 1.32	1.48 1.52	2.40 1.38	5.06 0.45	2.76 -0.47	-1.98 -0.60	
	587 km	322	内		1.58	1.15	1.38	1.55	2.00	1.87	0.80	-1.75	-1.60	
	587 km	384	内		0.8	1.30	1.45	1.63	1.93	1.73	0.50	-1.58	-1.36	
	590 km	641.02	内		-0.04	1.43	1.50	0.83	1.60	1.43	0.34	-1.14	-1.92	
京包线	辛庄子到下花园	直线	内		-0.65	0.98	0.89	0.73	0.56	0.66	0.28	0	-0.21	1964 年 5 月测
		缓曲线	外 内		-0.63 -0.35	0.76 1.45	0.94 1.78	1.10 1.70	1.06 1.53	1.45 1.10	1.13 0.38	0.96 -0.52	-0.23 -0.58	1958 年末铺 1964 年 5 月测
		309	外 内		-0.70 -1.21	0.83 1.05	0.87 1.55	0.90 1.75	0.92 1.68	1.40 1.25	0.90 -0.10	0.62 -0.61	-0.27 -0.59	1958 年末铺 1964 年 5 月测
实成线	朝天	直线	外		1.0	1.0	0.13	0.24	0.31	0.65	-0.56	1.45	-1.74	1960 年铺 1964 年 5 月测
			外		0.83	0.22	0.11	0	0.1	0.43	0.69	-0.53	-0.67	1961 年铺 1964 年 5 月测

4.3.2　高硅钢轨接触焊接的研究

研究结果证明,采用接触焊方法,可使高硅钢轨的焊缝金属全部良好的熔接为一体,钢轨焊接头的实物疲劳极限与母材相同,落锤检验合格,焊接质量可靠。

焊接无缝线路是今后铁路发展的一个重要趋势。据检测全国无缝线路钢轨在弯道地段的寿命比直线段的寿命短30%左右,钢轨在弯道上的损坏主要是接触疲劳和磨损,为提高弯道地段钢轨的使用寿命,就应该改进钢轨材质。高硅钢轨综合性能是目前我国钢轨品种中较好的一种,根据铺设使用结果,在小半径弯道上高硅钢轨的使用寿命比碳素钢轨和中锰钢轨有明显的提高,它适用于铁路曲线地段,但是由于高硅钢轨的硅含量较高,在研制过程中又没进行过焊接试验,长时期以来一般都认为高硅轨不能进行焊接。但根据国外文献介绍,合金含量较高的钢轨是可以采用接触闪光焊、气压焊、强制成形熔化焊和铝热焊接等方法进行焊接的,因此对高硅钢轨的焊接性能及其焊接工艺的研究,愈来愈引起人们的关注。接触焊是一种比较先进的钢轨焊接工艺,近来在我国得到了迅速发展。

现在高硅钢轨即将大规模的生产和使用,在这种情况下进行高硅钢轨的接触焊接试验研究,探索并确定高硅钢轨的焊接新工艺,对促进高硅钢轨扩大生产和加速无缝线路的发展,都具有重要的实际意义。

4.3.2.1　高硅钢轨焊接工艺的制定

焊件的化学成分是制定焊接工艺的重要依据之一,因此在焊接试件检验中对焊轨试样进行了分析,见表4－27。

表4－27　高硅钢轨的化学成分

类　别	化学成分(质量分数)/%				
	C	Mn	Si	P	S
标准规定	0.65～0.75			≤0.04	≤0.04
试焊轨成分1	0.688	1.03	0.925	0.007	0.0249
试焊轨成分2	0.678	1.02	0.950	0.007	0.0249

从标准规定的化学成分和试焊轨的实际成分比较中可以看到,高硅钢轨成分是稳定的。

高硅轨的平均硅含量为0.95%,比中锰钢轨增加0.7%。50 kg/m高硅轨焊接工艺的制定是以中锰钢轨(U71Mn)的焊接工艺为基础,考虑了增加硅后的影响,调整加热过程趋于获得较理想的均匀塑性区而制定的。由于钢轨的截面形状、尺寸没有改变,总的输入电流强度仍以50 kg/m中锰钢轨为基准。试验是在GAas-80型闪光预热电阻对焊机上进行的。

焊接工艺参数如下:

油泵高压:1210 N/cm^2,油泵低压:606 N/cm^2,系统高压:1211 N/cm^2;

闪平压力:172～182 N/cm^2,预热压力:172～182 N/cm^2,连续闪光压力:454～505 N/cm^2;

顶锻压力:606～686 N/cm^2,去毛刺压力:454 N/cm^2;

闪平终点:bBe 44 mm (40～50 mm)(位移计数器);

顶锻起点:b14e 49.51 mm(45～50);

顶锻终点:b12e 36.7 mm(35～40);

结束位置:b11e 86.0 mm;

烧化速度:35 刻度;

烧化末速度:$v_1 \geqslant 0.2$ mm/s;顶锻前速度:$v_2 \geqslant 1.4$ mm/s;

顶锻速度:≥40 mm/s;

控制安培表:30/50%;

预热次数:8 次。

电流参数如下:

预热电流:45000 ~ 55000 A;

闪平电流:约 70000 ~ 80000 A(最大);

顶锻电流:30000 ~ 35000 A;

有电流顶锻时间:1.0 s;

预热时间:8.7 Hz,1.74 s;

闪平量:3.5 ~ 6.0 mm;

烧化量:10 ~ 13 mm;

顶锻量:8.5 ~ 13.5 mm;

对头轨缝:3 ~ 4 偏差不大于 1.5 mm;

水温:22 ~ 27℃;

油温:35 ~ 50℃;

室温:不低于 10℃。

焊接中全部焊接时间 94 s,闪平时间 24.8 s,预热时间 33.5 s,连续闪光时间 22.5 s,顶锻时间 13.2 s,预热平均电流 40000 A。顶锻量 11 mm,顶锻监控压力按工艺规定取值。

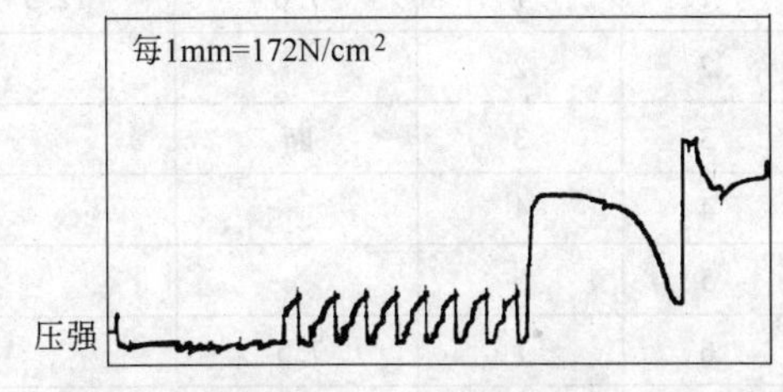

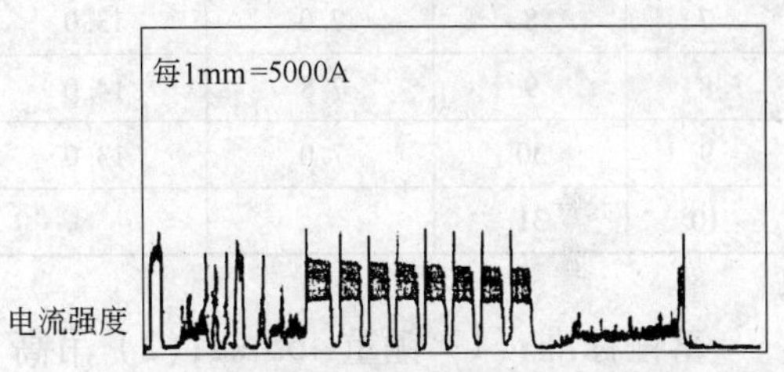

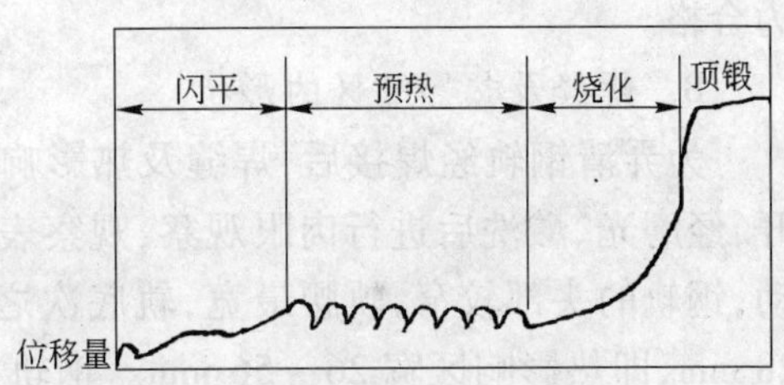

图 4 - 37 标准焊接工艺曲线

上述工艺经两次调整确认,试焊接头全部按此工艺规程进行焊接。焊接中工艺稳定、闪光平稳、正常,焊接顺利,共焊接了 31 个接头。焊后对其中一部分焊缝按 50 kg/m 中锰钢轨的工艺进行了正火,正火温度为 760 ~ 830℃。标准焊接工艺曲线参见图 4 - 37。

图 4 - 37 中电流强度曲线及液压系统压强曲线为相压强比值,可以按系统工作中仪表显示的实际数核对换算。核对换算后不超过允许波动范围时,即可视为焊缝的工艺参数完全正常。

图 4 - 37 中横坐标每 1 mm 为 1.0 s。S 曲线纵坐标 1 mm 相当于焊机位置前进 1.0mm。从焊接图中可以明显地看到,焊接工艺正常,施焊顺利。

4.3.2.2 试验结果及分析

A 落锤试验

落锤试验是评价钢轨焊接质量的主要方法。根据标准规定,焊头需经落锤检验,三锤不断(三锤挠度小于 19.5 mm)才能认为焊缝合格。为鉴别高硅钢轨经接触焊后的接头质量,经试焊后对 9 个焊接接头进行了落锤试验,其中 8 根焊接工艺正常的接头落锤检验全部合格。但个别焊接操作不正常的,如 3 号试样在连续闪光阶段发生两次中断,影响了焊接端面的保护气氛,落锤检验是不合格的(一锤打断)。在焊缝断口处发现了两个灰斑,大小为 4 mm × 2 mm和 2 mm × 1 mm,见表 4 - 28。

表 4－28　落锤试验结果

顺序号	试样编号	落锤次数及挠度/mm					备注
		1 次	2 次	3 次	4 次	5 次	
1	1	7.0	12.5	15.0	20.0	23.5	
2	2			15.2			
3	3	断					
4	4			16.5	19.5		
5	6						
6	7	7.5		16.0			
7	8	7.0	13.0	16.0			
8	9	7.8	14.0	17.0			
9	30	7.0	13.0	16.7			
10	31			17.0		23.0	

落锤标准:(1) 锤重 465 kg;(2) 吊高 4.6 m;(3) 支距 1 m;(4) 刚性支座三锤不断为合格。

B　焊缝及热影响区的形状

为弄清钢轨经焊接后,焊缝及热影响区的形状,把焊接后的高硅钢轨,沿轨头纵向剖开,经磨光、酸洗后进行肉眼观察,观察表明,焊接后不正火的影响区呈带状,且宽度有波动,钢轨的头部较窄,轨腰最宽,轨底次之。以焊缝为中心,热影响区一侧的宽度为 13 ~ 28 mm,即热影响区宽 26 ~ 56 mm。钢轨接触焊后焊缝及热影响区形状如图 4－38 ~ 图 4－40所示。

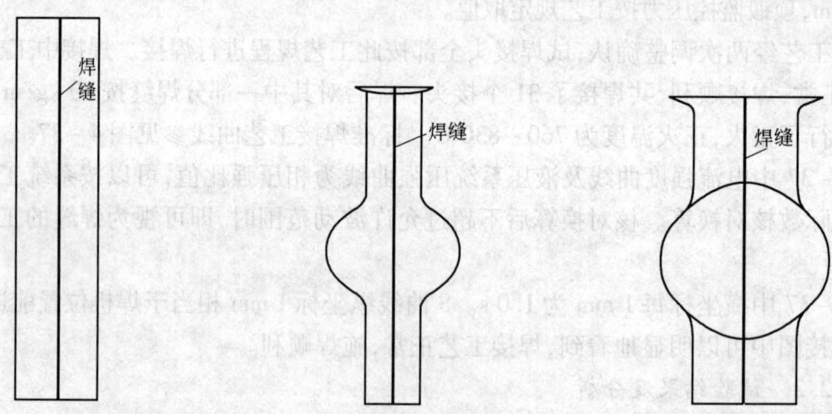

图 4－38　U70MnSi 接触焊后焊缝和热影响区形状(未正火)　图 4－39　U70MnSi 接触焊后正火的焊缝和热影响区形状　图 4－40　U70MnSi 和 U71Mn 接触焊后正火的焊缝和热影响区形状

如果焊接后再进行正火处理,则钢轨腰部、头部和底部的热影响区范围扩大,轨腰呈近似圆形。在试验条件下其直径分别为 70 ~ 130 mm,见图 4－39、图 4－40。

C　焊接部位的组织

为研究高硅钢轨的焊缝及其邻近部位的组织,选取了焊接后不正火处理和进行正火处理的两种试样，其取样部位见图 4－41，试样经磨光腐蚀后，在显微镜下观察、测定脱碳层深度及组织状况。

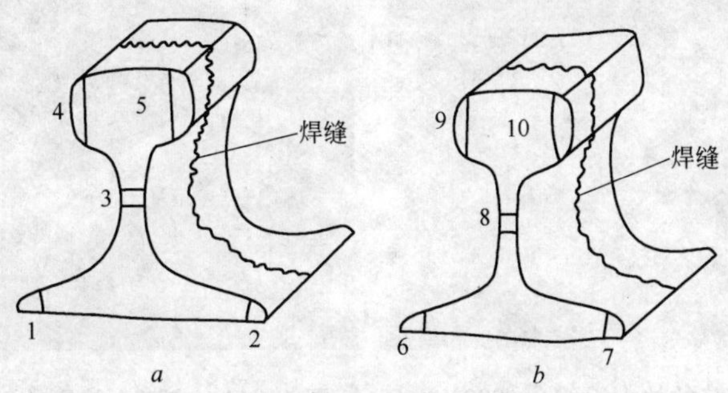

图 4－41　显微组织取样示意图

a—未正火处理；*b*—正火处理

焊缝部位脱碳层深度的比较：结果表明，在试验条件下高硅钢轨焊缝部位与其他钢号一样有脱碳现象，钢轨底边部的平均脱碳层深度为 0.80375 mm，腰部的平均脱碳层深度为 0.946 mm，头部的脱碳层深度为 1.159 mm，表明在焊接加热过程中钢轨头部的温度最高，轨腰次之，轨底边部温度最低。低温区是比较容易焊接不良的部位。根据轨底边部的金相组织看出，轨底边部焊接质量良好。说明采用接触焊后，沿钢轨横截面各部位均焊接良好。

焊缝及其邻近部位的显微组织：焊后不正火的，在显微镜下观察可明显地看出，焊缝和热影响区均为珠光体和粗大的铁素体。在焊缝区如果以铁素体网来评定，晶粒度约为 1.0 级。在焊缝区内铁素体含量较多，且由焊缝中心向热影响区方向逐渐减少，同时珠光体也由大变小，如图 4－42 ~ 图 4－44 所示。这是因为钢轨对焊的两个端面，在闪光加热过程中会引起脱碳，焊接后富集的铁素体扩散的结果；还因为由焊缝区到热影响区的温度由高变低，高温过热带珠光体较大，而低温区较小，基体组织为原热轧状态的珠光体。

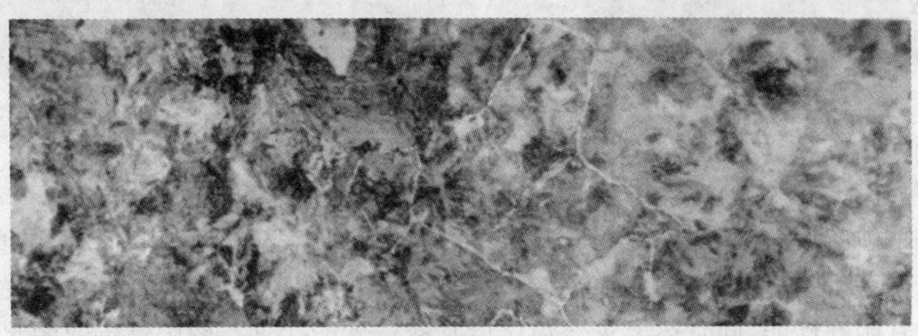

图 4－42　焊接后未正火处理的组织（×100）

焊接后再进行正火处理的，由图 4－45、图 4－46 看出，焊缝区的组织为网状铁素体和珠光体，在焊缝区如果以网状铁素体来评定晶粒度为 6 ~ 8 级（不正火的约为 1.0 级）。表明经正火处理后组织显著细小，改善了焊接接头的质量。而热影响区的晶粒度约为 6 级，见图 4－47。

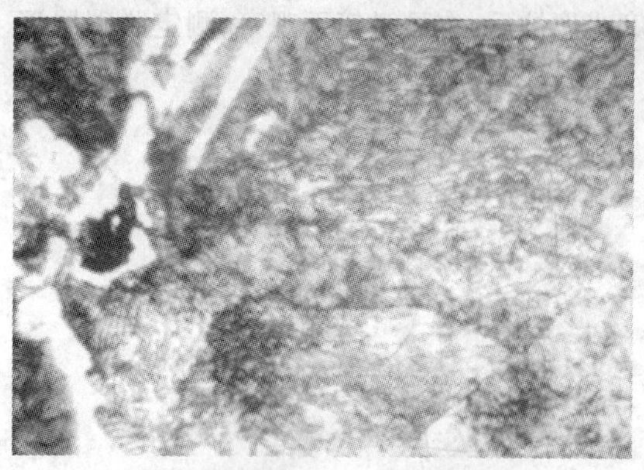

图 4－43　未正火焊缝的放大组织(×800)

图 4－44　未正火热影响区的放大组织(×800)

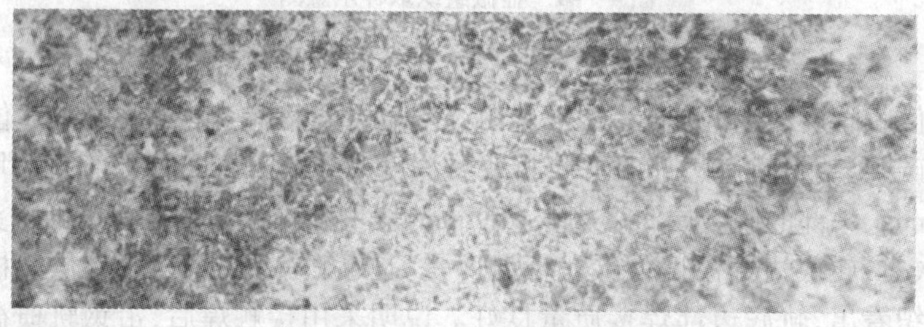

图 4－45　焊接后经正火处理的组织(×100)

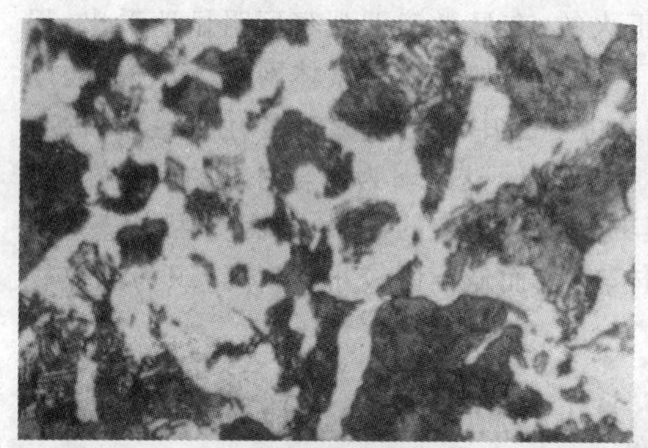

图 4－46　经正火焊缝的放大组织(×800)

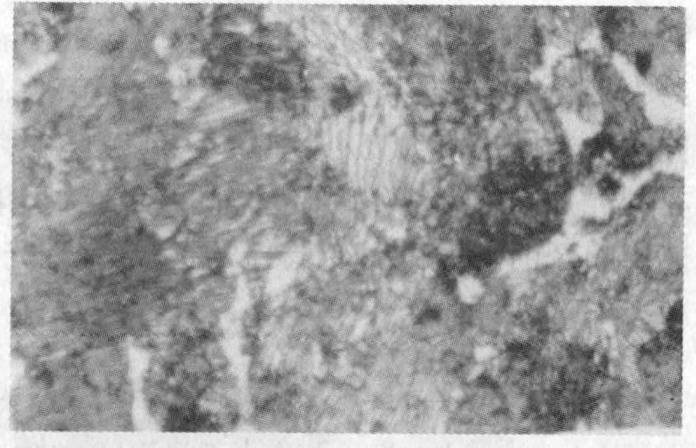

图 4－47　经正火热影响区的放大组织(×800)

D　高硅钢轨焊接后的疲劳性能

焊接后钢轨的疲劳极限是衡量其使用价值的主要标志。一般说来在铁路的直线上的钢轨主要是因疲劳折断而报废,在弯道上,特别是在小半径弯道地段采用高硅钢轨的主要目的是为了提高其耐磨性能,同时还要求经焊接后其疲劳性能达到一般中锰钢轨的水平,这样就可以对直线和弯道地段的钢轨同时进行大修,给线路维修带来方便,并节约大量人力和资金。

疲劳试验结果表明,高硅钢轨经接触焊后疲劳极限为 34 t。高硅钢轨与中锰钢轨对焊后,疲劳极限也达到了 34 t。表明不论是高硅钢轨和高硅轨对焊,还是中锰轨和高硅轨对焊,焊接质量都是良好的。试验表明,高硅轨母材的疲劳极限为 34 t,见表 4－29,与焊接后的疲劳极限相同(中锰轨为 31 t 左右)。

表 4－29　焊接钢轨疲劳试验结果

试样编号	焊接工艺方案	疲劳试验情况		疲劳次数/万次	备　注
		最大负荷/t	最小负荷/t		
14	钢轨接触焊后不进行正火	40	2.5	55.6	高硅轨和高硅轨对焊
20		38	2.5	55.8	
10		36	2.5	93.8	
17		34	2.5	>200	
15		32	2.5	>200	
13	钢轨接触焊后进行正火处理	34	2.5	153.6	高硅轨和高硅轨对焊 中锰轨和高硅轨对焊
28		32	2.5	>200	
27		34	2.5	>200	
高硅轨母材		34	2.5	>200	
中锰轨母材		31	2.5	>200	

还应说明高硅轨经焊接后，焊缝处虽经处理，但焊缝及其附近表面很粗糙，这对疲劳极限会带来危害，因为粗糙不平的表面容易引起应力集中。

试验结果还看出，高硅轨接触焊后推除毛刺不彻底，再经正火处理其疲劳极限波动极大。例如，负荷为 34 t 时其疲劳断裂次数分别为 153.6 万次和 99.1 万次；负荷为 32 t 时其疲劳断裂次数只有 78.5 万次，这是不正常的。总的说来在试验条件下，高硅轨焊接后再进行正火处理者，其疲劳极限波动性大，但不在焊缝处断，与焊缝部位的推除毛刺工艺处理方法有关。

由焊接钢轨的疲劳断口看出，疲劳断裂源都出现在钢轨底部热影响区毛刺边缘附近，见图 4－48，该处的焊肉因推刮不平比原轨底稍稍高出。高出的焊肉与轨底平面的交线在疲劳往复作用下容易产生应力集中，应当改进焊接后推平轨底金属凸起的操作。焊缝部位凸起的金属推除干净时，钢轨的疲劳次数就会提高，因此焊接过程中应把凸起的焊肉全部除去，使轨底焊缝附近与原轨底呈平面，并用砂轮把焊缝打磨光滑，就可以避免应力集中现象。

E　力学性能试验结果及分析

力学性能试验：拉力试样在钢轨头部切取，其中心是焊缝位置，见图 4－49。

图 4－48　轨底疲劳断口

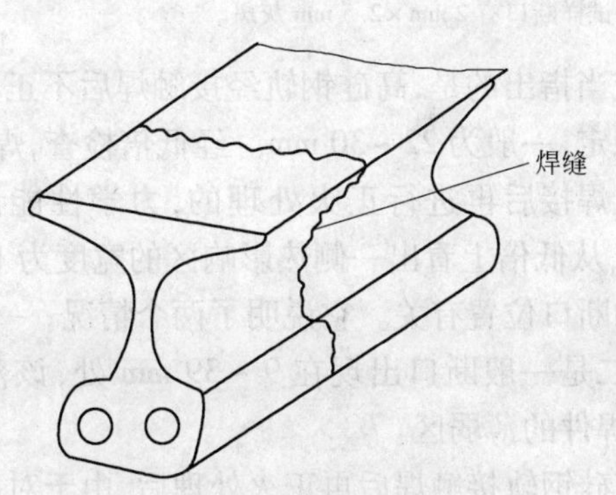

图 4－49　力学性能取样示意图

试验结果表明,高硅钢轨经接焊后再进行正火处理与不正火处理的相比较,焊缝的强度极限、伸长率和断面收缩率都有波动,见表4-30。例如高硅轨焊接后与焊接后再进行正火处理者的比较,前者的屈服强度为550~590 MPa,破断强度为980~1010 MPa(平均992 MPa),伸长率为7%~9%(平均8.2%),断面收缩率为18%~21%(平均19.3%);后者屈服强度为490~580 MPa;破断强度为920~1000 MPa(平均960 MPa);伸长率为8.0%~15%(平均10.2%),断面收缩率为20%~46%(平均29.8%)。表明在试验条件下,高硅轨经接触焊后力学性能试验各项性能都比较稳定。经正火处理后因其中一个试件断面上有两处小灰斑,强度极限明显降低,给人以正火焊缝力学性能波动的印象。这与金相组织所观察到的结果是不一致的。如果排除有小灰斑的试样,则正火与不正火焊缝的性能相近,经正火处理的强度稍有降低,塑性提高。在显微镜下观察,经正火处理的焊缝部位组织显著细化。

表4-30　焊缝部位的力学性能

试验编号	焊接工艺方案	焊接钢种	力学性能				试样断口距焊缝的尺寸/mm
			R_{eL}/MPa	R_m/MPa	A/%	Z/%	
19、22、24	钢轨经接触闪光焊接后进行正火	高硅轨和高硅轨对焊	530	940	9.0	28.0	22.0
			570	803	2.0	4.0	9.0
			550	1000	9.0	20.0	17.0
			580	970	8.0	21.0	11.0
			490	920	15.0	46.0	20.0
			540	970	10.0	34.0	39.0
		平均值	540	935	8.0	25.5	19.7
23、25、26	钢轨经接触闪光焊接	高硅轨和高硅轨对焊	590	990	9.0	18.0	22.0
			580	980	8.0	20.0	23.0
			590	990	7.0	19.0	30.0
			580	1010	8.0	18.0	24.0
			580	990	8.0	21.0	28.0
			550	990	9.0	20.0	28.0
		平均值	576	992	8.2	19.3	25.8
5、29	钢轨经接触闪光焊接后进行正火	高硅轨和中锰轨对焊	560	990	7.0	22.0	25.0
			580	980	7.0	22.0	25.0
			560	950	6.0	21.0	24.0
			600	940	7.0	22.0	24.0
		平均值	575	965	6.8	21.8	24.5
	轧制状态		630	1020	11.5	21.5	

注:试样断口有2 mm×2.5 mm灰斑。

应当指出的是,高硅钢轨经接触焊后不正火处理的,力学性能试样的断口距焊缝的尺寸比较稳定,一般为22~30 mm。经低倍检查,焊缝和一侧热影响区的宽度为17~28 mm。而高硅轨焊接后再进行正火处理的,力学性能试样的断口距焊缝的尺寸波动较大,为9~39 mm,从低倍上看出一侧热影响区的宽度为13~39 mm,证明焊接热影响区的宽度与拉伸试样的断口位置有关。它说明了两个情况,一是断口的部位都不在焊缝位置,证明焊接质量良好;二是一般断口出现在9~39 mm处,该范围是热影响区与母材基体组织的交界线附近,是焊件的薄弱区。

高硅钢轨接触焊后再正火处理后,由于对高硅钢轨正火温度范围没进行系统研究,沿用了中锰轨的正火工艺,所以仅提出试验正火工艺。

为查找经正火的试样塑性波动悬殊的原因,金相检验结果表明,高硅钢轨接触焊再进行正火处理后,断面收缩率为46%的试样焊缝部位铁素体组织明显变细(晶粒度为8级),而在热影响区铁素体网有较为粗大现象(晶粒度为7级),见图4-50、图4-51。

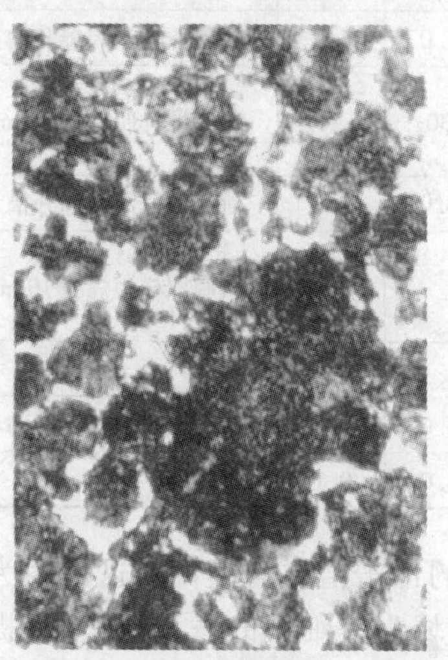
图4-50 焊缝部位为铁素体+珠光体

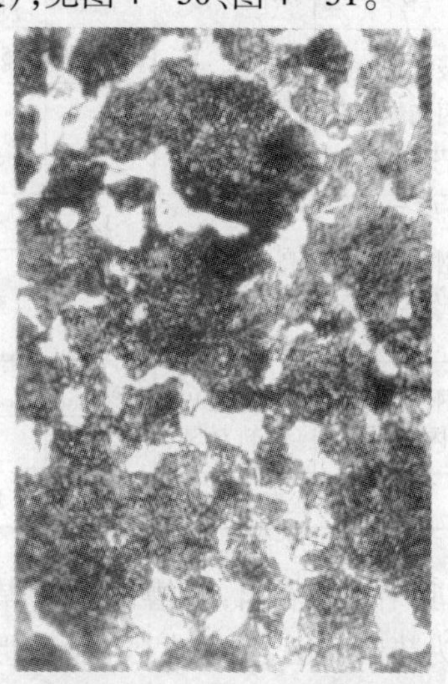
图4-51 热影响区为铁素体+珠光体

断面收缩率为4.0%的试样焊缝部位的铁素体网较粗大,且断口有两处尺寸为2.5 mm ×2.5 mm灰斑,如图4-52、图4-53所示。

图4-52 焊缝部位为网状铁素体+珠光体

图4-53 热影响区为珠光体+少量铁素体

F 冲击试验

冲击试样取在钢轨底部,如图4-54所示。轨底取样又分两种情况,一种情况是沿焊缝开槽,另一种情况是开槽位置在距焊缝10 mm处。

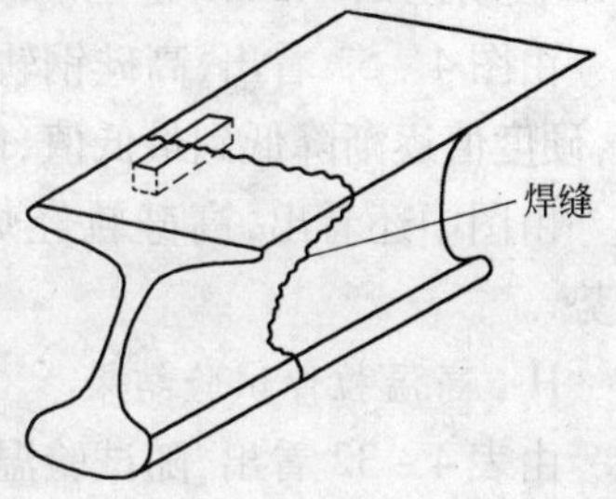

图4-54 冲击试样取样示意图

轨底取样沿焊缝开槽的,高硅轨经接触焊者与焊接后再进行正火处理者相比较。前者冲击值比较稳定而较高,后者个别试样冲击值偏低且波动性较大,如表4-31所示。

表 4 - 31　焊接部位的冲击韧性

试验编号	焊接工艺方案	焊接钢种	冲击值/J·cm⁻²					备　注
			室温	0℃	-20℃	-40℃	-60℃	
19	钢轨经接触闪光焊接后进行正火	高硅轨和高硅轨对焊	6.0	5.4	17	7.0	6.0	轨底取样沿焊缝开槽
22			44			30		轨底取样距焊缝 10mm 开槽
24								
23	钢轨经接触闪光焊接	高硅轨和高硅轨对焊	12		12	6.0	7.0	轨底取样沿焊缝开槽
25				30	26			轨底取样距焊缝 10 mm 开槽
26								
5	钢轨经接触闪光焊接	高硅轨和中锰轨对焊						
29			8.0			6.0		轨底取样沿焊缝开槽
	轧制状态		14	12	8.0	8.0	9.1	

由试验结果还看出，开槽位置距焊缝 10 mm 处的冲击值显著较高。这是因为距焊缝 10 mm处为热影响区，是正火区，显微组织表明，该区域为较细小的珠光体组织，提高了冲击值。

G　焊接部位的硬度测定

为测定钢轨焊接后各部位的硬度情况选取了两块样品，编号分别为 17 和 11。沿轨头中心纵剖、磨光后进行洛氏硬度测定，如图 4 - 55 ~ 图 4 - 57 所示。

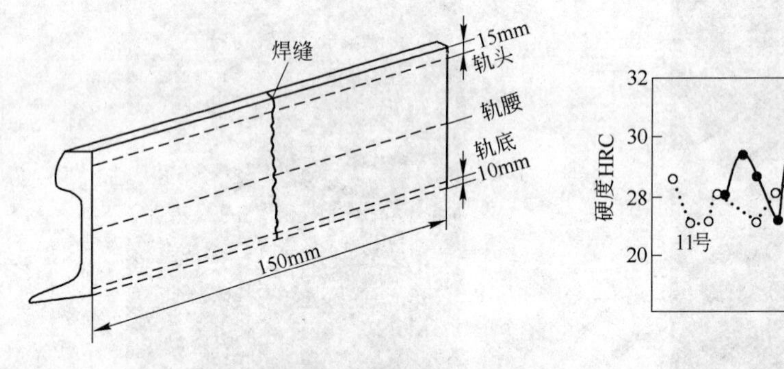

图 4 - 55　硬度测量示意图

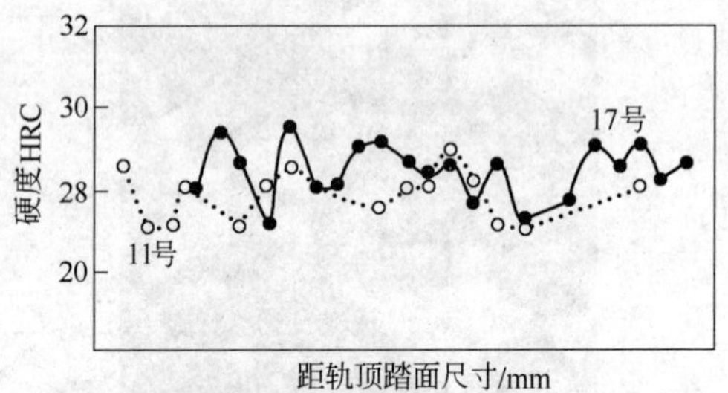

图 4 - 56　断面硬度分布

由图 4 - 56 看出，高硅轨接触焊接后焊缝部位的硬度值与基体的硬度相似，比较稳定，例如 17 号试样焊后不正火者 HRC 波动在 27 ~ 29.5 范围。焊后经正火处理的 11 号试样 HRC 波动在 27 ~ 28.5 范围。表明了经正火处理后焊缝部位的硬度降低，更趋向稳定。

由图 4 - 57 看出，高硅钢轨经焊接后，接近焊缝位置的硬度最高，由焊缝到热影响区附近，硬度值逐渐降低到最低值，由热影响区附近到母材基体的硬度值又有所升高。

由图中还看出，高硅轨经焊接后进行正火处理后，焊缝区硬度有明显的降低和稳定趋势。

H　高温拉伸试验结果

由表 4 - 32 看出，随试验温度升高高硅钢轨的屈服强度和抗拉强度极限下降，伸长率提高。试验温度由 1000℃ 提高到 1100℃ 时，屈服强度降低 30%，抗拉强度降低 35.5%，伸长率提高 13.5%。例如单重为 50 kg/m 钢轨的截面积为 6580 mm^2,43 kg/m 钢轨的截面积为 5700 mm^2,在 1100℃条件下进行顶压焊接所需最小力为:

50 kg/m 钢轨:6580 mm^2 × 14.41 N/mm^2 = 94792 N

43 kg/m 钢轨:5700 mm^2 × 14.41 N/mm^2 = 82114 N

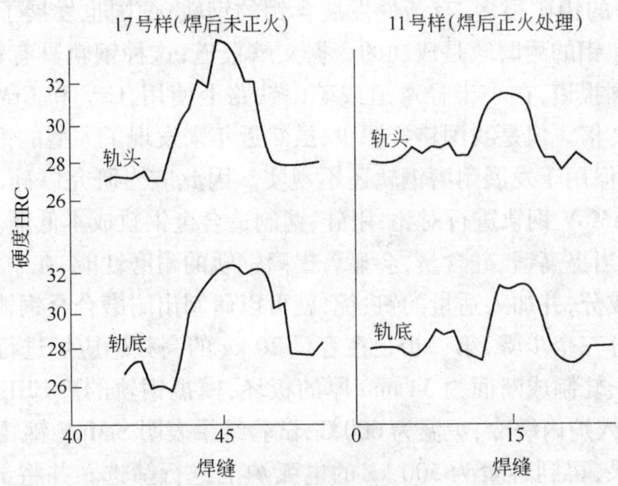

图 4-57　焊接部位的硬度分布

表 4-32　高温拉伸试验结果

试验温度/℃	力学性能		
	R_{eL}/MPa	R_m/MPa	A/%
1000	18.62	29.4	63
	19.6	28.42	79
	23.52	34.3	64
平均值	20.58	30.38	68.7
1100	15.68	21.56	72
	12.74	16.66	84
	14.7	20.58	
平均值	14.4	19.6	78

4.4 SiMnV 耐磨钢轨的开发

4.4.1 研制过程

4.4.1.1 概况

中锰、高硅低合金钢轨的研制成功代替了碳素钢轨,强度提高了约 100 MPa,在直线和大半径上使用寿命提高了一倍以上,改善了钢轨使用中的压溃、剥离掉块等缺陷,满足了当时铁路运输的需求。但是在小半径弯道上、重载、高速、车次频繁的干线上仍不能满足使用要求,特别是在厂、矿小半径弯道地区,中锰钢轨的使用寿命只有 7 个月左右就因磨耗严重而拆换,急需研制强度更高的合金钢轨。国外为适应大负荷线路小半径曲线地区的需要,提高钢轨的耐磨性能,很多国家都结合本国资源研制了强度为 1080 MPa 以上的合金钢轨。

根据文献资料,在研制耐磨合金钢轨方面,由于各国合金元素的资源和来源不同,所选用的合金元素也不一致。如美国、俄罗斯、加拿大等国铬的资源丰富,就着重发展以铬为主的耐磨合金轨,美国的钼矿很多,有条件发展含钼的钢轨;德国也发展了含铬、钼的耐磨钢轨。实践证明,含铬、钼的耐磨轨是成功的。据文献报道,这种钢轨具有较高的抗断裂安全系数。据美国和德国报道,在小半径弯道或矿山铁路上使用,CrV 和 CrMoV 钢轨的耐磨寿命比普通钢轨增加 2 倍。但是我国铬资源少,虽然近年来发现了大型的钼矿,为发展含钼耐磨钢轨提供了依据,但用于发展耐磨钢轨还不现实。因此应当研究以硅、锰、钒等元素为主的钢轨,并与 CrV、CrMoV 钢轨进行对比,用硅、锰制造合金钢轨成本低廉。根据研制中锰和高硅钢轨的经验,适当提高锰、硅含量,会显著提高钢轨的耐磨性能,在中锰和高硅钢轨的基础上再进一步调整成分,并加入适量的钒、铌,就可以研制出耐磨合金钢轨。

筛选钢种试验分三个步骤,第一步是在容量 20 kg 的高频感应炉进行初步筛选,每炉浇铸一个钢锭,经加热、轧制成断面为 34 mm 厚的板坯,模拟钢轨的冷却工艺,将板坯冷却到 550 ~ 600℃左右,装入炉内缓冷,炉温为 600℃,试验结果表明 SiMnV 钢轨的综合性能较好。根据初步筛选的结果,再到容量为 500 kg 的电弧炉上进行筛选。并将试验结果与国外的 CrV、CrMoV 钢轨进行对比。

第二步是在容量 500 kg 的电弧炉内进行筛选,电弧炉试验钢的化学成分范围是参考高频炉挑选出来的试验结果,重点放在 Si、Mn、V 方案上。每个锭 70 kg,试验钢采用下注法,每炉有 7 个钢锭,浇铸后在模内进行缓冷扩散除氢,钢锭经加热、轧制成 90 mm 的方坯后,模拟钢轨的生产工艺,待钢坯空冷到 550℃左右,装入加热炉内,炉温约 600℃,进行缓慢冷却消除白点缺陷。试验结果表明,钢坯的强度极限达到了 1080 MPa 以上。

再在试验室条件下与 CrV 和 CrMoV 钢进行对比试验。试验还是在容量为 500 kg 的电弧炉内冶炼,钢锭的加热、开坯和冷却都模拟钢轨的生产工艺。试验结果表明,SiMnV 钢的强韧性较好;SiMnV、CrV 和 CrMoV 三个钢号的强度极限没有显著差别,而 CrV 钢的伸长率较低,为 9%,SiMnV 和 CrMoV 的伸长率为 12%;SiMnV 钢的冲击韧性显著提高,室温冲击值为 13.43 J/cm^2,而 CrMoV 钢为 6.53 J/cm^2,CrV 钢为 7.55 ~ 8.13 J/cm^2。

第三步是根据试验室内前两步的筛选结果,在鞍钢容量为 300 t 的平炉内冶炼,经初轧机开坯,800 轨梁轧机轧制成 50 kg/m 的钢轨进行铺设试验。生产过程比较顺利,但是钢轨的加工铣头、钻孔碰到了机床设备和钻头能力不足的问题,使研制工作很困难。从美国引进锯钻联合机床后,解决了 SiMnV 耐磨钢轨的大批量生产问题。经过 12 年的努力研制成功了 SiMnV 耐磨钢轨。根据抚顺矿务局在小半径曲线地区铺设试验,SiMnV 钢轨的耐磨性能与中锰钢轨 U71Mn 相比成倍增加,具有优良的耐磨性能。

SiMnV 钢轨的成分为 $w(\mathrm{C}) = 0.62\% \sim 0.82\%$,$w(\mathrm{Mn}) = 1.1\% \sim 1.5\%$,$w(\mathrm{Si}) = 0.9\% \sim 1.5\%$,$w(\mathrm{P}) \leqslant 0.04\%$,$w(\mathrm{S}) \leqslant 0.04\%$,$w(\mathrm{V}) = 0.06\% \sim 0.13\%$,$w(\mathrm{Nb}) \leqslant 0.06\%$。SiMnV 钢轨的强度极限不小于 1080 MPa,实际为 1080 ~ 1150 MPa,屈服强度为 705 ~ 980 MPa,伸长率不小于 8%,实际为 9% ~ 13%。比中锰钢轨 U71Mn 的强度极限和伸长率有较大的提高。

与国外含铬钢轨相比,我国开发的 SiMnV 合金钢轨首次采用高硅、高锰提高钢轨的性能,形成 Si、Mn、V、Nb 合金钢轨系列,并达到国外 CrV、CrMoV 钢轨水平,达到了国际水平,填补了国内空白，这是国内外没有先例的，具有重要的技术和经济意义。SiMnV 钢轨的优点是综合性能较好，成本低，耐磨性能好，生产工艺稳定且适应我国资源。采用 Si、Mn 等廉价、富有元素，代替 Cr、Mo 等贵金属研制成功高强度耐磨钢轨并达到国际水平是鞍钢的首创。研制过程表明，该方案方向正确，成分设计合理，工艺可行，钢轨的技术指标达到了国际水平。这项立足于国内资源、自主研制成功耐磨钢轨的成果于 1986 年获得国家发明专利，于 1989 年通过冶金部主持的鉴定、转产，并获得冶金部科技进步二等奖。

4.4.1.2 SiMnV 钢轨试验研究

A 试验方法

为适应我国铁路现代化的需要赶超世界先进水平，采用了 Si、Mn、V 等廉价和富有元素在热轧条件下制造耐磨钢轨的方法，已经试制成功。研制 SiMnV 钢轨的基本设想是，首先研究 C、Si、Mn 和 V 的合理配比。碳是强有力的强化元素，但过多的碳导致过共析，会破坏钢的塑韧性对使用不利。硅、锰是作为合金元素加入的，锰的主要作用是固溶强化并降低碳在铁中的共析浓度；硅固溶强化铁素体。钒是强烈形成碳化物的元素，钒的碳、氮化物在钢的加热和冷却过程中固溶并弥散析出，有利于相变的形核并阻碍晶粒长大，从而细化晶粒。钒的碳、氮化物呈弥散析出，既起到弥散强化的作用又起到细晶强化的作用，提高了钢的强韧性。

B 试验结果与分析

a 生产工艺、钢轨质量和生产检验

生产工艺 SiMnV 钢轨钢采用容积为 300 t、热工条件良好的倾动式平炉进行炼钢。脱氧剂要求烘烤，炉前用硅、锰合金，炉后加硅铁、钒铁，加 Fe-Al-Si 规定为每吨 400 g。在炉后一部分硅铁在出钢前放在罐底，另一部分在出钢过程中加入罐中。为保证成分均匀，浇铸前进行大罐吹氩，生产 50 kg/m 钢轨用单重 Jb6.33 t 的钢锭模，保护渣采用吊包法。在试制过程中，钢锭不改轧，钢锭脱模后立即送往初轧厂。根据生产统计资料，钢锭良好率为 99.39%，这与正常生产的中锰钢锭基本相同。

SiMnV 钢轨钢锭送到初轧厂后必须在热状态下装入均热炉。50 kg/m 钢轨的钢坯断面为 198 mm × 225 mm，钢坯的表面缺陷按标准挑料，进行抢温火焰处理，钢坯的质量与中锰钢轨大致相同。

钢轨质量 钢坯加热按高硅钢轨冷坯进行，均热时间不少于 30 min，开轧温度要求在 1100℃左右。与中锰钢轨相比较，轧制 SiMnV 钢轨时，轧机负荷有所增加，是因为 SiMnV 钢的强度较高所致。今后生产 SiMnV 钢轨时，在三架轧机上同时轧制的根数、轧制速度、轧制温度以及轧辊强度，应当全面考虑。

轧制后的钢轨，在热锯锯切成长度 25 m 的定尺钢轨，并根据标准及协议要求切取落锤、低倍、拉伸、冲击和白点试样进行生产检验。钢轨经中央冷却台冷却到适宜温度，用电磁吊车装入缓冷坑消除白点缺陷。

在原有加工线的铣床、钻床条件下，SiMnV 钢轨钻孔困难，铣头也有一定的难度。据观察，SiMnV 钢轨钻孔时，当钻孔快要钻透时，常发出很大的噪声，钻床振动，钻头端部的锋刃崩坏。为解决 SiMnV 钢轨的钻孔问题，先后采用二次钻孔办法，改进钻头角度，减小钻床转速和进钻速度，研究改进钻头材质，都收到了一些效果，但是这些措施只能应付少量的试制任务，为适应大规模生产必须引进锯钻联合机床代替古老的铣床、钻床。

成品检查结果表明,SiMnV 钢轨的一级品率与同期的中锰钢轨大致相同。

生产检验为检查钢轨的低倍组织,在相当于钢锭的头、中、尾部轧制之钢轨上切取试样进行低倍组织检验,每个罐号取一组低倍试样,结果表明,试验钢轨的低倍组织正常,符合国家标准规定,在中心部位有一般中心偏析现象,见图 4 – 58、图 4 – 59。

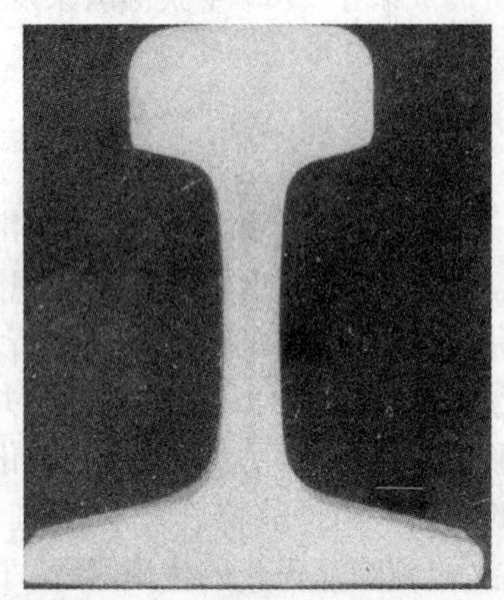

图 4 – 58　头部低倍组织、中心偏析(甲)

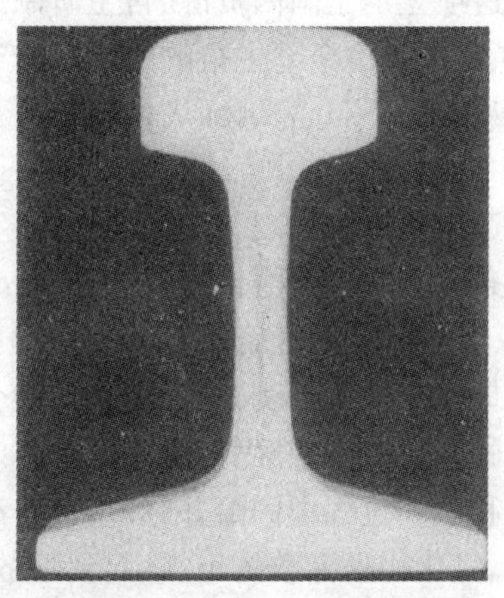

图 4 – 59　头部低倍组织、中心偏析(丙)

落锤试验结果表明,SiMnV 钢轨的落锤挠度为 34 ~ 42 mm,中锰钢轨为 44 ~ 49 mm。与中锰轨相比较 SiMnV 钢轨的挠度值明显较小,表明其强度明显较高,见表 4 – 33。

表 4 – 33　SiMnV 钢轨生产检验结果

熔炼编号		力学性能初验		力学性能复验		室温冲击值 /J · cm^{-2}	低倍组织	落锤挠度 /mm
		R_m/MPa	A/%	R_m/MPa	A/%			
1	甲	1170	6.5			11.1	良 好	34
	乙	1140	4.0			9.8	良 好	34
	丙	1110	7.5			13.7	良 好	35
2	甲	1090		1090	10	8.9	良 好	
	乙	1080		1080	9	10.3	良 好	
	丙	1080		1110	10	9.0	良 好	
3	甲	1100	6			12.0	良 好	42
	乙	1110	5			12.0	良 好	41
	丙	1080	11.0			12.0	良 好	42

拉力和冲击检验结果表明,SiMnV 钢轨的强度极限为 1080 ~ 1170 MPa,初验伸长率为 4% ~ 11%,缓冷后的复验结果为 9% ~ 10%。中锰轨的强度极限为 880 ~ 980 MPa,初验伸长率为 2% ~ 10%,复验伸长率不小于 8.0%。结果表明 SiMnV 钢轨的强度较高。其室温冲击值为 9.0 ~ 12 J/cm^2,而中锰钢轨一般都大于 10 J/cm^2。

b　组织与各项性能的研究

对 SiMnV 钢轨的相变点和奥氏体等温转变曲线进行了测定。由研究结果看出,碳素钢轨等温转变时,珠光体的最小孕育期一般都小于 1 s,中锰和高硅钢轨钢的最小孕育期为 2 ~ 3 s,而 SiMnV 钢轨的最小孕育期为 7 s,见图 4 - 60。表明 Si、Mn、V 等元素的加入,确实增加了奥氏体的稳定性,因为在钢的奥氏体等温转变过程中,Si、Mn、V 等元素阻碍了钢中铁原子和碳原子的扩散,使相变过程延缓,推迟了奥氏体的分解时间,使 C 曲线右移。

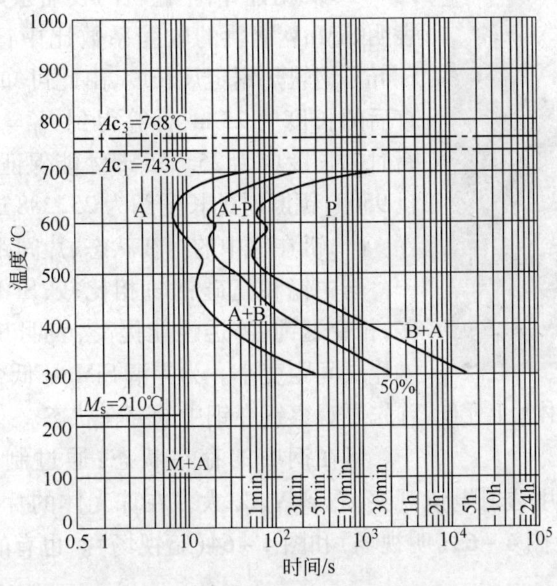

图 4 - 60 SiMnV 钢轨的等温转变曲线

根据磁饱和仪的测量,SiMnV 合金钢轨的 Ac_1 和 Ac_3 点仅相差 25℃,高硅钢轨的 Ac_1 和 Ac_3 点相差 60℃,表明 SiMnV 钢轨几乎全部是共析组织。

淬透性能:SiMnV 钢采用末端淬火法进行淬透性能试验,结果表明加热温度为 890℃时淬硬层平均深 20 mm;加热温度为 830℃时淬硬层平均深 15 mm。高硅钢轨在上述相同温度条件下的淬硬层深度分别为 13 mm 和 6 mm,表明与高硅钢轨相比较 SiMnV 钢轨的淬透性明显提高,见图 4 - 61、图 4 - 62。

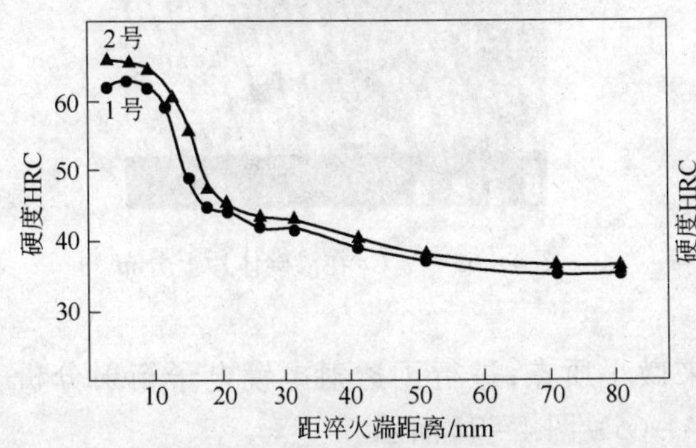

图 4 - 61 1、2 号 SiMnV 钢轨的淬透性能

淬透深度:1 号 15 mm,2 号 15 mm,平均 15 mm;加热温度 830℃

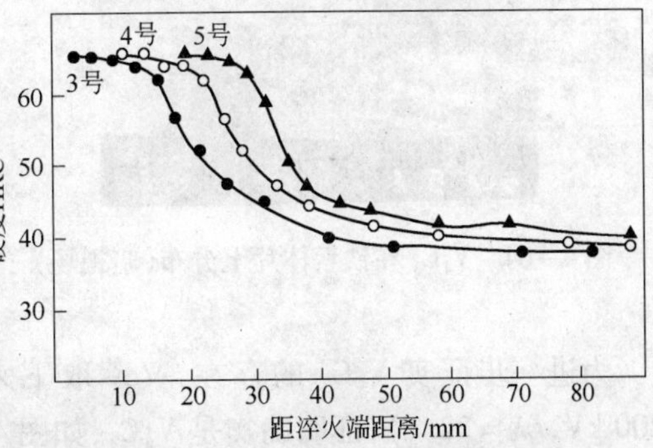

图 4 - 62 3 ~ 5 号 SiMnV 钢轨的淬透性能

淬透深度:3 号 21 mm,4 号 21 mm,5 号 18 mm,平均 20 mm;加热温度 890℃

收缩系数的测定：按定尺长度交货是钢轨生产的重要特点。根据铺设使用条件，用户要求钢轨必须保证按定尺长度交货。为保证钢轨冷却后的长度符合定尺规定，模拟现场的冷却条件，进行了 SiMnV 钢轨试样收缩系数的测定。SiMnV 钢轨由 950℃ 冷却到 100℃ 的收缩系数为 15.55×10^{-6}/℃。据计算，中锰轨的收缩系数为 14.21×10^{-6}/℃，表明 SiMnV 钢轨的收缩系数比中锰轨稍大。假设 X_1 为 SiMnV 钢轨热锯定尺长度，由此可知为保证 SiMnV 钢轨矫直后的长度为 25 m，计算得到 $X_1=25.335$ m，即 950℃ 锯断时的长度应为 25.335 m 才能保证定尺 25 m。而中锰钢轨 950℃ 锯断时的长度约为 25.288 m。

图 4－63　V_4C_3 在铁素体片上分布（明视场）

c　钒在钢中的存在状态、片间距与显微组织

与中锰和高硅钢轨相比较，SiMnV 钢轨的 C 曲线右移，相变迟钝，淬透性能提高，表明其显微组织变细，珠光体片层间距变小。为弄清 SiMnV 低合金钢轨的显微组织，首先要观察钒在钢中的存在状态。

钒在钢中的存在状态：通过制取金属涂膜样品，在 15000 倍的视场下，利用透射电镜观察，看到 V_4C_3 大多在珠光体的片层之间，有的 V_4C_3 出现在铁素体片层上，见图 4－63（明视场）和图 4－64（暗视场）。也有的 V_4C_3 存在于渗碳体的片层上，见图 4－65。

图 4－64　V_4C_3 在铁素体片上分布（暗视场）

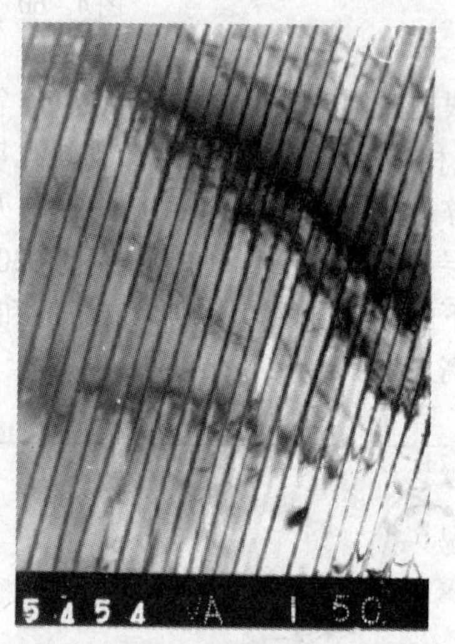

图 4－65　V_4C_3 在渗碳体片上分布

为进一步证实 V_4C_3 的存在，又萃取下来微小质点，进行了透射电镜电子衍射分析（200 kV，$L\lambda=22.1$），证明确实是 V_4C_3，如图 4－66～图 4－71 所示。

钢轨的片间距与显微组织：在电子显微镜放大 15000 倍视场下观察时，有的视场呈现点状，见图 4－72。铁素体片明显加宽，渗碳体片较疏，表明其中铁素体含量较多。在观察到的全部视场中没看到二次渗碳体组织。

图 4-66 V_4C_3 电子衍射试样之一

图 4-67 V_4C_3 电子衍射试样之二

图 4-68 V_4C_3 电子衍射试样之三

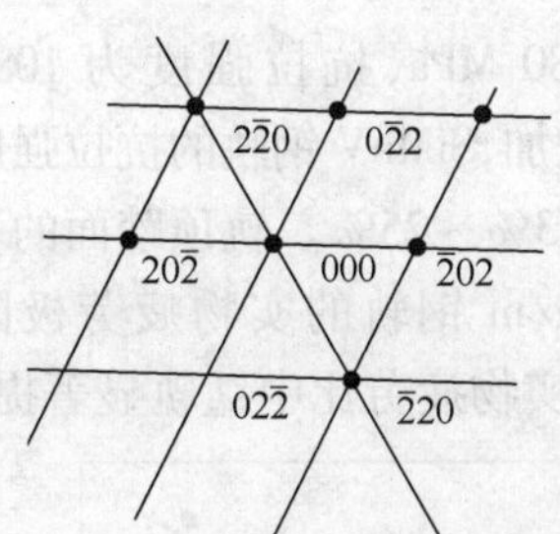

图 4-69 V_4C_3 结构(111)

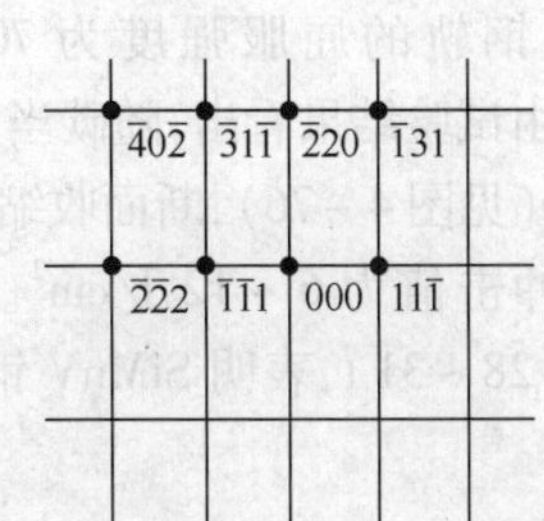

图 4-70 V_4C_3 结构(112)

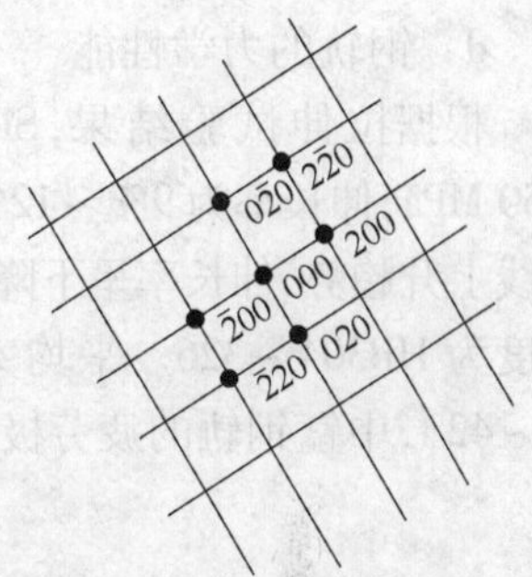

图 4-71 V_4C_3 结构(001)

观察结果还表明，SiMnV 低合金钢轨的平均片间距为 0.15476 μm，其中 Si、Mn、V 含量较高的试样，珠光体平均片间距为 0.153 μm；Si、Mn 含量较低的试样，珠光体的平均片间距为 0.15652 μm。由资料得知，美国 CrMo、CrMoV 钢轨的片间距为 0.14634 μm；加拿大 CrV 钢轨的片间距为 0.252 μm；我国高硅钢轨的片间距为 0.28 μm。表明了 SiMnV 钢轨珠光体片间距与美国 CrMo、CrMoV 钢轨的片间距基本一样，显微结构是同一级别，这进一步证实钢轨的强度和珠光体片层间的距离直接有关，片间距小则强度高。SiMnV 钢轨的组织结构是良好的，如图 4-73 所示。

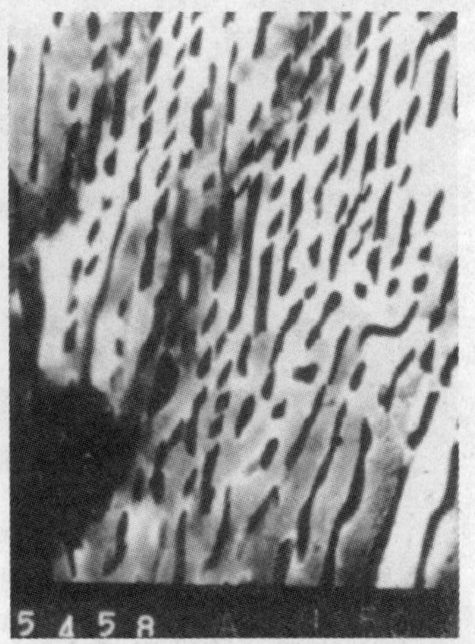

图 4-72 铁素体与渗碳体组织

在显微镜下观察可看出，SiMnV 钢轨的基体组织为很细的层片状珠光体（索氏体），见图 4-74，比高硅和中锰钢轨的组织明显变细。在放大 500 倍的视场下观察时，一般分辨不清珠光体的层片间距。钢轨表面脱碳层深度一般为 0.2 mm，最深达 0.54 mm。钢中常见的夹杂物为硫化物、硫化物和氧化物的复合夹杂，以及氮化物等，如图 4-75 所示。

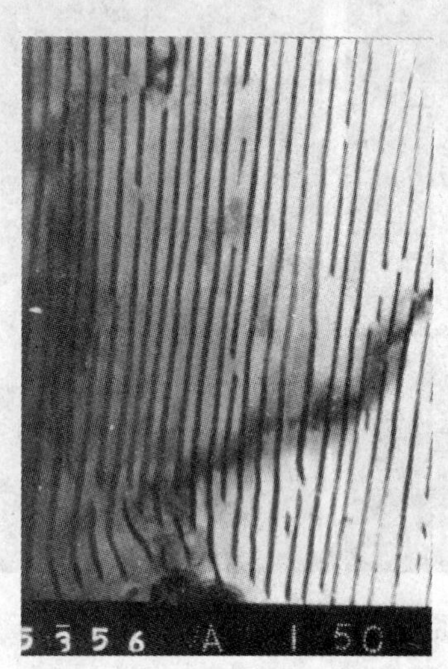

图 4 – 73　珠光体片层结构

图 4 – 74　层片状珠光体

d　钢轨的力学性能

根据拉伸试验结果，SiMnV 钢轨的屈服强度为 700 ~ 980 MPa，抗拉强度为 1080 ~ 1150 MPa，伸长率为 9% ~12%。由试验结果看出，随碳当量的增加，SiMnV 钢轨的抗拉强度呈直线上升趋势，伸长率呈下降趋势（见图 4 – 76），断面收缩率为 13% ~25%。轨顶踏面的平均硬度为 HB304 ~ 326。平均室温冲击值为 6 ~ 12 J/cm^2。50 kg/m 钢轨的实物疲劳极限为 37 ~ 42 t，中锰钢轨的疲劳极限为 28 ~ 31 t，表明 SiMnV 钢轨的实物疲劳比中锰轨显著提高。

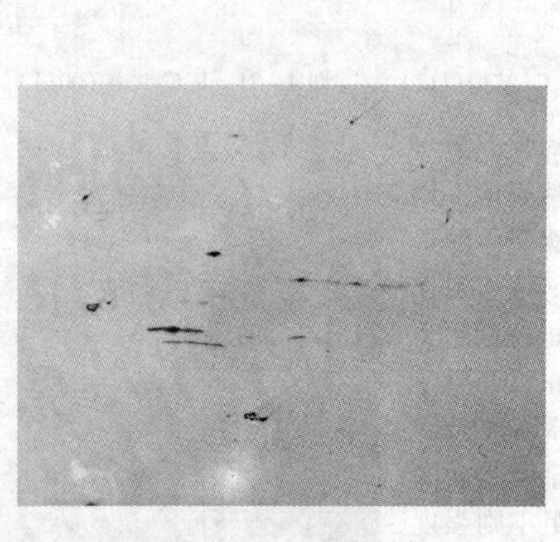

图 4 – 75　钢轨中的夹杂形式（×200）

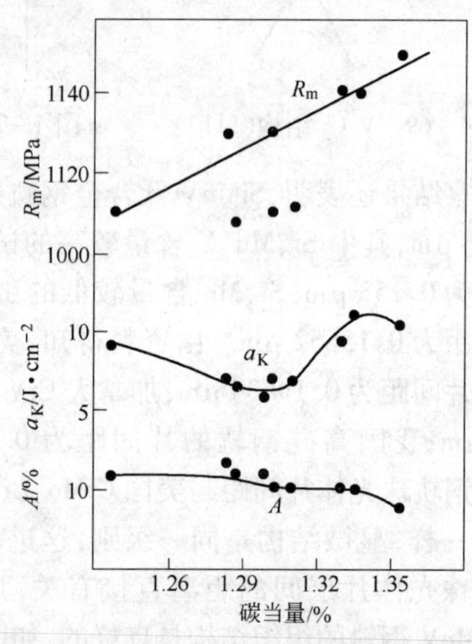

图 4 – 76　力学性能与碳当量的关系

由热处理试验结果看出，SiMnV 钢轨经热处理后，抗张强度可提高到 1372 ~ 1568 MPa，同时室温冲击值达到 23.5 J/cm^2，表明经热处理钢轨的强韧性显著提高。

试样在 $BaCl_2$ 和 NaCl 各 50% 的盐浴炉中加热到 870℃，分别采用三种热处理方案，一是等温处理，在 KNO_3 和 $NaNO_3$ 各 50% 盐浴炉中进行，温度为 320 ~ 340℃，等温处理 35 min，而后空冷到室温；二是用压缩空气冷却；三是空气中冷却。试验结果见表 4 – 34。

表 4 – 34 SiMnV 钢轨热处理试验结果

试验方法					拉伸试验								
加热温度/℃	保温时间/min	冷却介质	冷却时间/min	热处理情况	R_{eL}/MPa	R_m/MPa	A/%	Z/%	a_K/J · cm^{-2}				
									室温	0℃	-20℃	-40℃	-60℃
870	8(冲击) 10(拉伸)	盐浴		870℃ 8min 320~340℃ 30~40min 空冷	1319.7	1581.0	1.8	4.7	23.5	19.6	18.0	15.7	11.8
870	10	压缩空气	1	870℃ 8min 550℃ 30~40min 空冷	1068.2	1381.8	11.7	31.3	18.6	15.7	16.7	14.7	8.8
870	8(冲击)	正常化		空冷至室温					16.3	12.1	9.8	8.8	5.4
870	10	空冷	2~3	870℃ 8min 550℃ 30~40min 空冷	1058.4	1378.5	10.7	30.3	23.5	19.0	17.9	14.4	11.3
870	8(冲击)	油	6						1.22	1.9	1.6	1.2	1.2

SiMnV 钢轨的夏比冲击试验，V 形缺口用线切割开槽深 2.0 mm，试验锤头 30 kg · m，其余则为 6 kg · m。由试验结果看出，当温度低于 70℃时，冲击功变化不大，断口为完全脆性断裂。试验温度达 220℃时断口完全是纤维状，冲击功为 17.35 J。试验温度 130℃时纤维状断口占 50%。据国外文献介绍，英国的一般钢轨（BS11）在 120℃条件下，夏比冲击试样断口的纤维状面积占 50%。表明 SiMnV 钢轨的脆性转变温度与一般碳素钢轨大致相同，见图 4 – 77。

断裂韧性值的测定结果与分析：由试验结果看出，SiMnV 钢轨的断裂韧性值 K_{IC} 为 1155.42 ~ 1228.23 N/mm$^{3/2}$。国外资料显示，CrMo、CrMoV 钢轨的断裂韧性值 K_{IC} 为 1139.74 ~ 1392.58 N/mm$^{3/2}$，表明了 SiMnV 钢的断裂韧性值与 CrMo、CrMoV 钢轨基本相当。应当说明，中锰钢轨的 K_{IC} 值一般都大于 1370 N/mm$^{3/2}$，与中锰轨相比 SiMnV 钢轨的 K_{IC} 值低，其强度、硬度、耐磨和疲劳性能显著提高，因此不影响其使用价值。这是因为断裂韧性试验的做法是，在试样中部用钼丝切割成深 12 mm 的人造裂缝，然后在试验机上对试样加力振动，使人造裂缝发展到总深度不大于 15 mm；再把试样裂缝朝下放置在试验机上，在 54.5 N/mm^2 压力的作用下，测量试样发展到破坏的速度，见图 4 – 78，表明钢轨断裂韧性值的实际意义是，钢轨在铺设使用中产生了大的裂口（重伤）以后发展为破断的速度。K_{IC} 值高表示具有重伤的钢轨发展为破断的速度缓慢，K_{IC} 值低则发展为破断的速度快。必须指出的是，钢轨的主要使用价值是在铺设使用过程中缺陷发展为重伤之前的时期，因为衡量钢轨使用价值的指标主要是疲劳和耐磨性能。SiMnV 钢轨比中锰钢轨的疲劳和耐磨性能都显著提高，这就肯定了其使用价值。

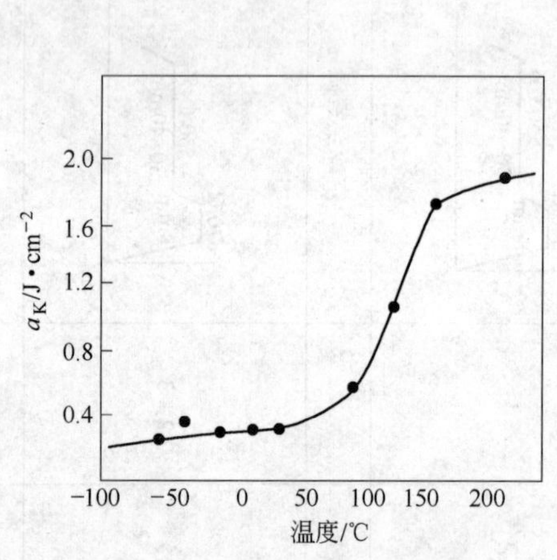

图 4 – 77　冲击脆性转变温度

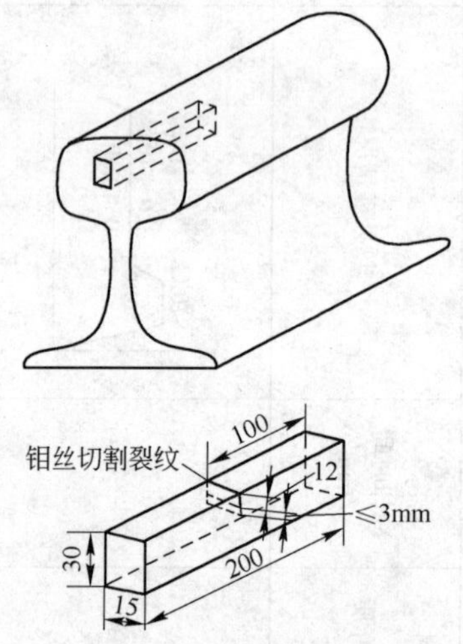

图 4 – 78　断裂韧性试样取样示意图

应当注意的是，SiMnV 钢轨在铺设使用中当检查出现重伤时，要及时拆换，因为钢轨钢中的合金含量愈高，它的缺口敏感性愈高，但不影响其使用价值。

导热系数的测定：导热系数 λ 是制定钢锭和钢坯加热制度的重要依据，它代表了钢的导热能力。由测定结果看出，钢的导热系数自室温到 700℃随温度的升高而降低，SiMnV 钢轨的居里点在 720℃左右，在居里点以上 λ 值随温度的升高而变大。与高硅钢轨相比较在室温到 700℃，SiMnV 钢轨的 λ 为 0.30 ~ 0.16J/（cm · s），高硅钢轨为 0.38 ~ 0.18J/（cm ·

s),表明 SiMnV 钢轨的导热系数明显较低。居里点以上两者大致相同,说明 SiMnV 钢轨在 700℃以下必须缓慢加热,750℃以上可与高硅钢轨大致相同。

C 钢轨的铺设试验

根据铺设使用结果,SiMnV 钢轨的耐磨性能约为中锰钢轨的 7 倍。例如 1984 年试制的 SiMnV 钢轨于同年 12 月 5 日铺设在煤炭部抚顺矿务局新屯客货环路曲线半径为 140 ~ 180 m的弯道上,该区段列车轴重 22 t,货运量为每年 1500 万 ~ 1600 万 t,列车速度为 50 km/h,货物为煤和石油。铁路规范规定,在铁路弯道上轨头侧面的磨耗极限为 12 mm,侧磨达12 mm的钢轨必须拆旧换新,铁道部门称之为大修。根据抚顺矿务局近几年的大修资料,铺设在该试验区段的中锰钢轨,一般只能使用 7 个月左右。该区段自 1984 年 12 月 5 日铺设 SiMnV 钢轨后经 50 多个月的铺设使用,平均侧面磨耗为 7.74 mm,最大磨耗为 16 mm,其长度仅 200 mm 左右,见表 4 - 35。又如 1980 年试制的 SiMnV 钢轨于同年 10 月 24 日铺设在鞍钢厂内新烧干线的烧结道口附近,曲率半径为 120 m 的曲线上,该区段主要货物是烧结球团矿,货车轴重 25 t,行驶速度 30 km/h,年货运量约1000 万 t。铺设在该区段的中锰钢轨,一般使用 2 ~ 3 年就因磨耗超限而拆换。铺设 SiMnV 低合金钢轨经使用 8 年多仍使用良好,最大磨耗量为 3.5 mm,表明了 SiMnV 低合金钢轨的耐磨性能优良,经济效益突出,是使用在小半径曲线地区段较理想的钢轨新品种。但是在铁路的直线和大半径曲线上大量铺设中锰钢轨 U71Mn 是合理的。

表 4 - 35 SiMnV 钢轨铺设试验情况

钢轨材质	铺设钢轨时间	使用期限/月	磨耗量/mm	平均磨耗/mm · 月$^{-1}$	备 注
中锰钢轨 U71Mn	1983 年 3 月 16 日	7.5	14 ~ 16	2.0	因磨耗超限拆换钢轨
	1983 年 10 月 30 日	7	13 ~ 15	2.0	因磨耗超限拆换钢轨
	1984 年 5 月 24 日	6.5	12 ~ 15	2.1	因磨耗超限拆换钢轨
SiMnV	1984 年 12 月 5 日	37	2.3 ~ 15	0.24	铺设后 50 多个月仍继续使用

在铺设试验过程中发现,在个别钢轨连接部位的轨头踏面有冲击疲劳脆性断裂现象,剥落面积一般为 100 ~ 369 mm^2。

为了对钢轨磨耗情况进行研究,进行了 4 次测定,检查了 31 根钢轨,每根钢轨测定了头、中、尾三处,共 90 个部位。从试验中可以看出,钢轨的磨耗曲线呈锯齿状(或波浪状),磨耗很不均匀,产生锯齿状的原因是列车的运动十分复杂。转动的车轮除沿轨道方向引导列车运行外,还沿轨道横向摆动以及车厢之间的冲击引起的振动;经过弯道时,列车还要作曲线运动,因此钢轨的磨耗与列车的行驶速度、运动状态以及铁路弯道的曲率半径大小有密切关系。列车速度越快,列车和车厢的离心力可使外弧钢轨的轨头内侧与轮毂紧密接触致使摩擦力增大,轨头侧面磨耗就增加,由于轮箍与外弧轨头侧面接触,互相作用,就形成了锯齿状磨耗。

从 SiMnV 钢轨上 90 个部位的磨耗分布可以看出,磨耗量在 1 ~ 10 mm 的有 82 个,占 91.11%;磨耗量为 10.1% ~ 15% 的有 8 个,占 8.89%;其中磨耗量大于 13 mm 的只有一个部位,磨耗长度为 200 mm,这个部位的磨耗量虽然已接近极限,但长度较短,该钢轨中部磨耗量为 6.5 mm,尾部为 7.0 mm,因此可继续使用,表明 SiMnV 钢轨耐磨性较好。

磨耗量大于 10 mm 的有 5 根钢轨,共计 8 个部位都出现在小半径曲线地区,其中曲线半径为 140 m 的有 3 根共 6 个部位;曲线半径为 160 m 的有 2 根共 2 个部位。表明钢轨的磨耗量与铁路的曲线半径成反比关系。SiMnV 钢轨的 37 个月铺设试验证明,其耐磨性较好,寿命比 43 kg/m 中锰轨 U71Mn 提高 4. 93 倍。

4. 4. 2　科技成果鉴定

由当时的冶金工业部组织,铁道部等单位参加对该研究成果进行了专家鉴定。鉴定意见是根据煤炭工业发展的需求,国家资源特点和鞍钢的生产条件,研制强度为 1080 MPa 以上的耐磨钢轨 U74SiMnV 方向是正确的。试验结果表明,化学成分设计合理,工艺可行,试制的耐磨钢轨技术指标达到了设计目标。

经过抚顺矿务局(5 年)和鞍钢铁运公司(9 年)的线路行车考核证明,在工矿企业 120 m、140 m、160 m 和 180 m 的小半径曲线上使用,其耐磨性能是 U71Mn 中锰钢的 5. 5 倍以上,达到了国外 CrV 轨、CrMoV 轨的水平,填补了国内空白。

参 考 文 献

[1]　刘宝昇. 强度为 1078 N/mm^2 的低合金钢轨的研究. 钢铁,1987,(6).
[2]　刘宝昇. 新成分钢轨的试验研究. 鞍钢技术,1965,(5).
[3]　刘宝昇. 高硅钢轨的研究. 冶金部、铁道部重轨会议论文,1965.
[4]　刘宝昇. SiMnV 特级耐磨钢轨的研究. 北京国际低合金会议论文,1990.
[5]　刘宝昇. 鞍钢低合金钢轨的生产. 鞍钢技术,1979,(6).
[6]　斯通 D H. 等. 80 年代合金钢. 北京钢铁研究总院、鞍钢钢研所合译,1982.
[7]　加藤ハミサ夫. 铁道技术研究资料,1978,35(3):23.
[8]　刘嘉禾. 低合金钢轨的初步研究. 钢铁,1959,(21).
[9]　田中充则等. しールの熔接. 日本钢管技报,1981,(1):39 ~ 45.
[10]　潼本正. 最近的钢轨焊接可靠性. 国外焊接,1983,(1):39 ~ 45.
[11]　国际会议论文汇编. 鞍钢钢研所,1984:196.
[12]　谢宿宽. SiMnV 低合金钢 50 kg/m 重轨工业铺设试验. 钢铁,1989,(7).
[13]　社会主义国家铁路合作第 9 专门委员会. 关于钢轨全长轨头表面淬火问题的报告. 附件第 3 号补充文件 3B.

冶金工业出版社部分图书推荐

书　名	定价(元)
中厚板外观缺陷的种类、形态及成因	78.00
冷轧带钢生产问答(第2版)	45.00
热轧带钢生产知识问答(第2版)	35.00
螺纹钢生产工艺与技术	40.00
现代钢管轧制与工具设计原理	56.00
钢管连轧理论	35.00
高速轧机线材生产知识问答	33.00
钢铁企业安全生产管理	46.00
特种轧制设备	28.00
钢管生产知识问答	35.00
二十辊轧机及高精度冷轧钢带生产	69.00
型钢生产知识问答	29.00
中国冷轧板带大全	138.00
轧机轴承与轧辊寿命研究及应用	39.00
英汉金属塑性加工词典	68.00
高精度板带材轧制理论与实践	70.00
板带轧制工艺学	79.00
金属轧制过程人工智能优化	36.00
中国热轧宽带钢轧机及生产技术	75.00
轧钢生产实用技术	26.00
轧钢生产新技术600问	62.00
高精度轧制技术	40.00
中厚板生产	29.00
中型型钢生产	28.00
矫直原理与矫直机械(第2版)	42.00
高速轧机线材生产	75.00
小型连轧机的工艺与电气控制	49.00
石油天然气管道工程技术及微合金化钢	85.00
小型型钢连轧生产工艺与设备	75.00
材料成形工艺学	69.00
热轧生产自动化技术	52.00
液压润滑系统的清洁度控制	16.00
冷轧薄钢板生产(第2版)	69.00
冷轧薄钢板酸洗工艺与设备	28.00
中厚板生产与质量控制	99.00
现代热连轧无缝钢管生产	30.00
现代轨梁生产技术	28.00